外山健太郎

テクノロジーは貧困を救わない

松本裕訳

みすず書房

GEEK HERESY

Rescuing Social Change from the Cult of Technology

by

Kentaro Toyama

First published by PublicAffairs, a member of Perseus Books Group, 2015

母に
私が持つことになる心、精神、意志をはぐくんでくれたことに。

父に
大望を追い求めるよう教えてくれたことに。

ローハンに
内面の大きな成長を、心から祈りつつ。

*

そして、マイクロソフトとビル・アンド・メリンダ・ゲイツ財団の設立者であるビル・ゲイツに。いずれの組織も、本書の内容について学ぶ機会を私に与えてくれた。

ゲイツはあるとき、こう書いた。「ビジネスで用いられるどのようなテクノロジーにもあてはまる第一の法則は、効率の良い業務を自動化すれば、効率がさらに良くなるということだ。第二の法則は、効率の悪い業務を自動化すれば、さらに効率が悪くなるということだ」

――『ビル・ゲイツ　未来を語る』

テクノロジーは貧困を救わない ▒ 目次

第Ⅱ部

はじめに

「才能は普遍的です。しかし、チャンスはそうではありません」。これが二〇一一年春、カリフォルニア大学バークレー校で壇上に立った合衆国最高技術責任者でGoogle.org（グーグル・ドット・オーグ）の元副社長、ミーガン・スミスの冒頭の挨拶だった。スミスと私は、「デジタル・デバイドかデジタル・ブリッジか——情報技術は貧困を軽減することができるのか？」というタイトルのパネルディスカッションにパネリストとして招かれていた。[1] 会場は、大学でもっとも古い建物であるサウス・ホール。建物はもっとも古いが、入っているのはもっとも若い情報学部で、学生たちはデジタル・テクノロジーと人間社会との相互関係について研究している。会場は満員だった。集まっていたのは学生や職員だけではなく、湾岸地帯《ベイ・エリア》のインパクト投資家〔経済的利益と同時に社会的意義のためにも投資をおこなう投資家〕、非営利組織のリーダー、社会起業家たちもだった。

この当時のGoogle.orgのモットーは「テクノロジー主導の社会奉仕」というもので、スミスはそのモットーを信奉していた。[2] 彼女はそれとなく、才能が普遍的であるということを認めた。と同時に、「チャンスも以前より普遍的になりつつある」とも言った。スミスによれば、機会は「ネットワーク」とともに拡大しつつあるとのことだ。スミスが言う「ネットワーク」とはつまりインターネットや携帯電話のシステム、そしておそらくはそこに乗っかっているグーグルのテクノロジーも含まれているのだろう。

以前より多くの人々がつながるようになってきたのは事実だ。二〇一四年末までに、インターネットに接続している人の数は三〇億近くにのぼっている。二〇一五年のうちには、携帯電話の契約数が世界人口を上回る勢いだ。(3) どちらの数字も伸び続けている。スミスはこうしたテクノロジーが人々を結びつけ、革命のきっかけとなり、「世界中の知識を……オンラインで無料で手に入れられるように」するだろうと示唆した。彼女の言うとおりなら、じきに世界中の誰もがいくらでもチャンスを手に入れられるようになるだろう。なにしろ才能は普遍的で、チャンスとはすなわちインターネットなのだから。

世界中の優秀な技術者たちもまったく同じ意見を持ち、物事をスピードアップしようと競い合っている。二〇〇九年、インターネットを動かすカギとなるプロトコルを発明したティム・バーナーズ=リー卿は、ウェブを「世界的な公益であり基本的権利」として普及させるため、ワールド・ワイド・ウェブ財団を設立した。そのキャッチコピーはこうだ。「人々を結びつける。人類に力を与える」(4)。数年後、スミスのグーグルの同僚たちが、太陽光を動力源とする風船を使ってWi-Fiを提供する活動に取り組み始めた。ラリー・ペイジCEOによれば、「現在、世界中で三人に二人は、良好なインターネット環境にありません。［風船によるインターネットの提供］は、本当に人々の役に立つと考えています」(5)。負けじと、フェイスブックの創業者マーク・ザッカーバーグも二〇一三年にInternet.org（インターネット・ドット・オーグ）の立ち上げを発表し、「我々は空から人々にインターネットを届ける方法に取り組んできた」との投稿をしている。(6) 彼の狙いは、高高度に飛ばすドローンと赤外線レーザーを使って僻地にインターネットを届けることだ。

テクノロジー大手が自らの創造物について救世主的に感じるのは意外ではない。だが彼らの考え方は、シリコンバレー以外の有力者たちにも伝染している。合衆国教育省長官アーン・ダンカンは、「テクノロジーは教育の分野に大変革をもたらすだろう。万人の学業成績を向上させ、今まで十分なサービスを受けられずにいた子どもやコミュニティにとっての公平性を増すためには、絶対に必要な大変革だ」と語った。(7)『貧困の終焉』の著者であり、国連のミレニアム・ヴィレッジプロジェクトの立役者でもある経済学者ジェフリー・サックスは、「携帯電話と無線インターネットは孤立をなくし、それによってこの時代のもっとも変革的な経済発展のテクノロジーとなるだろう」と述べている。(8)そして二〇一一年には、当時の国務長官ヒラリー・クリントンが新しい外交政策を発表した。情報ネットワークが「すばらしい平等主義者」であり、「人々を貧困から救い出し、欠乏状態から解放するために」それを活用するべきだと言って、「インターネット・フリーダム」を発表したのだ。(9)このように、世界の指導者たちは、テクノロジーが世界をより良い場所にするのだと確信している。

だが、テクノロジーは本当に好ましい社会的変化を起こせるのだろうか?

アメリカの貧困を考えてみよう。その貧困率は一九七〇年までは着実に下がっていた。だが一九七〇年ごろに減少は止まり、それ以来、貧困率は頑なに一二―一三パーセントの水準を維持している。世界でもっとも裕福な国としては、恥ずかしいほど高い数字だ。しかも、二〇〇七年の大不況でこの数字はさらに上昇している。(10)過去四〇年の間、貧困層や中流家庭の実質所得は停滞したままだ。格差は、この一〇〇年で最大の広がりを見せている。(11)

だがその同じ四〇年の間に、アメリカは新たなテクノロジーの爆発的進歩も経験している。インターネットとパーソナル・コンピューターが誕生し、企業は携帯電話とソーシャルメディアを発明した。アップルやグーグル、マイクロソフト、ツイッターなどのアメリカ企業が世界中のビジネスを席巻し、何十億もの人々が使う製品を次から次へと生み出している。二〇一四年にはアメリカ国内のフェイスブックのアカウント数は二億一〇〇〇万を超え、一五―六四歳のアメリカ人の数よりも多くなった。ここしばらくは、アメリカ全体の人口よりもワイヤレスの加入者数のほうが多い状態だ。[12]

つまり、世界でもっともテクノロジーが進んだ国におけるイノベーションの黄金時代にもかかわらず、アメリカの貧困率はまったく減っていないということになる。[13] 世界中に広まっているものすごいデジタル・テクノロジーも、アメリカの一番目立つ社会悪を軽減することができていないのだ。

二つのアプローチの話

スミスが「才能は普遍的です。ですが、チャンスはそうではありません」と言ったのは、海軍の元大佐ライ・バーコットの回顧録『それは戦争に行く途中のことだった *It Happened on the Way to War*』に記されていた題辞を引用したものだった。訓練中の将校だったバーコットは、二〇〇〇年にナイロビ最大のスラム街であるキベラを訪れたのがきっかけで世界の貧困に目を向けるようになった。何かしなければならないという気持ちに突き動かされた彼は地元住民のタビサ・アティエノ・フェストおよびサリム・モハメドと協力し、「キャロライナ・フォー・キベラ」（ＣＦＫ）という非営利組織を立ち上げた。この組織は、のちに『タイム』誌やビル・アンド・メリンダ・ゲイツ財団から称賛を受けるような活動をすることになる。ＣＦＫは健康や教育に関するプログラムを実施し、地域の問題を解決できるよう青年指導者を育てている。たとえば、スティーブ・ジュマはＣＦＫの少年サッカーチームに入り、自分にすぐれた判断力と助言の才能があることに気づいた。ＣＦＫは彼が医大に入るための奨学金を提供し、ジュマは今ではＣＦＫの診療所で患者を治療している。[14] ＣＦＫの設立者たちは、世界中の誰でもが可能性を持って生まれてくるが、その可能性を花開かせるチャンスは全員に与えられるわけではないと考えている。才能は普遍的でも、その才能を伸ばすにはチャンスが必要だ。

これは、スミスとはかなり違った見方だ。スミスが外部からの支援に焦点を当てている一方、バーコットは内面的な強さに注力している。この違いは大きい。それはスミス（とグーグルの全従業員）も別の場面で十分理解している。グーグルは人材募集の告知をウェブサイトに掲載しているので、理論上、インターネットにアクセスできる人なら誰でも応募するチャンスがあるということになる。だが現実には、採用のチャンスが与えられるのは教育を受けていて経験があり、度重なる面接や適性テストを回避できるだけの人脈があるほんの一握りの人材だけだ。世界的なテクノロジー会社で高い給料のもらえる仕事に就きたいと誰よりも思っている低所得層の人々を、私は大勢知っている。だが彼らがエンジニアの募集を携帯電話でチェックできても意味がない。ネットに接続するチャンスは、本物のチャンスとイコールとは限らないのだ。

もちろん、スミスにしても、高校中退のイースト・パソ・アルト出身者とスタンフォード大学院でコンピューター科学を勉強した人間とが同じくらいソフトウェアを扱えるとは言わないだろう。とは言え、インターネットと貧困層にとってのチャンスをイコールで結んだことで、スミスはあやしげな仮定を述べてしまった。インターネットが、インターネットに関係ない深刻な欠乏を埋められるという仮定だ。

そこでふたたび、この言葉だ。「才能は普遍的です。ですが、チャンスはそうではありません」。スミスもバーコットもこの言葉を信じているが、解釈の違いによって、世界を変えようとする方法は大幅に異なる方向に分かれていった。スミスは世界の隅々にまでテクノロジーを届けたいと考えている。バーコットは個人の才能を伸ばすことに注力している。一方はテクノロジーを作り、一方は人を育てるというわけだ。

スミスの考えの根底にあるものは、私にはよくわかる。一二年間マイクロソフトで働いていた私もガジェット大好きな技術屋の例にもれず、無意識のうちに奇妙なパラドックスにおちいっていた。そのパラドックスは、会社が発するまったく害のない言葉に見え隠れしていた。たとえば、社内のパーティーで、幹部社員がこう言う。「君たちはわが社の最大の財産だ！」だが営業に行くと、顧客に対しては「当社のテクノロジーはあなたの最大の財産です！」と言うのだ。言い換えれば、会社にとって一番大事なのは有能な人材だが、世界にとって一番大事なのは新しいテクノロジーであるべきだ、ということだ。どういうわけか、私たちにとって一番大事なことと他者にとって一番大事なこととは、同じではないのだった[15]。

本書は、このわずかな違いと、それがもたらす桁外れに大きな影響について記している。社会におけるテクノロジーの役割に対する誤解がどのように私たち――テクノロジー業界だけでなく、世界の文明全体――に影響しているか、そしてそれが世界にはびこる社会問題に取り組もうとする私たちの努力をどのように混乱させているかについて考えてみた。混乱の例としては、シリコンバレーの幹部社員たちが仕事では最先端のテクノロジーを布教しているのに、自分の子どもは電子機器を禁止するシュタイナー方式の学校に入れているような場合が挙げられる。あるいは、政府が国民のメールを盗み見ながら、外国では人権を守る防壁としてインターネットを推奨しているようなものだ。または、インタラクティブなソーシャルメディアが国中に乱立しているのに、政治的にはかつてないほど両極化している国などもそうだ。本書ではこうした矛盾をわかりやすく説明し、社会的変化へのより効果的な道筋を照らし出したいと思う。

無名のテクノロジー中毒者たち

私は、かつてテクノロジー中毒者だった。問題解決の手段として、テクノロジーを使った手法に取りつかれていたのだ。

日本人である私の両親も内面的には技術オタクで、ひょっとすると科学技術に惹きつけられる典型的な日本人らしいところが出ていたのかもしれない。私の誕生日プレゼントは、いつもレゴブロックや組み立てセットだった。「電子ブロック」という、日本のよくできたおもちゃで遊んだ楽しい記憶もある。それはプラスチックの立方体にアナログ電子回路が埋めこまれたもので、いろいろと組み替えれば嘘発見器やラジオが作れるというものだった。[16] 七年生〔日本の中学一年生〕に上がるころには、私はもうアップルⅡのパソコンでプログラミングをしていた。本棚にはアイザック・ニュートンやトマス・エジソン、ライト兄弟の伝記に加えて、『ものしくみ』や『なぜだかおしえて』などというタイトルの本がずらりと並んでいた。

その中でも、核融合炉を建設しようとするロシア人たちの努力について書いた一冊の本が強く印象に残っている。私が子どもだった一九七〇年代にはエネルギー危機が立て続けに起こり、ガソリンスタンドに長蛇の列ができたり、大人が躍起になって電気を消して回ったりしていたものだ。こうした展開は、テレビに映る当時のジミー・カーター大統領にいつも眉をひそめさせるような世界各地の出来事とつながっているように思えた。無限のエネルギー源としての核融合は、こうした問題に一発でけりをつけられるはずだった。そして私は、自分がその手助けをできると考えた。

そういうわけで、私は大学で物理を専攻した。だがよくあるように、いろいろな出来事が重なって、途中で専攻を変えることになる。結局コンピューター科学で博士号を取った私は、世界最大級のコンピューター科学研究所であるマイクロソフト・リサーチ社に就職した。唯一変わらなかったのは、テクノロジーを使った解決策を追求するというその思いだった。

私が最初に取り組んだのは、コンピューター・ビジョンという分野だ。これは一歳児なら無意識にこなせるが科学ではいまだに解明に苦しんでいる能力で、多彩な映像を意味のあるもの――ベビーベッド、ママの笑顔、迫ってくる哺乳瓶――に変換するという行為だ。コンピューターはいまだにこうした物体をちゃんと認識できていないが、この分野も進歩はしている。たとえば、携帯電話のカメラのファインダーを覗いたときに人の顔の周りに見える四角い線のことなど、誰も意識していないだろう。あれは、ほんの一五年前に私の同僚が開発したテクノロジーだ[17]。私自身は、デジタル写真の中の物体を切り取って、空いた穴を自動的に適切な背景画像で埋めるというアルゴリズムを研究していた[18]。また別のプロジェクトは、マイクロソフトのキネクトというシステムに入っているソフトウェアの前身で、プレーヤーの実際の動きをカメラで追うという、Xボックスにジョイスティックがいらなくなるような技術だった[19]。

こうした進歩には胸が躍った。テクノロジーの驚異的な実力を証明してくれたからだ。そして、私は七年間、魅了され続けた。だが、自分が与えている影響について、少しずつ不満を感じるようになっていった。子どものころ、膨大なエネルギー問題を解決できると思っていたのが野心的にすぎたのだとしたら、今度は自分の野心が小さすぎるような気がしたのだ。世界のガジェット愛好家を喜ばせる以上のことがしたかった。

そこで、二〇〇四年に、レッドモンドの本社にいる上司がインドに研究所（マイクロソフトが発展途上国に置く唯一の大規模研究所になるものだ）を立ち上げるのを手伝ってくれないかと声をかけてきたとき、私は二つ返事で引き受けた[20]。新しい課題に、私は興奮していた。デジタル・テクノロジーが、世界の最貧地域で社会的大義に貢献できる方法はあるだろうか？　数年かけて新しい問題の数々に自分の専門技術を役立てられることを期待し、私は数カ月後にはバンガロールに引っ越していた。自分が持っているテクノロジーの概念をインドが根底から引っくり返すだろうとは、そのときは想像もしていなかった。

序論

アメリカは、誰もがYouTubeを見ている夢の世界だ。アマゾンはすべてのキンドルに本を届ける。事実についての意見が食い違っても、iPhoneに聞けばすぐに議論は解決する。結果として、テクノロジーが社会に与える実際の影響について本当の意味で理解するのは難しくなってしまっている。そういう意味で私たちの立場はみな同じだ。一部の人々が「WEIRD（変人）」――Western（西洋の）、Educated（教育を受けた）、Industrialized（工業化した）、Rich（裕福な）、Democratic（民主的な）――と呼ぶひとつの見方を共有しているのだ。[21]

夢の世界から一歩外に出ると、インドのような場所がある。ありとあらゆる人間対機械の交流が見られる、多様性の海だ。最新のスマートフォンを使ってブルートゥースでファイル交換する方法を熟知しているが一日一ドルで生活している読み書きのできないリキシャの運転手が、机上でしかプログラミングを教えてくれない大学へコンピューター科学専攻の学生を送り届けている。このような荒っぽいコントラストの海の中では、テクノロジーの不完全な理論など、すぐに崩壊してしまう。

第Ｉ部では、私がデジタル・テクノロジーについてインドやそのほかの地域で学んだことを共有し、そこで得た教訓が世界中どこにでもあてはまることを実証したい。テクノロジーが社会にもたらす影響について簡潔に説明し、社会的変化について流布している迷信を打ち壊す、「増幅の法則」というものを紹介しよう。この迷信は現代のテクノロジー至上主義に奥深く根ざしていて、近づいてよく見ようとすると消えてしまう蜃気楼のほうへ私たちを誘い出そうとしている。第Ｉ部ではテクノロジー楽観主義者を挑発し、テクノロジー悲観主義者を支持し、その他の人々をテクノロジーのカルト宗教めいた束縛から解放していく。

第Ⅱ部では、未来に向けた道筋を提案したい。テクノロジーを活用する最適な方法についてのルールを明かすが、機械の活用だけにとどまらず、個人と社会の意志、判断力、自制心が持つ重要な役割にも注目する。マイクロソフトで財を成したのに儲かるエンジニアの仕事を辞めてガーナ初の一般教養《リベラル・アーツ》大学を創ったパトリック・アウアーや、一日一ドルで生活する家庭の子どもをゴールドマン・サックスやメルセデス・ベンツのような一流企業のハイテクなオフィスで働けるまでに育てる南インドのすばらしい学校を卒業したタラ・スリーニヴァサのような、並外れた人々の感動的な物語も伝えたい。第Ⅱ部では、発展について昔から言われている言葉を、あらためて掘り起こそうと思う。これは、昔よりも今のほうが大きな意味を持つ言葉だ――「テクノロジーが世界にどれだけあふれていようとも、人が変わらなければ社会は変わらない」。

本書では全編を通して、さまざまな種類の社会的苦痛を示すために世界の貧困の実例を取り上げている。これはひとつには、この問題が過去一〇年間私の注力してきた分野だからということもある。だが貧困は直接的にせよ間接的にせよ、ほぼすべての社会問題に関係している。貧しいということは健康状態も教育水準も、政治力も低い場合が多いということだ。資源の欠乏と環境破壊は、貧困国では日常茶飯事になっている。あらゆる形の社会的不公正と偏見は、経済的不公正と差別を映す鏡だ。本書を読み終わるころには、「増幅の法則」と特定の人間的価値観がただ貧困の削減に適用できるだけでなく、どのような好ましい社会的変化にでもあてはめられることに同意してもらえると思う。

ギリシャの技術《ギーク》オタク

ギリシャ神話に出てくるダイダロスは、優秀な職人で技師だった。半人半獣のミノタウロスを閉じこめた迷宮を設計した人物でもある。彼は木工や造船の新しい手法を編み出し、世界初のロボットとも言える動く彫像を造った。(22) だがダイダロスの名を一番有名にしたのは、飛行機の発明ではないだろうか。息子イカロスとともに塔に幽閉されたダイダロスは、羽とロウで翼を作り上げた。脱走を計画する際、父は息子に、ロウが溶けてしまうかもしれないからあまり太陽の近くまで上がるなと警告する。だが空に舞い上がると、イカロスは父の警告を忘れてしまった。彼は夢中になって天高く飛び続け、やがて翼がばらばらになってしまい、イカロスは墜落して命を落とした。

この物語はしばしば、子どもに対してこのような教訓を伝える——親の言うことは聞くものだ。尊大さは抑えなさい。だが、大人にとっても、不朽の教訓がある——すばらしい技術も、人間を自分自身から救ってはくれない。テクノロジー擁護者たちは、ダイダロスには脱出するための翼が必要だったのだと主張するだろう。テクノロジー批判者たちは、翼などないほうがイカロスにとってはよかったと言うだろう。だがイカロスがもう少し自制していたなら、あるいはダイダロスがもう少し時間をかけて息子に飛行の危険について説明していたなら、悲劇を招くことなくこのテクノロジーの恩恵を受けられたかもしれない。本当の教訓は、テクノロジーとはまったく関係ない。問題は正しい心と精神、そして意志なのだ。

第I部

第1章　どのパソコンも見捨てない
——教育テクノロジーの矛盾する結果

インドはIT超大国として世界の舞台へと一気に駆け上がってきたが、その現象に参加しているのはこの国のごくわずかな層にすぎない、教育を受けたエリートだけだ。残る八億人は一日二ドル未満で生活し、新興の中流階級家庭で使用人として働ければ運がいいほうだろう。そこには、能力格差がぽっかりと口を開けている。バンガロールにあるガラスのピラミッドやぴかぴかのドームの形をしたテクノロジーの殿堂の中では、アメリカの四倍もいる国民の中から優秀なエンジニアを見つけようと、人事担当者が四苦八苦している。インフォシスのような大手IT企業は人材を見つけるのに必死になるあまり、IQテストの結果に基づいて歴史専攻の学生を採用し、五カ月コースでコンピューター・プログラミングを勉強させているほどだ。毎年二〇〇〇万以上のインド人が二〇歳になるが、企業が毎年募集する数十万件の技術職に応募できるだけの基礎教育を受けているのは、その中でほんの一握りにすぎない。

情報技術があふれているのに基礎教育が欠如している国では、コンピューターを活用して学習支援ができないかと模索するのは自然に思えた。そういうわけで、これが二〇〇四年にインドに移ったときに私が手をつけたことのひとつだった。デザイナー、エンジニア、社会科学者のチームを編成し、教育と農業、医療、ガバナンス、小規模金融等々についてのプロジェクトを立ち上げたのだ。教育に関しては、インドの地方にある政府運営の学校で時間をすごすところから始めた。どの学校も教師不足、壊れたトイレ、物言わぬ保護者で壊滅状態だった。

切羽詰まった経営側は、しばしば解決策としてテクノロジーに救いを求めた。驚くほど多くの地方の学校に、コンピューター室が備えられていた。だが予算が少ないため、設置されたパソコンはごくわずか。プロジェクトの初代インターンの一人、ジョヨジート・パルは四つの州にある一二の学校を訪問し、スクラムを組むラグビー選手さながらに一台のパソコンに群がる生徒たちを写した写真を山ほど持ち帰ってきた(1)。生徒全員に端末が行き渡ることなど、一度もなかったのだ。たいていの場合、強い立場の生徒（上位カーストの男子生徒が多い）がマウスとキーボードを独占し、ほかの生徒たちはまわりに群がって少しでも触れるチャンスをうかがっていた。

これこそまさに、イノベーションにうってつけのチャンスだ。一台のパソコンに複数のマウスをつないで、それぞれに動かせるカーソルが画面上に表示されるようにしたらどうだろう？　そうすればテレビゲームのコントローラーのように、複数の生徒が同時に操作できる。プロジェクトの若く聡明な研究員で、子どものような遊び心を持つウダイ・シン・パワルがそのアイデアの実現に走り出した。そしてすぐに「マルチポイント」と名付けた試作品と、専用の教育ソフトまで作ってしまった。

生徒たちは大喜びで、公式な実験でもその有効性が確認された。パワルは単語テストのような活動の場合、マルチポイントを使った場合でもパソコンを一人一台占有できた場合でも、習熟度は同じくらいであることを検証した(2)。試作品に心を奪われた一人の生徒がこう聞いた。「どうして全部のコンピューターにこのマルチポイントがついてこないの？」マイクロソフトが無料のソフト開発キットをリリースしてくれるはずだと確信し、世界中の学校が恩恵を受けられるはずだと想像しながら私たちは特許を申請した。勝利を宣言した私たちは、壊れたトイレや物言わぬ保護者たち、不足している教師たちのことを一時的に忘れてしまっていた。

マルチポイントのようなプロジェクトは、私たちに賞や知名度をもたらしてくれた。新たなテクノロジーを前にした生徒たちはもれなく笑顔になり、政治家は新しいツールを手渡すシャッターチャンスに大喜びだった。私自身はチーク材を張り巡らせた役員会議室をしばしば訪れ、政府の大臣や世界銀行の役員、非営利団体の指導者たちとテクノロジー戦略を話し合っていた。私たちの研究は、発展途上国の教育にテクノロジーを活用した解決策があることを証明してくれるかに思えた。

そう思っていたのは私たちだけではない。さらに大きな反響を呼んだのがその野心的な計画をそのまま名前にした非営利組織、「ワン・ラップトップ・パー・チャイルド（すべての子どもにノートパソコンを）」だ。MITメディアラボの創立者ニコラス・ネグロポンテが率いるこの組織は、一度に一〇〇万台単位で発展途上国に販売する、一台一〇〇ドルのノートパソコンの開発を目標としていた。二〇〇五年の世界情報社会サミットで、ネグロポンテは国連事務総長コフィ・アナンとともに壇上に立ち、緑と白のおもちゃのようなものを発表した。それは子ども向けのソフトを搭載した、完全に機能するパソコンだった。アナンは、堂々とこの製品を推薦した。「この頑丈で万能なコンピューターは、子どもたちがますます積極的に学習に取り組めるようにしてくれるだろう(3)」。

ネグロポンテは、技術屋としての私たちの信念を代弁してくれた。「これはノートパソコンを造るプロジェクトではありません。教育プロジェクトなのです(4)」。学習を支援する新型で低価格の機器を開発して広めることで、世界のめぐまれない子どもたちの教育を向上させていると私たちは信じていたのだ。だが、本当にそうだったのだろうか？

プレゼント持参の技術オタクたち

マルチポイントの実地試験の成功は、利用範囲の拡大を促進してくれた。そこで私たちは、ほかにもこのツールの恩恵を受けられる学校を探して回った。裕福な親や人道支援の資金を受けている私立学校では、ちゃんと整備されたパソコンがずらりと並ぶぴかぴかの教室を学長が案内してくれる。支援が必要なのはこういう学校ではない。ここの生徒たちは、マルチポイントがあってもなくてもちゃんと勉強できるだろう。一方、支援をもっとも必要としている学校――経営陣が無関心であったり、資金が不足していたり、教師が不足していたり負担が重すぎたり、生徒が何も学べず卒業もほとんどできないような学校では、マルチポイントが教育改善の足がかりとなることはできなかった。

その理由は、私がバンガロール近郊の公立小学校を訪問したときのことを説明すればわかってもらえるだろう。校長が、学校のパソコンが保管されている大きな金属製の戸棚のカギを開けて中を見せてくれた。デスクトップパソコンとモニター、キーボードが肩の高さにまで積み上げられ、戸棚の中なのに埃まみれになっていた。このパソコンは二年前、地域内のすべての学校に配られたものだと校長は説明した。受け取ったときは、みんなが興奮したそうだ。校長は質実剛健なコンクリート造りの校舎の一室を空け、コンピューター室にした。クラスごとにこの部屋を順番に訪れ、生徒たちは一台のパソコンに五、六人が群がって、ゲームをし始めた。だが教師たちはゲームがカリキュラムに沿っていないと文句を言い、そもそも、指導要綱にデジタル機器を取り入れる方法もわからなかった。そうこうしているうちに、数週間もするとパソコンが壊れ始めた。多分、不安定な電圧の変化が原因だろう。(5) 学校にはIT担当の職員などいなかったし、技術サポートを頼めるだけの予算もなかった。じきに機械はしまいこまれ、コンピューター室は別の目的で使われるようになった。パソコンは邪魔なだけだったが、捨てるわけにもいかない。国の資産である以上、監査の対象になるかもしれないからだ。

このような状況は、珍しくはなかった。多くの学校が、継続的な技術サポートのための予算も人員も持っていなかった。教育におけるコンピューター関連予算は通常ハードとソフト、そしてインフラに使われる。だが継続的な費用である保管費、更新費、トラブルシューティング、維持修繕費は無視されてしまう。インドの地方の学校のように暑くて埃っぽく、湿気の多い環境では、パソコンにはしっかりとメンテナンスをしなければならないというのに。

一方、教室にパソコンを放りこまれた教師たちにすれば、まるで海洋船の船長がいきなりジャンボジェットを飛ばせと言われたようなものだった。しかも、手に負えない乗客たちが操縦桿を勝手にいじっている状態で。ただでさえ生徒を勉強に集中させるのに苦労していた教師たちにとって、パソコンは支援どころか邪魔物以外のなんでもなかった。

その後五年をかけて、私は少なくとも一〇種類の教育向けテクノロジー関連プロジェクトを監督した。優秀な教師の授業の動画、準備時間を短縮できるプレゼンテーション用ツール、簡単なテキスト編集でカスタマイズできる学習ゲーム、生徒の習熟度を記録・追跡する安価なクリック式記録機、パワーポイントのスライドを変換して、手に入れやすい市販のDVDプレーヤーで見られるディスクにするソフト、生徒が並んで作業できる分割画面、等々。(6) どのプロジェクトのときも、真の問題に取り組んでいるつもりだった。だがデザインがどれほど変わろうとも、最後には全部一緒だった。テクノロジーは、すぐれた教師や優秀な学長の不在を補うことは決してできなかったのだ。無関心な経営陣は、学校に気の利いたガジェットがやってきたからといって急に関心を持つようにはなってくれない。訓練不足の教師は、デジタル・コンテンツを使えるようになったからといって指導力が上がるわけでもない。学校がどれだけ「コストの節約になる」機械を購入したからといって、予算が増えるわけではない。変化をもたらしたとすれば、テクノロジーはそれ自体が持ってきた問題で状況を悪化させただけだった。

この新事実は、受け入れるのがつらかった。私はコンピューター科学者であり、マイクロソフトの社員であり、発展途上国にデジタルで解決策を見出すことを目標とするチームの責任者だったのだ。いつも熱心に読んでいた工学論文の数々で報告されていたようなイノベーションの勝利以外に、私が望むものはなかった。だがニーズが一番大きいところほど、テクノロジーは変化をもたらすことができないようだった。

放送教科書

自分たちの発明が教育に変革を起こせると思ったのは、私たちが初めてではなかった。スタンフォード大学の名誉教授であり都市部で教壇に立つベテラン教師のラリー・キューバンが、過去一〇〇年におよぶテクノロジー熱を記録している。彼の示す例を見ると、テクノロジーが社会悪を正せるという信念が目新しいものではないことがよくわかる。古くは一九一三年、トマス・エジソンは「映画は我々の教育制度に革命を起こすよう運命づけられている(7)」と信じていた。エジソンいわく、人は本で読むことの二パーセントしか学習していないが、映画で見たことは一〇〇パーセント吸収できるとのことだった。彼は、教科書がもう時代遅れだと確信していたのだ。

一九三二年には、オハイオ放送学校の設立者ベンジャミン・ダローがラジオについて同様の発言をしている。ダローは、メディアが「教室の扉を世界に向けて開くだろう。……［そして］最高の教師による指導と最高の指導者によるインスピレーションを世界中に届けられるようにするだろう」と語った。ラジオは「活気に満ち、困難だがやりがいのある放送教科書」となるはずだった。(8)

一九五〇年代および一九六〇年代になると、次はテレビだった。ジョン・F・ケネディ大統領は、教室向けのテレビプログラムに三二〇〇万ドルの予算を承認するよう議会を説得した。その後数年間、アメリカ領サモア全土の学校制度がテレビ授業をベースにしていた。次のリンドン・B・ジョンソン大統領もこれに賛同している。「世界中に、教師は必要な数のごく一部しかいない」とジョンソン。「サモアは、教育テレビによってこの問題を解決した(9)」。

こうした予言はどれも、今のデジタル・テクノロジーについて言われていることと痛々しいほどよく似ている。歴史が繰り返すのだとすれば、新しいテクノロジーは学校に導入されるが、最終的に教育を進歩させるうえではほとんど役に立たないことになる。視聴覚副教材はたしかに現代の教室では一般的だが、学習に革命を起こしたとはとても言えない。ある世代が教育に対する望みをブラウン管に託したなど、今考えると古臭いというか、ばかげているようにさえ思える。テレビは何百万もの人を救うはずだった。現実には、何百万人もが『カーダシアン家のお騒がせセレブライフ』のような番組に夢中になっているだけだ。

だがもしかすると、デジタルは別なのかもしれない。なんと言っても、放送メディアが一方通行なのに対して、本物の教育は相互通行だからだ。コンピューター、インターネット、ソーシャルメディアは、テレビにはできない何かができるのではないだろうか？

徹底的な調査の結果、導き出された答えはノーだ。経済学者アナ・サンティアゴと米州開発銀行の同僚たちは、ペルーで実施された「ワン・ラップトップ・パー・チャイルド」のプロジェクトに教育的効果を見いだせなかった。国を挙げての熱狂的な活動開始から三カ月、目新しさは薄れ、週を追うごとにノートパソコンの使用頻度は下がっていった。一五カ月経っても、生徒たちは学業成績の面では何も得るものがなかった[10]。別の調査チームが、ウルグアイでも同様の結果を得ている。「我々の調査結果は、テクノロジーだけでは学習に影響を与えられないという事実を裏付けるものである[11]」。

テキサス大学オースティン校の経済学者リー・リンデンは、インドとコロンビアで実験をおこなっている。そして平均すると、コンピューターを使った指導を受けた生徒とコンピューターなしの対照群との間に、学習度合いの差はないことを発見した[12]。リンデンの結論は？　パソコンはすぐれた指導を補完することはできるが、本物の教師の代わりにはなれないということだ。

インドでの私たちの研究パートナーのひとつが、教育にコンピューターを取り入れる活動では当時世界最大のプログラムを実施していた非営利組織「アジム・プレムジ財団」だ。二〇一〇年に、この財団の代表であるアヌラーグ・ベハールが『ウォール・ストリート・ジャーナル』のインド系列紙に大胆な記事を発表した。一万五〇〇〇校以上のコンピューター室で展開する自らの組織の活動に疑問を投げかけ、ベハールはこう書いている。「［情報通信技術］の解決策としての魅力は、せいぜい現実の問題から目をそらさせるだけだ。最悪の場合、情報通信技術は本物の問題を解決する代替案として提案されてしまう[13]」。

デジタル化なんかいらない

電子機器の回路が暑さでやられ、水道もないような場所での勉強は、先進国に住む私たちには関係ないように思えるかもしれない。だがアメリカの学校も、テクノロジーに関して言えば同じような運命に苦しんでいる。カリフォルニア大学アーバイン校の教授であり、教室におけるテクノロジーに関しては世界有数の専門家でもあるマーク・ヴァルシャウアー教授は二〇〇一年と二〇〇二年に、富裕層から貧困層まで幅広い社会経済集団を対象に、カリフォルニア州内の八つの学校で調査を実施した。(14) インドでの私の経験を予言するようなその結果は、アメリカの学校でもテクノロジーの維持とその有効活用に問題を抱えているというものだった。

ヴァルシャウアーは、教室にコンピューターがあるせいで仕事が倍に増えるという教師の苦情を数多く聞いた。コンピューターを使った授業計画を考えなければならないだけでなく、頻繁に起こる故障に備えてアナログな授業計画も考えておかなければならないからだ。

故障していなかったとしても、テクノロジーは有効活用されているわけではなかった。ある教室で、ヴァルシャウアーは生徒が検索エンジンに国の名前を打ちこみ、出てくるサイトを適当にクリックして、考えもせずに断片的なテキストをコピーしてはワープロソフトに貼りつけているのを目撃した。「生徒はウェブ上で情報を検索するという作業をこなしていると言えるかもしれない」とヴァルシャウアーは書いている。「だが通常の情報収集作業で要するような認知思考能力や情報活用能力がはぐくまれているとは言えない」。

ヴァルシャウアーはまた、貧しい地域ほど機材の扱いに困っていることにも気づいた。問題はテクノロジーではなかった。どの学校も生徒一人当たりのパソコン台数はほぼ同じで、インターネット接続も同様だった。だが、「低所得地域の学校にパソコンとインターネット接続を与えることそれ自体、こうした学校が直面している深刻な教育上の問題の解決に役立つことはほとんどない。機材を配置することに気を取られてほかの重要なリソースや取り組みから注意をそらせてしまうという意味では、このような取り組みは実際には逆効果にさえなりかねない(15)」。

ほかの学者、ジャーナリスト、教育関係者らはアメリカの教室における電子機器をじっくりと検討し、電子機器には足りないところがあると判断した。エモリー大学のマーク・バウアーライン教授は著書『バカ世代 The Dumbest Generation』で、「デジタル・ネイティブ」――インターネットのない生活を知らずに育った新世紀の子どもたち――の成績が、親の世代と大して変わっていないことを示す統計を次から次へと引用している。バウアーラインは私たちのテクノロジー崇拝を非難してこう言う。「それは［学生の］社会的衝動を著しく強化するが、知的成長を妨げる」[16]。トッド・オッペンハイマーも著書『点滅する思考 The Flickering Mind』の中で、コンピューター化が進んだ全国の学校を訪れて嘆いている。ほとんどの場合、デジタル教育と言いながら、単に画像をパワーポイントにコピー&ペーストするだけだったのだ[17]。ニューヨーク州シラキュース近郊のリバプール・セントラル地区で教育委員長を務めるマーク・ローソンは、学校にノートパソコンを配布するプログラムを七年続けた後、残念な結果に失望してプログラムを中止した。「生徒の成績に少しでも影響を与えたという証拠はまったく見られなかった。なにひとつだ。……教師たちは、生徒とノートパソコンとが一対一の関係を作ってしまい、教師との関係を邪魔していると訴えた。教育にとっては、注意をそらす邪魔者だったのだ[18]」。

言い換えれば、信頼できるインフラがあってテクノロジーにあふれるアメリカでさえ、コンピューターは学校の問題を解決してはくれないということだ。

にもかかわらず、私が二〇一〇年にアメリカに戻ると、国中が教育向けの新しいテクノロジーにすっかり夢中になっていた。教育長官アーン・ダンカンは、教室にテクノロジーを導入するよう促す発言をことあるごとに繰り返していた。二〇一二年に彼がおこなったある基調講演など、IT企業のセールストークかと思うような内容だった。その基調講演の最中、彼は「テクノロジー」という単語を四三回も口にしている。「テクノロジーは学習の新たなプラットフォームです」「テクノロジーは平等な教育に役立つ強い力です」

「テクノロジー主導の学習は生徒に力を与え、内容を把握できるようにします」「テクノロジーは……携帯電話を通じて、私が子どものころに図書館で得られたよりも多くの情報を提供します」[19]（ちなみにその同じ基調講演で、彼が「教師」という単語を口にしたのはたったの二五回だった）。

コンサルタントのマーク・プレンスキーは、「デジタル・ネイティブ」という言葉の生みの親だ。彼は「現代の生徒たちが情報を処理し、思考する方法はその前の世代とは根本的に違う」と主張する。生まれたときから電子機器に囲まれている彼らは、途中からデジタル化した親世代が完全には理解できない新たな世界で成長しつつある。プレンスキーの提案は？　デジタル・ネイティブには、彼らが生まれてきた環境に見合った言語で教育を与えるべきだ。「私自身がデジタル・ネイティブに何か教えるなら」と彼は書いている。「どれだけ真剣な内容の仕事であっても、その仕事をこなすためのパソコンゲームを開発するだろう」[20]。

テクノロジーが学習を向上させるという証拠はほとんどないというのに、アメリカは支援の大合唱にあおられ、教育向けテクノロジーの大盤振る舞いの真っ最中だ。二〇一三年には、ロサンゼルス統合学区が全生徒にiPadを配布する一〇億ドルのプログラムを発表した[21]。インドの人気俳優サルマン・カーンの声をバックに、録画された黒板の指導が流れるオンラインの「カーン・アカデミー」には、篤志家たちが寄付をしようと群がる。そしてハーヴァードやMIT、スタンフォードなどの大学が提供するMOOC（大規模公開オンライン講座）は、世界中で何百万人もが無料の講座を受講していると自慢する。

この熱には伝染性がある。インドであれほど学習した私でさえ、感染を免れなかった。あるとき、私はネグロポンテも出席するMITでの講演会に参加し、教育向けテクノロジーについて苦労して学んだ教訓について述べた。ネグロポンテは私の話が気に入らなかったらしく、攻勢に出た。だがその攻撃があまりにも自信と確信に満ちていたので、私は耳を傾けながら、説得される気分になっていた。だって、子どもたちは実際、好奇心旺盛なものだろう？　使いやすいおしゃれなノートパソコンで自己学習しないわけなんてあるだろうか？

だがテクノロジーについての誇大広告が次から次へと出てくる中、そこに徹底した裏付けがないことに私は気づかずにはいられなかった。それは批判的思考に遭えばすぐに崩壊してしまう、からっぽのスローガンにすぎなかったのだ。

子どもは生まれながらの学習者であり、ちゃんと設計されたガジェットを与えれば自己学習するというネグロポンテの主張を見てみよう。その破壊的な側面は、魅力のひとつでもある。ピンク・フロイドの歌詞が思い浮かぶ。「教育なんかいらない。思想統制なんかいらない」。だがちょっと見ただけで、真実は異なることがうかがえる。テクノロジーを与えて一人にしておくと、教育系ソフトを立ち上げる子どもは少ない。本当にやりたいのはゲームなのだ。十代になっても、それはあまり変わらない。ロサンゼルスで実施されたiPadプログラムは、上級生たちがタブレットのセキュリティソフトをハッキングして、ゲームやソーシャルメディアにアクセスできるようにした時点で早々に破綻してしまった。[22]

もうひとつ、もてはやされていながらも期待に応えられていないプロジェクトが「ホール・イン・ザ・ウォール（壁の穴）」だ。このプロジェクトの中心的提案者は、ニューカッスル大学で教育工学教授を務めるスガタ・ミトラ。彼は、ニューデリーのスラムで壁に耐候性のパソコンを埋めこんだときのことを語って聴衆を喜ばせる。誰も指導していないのに、子どもたちがパソコンを使い始めたのだ。彼らは自分たちでソフトを立ち上げ、絵を描き、インターネットを使うことを覚えた。その後の調査で、ミトラは彼の考案した「最少介入教育」によって貧困地域の子どもたちが完全な自己学習で英語と分子生物学を学べるようになったという驚異的な主張を述べている。[23] ミトラはその後世界的に有名な講演者となり、二〇一三年のTEDアワードを受賞した。

だがミトラの「ホール・イン・ザ・ウォール」の現場を訪れてみると、パソコンが使われていないか、機能していないか、年長の男の子がゲームをするために占領しているかだということに気づくだろう。(24) オランダのロッテルダムにあるエラスムス大学でメディア・コミュニケーションを教えるパヤル・アローラ教授がある村で見たのは、評判のコンピューターがあるべき場所に「空間がぽっかり三つ空いた、コンクリートの構造物」があるだけという光景だった。コンピューターが設置されて数年も経つと、「生徒も含めて［村の］ほとんどの人が、プロジェクトのことを忘れてしまっていた」。地元のある教師は、「男子生徒が何人かこの場所を使っていたのは覚えているけれど、ゲームとかそういうのをするためだけだったよ」と語ったそうだ。こうした現実を突きつけられ、ミトラは態度を和らげ、「屋外に設置されたパソコンを自由に使えるだけがすべてだと示唆するのは、当然間違っている」と認めた。(25)

テクノロジーに特に注力しているわけではない経済学者のロバート・フェアリーとジョナサン・ロビンソンが二〇一三年におこなった調査は、子どもはデジタルで自己学習をするという非現実的な考えを石棺に押しこめて上から重い蓋を閉める結果を出した。アメリカの六—一〇年生の生徒一〇〇〇人以上を対象に実施した実験で、無作為に抽出してノートパソコンを二年間与えた生徒はたしかにパソコン利用に時間を費やしたが、その内訳はゲームやSNS、その他の娯楽だったことが判明したのだ。そしてこれらの娯楽活動に理論上どのようなメリットがあったとしても、現実にはノートパソコンを与えられた生徒が「成績、共通テストの結果、獲得した単位、出席率、態度など、ありとあらゆる教育的成果について」、自宅でパソコンを使えない生徒から成る対照群と比べて特に良かったということはなかった。(26) つまり、テクノロジーを自由に使えるようにしても、教科書を自由に使えるようにする以上に学習に影響を与えることはできないのだ。

テクノロジーの信奉者は、こうした調査結果を無視する。その代わりに、親の不安を食い物にするのだ。ダンカン教育長官は、「テクノロジー対応力は、グローバル経済の仲間入りをするための必須条件だ」と主張し、コンピューターなしに育つと子どもが不利益をこうむると示唆している。[27]

だが、競争力を身につけるために、生徒たちがテクノロジーにどっぷり浸かる必要はあるのだろうか？ダンカン自身が、そうではないことの証明だ。本人も認めていることだが、彼は「テクノロジー欠乏家庭」で育っている。彼が幼いころ、家にはパソコンどころかテレビさえなかったのだ。[28] 今四五歳以上のリーダーたちはほとんどそうだが、ダンカンも若いころデジタル・テクノロジーに触れてはいなかった。それでも、二一世紀現在の彼の実績を、母親は誇りに思っているだろう。

世界でもっとも信頼のおける教育基準に則って集められた長年におよぶデータによると、教室におけるテクノロジーは好成績とはほとんど関係がない。「生徒の学習到達度調査（PISA）」という、正規教育のオリンピックのようなものがある。参加各国は国内の一五歳を対象に標準化テストを実施し、複数の科目について国同士の比較ができるようにしている。韓国はハイテクでもあり、成績も優秀だが、フィンランドと中国はローテクな取り組みにもかかわらず、他国をしのぐ好成績を常に出している。[29] 二〇一〇年の報告で、PISAの分析者は「要するに、学校制度の品質はそこにいる教師の品質より良くはならず」、コンピューターを含むどのような教育リソースが使えても関係ない、と述べている。[30]

ツイッターの使い方は誰でも覚えられる。だがどのような媒体を使うにしろ、説得力のある議論を構築して展開するには思考力と文章力、そしてコミュニケーション力が必要だ。[31] これらの能力は携帯メールや電子メール、パワーポイントの利用を通じてますます表現されるようになってきてはいるが、それらのツールに教えられたものではない。同じように、コンピューターの「使い方」を覚えるのは簡単だが、会計や工学に必要な基本的数学能力には、問題を繰り返し解くことで身につくしっかりとした基礎がなければならない。そうした基礎は、コンピューターがあろうがなかろうが容易に身につけられるものだ。つまり、現代社会のデジタル機器を使えるようになること（テクノロジーの進歩のおかげでどんどん手に入れやすく、使いやすくなってきている）と、情報時代に求められる批判的思考力を身につけること（学ぶのが難しく、そのため大人のすぐれた指導が必要となる）との間には、大きな違いがあるということだ。どちらかといえば、今ある最新ツールの使い方をマスターするほうが無駄だろう。明日になれば、もっと新しいツールが出ているのだから。

賢明な親が知っていること

二〇一三年の春に一カ月ほど、私はシアトルにある私立レイクサイド・スクールで毎朝過ごしていた。この学校の生徒は、太平洋岸北西地区のエリート階級の御曹司ばかりだ。赤レンガの美しいキャンパスはまるで名門大学《アイビーリーグ》のようで、学費も名門大学並みにかかる。自慢の卒業生の一人としてビル・ゲイツを輩出したこの学校が、テクノロジーに不足することは絶対にない。教師は宿題を学校のイントラネットに載せるし、クラスのコミュニケーションはメールでおこなわれる。そしてどの生徒もノートパソコンを持ち歩き（必須だからだ）、スマートフォンを持っている（こちらは必須ではない）。

この状況を鑑みて、子どもにもう少し後押しが必要だと思った場合、親はどうするのだろうか？　私はここで教えている友人の代理講師として来ていたのだが、教え子たちの成績はさまざまだった。何人かは、微積分学の上級クラスに入っていた。彼らは勉強熱心だったが、難しい問題に取り組む際の相談相手を必要としていた。ほかの生徒は、厳しい課外活動がときに負担となり、幾何学や代数で苦労していた。私は彼らと一緒に教材を見直し、課題をやりながらヒントを出していった。ほかには、指導をまったく必要としていない生徒たちもいた。彼らは宿題を期限までにやるよう、ちょっと突っついてやればいいだけだった。こうした違いはあるものの、どの生徒にも共通する事実がひとつだけあった。彼らの親は、大人による指導に対価を払っているのだ。

私が指導していた内容は、数学関連のウェブサイトや無料のカーン・アカデミーの動画を見ればわかることばかりだ。そしてどの生徒も、インターネットがいつでも使える環境にある。だがそれだけのテクノロジーに囲まれていても、そして生徒と教師の比率が九対一という贅沢な少人数制の学校に通っていても、親が子どものために求めるのはさらに大人の指導が入ることだった。非常にめぐまれた人生を送るレイクサイドの生徒たちでさえそうなら、世界中にいるめぐまれない子どもたちにはなおさら、大人の指導が必要なのではないだろうか。

ギリシャ神話の英雄ヘラクレスは、自らが犯した罪を償うために数々の試練を与えられた。この試練の知識バージョンがあったとすれば、近代教育がそれにあたるだろう。高校を卒業するまでに生徒は六万語を覚え、『アラバマ物語』を読み、ピタゴラスの定理を学び、国の歴史を知り、顕微鏡を覗かなければならない。さらに進んだ生徒はギリシャ悲劇を読み、微積分学の原理を再認識し、ゲティスバーグの演説を暗記し、重力を測れるようにもなる。言ってしまえば、生徒たちは歴史上の偉大な思想家たちが何世紀もかけて思いついた発見、もっとも深い思考を、たった一二年で再構築しなければならないのだ。

これは遊び半分にできることではなく、指導に基づく動機づけが必要だ。どれだけ派手でインタラクティブな図や絵が教材についてきたとしても、子どもがその科目を消化するという自分の中での困難な作業をおこなわなければ意味がない。子どもがやり通すためには学校にいる間中、一年のうち少なくとも九カ月は指導と励ましが常に必要で、それが一二年続けられなければならない。エレクトロニクス技術には、そのような任務は到底達成できない。それどころか、きらびやかなご褒美やわかりやすいアメをちらつかせて生徒を本当に必要な努力から引き離してしまう。子どもの教育の質における本質は昔も今も、思いやりと知識に裏付けられた大人の注目だ。

奇跡かまぼろしか?

そうは言っても、テクノロジーが絶対に教育の役に立たないなどということがあるはずはない。それでは私のチームがマルチポイントの試験運用で学んだ事実とも、正式な実験によってテクノロジーの価値が証明されたほかの数々のプロジェクトの結果とも矛盾してしまう。テクノロジーを与えられた生徒が与えられなかった生徒よりも多くを学んだことを示す信頼できる調査結果は、いくらでもあるのだ。

実際、ネグロポンテの言葉に説得力があるのは、彼自身が深い信念に基づいて語っているからだ。彼は、自らの言葉を心から信じている。ネグロポンテの根拠には、過去に彼がカンボジアのある地方の村で、ノートパソコンを二〇人の子どもたちに衝動的に寄付した出来事が関係している。生徒たちとその家族がパソコンを有効活用していることをネグロポンテが知ったときに、「ワン・ラップトップ・パー・チャイルド」が生まれたのだった。(32)

そして、テクノロジーに関しては決して夢想家ではないカリフォルニア大学アーバイン校のヴァルシャウアー教授も、一人一台のノートパソコン・プログラムが実施されたアメリカの学校の一部では、生徒の作文能力が伸びたことを発見している。生徒たちはもっと文章を書き、もっと見直し、もっと教師からのフィードバックを受けるようになっていた。(33)

それに、私の鼻先にぶら下がっている証拠のこともある。研究科学者として私自身が学ぶ際に、テクノロジーが果たした役割という証拠だ。わざわざ図書館まで行かなくても論文を調べられるのはインターネットのおかげだ。地球の反対側にいる研究仲間と連絡が取れるのは電子メールのおかげだ。そしてとっくに忘れてしまったり一度も勉強したことがなかったりする事柄について知ることができるのは、ウィキペディアのおかげだ。

そういうわけで、テクノロジーは役に立つ場合もある。だが、もっと大きな社会問題を正すのに必要な一貫性まではない。マルチポイントで見られた経験は、私のチームがおこなっていたほかのすべてのプロジェクト――農業、医療、ガバナンス、起業家精神――でも繰り返された。一方で、なにかしらのメリットがあるイノベーションを生むのは簡単だった。だが他方では、その同じイノベーションが大規模なメリットにつながることはほとんどなかった。どうしてだろう？　これは大きなパラドックスだった。私はなぜ、そしてどうして電子機器が社会変化に貢献できるのか――あるいはできないのか――を説明できずにいた。

実際、現代社会を全体として見ると、テクノロジーの社会的影響について考えるためのすぐれた枠組みが欠けている。子どものころ、生物の授業では体の仕組みを習い、社会の授業では政府の仕組みを習った。だがコンピューターの授業では電子機器の使い方を習うだけで、それが私たちにどのように影響するのかは教えてもらえない。大人になった今、フェイスブックがアラブの春を引き起こしただの、最新の iPhone を買う長蛇の列ができただの、国家安全保障局がメールの盗み見をしているだのといったニュースが氾濫している。だがテクノロジーの総合的な影響についての総意は、いまだに存在しない。

インドで五年目を終えようとしていたころ、私はひとつの仮説を思いつきつつあった。個別の成功をほかで再現するのが難しいという、一見矛盾する状況を説明することはできるはずだった。だがソフトウェアを核とする会社で働いていた私は、どうしてもテクノロジーの勝利を願わずにはいられなかった。テクノロジーの価値を疑うのは、不誠実に思えたのだ。作家アプトン・シンクレア〔アメリカの生肉産業の実態を告発する小説『ジャングル』を出版した小説家〕はこう語っている。「人になにかを理解させようとするのは難しい。特に、それを理解しないことで給料をもらっている場合には[34]」。私も少し距離を置く必要があったし、考える時間が必要だった。そこで私は二〇一〇年の初めにマイクロソフトを辞め、バークレーの情報大学院に入学した。学長のアナリー・サクセニアンが研究奨学金を用意してくれた。この大学院では、学生たちはテクノロジーを生み出すだけでなく、それが社会にどのような影響を与えるかも研究していた。テクノロジーの影響は複雑なものだが、それがいい影響のときと悪い影響のときを知る簡単な方法を見つけ、事前に察知する方法も見つけるのが私の目標だった。

第2章

増幅の法則

――テクノロジーの社会的影響についてのシンプルで強力な理論

ナッカルバンドは、インドのバンガロール南部にある小さなスラムだ。上流中産階級が暮らすジャヤナガール地区の中に隠れたナッカルバンドは、都会にありがちな強引な道路建設に伴う伐採を免れた巨大な古木の枝に覆われた、たった一本のまっすぐな路地を中心に形成されている。未舗装の道はプラスチックごみであふれ、ときにはネズミの死骸まで転がっている。だがスラムとしては、まあまあうまくやっているほうだろう。ほかのスラムで見られるような木の枝とビニールシートで作った間に合わせの掘っ建て小屋の代わりに、ここの住居はほとんどが一部屋か二部屋ある軽量コンクリートブロックの建造物だからだ。住民たちはもう何十年も前からここに住んでいる。

ここは私が二〇〇四年終盤にインドに引っ越してから間もなく、毎週土曜日を過ごすようになった場所だ。「ストリー・ジャグルティ・サミティ」（女性エンパワーメント協会）という非営利組織でボランティアをしていたのだった。リーダーはジータ・メノンという名の中年の女性で、いたずらっぽいくすくす笑いと瞳の輝きは、たとえ疲れて肩が落ちていてもそこなわれることはなかった。彼女はもう一五年以上活動家として働いてきて、複数のスラム・コミュニティで女性と女の子の組織を作っている。女性ばかりの集団で警察署に怒鳴りこんだことも一度や二度ではない。たとえば、腐敗した食糧配給業者に対して警察が行動を起こすよう訴えたりするのだ（インドでは、食糧配給店が補助付きの食糧や灯油を貧困ライン以下の貧しい家庭に売ることのできる認可を受けているが、しばしば、ほかの小売業者に在庫を売って儲けを得ている）。

メノンの提案で、私は女の子を対象にコンピューターの使い方を教えることになった。彼女たちが話す言葉はヒンディー語もカンナダ語もタミル語もどれひとつとして私には操れなかったので、通訳兼助手として大学生を一人雇い入れた。授業初日、パステルカラーの民族衣装《サルワカミーズ》に身を包んだ十代の少女が八、九人、地域活動のために確保された窓のない小さな建物に集まってきた。私は持参したノートパソコンを、笛を吹く青い肌のクリシュナ神の絵が入った額縁の下に据えた。

これからパソコンの使い方を勉強します、と助手を通じて私が言うと、少女たちは目を丸くし、教室中に歓喜の悲鳴を響き渡らせた。その後数週間にわたって私は文書作成、パワーポイント、表計算といったソフトの基本動作を実演して見せた。最初のうちはただカーソルを動かし、タッチパッドを使い、クリックしてアクションを起こすような簡単なことにも仰天していた彼女たちだったが、目新しさはすぐ、慣れに取って代わられた。そしてほどなく、お絵かきソフトを次に誰が使うかでケンカするようになった。世界中のパソコン初心者と同じように、彼女たちも文字を思いつく限りの色やフォントに変換するのが楽しくてしょうがないようだった。その熱狂ぶりがこちらにも伝染し、私はこれから先の授業が楽しみに思えた。

だが三回目か四回目の授業で、私たちは壁にぶつかってしまった。生徒全員が英語でもカンナダ語でも自分の名前を打てるようになったが、それ以上何かを書くことには誰も興味を覚えなかったのだ。パワーポイントは、こじゃれた３Ｄの文字を書くためのソフトとしてのみ認識された。表計算に至っては、数列を自動計算する機能にただならぬ何かを感じた二人の少女を除く全員にとって、退屈きわまりないソフトだった。私たちは授業を教育的かつ楽しい内容にしようと計画していたのだが、現実には、「楽しい」以上の領域に到達するのは難しかった。

少女たちの私生活について知るようになると、どうして授業がそんな状況になってしまったのかが少しずつわかってきた。彼女たちの一日は、学校と仕事とでびっしり埋まっていたのだ。学校の外では、少女たちは中流階級の家庭で家政婦として働いていた。大人としての責任を山のように負わされた彼女たちは、パソコン教室をがんじがらめの生活の中での息抜きととらえていたのだ。その息抜きの一環として、授業のあとに居残って私に伝統的な遊びを教えてくれる子もいた。だが真剣に取り組んでいる趣味について話してくれた子はいなかったし、将来についての考えといえば、もっぱら自分が誰と結婚させられるかということばかりだった。メノンの精一杯の努力にもかかわらず、一四、五歳は結婚する年齢としてはごく一般的だった。少女たちはすぐに家庭に入ることを期待され、八年生か九年生を過ぎても学業を続ける女の子はほとんどいなかった。

メノンと私はもともと、このパソコン教室をきっかけに少女たちが家政婦以外の仕事に就けるようになればというかすかな希望を持っていた。だがごく初歩的な仕事でも雇い主はまずちゃんとした学歴を欲しがり、次にホワイトカラーに必要なソフトスキル〔コミュニケーション能力やリーダーシップ能力などの人的スキル〕があって初めて、パソコン能力を求める。週に一回程度の授業――保護者たちがそれ以上は許してくれなかった――では、プログラミングやデータ入力のような、もっと仕事につながるような技術を教えられるはずもなかった。

最後の授業のときには少女たちを地元のインターネット・カフェにも連れて行ってみたが、そこから先につながるような価値を生み出すことはできなかった。そこはインド都市部のネットカフェにありがちな、時代遅れのウィンドウズが入った古いデスクトップ・パソコンが二、三台あるだけの薄汚い場所だった（二〇一三年になっても、インドのインターネット・カフェではウィンドウズ98が一般的だ）。一〇ルピー（約二〇セント）出せばネットにつながったパソコンを一時間使えるが、得られるサービスは値段並み。グーグルのトップページが立ち上がるまでに三〇秒はかかることもある。のちに公式な調査を実施した際、私の調査チームの一員だったニンミ・ランガスワミーが報告したところによれば、インターネット・カフェの顧客層は主にチャットやビデオゲーム、ポルノ閲覧目的の若い男性で、そのために個室を設置しているところが多いとのことだった[1]。こうしたことからインドの家庭ではネットカフェを低俗な場所とみなしており、女性や女の子が行くような場所ではないと考えられていた。

それでも、パソコンとの出会いによっていくつかの予期していなかった影響が生まれた。表計算に魅了された二人の少女たちは、もっと働くようにという親からの圧力にも負けず、できる限り長く学校を続けると誓った。このテクノロジーを活用するためには、もっと知識が必要だと気づいたのだ。だが逆に、数週間で教室をやめてしまった子も一人いた。花嫁持参金《ダウリー》が高くなってしまうから、あまり賢くなってほしくないと親に言われたのだそうだ。息子を持つ家庭は、花嫁持参金をまるで妻を養う費用の手付金かのように考えている。教育を受けた嫁は結婚に対する期待値が高く、そのぶん扶養費も多くかかるのではないかと恐れているのだ（男性中心な考え方はさておいて、この伝統的な計算方法は教育を受けた妻なら自ら収入を得ることができるという可能性をまったく考慮していない。インドでは教育を受けて働く女性がますます増えているのだが）。

パソコン教室については公式な調査項目として考えていなかったので、実施結果の詳細な追跡はおこなわなかった。だが今にして思えば、その後実施した調査で得られた結果の予兆がこの教室には見られていたのだ。テクノロジーを取り巻く初期の楽観主義、現実に直面したときに生まれる疑念、複雑に入り組んだ成果、そして社会的な力の避けがたい役割という予兆が。

テクノロジーと社会の熾烈な世界

テクノロジーは強力なものだが、インドではっきりわかったのは、社会問題にガジェットを投げつけても効果がないということだった。アメリカに帰国した私は、その理由を理解しようと動き出した。コンピューター科学者である私が受けてきた教育には数学とテクノロジー関連の知識はふんだんに含まれていたが、自分の専門分野についての歴史や哲学関連の情報はほとんど含まれていなかった。これは、科学・工学系カリキュラムのほとんどに見られる大きな欠陥だ。今何がうまくいくか、明日何がうまくいくかに固執するあまり、過去について学ぶことをほとんどしないのだ。

そこで、私はカリフォルニア大学バークレー校で、テクノロジーと社会のさまざまな側面について研究してきた多くの教授たちから話を聞いた。大学中の図書館で、埃にまみれた何巻もの資料を何時間もかけて調べもした。そうして学んだことをここに紹介しよう。

理論家という人種には細かい分類がいくつもあるが、ざっくり四つの陣営に分かれる。テクノロジーの夢想家、テクノロジーの懐疑論者、文脈主義者〔ある概念が、特定の脈絡との関連でのみ意味を持つとする考え方〕、そして社会的決定論者だ。それぞれについてはこれから説明するが、特筆すべきは、学者たちが猛烈に議論を戦わせるという点だ。たとえば、経済歴史学者ロバート・ハイルブローナーはこう書いている。「ある意味で機械が歴史を作るという事実は……当然、明白である[2]」。この考え方は、テクノロジー決定論と呼ばれる。テクノロジーが社会的結果を決定づけることを示唆しているからだ。だがこれを明白とみなす者がいる一方で、揶揄する批判もある。哲学者アンドリュー・フィーンバーグは皮肉めいた同情をもって反論し、こう述べた。「決定論が示唆する内容はあまりにも明白なため、［その前提が］精査に耐えないことが明らかになるというのは驚きである」[3]。

このように議論は多いものの、合意が多いのもまた事実だ。夢想家たちはテクノロジーにマイナスの影響があり得ることを認めているし、懐疑論者たちもテクノロジーの利点は認めている。この四つの陣営を対立させるもっとも大きな要因は事実ではなく、気質の違いなのだ。

夢想家の見分け方

『スタートレック』の未来では、テクノロジーの進歩によって地球は少なくとも人類に関する限り、戦争や飢餓、病気、紛争から解放されている。物質を複製するレプリケーターや希少鉱物ダイリチウムの結晶のおかげで、食糧もエネルギーも無料だ。争いの種がないため、平和と平等主義が世界中に広まっている（だからこそ、展開のきっかけとして多種多様な異星人が必要となるわけだ）。『新スタートレック』のジャン＝リュック・ピカード艦長は、映画『ファースト・コンタクト』の中でこう説明している。「富の獲得はもはや、我々の人生の原動力ではない」[4]。つまりあと数世紀もすれば、先端技術は経済そのものをすたれさせるということだ。代わりに、人々はもっと壮大な目標に注力することができるようになる。「我々は、自分と人類すべてをより良くすることに向けて努力するのだ」。

『スタートレック』はフィクションだが、そのテクノロジー夢想主義はかなり現実的だ。マサチューセッツ工科大学で設立されたデジタル技術の研究・教育を目的とする機関、ＭＩＴメディアラボ創設者のニコラス・ネグロポンテは間違いなく夢想主義者だろう。グーグルの会長エリック・シュミットも同様だ。ジャレッド・コーエンとの共著『第五の権力』で、彼はこう述べている。「世界中で生活の質を改善するためにできる一番良いことは、インターネット接続性《コネクティビティ》を促進し、テクノロジーによる機会を増やすことだ」[5]。さらに、作家クレイ・シャーキーのようなテクノロジー応援団長も、「テクノロジーがどうやって消費者を協力者に変えるか」という副題の著書でチーム・デジタルを応援している。(6) エンジニアやコンピューター科学者の中にも、同じ意見を持つ者は多い。一昔前、若者たちが「世界を変えたい」「影響をおよぼしたい」と思えば、平和部隊《ピースコー》に参加したものだ。今だと、彼らはシリコンバレーに引っ越す。ピカード艦長が語る無欲の未来の基礎を築こうと夢見ているのだ。

夢想家たちは、テクノロジーが本質的に正義の力だと信じている。テクノロジーが文明を形作り、テクノロジーが多ければ多いほどいいと信じているのだ。そして、一見反論の余地がなさそうな証拠も示している。現代医学、空調設備、安価な交通手段、そしてリアルタイムでの通信といった技術の進歩のおかげで、中流階級の人々は一世紀前には王侯貴族でさえ手に入れられなかった質の高い生活を楽しむことができている。歴史上の時代がテクノロジーにちなんで名付けられているのには理由がある、と彼らは言う――青銅器時代、鉄器時代、工業時代、そして情報時代。人類の文化が印刷機の発明以降に大きく発展したのにも理由があるのだそうだ。

だが主張は多々あれど、夢想家たちをもっとも強く結びつけているのは彼らのテクノロジーに対する感情だ。彼らはテクノロジーを愛し、もっと多くのテクノロジーを欲している。彼らの多くがどのような問題でもなにかしらの発明で解決でき、その発明はもう今にも生まれるはずだと信じている。その問題が貧困であれ、悪政であれ、異常気象であれ、彼らは口をそろえてこう言う。「人類の創造力には限界がない」、そして「テクノロジーというレンズを通してみれば、乏しい資源などほとんどない」。(7) ガジェットまみれの彼らテクノロジー夢想家たちは政府や市民社会、従来型の企業のような社会制度を一蹴する。そうした制度は鈍重か、金がかかるか、時代遅れか、あるいはそのすべてを兼ね備えているかだ、と哀れむのだ。

私自身その一人だったから、夢想家たちには共感できる。ナッカルバンドでパソコン教室を始めたとき、私はテクノロジーが暮らしを良くしてくれるはずだと期待していた。そして、研究ではテクノロジーを使って貧困を軽減できる方法を探していた。

気難しい懐疑論者

だが時間が経つにつれ、私はテクノロジーだけでは決して成果が得られないことに気づき始めた。インドのマルチポイントであれアメリカのノートパソコンであれ、新しい機器の開発と普及は必ずしも社会的進歩を引き起こしはしなかった。

テクノロジーの懐疑論者は、『スタートレック』的未来のさまざまな側面が今すでにここにあることを、わざとらしい咳払いとともに指摘する。農業技術のおかげでアメリカは全国民を養って余りあるほどの食糧を自給することができているし、食べ物の値段は安い。にもかかわらず、アメリカでは常に五〇〇万人近い子どもが安定した食事を得られずに苦しんでいる。(8) 実際、食糧は世界の全人口を養って余りあるほどなのだが、それでも飢えの問題はなくなっていない。世界中で、八人に一人が栄養失調だ。つまり、八億四〇〇〇万人が必要な食事を取れていないということになる。(9) 明らかに、テクノロジーの豊かさはすべての人にとっての豊かさにはなっていない。

懐疑論者は、テクノロジーが過剰にもてはやされており、しばしば破壊的影響を引き起こすと信じている。『ネット・バカ』の著者ニコラス・カーは、ハイパーリンクされた高速インターネットは私たちの深い思考力を削ぐだけでなく、甘い歌声で船員を魅惑して船を座礁させる妖精セイレーンのように、私たちを罠にかけるのだと警告する。「私たちは使っている機器が自分にどのような影響を与えるか警戒してはいるが、それでもどんどん使っている」。彼の著書は不吉にも「インターネットがわたしたちの脳にしていること」という副題がつけられている。エフゲニー・モロゾフは著書『ネットの妄想──インターネットの自由に隠された邪悪な側面 *The Net Delusion: The Dark Side of Internet Freedom*』で、インターネットが抑圧的政権の力を抑えこむどころかむしろ助長する無数のケースを紹介している。たとえば中国では、ソーシャルメディアは共産党のプロパガンダを広めるツールに使われている。アゼルバイジャンでは、投票所に設置されたウェブカメラを恐れた市民が国の支持する現職候補にしか投票できなかった。[10] イランでは国家警察の長が、抗議行動の抑えこみ方についてぞっとするようなことを言っている。「先端技術のおかげで、陰謀者を特定することができる」。[11]

テクノロジーの懐疑論者は、意図せぬ結果について指摘する。哲学者ジャック・エリュールは、一九六五年にはすでに情報過多の危険性について警告していた。「過剰なデータが読者または視聴者を啓蒙するものではないことは明白な事実である」とエリュールは書いている。「むしろ、情報に溺れさせてしまうのだ」。[12] ニール・ポストマンは、放送メディアが「死ぬほど愉しませる」文化を創り出していると言う。[13] それはたとえばギリシャ神話に出てくる忘我の実「ロートス」を食べて安逸をむさぼる人々や、オルダス・ハクスリーの『すばらしい新世界』に出てくる「ソーマ」という薬で強い幸福感を得る人々のようなものだ。ハーヴァード大学の教授シーラ・ジャサノフは、気候変動が化石燃料を大量消費するテクノロジーの副作用であると指摘する多くの人々の懸念を代弁している。[14] ちなみに、デジタル技術は二酸化炭素の排出に衝撃的なほど大きく貢献している。ある調査によれば、二〇〇七年には世界中の二酸化炭素排出量の三パーセント、そしてすべての電力使用量の七・二パーセントが電子機器によるものだったそうだ。[15] 二〇一三年のアメリカでは、オンラインコンテンツを保存・配信するデータセンターだけでも国中の電力使用量の二パーセントを占めていた。[16] これらの数字はいずれも、今後増えることが予想されている。[17]

悲観的な懐疑論者がいる一方で、テクノロジーが倫理的価値や政治的価値を体現するという夢想家たちの信念を共有する者は多い。しかし夢想家たちがより大きな自由と繁栄を見るのに対し、懐疑論者たちは弱点や愚かさ、腐敗を見るところが両者の違いだ。工場や組み立てラインの経済的効率は、非人間的な社会につながる。ハイテクな娯楽は、なんでもかんでも売れるか売れないかだけで判断するよう私たちに求める。ソーシャルメディアは、私たちを「継続的な部分的注意」の囚人へと変えてしまう。[18]

現実世界における行動に関して言えば、懐疑論者は夢想家に比べると団結が弱い。彼らは現代のテクノロジー懐疑派から派生しており、テクノロジーを破壊したがる者からスマートフォンを手放せない者まで幅広い。極端な例は作家で活動家のデリック・ジェンセンで、「毎朝目を覚ますたびに、今日は文章を書こうか、それともダムを爆破しようかと自問する」ような人物だ。[19] カーは抵抗を呼びかける詩人の声を引合いに出し、「我々は、コンピューター技術者やソフトウェア・プログラマーたちが我々のために作成している未来に向かって一歩ずつ進んでいくことはしたくない」と願っている。[20] また、中にはただお手上げだと諦める者もいる。エリュールは簡単な解決策を見つけられなかった一人だ。「問題はそれを排除することではなく、自由な行動により、それを超越していくことだ。だがどうやってそれを成し遂げるのか？ 私にはいまだにわからない[21]」。

良くもない、悪くもない、中立でもない

夢想家も懐疑論者も人目を引きそうな美辞麗句を述べるが、もっとも理性的な人々は、現実が『スタートレック』でも『すばらしい新世界』でもないことを見抜いている。現実はおそらく、両方の融合なのだ。テ

クノロジー史研究家メルヴィン・クランツバーグは、テクノロジーの明白な矛盾を受け入れている。一九八六年に彼はこう書いた。「テクノロジーは、良くも悪くもない。かと言って中立でもない」[22]。この謎めいた表現はおそらく、現代のテクノロジー研究者たちの間でもっとも一般的な見方ではないだろうか。つまり、成果は前後関係という文脈に左右されるということだ。テクノロジーからはプラスの影響もマイナスの影響も生まれる。テクノロジーと人とが複雑な形でかかわりあっているからだ。

だが文脈主義者の説明も啓発的とは言い難い。文脈《コンテクスト》に依存すると言うだけなら、ほとんど何も言わないのに等しい。そこから得られる結論は「さらなる研究が必要である」「ケースバイケースである」または「微妙である」といったものばかりで、それはつまり「あまりにも複雑すぎて、意味のある一般化などできるはずがない」と言うのを浮世離れした言い方で表しているだけだ。ある文脈主義的理論の主唱者はこう述べている。「説明は、記述から得られるものではない」[23]。

人的要因

夢想家、懐疑論者、文脈主義者はそれぞれに少しずつ正しい。私がインドで担当した五十数件のテクノロジー関連プロジェクトは、幅広い成果を生んだ。その中のいくつかは、人々の暮らしを改善することもできた。夢想家たちが大喜びするだろう。だがいくつかは、時間と資源の無駄だった。懐疑論者たちが「ほら見ろ」と言うだろう。そして大半は調査プロジェクトとしては成功したものの、そこから先の利点については限定的な成果しか上げられないという中間地点に落ち着いた。これには文脈主義者たちが同情とともに頷くだろう。

だが、これらの成果を解釈する方法がほかにあるのではないだろうか？　調査結果になんらかの構造を見出そうとする中で、本当の意味での影響として三つの要素が見えてきた。

第一の要素は、研究者の熱心さだ。これは研究の成果に対する熱心さではなく、具体的な社会的影響に対する熱心さを指す。私が監督したすべてのプロジェクトのうち、もっとも多くの人々の人生に今も影響を与え続けているのが「デジタル・グリーン」というものだ。これは地元の農家を取材したハウツービデオで、ほかの農家がより良い農業について学ぶ教材として使えるようになっている。現在、インドの農村開発省はこの「デジタル・グリーン」を国内一万の農村で配布しているし、アフリカのエチオピア政府でも実験を始めている。こうしたことはすべて、プロジェクトを主導してくれたリキン・ガンジーの力なくしては実現しなかった。ガンジーは才能あふれる人物だが、特に秀でているのが小規模農家を支援したいというひたむきな情熱だ。むやみに複雑な電子機器を作る代わりに（余計な機能が大好きな技術者たちがやりがちなことだ）、彼はシンプルな既成の機器にこだわった。そして「デジタル・グリーン」の有効性を確立したあとは研究職を辞し、自ら非営利組織を立ち上げたのだ。社会的影響に対するガンジーの献身的な努力がなければ、「デジタル・グリーン」は単なる調査報告書以上のものにはならなかっただろう。

第二の要素は、パートナー組織のやる気と能力だ。私の研究グループでは、地元コミュニティと良好な関係を築いている、有能で善意に満ちたパートナーを探すようにしていた。だがときには相手を見誤り、その機能不全によって活動を妨害されたこともある。とあるプロジェクトで、私たちはボンベイ（ムンバイ）から三時間の農村地域にある、サトウキビの協同組合と手を組んだ。この組合の通信インフラを改善し、接続不良の古いパソコンを低価格な携帯電話に交換したのだ。新しいシステムがうまく機能し、農家たちは大喜びだった。協同組合がそれをちゃんとすべての村に展開していれば、毎年何万ドルもが節約できたはずだった[24]。だが組織内部の対立により、パイロット以降の展開が実現できなかった（そして研究者である私たちには、不和を調停しようとするだけの忍耐力と魅力が欠けていた）。結局、テクノロジー自体は完璧に機能していたのに、組織内の政治的問題が展開を阻んだのだ。すぐれたテクノロジーがあったとしても、いいパートナーがいなければ意味がない。

三つ目の要素は、対象となる受益者だ。彼ら自身に、与えられたテクノロジーを活用しようという欲求と、それができるだけの能力が必要となる。ときには、それがないこともあるのだ。インドでは、基本的医療や衛生が不足している貧しい人々を対象に活動したことがある。問題を解決するため、適切な時期に適切な情報を提供すれば役に立つだろうと私たちは考えた。だが受益者候補の彼らは、どれほど簡単なアドバイスも聞き入れてはくれなかった。女性は苦いからという理由で鉄剤を飲んでくれなかったし、家庭では余計な手間だからという理由で水を煮沸してくれなかった。父親はたった五〇ルピー（約一ドル。一日分の稼ぎに相当する）の治療費を惜しんで幼子を病死させた。だが彼らはある意味、運動をして健康的な食事をしたほうがいいとわかっているのに実行しない私たちとなんら変わるところがない。ショートメッセージや自動音声案内、楽しい教育ビデオやインタラクティブなアプリでいくら情報を提供しても同じことだ。テクノロジー単体では、社会的無気力も心理的無気力も打破することはできなかった。

これらの要素は、文脈主義者たちが正しいと示唆している。実際、前後関係は確実に重要なのだから。だが三つの要素は、人的関係が一番重要であることを指摘している。あるいは見方を変えるなら、テクノロジー関連のプロジェクトであるにもかかわらず、テクノロジー自体が決定的要因にはなり得ないとも言える。もちろん、すぐれたデザインは悪いデザインより勝っているのだが、一定の機能性を超えると、技術的設計は人的要因よりもはるかに重要性が低くなる。[25] 適切な人材であればまずいテクノロジーでもなんとかうまくやれるが、適切ではない人材はすぐれたテクノロジーであってもだめにしてしまうのだ。

これは、テクノロジーと社会についての研究における第四の陣営、ときに「社会的決定論者」と呼ばれる理論にあてはまる。[26] このバリエーションとして、「テクノロジーの社会的構造」やテクノロジーの「機能的観点」というものもある。これらに関連する理論の数々は、テクノロジーが人によって作られ、人によって使われるものだという点を強調する。テクノロジーの形、その使用目的、そこから生まれる影響を決定づけるのは人だ。社会的決定論は、行動を起こして意志決定するのは人であるという単純な事実を基盤としている。テクノロジーに決定権はないのだ。[27]

だが社会的決定論が常識だとしても、それだけではまだ十分ではない。新たなテクノロジーの結果としてどの程度の変化がもたらされるかについてほとんど教えてくれないからだ。そのため、私は社会的決定論者には親近感を覚えたものの、まだ何か欠けているような気がしていた。

ちんぷんかんぷんなテクノロジー

自分が読むことのできない言語で書かれたウェブサイトを開いてみたことがあるだろうか。あれば、デジタル世界で識字能力がないというのがどういうものかわかるだろう。可能性に溢れた世界が目の前にあるのに、何ひとつ意味を成さないのだ。ちらほらとある写真は認識できても、解読できないちんぷんかんぷんな文字の羅列にぶつかって好奇心があおられるだけだ。

これが、読み書きのできない人々と活動したときに私たちが経験したことだった。ナッカルバンドで教えた生徒たちの母親たちがそうで、時々教室に顔を出して、我が子が何をしているのか見に来る母親もいた。そこで私たちは調査テーマのひとつを、識字能力がないユーザー向けのデジタル・インターフェースとした。そのため二〇〇五年に採用した女性がインドラニ・メディ、この研究に自ら飛びこみ、数年後には私たちが

「文字要らずのユーザー・インターフェース」と呼ぶものの世界的権威として急成長したデザイナーだ。

メディは調査の大半をナッカルバンドで実施した。「ストリー・ジャグルティ・サミティ」のリーダーであるメノンともうまくやっていたし、二人とも同じタフさと思いやりを持っていた。メディは、調査対象である、主にインフォーマルな家政婦の仕事で月収二〇―四〇ドル程度しか稼げない貧困家庭の女性たちと仲良くなるのがうまかった。彼女たちを通じ、メディは少なくともナッカルバンドに関しては、識字能力がないからといって必ずしも計算能力がないということではない、と気づいた。女性たちの多くが数字だけは読むことができたのだ（「2」と「5」を取り違えることはたまにあったが）。同僚のアルチャナ・プラサドとともに、メディは対象者たちがイラストを一番よく理解できることにも気づいた。単純化した写真やアイコンより、イラストのほうが彼女たちにとってはわかりやすかったのだ。(28) こうした発見の数々が、メディのデザインにそのまま反映されていった。

私はメディの仕事について、本人としばしば議論を交わした。その中で、何度も話題に上るテーマがいくつかあった。ひとつは、非識字がゼロか一〇〇のどちらかに分類されるものではなく、スペクトル上に分布するものだということだ。まったく読めない人、アルファベットはわかる人、単語を読み上げることはできるが新聞は読めない人など、識字レベルもさまざまなのだ。もうひとつが、同じインターフェースでも、ユーザーによって反応が大きく異なるということだった。メディの文字要らずのインターフェースを軽々と使いこなして、使うことを楽しむ人さえいた。逆に、おっかなびっくり、ゆっくりとしか使えず、使い続けるために励まさなければならない人もいた。

これらの特徴には、相関があるようだった。より識字能力の高い人は、たとえコンピューターのインターフェースに文字が含まれていないとしても、そのインターフェースに熟達している。さらに詳しく調べるため、私たちは参加者にまず識字テストと抽象的推理力のテストを受けさせ、その後パソコン上で簡単な作業をするよう指示する調査を実施した。(29) その作業とはインターフェース上のメニュー画面を操作するというものので、かなり難しい課題のはずだった。回答者は二種類の表示方法のどちらかでまとめられたイラストの中から、特定の日用品を選び出すよう言われる。表示方法その一では、道具は一目で全部が見えるように、だがランダムに並んでいる。表示方法その二では、パソコン上のフォルダに似たようなファイルをまとめて入れるのと同じ要領で、いくつかの物品をジャンルごとにまとめて表示している。表示方法その二のほうでは、たとえば腕輪を見つけるには、まず身につける物（使う物などではなく）を示す絵をクリックし、次に装飾品（衣服ではなく）をクリックし、次に手（顔や足ではなく）をクリックする。

この調査によって、私たちの直感が正しかったことが実証された。まず、識字能力の高さは、抽象的推理力のテスト結果と比例していた。次に、すべての参加者が、ジャンル分けした表示方法よりも、ランダムに全部並べた表示方法のほうが早く目的の物を見つけられた。そして最後に、どちらの表示方法でも、識字能力と抽象的推理力テストの点数が良かった回答者は、点数が低かったほかの回答者よりも早く作業を完了することができた。

つまり、その人物がすでに身につけている知力と教育のレベルは、簡単なパソコン操作を完了できる能力と比例するということだ。教育水準が高く、認識能力が高い人ほど、テクノロジーをよりうまく使えるということになる。この調査結果ひとつだけを取って一般化しすぎるのは軽率だろうが、長年にわたって、私は同様の結果を目にしてきた。関連する調査で、音声と画像に加えて文字でもヒントを示すことで、識字能力のある者は識字能力が低い者よりも、識字能力がまったくない者よりも、結果がよかったのだ。また別のグループでは、携帯電話とインドの女性小規模起業家について調査を実施した。研究者たちは、もっとも野心的で自信に満ちた女性が、携帯電話をもっともうまく活用できることを発見した。そしてタンザニアの医療従事者を対象とした調査では、ショートメッセージの通知機能があれば患者への訪問回数が増えることがわかったが、生身の上司が監視しているのが前提だということも判明した。[30]

言い換えれば、テクノロジーから何が得られるかは、テクノロジーのあるなしにかかわらず、彼らがどんなことをしたいか、あるいはできるかによって異なるということだ。振り返ってみればこれはあたりまえのことのように思えるが、過去のテクノロジーと社会に関する文献の中では、主要なテーマではなかったのだ。[31]

ひらめきの瞬間

そんなわけで、社会的決定論が主張するのは、テクノロジーは基盤となる人間の意志によって役立てられるということだ。同時に、どのテクノロジーが変化を起こせるのかは、人間の既存の能力によって決まる。これらの概念を合わせれば、テクノロジーの一番の効果は人間の能力を増強することだと言える。[32]「てこ」のように、テクノロジーは人が望む方向に能力を増強してくれる。パソコンは、必要な知的作業を人力でやるよりもっと早く、簡単に、強力にこなす手助けをしてくれる。だがどのくらい早く、簡単に、強力にできるかは、利用者の能力にある程度左右される。携帯電話は長い距離を越えてもっと多くの人々と、もっと頻繁にコミュニケーションを取る手助けをしてくれる。だが誰とコミュニケーションを取ってそこから何を得られるかは、利用者の既存の社会的能力によって異なるのだ。

この考え方はあまりにも単純であまりにも適用範囲が広いので、私はこれをテクノロジーの「増幅の法則」と考えるようになった。ナッカルバンドで少女たちを対象に活動していたときのことだ。知識を増やしたりスキルを伸ばしたりしたいと意識的に思っていた子は少なく、早く結婚しろという親の期待に代表される社会的力が、彼女たちの好奇心を削いでいた。その結果、テクノロジーが増幅する生産的な力はほとんど生まれなかった。だが教育の価値に気づいた二人の年長の少女たちは、ノートパソコンに触れたことで内なる炎をあおられたようだった。運と粘り強さがあれば、彼女たちは別の人生を歩むチャンスを手に入れられるかもしれない。私にはそう信じることができた。

増幅は、私の研究で見られたいくつかのパラドックスを解決してもくれた。たとえば、マルチポイントはパイロットではうまくいったのに、ほかの学校に展開したらなぜうまくいかなかったのだろう？　それは、パイロットでの肯定的な結果が、私たちの強制した特殊な環境に依存していたからだった。パイロットでは、能力の高い教師や校長がいる学校を意図的に選んでいた。その結果、生徒たちはあまり気を散らすことなく指示に従い、学習に集中できる環境にあったのだ。もうひとつの重要な要素が、研究者である私たち自身の存在だった。そのテクノロジーを作り上げたのは私たち自身だった。そして指導力が足りないと思われるところでは、私たちが自ら介入していた。つまり、テクノロジーがうまくいくような理想の社会的環境をお膳立てしていたのだ。これだけしっかりとした基盤があれば、マルチポイントがパソコンで学習する生徒の数を増やせたのも不思議ではない。

だがほかに展開する際には、標準以下の学校を対象にした。なんといっても、そういった学校こそ、もっとも支援を必要としているからだ。さらに、いずれは私たち抜きでも学校だけでやっていかなければならないのだからと、私たち自身の介入を減らした。すぐれた指導もＩＴサポートもなくなったテクノロジーは、その能力を存分に発揮できなかった。

ひどいときには、テクノロジーが害になってしまったこともある。私がプロジェクトの対象となっている教室を訪問すると、テクノロジーが何かしらの不具合を起こしていることが、認めたくないくらい頻繁にあった。ＩＴ専門職員がいないので、教師がどうにかして問題を解決しようと奮闘する。生徒たちは退屈する。そこで私が手を貸すこともあった。だが電源を入れなおしてパソコンを再起動し、生徒たちが大人しく席に戻るころには、五〇分の授業時間はもう半分過ぎてしまっていた。最初から紙と鉛筆でやっていたほうがましだったくらいだ。

こうした場合、テクノロジーが決まった追加効果を持たないことが鮮明にわかる。既存の社会的力が良いものであれ悪いものであれ、中立的なものであれ、テクノロジーはそれを増強する。つまり、テクノロジーの夢想家と懐疑論者はどちらも部分的に正しいし、部分的に間違っているのだ。そうなると当然、真実にもっとも近いのは文脈主義者と社会的決定論者ということになる。だが「増幅の法則」はもっと具体的で、したがってもっと有益なものだ。

たとえば、教育のためのテクノロジーについての大規模な調査ではなぜ肯定的な結果がめったに見られないかについて、増幅からヒントを得ることができる。代表的な学校をいくつか抽出してみれば、うまくいっている学校もあればそうではない学校もあるだろう。パソコンを導入することで一部の学校は恩恵を受けるかもしれないが、別の学校では本来の学習要綱から逸脱する結果になるかもしれない。平均すると、結果はプラスマイナスゼロ、といったところだ。さらに大きな問題としては、カリキュラムを導入したり教師に研修を受けさせたりするために必要な費用を、学校経営者が十分に割り当てることがめったにない、というものもある。(33)デジタルツールを適切に取り入れる方法を教師が知らなければ、テクノロジーが増幅できる余地はほとんどない。

民間企業が利益を出せていなかったら、最先端のデータセンターやより生産性の高いソフト、新しいノートパソコンを全従業員に支給したところで事態が好転することなど誰も期待しない。だが、その理屈こそ、テクノロジーで学校を良くしようという数多くの試みが実行していることなのだ。

では、学校外でのパソコン利用についてはどうだろう？　数多くのテクノロジー伝道者たちが主張するように、子どもにデジタル機器を与えて自分で学習するようにしたらどうなるだろう？　この場合、テクノロジーは子どもがもともと持つ傾向を増幅する。念のため言っておくが、子どもは学びたい、遊びたい、成長したいという本能的な欲求を持っている。だが同時に、非生産的な手段で脇道へ逸れたいという本能的欲求も持っているのだ。デジタル技術は、この両方の欲求を増幅する。両者のバランスは子ども一人ひとり異なるが、全体として、大人の指導がなければ脇道へ逸れる欲求が勝つ場合が多いようだ。これがまさに、経済学教授のロバート・フェアリーとジョナサン・ロビンソンが二〇一三年に実施した家庭におけるノートパソコンについての研究で明らかになったことで、学習にも娯楽にも使える多目的なテクノロジーを与えると、子どもは娯楽のほうを選ぶというものだ。[34]テクノロジー単独では、その傾向を修正することはできない。むしろ、増幅させるのだ。

力の増幅

私がバンガロールにいたころ、ある政治学の教授が来訪したことがある。ここではパドマ、という名にしておこう。彼女はテクノロジーとガバナンスに関心を持っていた。地方自治体の財政を一般に向けて透明化するプログラムの研究のため、バンガロールを訪れていたのだ。ある非営利組織が政府を説得し、インターネットにアクセスできれば誰でも市が予算をどのように使っているかを見られるようにしていた。市民はたとえば、道に開いた穴を埋めるのに五〇〇〇ルピー（約一〇〇ドル）が使われた（高いが、法外というほどではない）、あるいは木の伐採に五〇万ルピー（一万ドル）が使われた（考えにくい。リベートの可能性大）などを知ることができる。そして、その非営利組織が政府に対し、発見したとんでもない支出について文句を言う、という仕組みになっていた。ときには、市民による抗議運動を組織することもあった。パドマは、テクノロジーが透明性と説明責任を促進するはずだという仮説を立てていて、この仕組みはそれを証明しているかのように見えた。

プロジェクトの結果がどうなったか彼女に聞いてみると、パドマは政府が数カ月もしないうちにホームページを閉鎖してしまったと答えた。役人たちは、自分たちの収賄計画を公衆の閲覧にさらしたくなかったのだ。

政府の透明性を高めるためのコンピューター・システムが監視する対象であるはずの当の役人たちによって閉鎖されてしまうなら、テクノロジーはどのような説明責任をもたらせると言うのだろう？　このプロジェクトは、パドマの仮説の真逆を行く結果を示した。テクノロジーが政治に打ち勝つのではなく、政治がテクノロジーを打ち負かしてしまったのだ。最初、テクノロジーは非営利組織の活動を増幅した。だが政府を変えようとする非営利組織の力は、そのテクノロジーを遮断しようとする悪徳官僚のより大きな力に打ちのめされてしまったのだ。

こうした経験を振り返って、私は「増幅の法則」が教育におけるテクノロジーの運命だけではなく、もっと多くを説明できることに気づいた。この法則は、ほかにも多種多様な状況にあてはまるのだ。二〇一一年、ある重大な出来事が、この法則を実証する他に類のない実験の場を提供することになった。

フェイスブックが起こさなかった革命

もう聞き飽きた話かもしれないが、三〇歳のグーグル幹部、エジプト出身のワエル・ゴニムがフェイスブックを活用し、エジプトのホスニ・ムバラク政権打倒を果たすことになる抗議活動を組織する手助けをした。今、その抗議活動「アラブの春」について語られるとき、「フェイスブック革命」という言葉は必ずと言っていいほどついてまわる。

二〇一一年初頭、フェイスブックのユーザーは約六億人だった。世界人口の一〇パーセント近くが利用していた計算になる。[35] 同社の新規株式公開についての臆測が広まり、フェイスブックの誕生について（の一説を）描いた映画『ソーシャル・ネットワーク』が劇場公開された。これだけの注目の中、ジャーナリストやブロガーたちはエジプトにおけるフェイスブックの役割に熱狂していた。一月二五日の大規模デモの前日、『タイム』誌はこう問いかけた。「エジプトはフェイスブック革命を起こすのか？」そして、当日デモに参加することを八万五〇〇〇人がフェイスブック上で表明したと伝えた。[36] タハリール広場で最初の抗議活動がおこなわれた数日後、ジャーナリストのロジャー・コーエンは『ニューヨーク・タイムズ』紙にこのように書いている。「フェイスブックで武装したチュニジアやエジプトの若者たちが、自由をもたらすソーシャルメディアの力を実証するべく立ち上がる[37]」。あるエジプトの新聞は、生まれた長女に「フェイスブック」と名付けた男性について報じた。[38]

二〇一一年二月一一日（政権が崩壊した日）、ゴニムはCNNの取材に答えて言った。「いつか、マーク・ザッカーバーグに会って感謝したい。……この革命はフェイスブック上で……二〇一〇年六月に、何十万人ものエジプト人がコンテンツで連携し始めたときに始まったからだ。フェイスブックに動画を投稿すれば、それが数時間のうちには六万人に共有された。私は常々、「社会を自由化したければ、インターネットを与えさえすればいい」と言っていたんだ[39]」。

「社会を自由化したければ、インターネットを与えさえすればいい」。これぞ、テクノロジーの夢想家が言いそうな典型的な発言だ。テクノロジーが飢餓を撲滅した『スタートレック』同様、ゴニムはインターネットが独裁政権を撲滅できると訴えているのだ。革命に直接かかわった人物の発言だから、反駁するのは失礼なように思える。だが教育におけるテクノロジーにからむ熱狂と同じように、ソーシャルメディアが民主化の重要な要因であるという主張は、批判的な目で精査すると消散してしまう。

まずはエジプトと、それに先立ってチュニジアでも、ソーシャルメディアが独裁政権の転覆に貢献したことは認めよう。その貢献が厳密にどういうものだったかについてはあとでまた触れるとして、YouTube の動画やフェイスブックへの投稿がなんらかの役割を果たしたことは間違いない。

だがほかの中東各国では、事態の展開はちょっと違っていた。たとえば、リビアを見てみよう。二〇一一年二月一八日、革命が始まってからわずか数日後、独裁者ムアンマル・カッザーフィー（カダフィ）は自国内の通信ネットワークを絶った。[40] 隣国で起こったフェイスブック革命のことを聞きつけて、自分の国で同じことが起こらないようにしたかったのかもしれない。リビア国内のインターネット接続をほとんど遮断し、電話についても固定・携帯両方の通信を遮断してしまった。[41] だが反逆者たちはそれでも連携を取ることに成功した。活動をやめるどころか、闘い続けたのだ。まもなく反抗勢力がカッザーフィー勢力を制圧し、カッザーフィー本人は路上で殺害された。

シリアでは、バッシャール・アル＝アサド大統領がカッザーフィーからヒントを得たようだった。抗議活動が始まるや否や、やはり国中のインターネット通信を遮断し、電話回線も反乱分子間の通信を阻害するよう、選択的に不通にしたのだ。[42] それでも抗議活動は続き、やがて全面的な内戦へと発展し、四年経っても反アサド派が諦める気配はなかった。その後、メディアによるシリア報道の中でフェイスブックやツイッター、YouTube について触れられることはなくなっている。

一方、バーレーンとサウジアラビアでは、かなり違う展開が見られた。バーレーンではいくつかの抗議行動が鎮圧され、欧米メディアはサウジアラビアでの弱々しい活動にはほとんど気づきもしなかった。重要なのは、これがソーシャルメディアによる組織力不足のためではないということだ。チュニジアやエジプトでの革命に勇気づけられ、サウジアラビアでもフェイスブックやツイッターを通じて絶対君主制の廃止を呼びかける大量の署名運動や動画が共有された。だがこうしたオンラインでの行動はオフラインでの勢力に押しつぶされたのだ、とイスラム関連問題および中東社会の専門家であるマダウィ・アル＝ラシードは報告している。[43] ムハンマド・アル＝ワダニという若い活動家が民主化を訴える動画をYouTubeに投稿したところ、即座に逮捕されたそうだ。立憲君主制を求める嘆願書が二件オンラインで公開され、何千名分もの署名が集まった。だが、それらは無視された。「国家的連合および自由な若者の運動」と自称するグループがオンラインで集まろうとしたが、政権の治安部門がグループのウェブサイトを次から次へと閉鎖していき、まるでバーチャルもぐら叩きのような状態になった。ソーシャルメディア上で計画された抗議活動は、まったく成果が得られなかったのだ。

これらを含むウェブ発信の主張が目指すところは、二〇一一年三月一一日に決行が計画されていた現実世界での抗議行動だった。だが、アル＝ラシードいわく、当日は「静かだった」そうだ。「すべての街角、すべての通りに治安部隊が配置されていた。予告なしの戒厳令が、首都リヤドと海岸沿いの大都市ジッダに暗い影を落としていた」。世界の注目を引くような抗議活動は、実現しなかったのだった。

アル＝ラシードは、サウジの君主制がこの王国の市民社会を何十年にもわたって飢えさせてきたのだと主張した。労働組合もなく、政党もなく、青少年協会もなく、女性組織も存在しない。デモ活動自体、全面的に禁止されている。その結果、草の根組織の能力は抑えこまれたままだ。これはたとえば労働組合や非政府組織、ムスリム同胞団などがムバラク政権の抑圧にもかかわらず、いずれも政治勢力に成長する可能性を秘めてふつふつとたぎっていたエジプトとはまったく異なる状況だ[44]。

抗議行動の不在はすなわち事件の不在であり、主流なニュースには取り上げられることがない。だがソーシャルメディアの革命における役割を正確に理解するためには、チュニジアやエジプトでの成功した暴動についてだけでなく、バーレーンやサウジアラビアの死産に終わった抗議行動についても知るべきだ。

アメリカにはランタン革命が起こったのか？

チュニジア、エジプト、リビア、シリア、バーレーン、そしてサウジアラビアでの教訓をまとめると、否定しようのない結論に至る。革命にとってソーシャルメディアは必要でもなければ、十分でもないのだ。ソーシャルメディア革命に対する主張は、相関関係と因果関係の混同という典型的な間違いを犯している。「アラブの春」がフェイスブック革命だったと言うのは、アメリカで一七七五年に起きた出来事を「陸ならひとつ、海なら二つ」で有名なポール・リビアが起こした「ランタン革命」だと呼ぶようなものだ〔アメリカ独立戦争のきっかけとなった「レキシントン・コンコードの戦い」。反逆者側の指導者の一人だったポール・リビアがイギリス軍の動きを知らせるため、陸路ならランタンをひとつ、水路なら二つ掲げるよう指示した〕。

実際には、ポール・リビアのランタンの逸話自体、都市伝説のようなものだ[45]。本当はランタンでの合図は万一彼が逮捕され、警告を発することができなかったときのための代替策だった。この逸話が伝えているのは実は、革命家たちは代替案を考える名人であり、使えるものはなんでも使う人種だということだ。ゴニムも、エジプトでの自身の活動についてのインタビューで「彼らはフェイスブックを閉鎖した。だが私には代替案があった。グーグル・グループス（グーグルのメールグループ機能）を使って、活動の一斉メールを送信したのだ」と語っている[46]。多分、メールまでもが遮断されていたとしたら、ゴニムは電話や紙のメモ、ロコいのだ。もちろん、ゴニムにとって、「テクノロジーは大きな役割を果たしてくれた」。一軒一軒訪ね歩く作戦ではきっと相当苦労していただろう。だがフェイスブックがなかったからといって彼の活動がまるごと阻害されていたとも、すべての国民の声を抑えこんでおけたとも思えない。もっと幅広い視点から見れば、フェイスブックは怒りに満ちた活動家たちが、使える手段をすべて使って情報を広めようとした際に、ちょうど手近にあった便利なツールだったというだけだ。

ソーシャルメディアの革命の力が誤りであることを暴こうとした者は一人ならずいる。たとえば、ムバラク政権がまさに崩壊しようとしていたそのころに出版されたのが、モロゾフの『ネットの妄想』だ。[47] モロゾフが執筆中にエジプトの運命を知っていたはずもないだろうが、彼は中東の暴動におけるテクノロジーの役割について、非常に洞察に満ちたコメントを記している。第一章で、モロゾフは二〇〇九年にイランで起こったとされるツイッター革命を巡る、息つく暇もないような大騒ぎを揶揄している。この大騒ぎはしまいには、ヒラリー・クリントン率いる国務省からツイッター社に対し、抗議行動のピーク時の定期メンテナンスを延期するように要請させるまでに至ったのだ（ツイッター社はこの要請に応え、クレイ・シャーキーはこう書いた。「やった。でかいのが来た。これこそ、世界の舞台に発射されてソーシャルメディアによって変貌を遂げた初の革命だ」）。[48] だがモロゾフは、当時のイランで実際にツイッターを利用していたユーザー数の少なさを挙げ（合計六〇人程度）、抗議行動を組織する上でツイッターが大きな役割を果たしたという主張に対するイラン人の否定的見解を紹介している。モロゾフは、ツイッターが抗議行動の効果的なツールというよりは、外の世界からこの出来事を覗き見するためのツールに過ぎなかったと主張する。ソーシャルメディアの物語は資本主義のテクノロジーが共産主義の非効率性を打ち負かすという冷戦時代の考え方を思い起こさせ、まるでアメリカの起業家たちの贈り物なくしては中東の人々が自ら革命を起こすことはできなかったとでも言いたいかのようだ、とモロゾフは述べた。結局のところ、何がつぶやかれていたにしろ、イランでツイッター革命など起こりはしなかったのだ。

懐疑論者の中には、ジャーナリストのマルコム・グラッドウェルも含まれる。彼は過去に、ソーシャルメディアに対する狂信についてクレイ・シャーキーと議論を戦わせたことがある人物だ。グラッドウェルは一九八〇年代、東ドイツ人は電話すらろくに使うことができず、当然インターネットなど使えるはずもなかったが、それでも組織を作り、抗議行動をおこない、ベルリンの壁を打ち崩したと指摘する。「アラブの春」革命についてグラッドウェルは、「間違いなく一番どうでもいい事実は、抗議行動者の一部がある時点で互いにコミュニケーションを取り合うツールとして新しいメディアのいくつかを使ったかも（使わなかったかも）しれないということだ」と書いている。(49)

批判が高まるにつれ、ソーシャルメディア擁護者たちも反論を始めた。ほとんどが謙虚な姿勢ながらも、ソーシャルメディアはなにかしら重要な形で役割を果たしたのだと主張した。ＣＮＮのために記事を書いているあるレポーターが遠回しにこう述べている。「そう、確かに、テクノロジーだけでは革命は起こせない。……だがだからと言って、ソーシャルメディアが揺れ動く革命家たちに必要不可欠な支援と安らぎを提供できないということにはならない」(50)。

無限に循環する増幅

だが、こうした意見の中からは、テクノロジーの役割を理解するためのすぐれた枠組みがまったく見えてこなかった。そこで役に立つのが「増幅の法則」だ。この法則なら、ソーシャルメディアが一部の国では革命の成功に貢献したが別の国ではできなかったわけを説明し、主な要因とならずに支援要素になれる理由を説明してくれる。

チュニジアとエジプトでは、市民の不満と組織的な集団がソーシャルメディアよりずっと前から存在していた。ムバラクはもう三〇年近くも権力の座についており、誰も騙せていない「民主主義」のもとに停滞した経済を監督していた。この不満が既存の市民団体と合体し、フェイスブックで表現の場が増幅された。抵抗勢力の指導者たちは、ソーシャルメディアによって組織力が拡充できることを知った。その結果、テクノロジーはおそらく革命の速度を速めたと言えるだろう。

バーレーンとサウジアラビアでは、市民社会がそもそも機能不全だった。そのためフェイスブックでいくら団結を呼びかけても変化は起こせなかった。テクノロジーは、存在しない人間の力を増幅することはできないのだ。

ゴニムでさえ、後にこう認めている。「私は英雄ではない。……英雄は通りに出ていた人々だ。彼らは殴られ、逮捕され、命を危険にさらした[51]」。市民の不満がなければ、抗議行動は起こらない。革命は、我が身の安全を犠牲にしなければ起こすことはできない。

概念としての増幅は、何も新しいものではない。私の同僚で開発途上国における携帯電話の専門家のジョナサン・ドナーは、一九七〇年に書かれた「知識格差仮説」という論文があることを教えてくれた。この論文で著者らは、マスメディアを通じて発信された公共サービスについてのメッセージは、裕福で教育水準の高い家庭ほどよりよく理解されると述べている[52]。懐疑論者と文脈主義者の半々といった感じの二〇世紀のテクノロジー批判者ルイス・マンフォードは、『機械の神話』という上下巻の本を書いている。その中で彼はそっけなく、テクノロジーが「人間の表現力を支え、拡張させた」と述べた[53]。また、コンピューター科学者からテクノロジー分析者に転じたフィリップ・アガーも、政治におけるインターネットについて予知するような記事を書いている。「インターネットはそれ単体では何も変えることができない」とアガーは私たちに教えてくれていた。「だが既存の力を増幅することはできる」[54]。

増幅は新しいものではないにしても、まったく過小評価されすぎだ。

第3章　覆されたギーク神話
――テクノロジーの迷信を打ち砕く

一九八一年に私が一二歳になったとき、両親がソニーのウォークマンをプレゼントしてくれた。パッケージから取り出すと、つや消しアルミニウムと濃いえび茶色の硬質プラスチックでできたケースがうっすらと光を反射した。それは二代目ウォークマンで、軽くて流線形、中に入れるカセットテープとほとんどサイズは変わらないくらいだった。イヤホンは耳の穴にぴったりと収まり、音量調節のボタンに刻まれた溝が指に心地よかった。

ウォークマンを手にした何十万人というユーザーと同様、私もその日以来、音楽なしではいられなくなってしまった。人生で最大の悩み事は、大量の電池をいかにストックしておくかということになった。起きている時間はすべて、ただひたすらジャーニーやオリビア・ニュートン゠ジョンを聴いていたかった。いまだに一九八〇年代のトップ四〇ヒット曲を卒業できないのは、絶対にあのウォークマンのせいだ。

ウォークマンは、「増幅の法則」に挑戦を突きつけそうな製品だ。一見、これは新たな人類の欲求を生み出すきっかけとなったテクノロジーのように思える。一九七九年以前、人々は自分だけの音楽の繭に閉じこもっていたくなるなど、想像もしていなかった。だが現在、自分だけの音楽は、文明に必ず付随する特徴であるかのようだ。カセットテープこそ時代遅れになってしまったが、ヘッドホンとそれをつなぐ機器は増殖している。ウォークマンは世界の文化を変えたのではないか？　それまでは存在しなかった、根本的に新しい何かを生み出したのではないか？　そのテクノロジーは、過去には想像もつかなかった形で私たちを変えたのではなかっただろうか？

新しいテクノロジーが出現すると人々の行動が変わるという事実は否定しようがない。ちっぽけなスピーカーを耳に突っこんで歩き回るなどということは、一九八〇年代以前なら絶対にやっていなかったからだ。だがだからと言ってこうした新しい習慣がテクノロジーの、言うなれば降って湧いたような大発明だったということにはならない。

理由はいまだにはっきりとは解明されていないが、人類は音楽に魅了される生き物だ。結婚式にはウェディングマーチが流れる。葬式には葬送歌が流れる。演奏の妙技がほめそやされるのは古くはギリシャ神話のオルフェウスの竪琴以来だし、民俗音楽学者はどのような文化にも――たとえ表面上は音楽が禁じられている文化にでも――必ず音楽が存在することを確認している。イスラム教の一部では伝統的に娯楽としての音楽が禁じられているが、礼拝へといざなうあの呼びかけ《アザーン》はまぎれもなく音楽的だ。だから音楽を、それも自分の好きな音楽を聴く簡単な手段を与えられた人類が、ウォークマンから三〇年後の今もiPodやＭＰ３プレーヤーを愛用し続けているのは当然のことだろう。言い換えれば、ウォークマンとその後継者たちは、それまで人々がずっとしたがっていたが口にしてこなかった欲求に応えたということだ。それは潜在的欲求とでも言うべきものかもしれない。

一方、ウォークマンが人の新たな習慣を生んだとする説もある。ビジネス業界では、ウォークマンを抜け目のない商売のケーススタディととらえている。ウォークマンが新しい市場を創ったと言うのだ。[1] 一部の社会学者は、ウォークマンが私たちの環境を変えたと主張する。空間と時間、公と私を再編成したと言うのだ。[2] そしてウォークマンの新たなユーザーとなった一二歳の私は、たしかにこの機械が私を手招きし、音楽を聴くよう誘惑するのを感じたのだった。

だが、「ウォークマンがカセットテープの販売を後押しした」や「ウォークマンが携帯音楽革命を起こした」というのは、より複雑なプロセスを手短に表現したにすぎない。人は昔から音楽を楽しんできたし、いつ、どんな音楽を聴くかについての個人的な好みも持っていた。ソニーの経営陣はその欲求に気づき、需要に応えられるような低価格で携帯可能な商品を造っただけだ。消費者は何十万台ものウォークマンを購入し、それに合わせて自らの音楽の聴き方を変えてきた。競合他社も市場に参入し、さらに音楽の聴き方の幅を広げていった。全体を通して、行動を起こしているのは人間だ。道具そのものが動くわけではない。

手短な表現を用いつつも、本当の理由を忘れないでいるのは重要なことだ。でないと、適切なテクノロジーさえあれば任意の行動・習慣を引き起こすことができると錯覚してしまう。たとえばアメリカの低い教育水準問題を解決するのに何か新しいガジェットが役立つという約束に、つい期待してしまうのだ。

だが、テクノロジーは任意の行動を引き起こしたりすることはできない。たとえば、着ると痒みを感じるようなハイテクな衣服を作るのは簡単だろう。ざらざらしたナノ構造の合成繊維に、静電気を多く発生させる電子部品を埋めこんだ「ムズムズ」シャツを作ればいい。賢いビジネスが本当に思い通りに需要を生み出せるのなら、あるいはテクノロジーが望み通りに人の習慣を変えられるのなら、この「ムズムズ」シャツの市場を世界中に拡大できる賢い起業家が出てくるはずだ。[3] だが現代の快適重視の唯物主義な世の中で、「ムズムズ」シャツがブームになることはまずないだろう。動物の粗い毛で織った着心地の悪い衣服を悔恨と哀悼のために修道士たちが着ていた中世の苦行文化に回帰するようなことがあれば、あるいはそうしたファッションが流行することもあるかもしれないが。

テクノロジーが一般化するのは人々がすでに抱えている痒いところに手が届くようにしてくれるからであって、ほしくもない痒みを生み出すからではないのだ。

FOMO、そしてその他の略語について

潜在的欲求は、私たちが他人とつながるためにどうテクノロジーを使うかにも大きな役割を果たしている。スマートフォン時代の今、私たちは友人と一緒にいても互いを無視してそれぞれのガジェットをいじってばかりいる。人と機器の関係をもう三〇年も研究しているMITの社会学者シェリー・タークルは、これを「一緒に孤立する」と呼ぶ。[4] だが、私たちの誰もが人と一緒にいることを望み、そしてテクノロジーが私たちの欲求を増幅してくれるというなら、どうして私たちはテクノロジーの進化とともにますます孤立しているのだろう？

これを、不完全なテクノロジーのせいだと言う者もいる。彼らによれば現在の電子機器は、貧弱な形のコミュニケーションしか提供していないのだそうだ。[5] たった一四〇字ではたいしたことはつぶやけないし、フェイスタイムは生身の人間と顔を合わせるのとはやはり違う。だが、テクノロジーが人との有意義なつながりを遮断するものかと言うと、必ずしもそうではない。毎週、あるいは毎日でも、ウェブカメラを通じて子や孫と貴重な時間を過ごしているおじいちゃんおばあちゃんはたくさんいるのだ。二〇〇九年以降の恋愛関係は、最大五組に一組がネットをきっかけに始まっているらしい。[6] そして、フェイスブックは長年ご無沙汰していた友人ともう一度連絡を取る上で多大な貢献をしてきた。

つまり、テクノロジーは現実のつながりを邪魔しているわけではない。問題は、テクノロジーが薄っぺらで中身のない交流を簡単に持てるようにもしているということだ。親密だが難しい関係と浅くて楽な関係のどちらを選ぶかと言われれば、後者を選ぶ者もいる。一部の人々がスマートフォンをいじるのがやめられない理由は、「FOMO＝Fear Of Missing Out（取り残される恐怖）」――もっと楽しいパーティー、もっと楽しい夜、もっと楽しい人生に乗り遅れるのではないか、という恐怖だ。(7)

だがまたしても、テクノロジーがこの行動を引き起こしたわけではない。テクノロジーはただ既存の性格を増幅し、誇張された自らの風刺画へと私たちを変貌させているだけだ。私には、携帯電話を持っているところを見たこともない友人たちがいる。一緒に食事をするときも、彼らの携帯電話はバッグやポケットの中だ。仮に鳴っても、出たりはしない。一方で、会話をしていると数語ごとにスマートフォンに中断されるような知人もいる。メールを打っているときでなくても、まるで蚊が皮膚のやわらかい箇所を探すように、彼らの目線は落ち着きなくスマートフォンに着地する。そのうち、私はFOMOがスマートフォン中毒の数多い要因のごく一部にすぎないことに気がついた。このほかにもATUS＝Addiction To Useless Stimulation（不要な刺激への中毒）、PORM＝Pleasure Of Receiving Messages（メッセージを受け取る快感）、SWAP＝Seeing Work As Priority（仕事最優先）、UTSI＝Urge To Seem Important（重要人物らしく見られたい衝動）などが挙げられる。このほかにも、数々の潜在的な感情の特徴が、テクノロジーによって誇張されているのだ。同じ機器を持っていてもユーザーによって習慣が大きく異なるのも、テクノロジーがすでに存在する習慣を増幅させているだけであって、同じ機器を使う人間すべてから同じ反応を引き出しているわけではないという証拠だ。

評論家たちはウォークマンやiPhoneがあれほど大ヒットした原因がなんだったのかについて必死に考えてきたが、「ムズムズ」シャツの大規模な市場が存在しない理由について考えた者はいない。「ヒットした」

テクノロジーに対するこの偏った見方こそ、全容を理解する上での妨げになる要因だ。バーレーンとサウジアラビアのことを忘れた評論家たちと同じなのだ。民主化におけるインターネットの役割についての主張は、富や権力、才能など、インターネットが民主化できなかった数々の要素を考慮していない。

テクノロジーについての仮説を評価する際には、幅広い概念に目を向ける必要がある。個人的経験や単独の事例だけで結論を導くのではなく、ありとあらゆる状況の、ありとあらゆる使用法を検証するべきだ。この章では電子カルテから企業の知識管理方法、アメリカの政治から中国のメディア統制までのごくわずかな例を取り上げる。これらの例は、決して総合的なものではない。だがこれらのランダムなケーススタディの中から、はっきりとしたパターンが見えてくるはずだ。

そのついでに、いまだに根強く残っている迷信のいくつかも打破しておこう。テクノロジーはコストを削減できる、とよく言われる。あるいは「ビッグデータ」でビジネス上の問題が可視化できる、ソーシャルメディアが人々を結びつける、デジタルシステムがハンデをなくす、などと。こうした発言はあまりにも頻繁に繰り返されているので、誰も疑問を覚えない。だがどれひとつとして、確固たる真実ではないのだ。

もしヒポクラテスが経済学者だったら

ＩＴの最大の恩恵のひとつは、コストの削減だと言われている。たとえばアメリカの大手小売業ウォルマートは、在庫管理を電子化していることで有名だ。データベースを見れば棚に何がどれだけ入っているか正確にわかるし、どの店舗で在庫が少なくなっているかがサプライヤーに自動で通知される。このシステムは在庫をぎりぎり最小限に管理し、したがってコストを低く抑える。データベース、バーコードリーダー、ＲＦＩＤ（無線ＩＣタグ）つきパレット。そのすべてがテクノロジーによるものだ。

であれば、人類最大のコスト管理問題のひとつもＩＴで解決できるはずだと思うかもしれない。アメリカで一番大きな問題が、医療制度だ。実際、政治的な膠着状態にある今の時代でも、電子カルテは政党を超えて確固たる支持を得ている。オバマ大統領はホワイトハウスに引っ越す前から電子カルテの必要性を訴えており、その根拠として効率化とコスト削減を挙げていた[8]。共和党のフィル・ギングレー下院議員とティム・マーフィー下院議員が立ち上げた「共和党医師幹部会」が述べるところでは、「医療ＩＴは年間八一〇億ドル以上の医療費を削減できる可能性を秘めている。医療ミスの激減と管理方法の簡素化を実現できる医療ＩＴこそ、我が国の医療制度を改革するカギだ」そうだ[9]。

だが残念ながら、コスト抑制もまた、「増幅の法則」に基づいている。アメリカの医療制度では、本気でコスト削減に取り組んでいる者はごくわずかだ。その結果、どのような新しいテクノロジーも、「白いゾウ」――使い道がないのに維持費ばかりかかるやっかいな「贈り物」――になってしまう。悲しいかな、国民の多くがこの現状に慣れてしまっている。数年前、私は神経眼科の専門医にかかったことがある。右目の一部が見えなくなったからだ。問診を終えて私の眼球を除きこんだ医師はこう言った。「そうだね、はっきりした問題はないようだから、神経損傷かもしれないね。だとしたらあまりできることはないな。でも」と、彼はいわくありげな笑みを浮かべた。「君はなかなかいい保険に入っているから、ＭＲＩ検査でもやってこうか」。断る理由もなかったので、私は同意した。自己負担のない保険に入っていた私は幸運だった。受診料の内訳を見たら、ＭＲＩだけで一八〇〇ドルもしたのだ。かなり衝撃だったが、保険で賄えてよかったと思った。ただ、その医師から経過観察のために再来するようにという電話はかかってこなかったし、ＭＲＩスキャンの結果も知らされず、私の右目の不調はいまだに続いている。

コストを削減しようという企業の熱心な努力をデジタルツールで増幅させているウォルマートとは異なり、

アメリカの医療制度では、テクノロジーは支出を推奨するものばかりが増幅されている。患者の杞憂、医師の弱さ、サプライヤーの強欲さ、そして政策決定者の先見の明のなさ――こうした社会的力のすべてを、テクノロジーは残念ながら増幅してしまう。費用を肩代わりしているはずの雇用主や政府でさえ、その支出を従業員や国民のための福利厚生として片づけている。人の命を軽視していると思われるのが怖くて、倹約しようとしないのだ。そのうえ、私たちの感覚もおかしくなっている。プリンストン大学の経済学教授ウベ・ラインハルトはこう言った。「支出される医療費の一ドル一ドルが、誰かの医療所得になる」[10]。その所得はそのまま国内総生産になるわけで、GDPは高いほうがいい。そうだろう?

もちろん、テクノロジーは良い健康習慣を増幅することもできる。そのための金が出せる者にとっては、それはすばらしいことだ。だがもしコスト削減が目標なのであれば、テクノロジーを増やすことが確実な解決策とは言えない。一九七〇年代に始まるこの四〇年間(デジタル技術が病院や診療所に続々と流れこんだ時代)で、アメリカの医療費は実質五倍に増えている。ほかのどの先進国よりも高い増加率だ[11]。ITが主な要因だったわけではないだろうが、逆に形勢を変えてくれたわけでもない(それに、国民は払った額に見合う成果を得られていない。この期間、アメリカ人の平均寿命はたった八年しか伸びなかった。使った医療費はずっと少ないが、同じ期間でイギリスは九年、日本は一一年伸びている[12])。

つまり、低いコストはテクノロジー自体の機能ではないということだ。むしろ、デジタル技術は維持費が余計にかかってしまう。たとえば、私が退職した二〇一〇年、マイクロソフトは自社のITシステムを動かしておくためだけに四〇〇〇人の正社員を抱えていた。全従業員数の五パーセントに近い(大手IT企業なら、この割合はだいたい似たようなものだ[13])。なんでもかんでも自動化しようと努力を続けるIT企業がIT管理のためだけに人材の五パーセントを割いているのだとしたら、ITが専門ではないほかの組織にとってIT管理がどれほど大変なことか、想像してみてほしい。

特にアメリカの医療制度に関して言えば、デジタルツールはすでに法外な課金制度をただ増幅させているだけだ。最近出回っている暴露文書を見れば、患者が法外な値段を日常的に請求されていることがわかる。薬局なら一錠五セントで買えるビタミンBの錠剤が二四ドル、三〇ドルもしないはずの胸部レントゲンが三三三ドル、卸売価格が一万九〇〇〇ドルで製造コストがおそらく四五〇〇ドル程度の神経刺激装置が四万九二三七ドル(14)。こうした風潮の中、病院の経営者たちは電子カルテシステムを導入し、そのコストを患者や納税者に利幅を乗せて、よろこんで請求するだろう。

「知識管理」を管理する

そういうわけで、一般通念に反して、デジタル化そのものは必ずしもコスト削減にはつながらない。では、組織の行動の改善についてはどうだろう？　コンピューターは私たちの知識管理問題を解決してくれるのではないか？　「ビッグデータ」は従来型の意志決定の仕組みを時代遅れにするのではないのか？

コスト削減と同様、ＩＴは情報交換と可視化を改善することが**できる**。だが、放っておけばそうなるわけではない。興味深いことに、この発言に怒るだろうと思っていた部類の人々が、共感を示してくれた。彼らは、私が言いたいことを正確に理解してくれたのだ。

その一人がホルヘ・ペレス＝ルナ、ＡＴ＆Ｔやモトローラ、ネクステルを含む複数の通信会社で最高情報責任者やＩＴ担当副社長といったポストを歴任してきた人物だ。あるとき、彼はとある会社のＣＥＯから、商品の自動追跡システムをブラジルの支社に導入してほしいと頼まれた。その支社はずっと業績が悪く、トップが問題解決に乗り出したというわけだ。発注を追跡するデータベースを導入すれば、問題の原因がわかるかもしれないと考えたのだった。

ペレス＝ルナは予備調査のために、少人数のチームを現地に送りこんだ。するとチームは「従業員の一人が引き出し一杯にサイン済みの契約書を抱えこんでいたが、すべて未収案件だった」と報告した。顧客から支払いを受け取っていなかったのだ。「しかも彼だけではない」と報告は続いた。営業担当者たちは契約を取ることで報酬を受け取っていたが、その後のフォローアップはしていなかった。上司は新規契約のノルマは設定していたのに、未回収の代金については業務プロセスすらなかったのだ。営業社員は自分が会社にどのくらいの利益をもたらしているのか知らなかったし、知るべき理由もなかった。ペレス＝ルナいわく、「会社の収入が、まったく優先されていなかったんだ」。

ペレス＝ルナはその旨をCEOに報告した。まずは経営上の穴をふさがなければ、テクノロジーを導入してもたいして役に立たないと助言したのだ。そしてもっと監督を厳しくし、優先順位を見直すべきだと伝えた。高額なデジタル・ソリューションの導入を回避することで会社のコストを節約しただけでなく、彼は本当の問題を特定した。「私はIT人間だ」とペレス＝ルナ。「だが私の親友の中には、文化人類学を学んでいる者もいる。彼らは、テクノロジーの背後に隠れた人間の問題を見抜くのがうまいんだよ」。

新型のノートパソコンがあったからといって、従業員の生産性が上がるとは限らない。最先端のデータセンターがあったからといって、より戦略的な思考は生まれない。そして知識管理システムがあったからといって、競い合う部署が互いに情報を共有するようにはならない。それでも、最高IT責任者たちはどこの会社でも、まさにそういう裏技めいたことを要求される。経験豊富な人物なら、あまり多くは約束しすぎないようにするだろう。テクノロジーはすでにうまくいっているシステムをさらに改善することならできる（これも増幅の一種だ）。だが崩壊したシステムを修理することはできない。管理なくして知識管理はありえないのだ。

大学、政府、企業などの大きな組織になると、右手と左手は互いに相手が何をやっているかわかっていない、などということが多々ある。この自己中心的な仕事の進め方を改善するためにウェブポータルや組織内ソーシャルメディアサイトを立ち上げたくなる気持ちはわかるが、本当の問題はたいていの場合管理の仕方の問題であったり、組織内部の政治的問題であったり、あるいは人間の集中力のなさであったりする。こうした社会問題にまず対処しなければ、テクノロジーは増幅する基盤を持てない。特にすべてがもう電子化されている世界では、知識管理システムやオンラインの情報センターが障壁であることはめったにない。テクノロジーにあふれたこの時代にそぐわないように思えるかもしれないが、組織内部の障害物を取り除くには、まずは効果的な人間関係を構築することだ。

手を伸ばせ、同族と触れ合おう

人間関係と言えば、テクノロジーは人間関係を広げるものだと思われがちだ。ノキアのキャッチフレーズは「人と人をつなぐ Connecting People」だし、AT&Tの過去のキャッチフレーズも「手を伸ばせ、誰かと触れ合おう Reach out and touch someone」だった。通信技術が人と人とをつなぐ手助けをするのは間違いないだろうが、そのための道筋は少なくとも二つある。道筋Aは、より良いツールがあればもともとつながりたかった人たちとつながりやすくなるというものだ。道筋Bは、より良いツールがあればそれまでまったく存在しなかった、あるいは望まれていなかったところにコミュニケーションを生み出すというものだ。

道筋Aに対する増幅の法則はこうだ。私たちは、もともとつながりたかった人たちともっとコミュニケーションを取るために、新しいツールを活用する。この結論を裏付ける証拠は大量に存在する。たとえば、アメリカのシンクタンクであるピュー研究所が実施した調査によれば、平均すると私たちのフェイスブック上の友人の約九二パーセントが現実世界での知り合いであり、インターネットがきっかけで無作為に知り合った相手ではないとのことだ[15]。また別の調査でも、人はすでに物理的に近い相手とのほうがより協力しやすいことが証明されている[16]。電子メールやツイッターがあっても、たった一階フロアが違うだけで一緒に仕事をしにくいこともあるのだそうだ。これはつまり、私たちが望ましい関係を強化（増幅）するためにデジタルコミュニケーションを活用しているということになる。

道筋Bは、接続性《コネクティビティ》が強まれば誰もが仲良くなれるという誤った考えを導く。ある夢想家が言ったことだが、「人はもっと自由にコミュニケーションを取るようになるだろう。……その影響によって理解が深まり、忍耐力がはぐくまれ、究極的には世界平和が促進されるはずだ」[17]。これはあまりにも甘い考えに聞こえるだろうが、これを書いたフランシス・ケアンクロスは知的水準の低い人物とは程遠い。彼女は『ガーディアン』紙と『エコノミスト』紙に記事を書いていたジャーナリストで、イギリスの経済社会学研究会議だけでなく英国科学協会でもトップの地位に就いていた人物だ。

それまで何も関係が存在しなかったところへより多くのコミュニケーション・ツールがもたらされたからと言って、より良い人間関係や相互理解に結びつくわけではないことは簡単にわかるだろう。今のアメリカにはかつてないほど多くのコミュニケーション手段があるという事実を考えてみてほしい。一九七〇年代、テレビを持っていても見られるのはせいぜいABC、CBS、NBCの三局で、うまくいけばノイズまじりのPBSが受信できるかもといったところだった。今ではケーブルテレビもネット配信も見られるし、何百ものチャンネルが見放題だ。一九七〇年代になると大半の家庭に固定電話が引かれていたが、電話番号を調べるには町や都市ごとの電話帳に頼るしかなかった。今では、ネットで誰でも検索して移動中でも捕まえられる。一九七〇年代、電子メールを使っているのは技術オタク《ギーク》のエリート階級だけだった。今では誰もがメールを打ち、ツイートし、インスタグラムに写真をアップしている。だがこうした新たな接続性の数々にもかかわらず、政治の右と左の間にある深い溝は埋まる様子が一向に見られない。むしろ、溝は深まるばかりだ。

実際何が起こっているのかを早くは一九九六年に予言していたのが、MITのマーシャル・ヴァン・アルスタイン教授とエリク・ブリニョルフソン教授だ。これはグーグルの誕生より二年前、フェイスブックより八年も前になる。彼らはこう書いた。「インターネットの利用者たちは、同様の考えと同様の価値観を持つ相手との交流を図ることができる」が、価値観が異なる相手との交流は減らしていくのだそうだ。[18] アルスタインとブリニョルフソンはこの現象を「サイバー小国乱立化《バルカニゼーション》」と呼び、心理学者たちは「選択的接触」と呼んだ。[19] ネット上には、自己増強する白人至上主義者のグループがいる一方で、自由を愛するヒッピーたちのグループもいる。そしてその影響は、インターネットの中だけにとどまらない。だからリベラル派はジョン・スチュアート〔アメリカのコメディアン。政治風刺で知られる〕の番組を観るし、保守派はグレン・ベック〔アメリカのコメンテーター。保守派〕を観るわけだ。アメリカ人がみんなウォルター・クロンカイト〔一九六〇—八〇年代に活躍したテレビキャスター。リベラル派で、「アメリカの良心」と呼ばれた〕の番組にチャンネルを合わせ、同じニュースの同じコメントを聴いていた古き良き時代はもう終わった。サイバー・バルカニゼーションの怖いところは人々が急進的に、そして狭量になり、「自分とは異なる価値観の人々に、重要な決定を委ねなくなっていく」ことだ。[20]

もちろん、コミュニケーション・ツールが人と人を結びつけることができるというのは事実だ。オリンピックの中継は、誇りとともに国民を団結させる。フェイスブックに登録して一週間で、私は小学校三年生のときの友だちとつながれてうれしかった。だがこれらは、もともとやりたかったことをよりうまくやるためにテクノロジーを活用している例であって、昔の敵と友情を深める例ではない。

デジタル・デバイドを埋めない方法

社会的大義が目指すところの多くが、富、教育、政治的発言、社会的地位など、なにかしらの不平等を正すことだ。そしてもうひとつの目標が「デジタル・デバイド」の解消だ。これは裕福なアメリカ人と貧しいアメリカ人との間に生じたテクノロジーの利用しやすさの格差を言い表すために一九九〇年代に生まれた言葉だが、すぐに世界の格差にまでその範囲を広げ、世界中のスローガンになった。解決策のひとつが、低価格なテクノロジーを開発することだった。金持ちしか持てなかったものを、誰でも持てるようにしようという試みだ。「ワン・ラップトップ・パー・チャイルド」（ＯＬＰＣ）という活動の背景にあったのがこの考え方だ。初期のころ、この活動は一台一〇〇ドルでノートパソコンを売るというのでメディアの注目を集めた。[21]インド政府はＯＬＰＣを断り、代わりに自分たちで作った低価格タブレット、「アーカシュ」を三五ドルで発売すると宣言した。[22]そして一九九九年には、アメリカにはもう「フリーＰＣ」があった。企業が無料でパソコンを提供し、画面上の広告収入で利益を得るというものだ。

「フリーＰＣ」は打ち切られ、ほかの製品も結局、目標価格には到達できなかった。だがこうした努力の本当の問題は、ビジネスモデルがまずかったという点にあるのではない。そのコンセプトそのものにあるのだ。品物が低価格で手に入るというのはある意味「民主化」だ、という人もいる。だが真の民主主義は一人一票だ。自由市場だとこれが一ドル一票となり、そうなると話はまったく違う。裕福な人はいつでも、より多くのテクノロジーを手に入れられるということになる。既存のテクノロジーが安くなるまでの間、新しいテクノロジーが登場を待ってくれるわけではない。低価格パソコンが出回るころには、高価なスマートフォンが出回っている。低価格スマートフォンが出回るころには、高価なファブレットが出回っている。[23] そして低価格ファブレットが出回るころには、高価なデジタル眼鏡が出回っているだろう。テクノロジーには、最新流行に追いつけるということがないのだ。

だが、テクノロジーの均等な分配が現実的に可能になったとしよう。次はどうする? この質問に答えるには、これから説明する状況を考えてみてほしい。自らの意志ではなく貧しい人の中でも、一番貧しい人を思い浮かべてみよう(「自らの意志ではなく」というところが重要だ。満ち足りた清貧の僧侶のことは思い浮かべなくていい)。たとえば街で見かけたホームレスでもいいし、僻地で働く貧しい移民労働者でもいい。次に、あなたとその貧しい人が、なんでもいいから好きな慈善活動のために、できるだけ多くの寄付金を集めるとする。ただし使っていいのは電子メールだけ、期間は一週間だ。どちらがより多くの寄付金を集められるだろうか? ほとんどの場合、あなただろう。あなたには相手よりも多くの裕福な友だちがいるからだ。あなたのほうが教育水準が高くて、より説得力のあるメールが書けるかもしれない。組織力もあなたのほうが高く、より多くの人々を動かせるかもしれない。そして、あなたが想像した相手にもよるかもしれないが、識字能力のような基本的能力でもあなたのほうがずっとすぐれているかもしれない。

この思考実験では使用するテクノロジーは同じものだが、被験者のスタート地点が違うから結果にも差が出る。その違いとは、すべて人に関するものだ。あなたが何者か、誰を知っているか、何ができるか。こうした要素は偶然にも、そもそもあなたが相手より裕福であるその理由と同じものだ。同じ実験を、今度は貧しい人ではなくビル・クリントンやビル・ゲイツを相手にやってみよう。どっちがより多くの寄付金を集められるだろう? 最初の実験とまったく同じ理由で、いずれかのビルが勝つだろう。

この実験はさまざまな情報技術(たとえば携帯電話やツイッター)、異なるミッション(友人のために仕事を探す、投資についてのアドバイスを求めるなど）でやってみてもいいが、たいていの場合、結果は同じになるはずだ。どちらの場合も使うテクノロジーは同じだが、結果はもともと持っているメリットの多さに比例して差が出る。とにかく、低価格のテクノロジーは不平等と闘う効果的な手段ではないのだ。なぜなら、デジタル・デバイドはその他の格差の原因ではなく、むしろ症状のひとつだからだ。(24)「増幅の法則」の下では、テクノロジーは――たとえ平等に分配されたとしても――格差をつなぐ橋ではなく、隙間を押し広げるジャッキの役割を果たす。既存の格差を広げるだけなのだ。(25)

中国のゾウ

ハーヴァード大学の政治学教授ゲイリー・キングは、数々の研究の中でもとりわけ中国におけるインターネットの研究で知られている。キングによれば、中国は「人の表現を選択的に検閲しようという努力を、かつてないほど徹底的に実行している」国だそうだ。キングは、中国政府が自国内のソーシャルメディアで具体的に何を検閲しているかを正確に暴き出した。そしてその発見にはデジタルの領域をはるかに超えた、予期せぬ教訓があった。(26)

キングによれば、「中国のインターネット警察は推定五万人の検閲官を採用し、約三〇〇万人の共産党員と連携している。さらに、民間企業は自社サイトでもコンテンツを確認することが法律で定められている」。そのために企業は人員を採用しなければならない。キングは、網羅的な検閲作業があまりにも徹底しているので、まるで「ゾウがすべてを踏みつぶしながら部屋の中を通りぬけていくようだ」と言う。その足跡を追跡して測定するために、教授は同僚ジェニファー・パンとマーガレット・ロバーツとともに二つの危険な調査をおこなった。この調査は、中国の巨獣に対する新たな見識をもたらすものだった。

ひとつ目の調査では、調査チームは中国の一三八二カ所のウェブサイトを監視するコンピューター・ネットワークを構築し、新しい投稿が検閲されたかどうか、されたとすればいつかを調べた。調査対象には八五のトピックに関する一一〇〇万件の投稿が選ばれた。話題は人気のビデオゲームに関するものから反体制派アーティスト艾未未《アイ・ウェイウェイ》に関するものまで幅広く、その政治性もさまざまだった。調査チームは、現実世界の出来事に関するオンラインチャットの内容も対象に含めた。(27) 二つ目の調査では、キングらは覆面調査をおこなった。一〇〇以上のサイトで偽名のアカウントを作り、実際に投稿してどれが検閲を受けるか確認したのだ。そのために、中国国内に自分たちのソーシャルメディア会社まで立ち上げた。(28)

この調査の結果わかったことで、突出しているものが二つある。ひとつは、中国のインターネット検閲の仕組みが包括的かつ効率のいいものだということだ。好ましくない内容はほぼ完璧に近い精度で、投稿から通常二四時間以内に削除される。研究者たちはこう報告した。「これは驚異的な組織力であり、軍隊にも似た大規模な精確性を要するものだ」。

もうひとつは、中国の検閲制度が何を好ましくないと思っているかがわかったということだ。彼らは草の根での集団行動に触れるもの、扇動するもの、あるいはなんらかの形で結びつくものにはすぐ敏感に反応する。抗議やデモについての投稿はもちろん、政治的ではない内容でも集団行動に関する投稿はすぐさま消されてしまう。(29) だが、政権は政府批判に関しては比較的鷹揚だ。たとえば、この文章は検閲を受けていなかった。

中国共産党は抗日戦争の初期に民主的で立憲的な政府を約束した。だが六〇年を経た今でもその約束は果たされていない。現在の中国は誠実さに欠け、説明責任は毛沢東にまでさかのぼる。……現在信奉されている党内の民主主義は、一党支配を永続させるための言い訳にすぎない。

一方、自宅を破壊されたことによる抗議行動として爆弾で自殺した男性についてのこの投稿は、すぐに削除された。

銭明奇《チャン・ミンキー》が建物の破壊によって個人的に大きな損害をこうむったと微博《ウェイボ》でつぶやいたことが事実として確認できたとしても、彼の極端な報復行動は非難されるべきだ。……政府は建物の破壊について、常に市民の利益を守る法律を施行している。

このコメントは政府を支持する内容だったにもかかわらず、世間を騒がせたとして知られる話題に触れていたために検閲対象となった。この区別の仕方は、全体主義国家に関する従来の考え方とは矛盾する。ジョージ・オーウェルの小説『一九八四年』では、ビッグ・ブラザーは不忠が明らかになるとすぐさま対応していた。だがキングの調査結果は、独裁政権についてのもっとわかりにくい仮説を裏づけるものだった。キングの同僚マーティン・ディミトロフ教授の説がそのひとつで、「政権は、国民が国に不平を訴えなくなった時点で崩壊する」というものだ(30)。国家にとっての本当の危機は、国民が公然と不満を訴えなくなったときに訪れるのだ。

実際、ある程度の国民からの批判は、共産党にとって都合がいいのだとキングは述べている。怒りを発散したい国民のガス抜きになるし、中央政府は注意が必要な問題について警告を受けることができるからだ。検閲制度が（そしてときには警察も）動き出すのは、批判が行動を呼びかける声に転じたときだ。中国政府は、その手法を常に微調整している。二〇一三年一〇月には陝西省《シャンシー》で、ある男性が新浪微博《シナ・ウェイボ》（中国版ツイッター）に投稿した批判的なコメントを五〇〇回リツイートされたかどで拘束された。(31) 官僚たちが線引きについて協議している声が聞こえてくるようだ。何回シェアされれば集団行動の脅威となるのか？　二五〇ツイートか、五〇〇ツイートか、一〇〇〇ツイートか？

これを見ると、キングによる中国のメディア検閲調査は、ネット上の言論弾圧戦略以上のものを明らかにする。共産党が奥底に抱えている恐怖と、その洗練された統制プログラムについてのヒントを提供してくれるのだ。新疆とチベットでの暴動に対する高圧的な対応を見てもわかるように、中国は物理的な抗議行動の制圧にはかなり力を入れている。その姿勢はネットにも持ちこまれ、検閲はたとえ一見無害に思える投稿でも、集団行動の種を含んでいれば敏感に反応する。キングは、「どの国でも、政治関係者は目的を達成するために必要なコミュニケーション手段はなんでも利用する。テクノロジーによってそれをより早くおこなうことができるなら、テクノロジーを使うだろう」と私に語ってくれた。

「ある意味、アメリカも同じだ」とキングはさらに言った。たしかに、アメリカの大手ＩＴ企業は児童ポルノなどの違法コンテンツを監視し、検閲することが法律で定められている。そして、国家安全保障局について最近暴かれた事実によれば、この国の政府はデジタル監視のためなら企業に協力を強要することもいとわないらしい。「機能的には、中国でおこなわれていることと一緒だ。モラル的にも一緒だとは言わないがね」とキング。どちらの国でもテクノロジーはレンズの役割を果たし、政府がもっとも重大な懸念にどう対応するかを拡大、増幅する。大規模なテクノロジーを検証することで、隠された動機をあぶり出すことができるのだ。

予測することは信じることだ

「増幅の法則」は、私たちにある程度の予測を立てさせてくれる。一定の条件下なら、まだ存在すらしないテクノロジーの未来を推し量ることが可能だ。たとえば、科学者たちが以下のような発明をしたとしよう。それぞれの組み合わせの中で、どちらがより人気になると思うだろうか？

a　あなたの代わりに掃除、食器洗い、洗濯をやってくれるロボット。
b　あなたの後ろをついてまわって、あなたの欠点を言葉で指摘してくれるロボット。

a　あなたの家が実際より大きく見え、高価な家具が揃い、プロのインテリア・コーディネーターが内装を手がけたように思えるリアルなイメージを投影してくれるホログラフィ装置。
b　あなたの家が実際より小さく見え、使い古しの家具が置かれ、学生がインテリアを考えたように思えるリアルなイメージを投影してくれるホログラフィ装置。

a　ベルトのバックルに装着すると、何を食べてもどれだけ運動しなくてもスリムで引き締まった体形を約束してくれる新型装置。
b　ベルトのバックルに装着すると、何を食べてもどれだけ運動しても太り過ぎの体形を約束してくれる新型装置。

これらの道具は今のところどれもまだ存在しないが、それぞれの組み合わせでどちらがより売れるかは、簡単に選ぶことができるだろう。それは、大多数の人々が何を求めているかについて、あなたがすでに十分理解しているからだ。あるテクノロジーが成功するかどうかを予測する能力は、人間に対する本能的な理解に基づいている。増幅と同じことで、どの製品が成功するかを決定づけるのは技術的なデザインよりも人の嗜好だ。あるいは、言い方を変えるなら、すぐれたデザインとは私たちの心に訴えかける技のことなのだ。

ここで紹介した選択肢がどちらの方向に進むべきかについて、とやかく言いたい人もいるかもしれない。文化によって、あるいは歴史上のどの瞬間に起こるかによって、結果が変わるはずだという意見もあるだろう。その意見は正しい。多くのアメリカ人が今は望ましくないと思っている体形は、時代や場所が違えば富と権力の象徴となる。たとえばいまや「ルーベンス風《ルーベネスク》」と呼ばれるほどふくよかな女性ばかり描いたことで有名な画家ルーベンスの時代、女性は太っているほうが好まれた[32]。その当時なら、bの道具のほうがaの道具よりもヒットしただろう。だがこれもまた、テクノロジーが結果を左右するわけではないことの証明だ。

同様に、将来起こる技術革命では誰もが通信技術を好きなように活用、あるいは乱用することが予想される。一九世紀、革命派がチラシを配ると独裁者が印刷所を閉鎖し、世界がそのことを知るのは数カ月後、口伝えにだった。二一世紀の今、革命派はフェイスブックで集まる。独裁者がネットを遮断すると、世界は事態の展開をYouTubeで見守るようになった。ひょっとすると二三世紀になるころには、革命派は脳から脳へ直接情報を伝達する装置で行動を呼びかけるのかもしれない。そして独裁者がニューロン信号を攪乱し、世界はシナプス投影認識モジュール（Synaptically Projected Awareness Module. SPAMという略称で呼ばれるだろう）で事態を見守るのだ。デジタル世界は確実にアナログやポスト・デジタル世界とは異なるが、社会的秩序についてはテクノロジーが「変われば変わるほど、同じである」〔フランスのジャーナリストで小説家のジャン＝バプティスト・アルフォンス・カーの名言。時代や状況が変わっても本質は変わらないという意味〕。

もっと重要なのは、社会的変化のための費用が未開発のテクノロジーに費やされるべきか、別の何かに費やされるべきかを判断する指針を増幅が提供してくれるということだ。うまくいっていない学校の現状がデジタル技術で好転するわけではないことは見てきたが、テクノロジーの夢想家たちなら、まだ適切なテクノロジーが発明されていないだけだと言うだろう。そこで彼らの空想にちょっと付き合って、映画『マトリックス』に出てくるようなすばらしい教育マシンがある世界を想像してみよう。

自分にコードをつなぐと、映画でキアヌ・リーブスが演じていた登場人物のように、すぐに「カンフーができる」ようになる。なんでも学べる驚異のテクノロジーだが、これで教育格差はなくせるだろうか？　政治が今の私たちの世界と同じなら、裕福で強い影響力を持つ親が最高のハードウェアを我が子のために独占し、貧しい家庭の子どもたちは修理しなければ使えない旧型しか手に入れられないだろう。金持ちの子どもなら、努力せずに量子物理学を学ぶことができる。貧しい子どもは、機械の不具合でアヒルみたいにガアガア言いながら出てくるかもしれない。ここでもまた、テクノロジーはより大きな社会の意図を（黙示的なものも、明示的なものも）増幅する。そして同じことがゲーム化された電子教科書や人間型の教師ロボットといった新技術にも言える。そこから導かれる予測のひとつがこれだ。公正で万人に開かれた教育制度に貢献したいと思うのなら、新技術はその答えにはならない。

この教訓は教育に限らずもっと幅広い世界にあてはまる。これまで見てきたことのまとめのようなものだ。腐敗を根絶しようという純然たる決意を持たない政府は、透明性を確保する新技術があったからと言ってより説明責任を果たすようにはならない。十分に訓練を受けた医師や看護師が不足している医療制度は、電子カルテがあったからと言って医療ニーズを満たすわけではない。不平等な社会基盤を正そうという意志のない国は、どれだけ低価格なテクノロジーを開発したとしても、格差をなくすことはできない。一般的に言って、テクノロジーがいい結果を生むのは善良で有能な人間の力がすでに存在する場合だけなのだ。

第6章で、これらすべてがいかにしてテクノロジーの一番いい使い方の指針となるかを説明する。だがここでは、「増幅の法則」が持つ予測力がその強みのひとつであるということを、仮説として述べさせてほしい。ネット上でもっとも自由に発言ができる場所はどこだか知りたいだろうか？ 答えは、現実世界でもっとも自由に発言できる場所だ。新しいテクノロジーが本当にコストを削減できるのはいつになるか知りたいだろうか？ 答えは、経営陣がコスト管理に注力したときだ。どうすれば子どもたちがiPadを使ってちゃんと学習できるか知りたいだろうか？ 答えは、与えられるツールにかかわらず、子どもがちゃんとした学習習慣を身につけていて、ツールを適切に使っているかどうか大人が監視することだ。

意図せぬ結果はいずこへ？

中には、テクノロジーによる影響は、意図せぬ結果がある以上、根本的に予測不可能だと反論する人もいるかもしれない。その意見もある程度までは正しいが、あくまで「ある程度まで」だ。ここまでに私が述べてきたことのうち、テクノロジーが関与したというだけで人類の歴史がより予測しやすくなったと示唆するものは何もない。二〇一〇年に中東が（フェイスブックがあろうがなかろうが）市民の暴動によって変容することを誰が予測できただろう？ 人間というのはもともと複雑で、予測しにくいものだ。テクノロジーが加わったところで、それが変わるわけではない。

だが社会的背景が十分に把握できていれば、一部のテクノロジーの影響は予測可能だ。そのためには部分的、あるいは不完全な知識でも貴重な判断材料となる。私たちは時々外れることを知っていても、やはり天気予報を確認する。あてずっぽうよりましな情報ならなんでも、情報としては使えるからだ。同様に学校の責任者は、教育系テクノロジーは優秀な学校では役に立つが、悪い成績に苦しむ学校を助けてくれないという予測に基づいて行動することができる。仮にぎりぎりのラインの学校で判断に苦しむとしてもだ。

さらに、結果が意図せぬものかどうかは、見る人次第という場合が多い。インターネットの前身である技術を支援した米国防総省の役人と全米科学財団は、膨大な電子商取引の市場を切り開くつもりでも、ネコの動画を世界中に拡散するつもりでもなかったはずだ。つまり、こうした結果は意図せぬものだった、ということになる。だがウェブサイトは自分で勝手に立ち上がったりはしない。たとえインターネットの発明者たちに予言されていなかったとしても、ネット上にあるものはすべて誰かの意図によって生まれたものだ。多くの場合、テクノロジーの意図せぬ結果は誰か別の人間の予測不可能な行動によって生まれる。誰かがもたらした意図せぬ結果は、別の誰かにとっての目標となるのだ。

だがそうなると、テクノロジーの影響がまったくもって予測不可能だった場合はどうなるだろう？　テクノロジーの懐疑論者たちは失敗し得るケースを思いつくことに関しては非常に想像力が豊かなため、まったく予測不可能な例を見つけるのは難しい。だがここでは便宜上、ティーンエイジャーのメールについて考えてみよう。ショートメッセージの技術を開発した技術者たちや、一般家庭に携帯電話がもたらされて喜んでいた親たちは誰一人、我が子が毎月何千通ものメールを打つようになるとは思ってもいなかったに違いない。だが、アメリカのティーンエイジャーは平均すると一日六〇通のメールを受け取っている。起きている間は一時間に四通という計算だ。カリフォルニアのある一三歳の少女は一カ月に一万四五二八通のメールをやり取りしたが、これは二四時間ずっと起きていたとしても三分に一通の計算だ。[33]　つまり、過度なメールのやり取りは、携帯電話の普及が生んだ意図せぬ結果とみなすことができる。[34]　だがその事実を知った今では、「意図せぬ」とはもはや言えない。親、消費者、有権者、市民である私たち大人が——核家族であろうが共同体としてのコミュニティであろうが——この結果が望ましいものかどうか判断し、そうでないなら抑制しなければならない。何もしないということは共犯になるということ——望ましくない結果を消極的に受け入れるということになる。長い目で見れば、意図せぬ結果など存在しないのだ。[35]

機械の中の救いの神《デウス・イン・マキナ》

「増幅の法則」は、テクノロジーがいいものでも悪いものでもあり、その影響は最終的には個人や社会によって決まるということを教えてくれた。この法則から導き出される推論は、コスト削減や組織改善、格差解消などについて、テクノロジーに内在する力についての迷信を打破する。

増幅はまた、テクノロジーの影響についての責任を真っ向から私たちに負わせる。テクノロジーの夢想家たちは、テクノロジーが私たちを私たち自身から救ってくれる世界を夢見ている。逆に懐疑論者たちは、私たちの創造物が暴走する世界を想像する。そして文脈主義者たちは、運がすべてだと言っているように聞こえる。だがこれらの観点にはいずれも、人類の純真な若さめいたところがある。私たちの運命は自然や神が決めるのだと思っていたころのようなナイーブさだ。テクノロジーを盲信しすぎるのも恐れすぎるのも子ども時代への退化のようなもので、人類の責任を無視することにつながる。経験を積んだ大人になった私たちは、自らの運命を自らで決めるべきではないだろうか？

ジャン＝ポール・サルトルによれば、テクノロジーは私たちがそれをどう見るか、それ以上のなにものでもないそうだ。[36] そしてサルトルが述べたように、責任とは幸福であると同時に災いでもある。一方では、私たちはテクノロジーで何をするかを決めることができる。だがもう一方では、私たちはテクノロジーで何をするかを決めなければならないのだ。

第4章　シュリンクラップされた場当たり処置
——介入パッケージの例としてのテクノロジー

この何年かで、私はデジタル・テクノロジーが社会的原因に与えられる影響は限られているという話をあちこちでしてきて、さまざまな反応に逢った。テクノロジー擁護者たちは敵意をむき出しにしたり、渋々ながらも引き下がったりする。テクノロジーの誇大広告にうんざりしている人々は、共感の言葉をかけてくれる。そしてまた別のグループの人々は私の意見には同意するが、電子機器に関してではないと言う。テクノロジー関連ではないプロジェクトで、同じような経験をしたと語るのだ。

増幅は、実はかなり幅広く適用できる概念だ。デジタル・テクノロジーは、「介入パッケージ」とでも呼ぶべきものの極端な一例にすぎない。社会問題に対処することを目的としたすべてのテクノロジー、アイデア、政策、その他簡単に複製できる部分的な解決策を指すのが「介入パッケージ」だ。[1] テクノロジーと同様、それらは単体で大規模な社会的変化を起こすことが期待されている。だがそんなことはできない。その理由を理解することで、「増幅の法則」をさらに深く知ることができるようになる。

マイクロクレジットにおけるテクノロジー

介入パッケージのいい例が、マイクロクレジットだろう。貧しい借り手に少額ずつ金を貸すこの手法はマイクロレンディング、またはマイクロファイナンスとも呼ばれ、世界中に広まった数少ない貧困削減手法のひとつだ。一〇〇ドルの融資が低所得家庭の暮らしを大きく変えた物語は、尽きることがない。現代のマイクロファイナンスの偉大なる父、ムハマド・ユヌスは、そうした物語を語るのを好む。彼はあるとき、バングラデシュの四二人の村人に、総額二七ドルの現金を個人的に融資した。四二人のうち何人かは、竹の椅子を作る材料を買うために、ほんのわずかの現金を必要としているだけだった。彼らは借金を返し、それでもまだ利益を手にすることができた。「たった二二セントがないだけで苦しんでいる人がいるなど、聞いたこともなかった」とユヌスは書いている。(2)

それが、一九七六年の話だ。それから数十年、マイクロクレジットは社会貢献活動の一大勢力へと成長している。「マイクロクレジットの目的は、可能な限り短い時間枠の中で貧困を撲滅しようというものだ」と語るユヌスのような、疲れ知らずの擁護者たちによる熱心な活動によって後押しされたのだ。(3) 支持者たちによれば、融資によって貧困家庭はもともと持っている能力を活用して小さな商売（小規模事業）を立ち上げ、自らの力で貧困から抜け出せるようになるのだと言う。マイクロクレジットは所得を増やし、女性に力を与え、子どもの健康や教育を改善できるとのことだ。「マイクロファイナンスは人生を変えてきた」と言われ、マイクロクレジットは「世界の貧困対策に革命を起こした」と言われている。(4) 現在、世界中で一億八〇〇〇万人がマイクロクレジットを受けている。(5) 国連は、二〇〇五年を「国際マイクロクレジット年」に定めた。そして二〇〇六年、ユヌスはノーベル平和賞を受賞した。

だが、融資が万能の解決策ではないということについては、擁護者も認めるところだ。マイクロファイナンス組織の中には、成長と利益を重視するものもある。そこから先は、乱用のおそれがある危険な坂道だ。特に議論を呼んでいる貸し手が、メキシコのコンパルタモス・バンコという銀行だ。非営利として立ち上がったが、やがて商業資本で利益を上げられるよう、営利銀行へと鞍替えした。二〇〇七年、七年間で五三パーセントという驚異的な平均利益を上げてから、この銀行は新規株式公開（ＩＰＯ）で四億六七〇〇万ドルを稼いだ。(6) もちろん、これほどの高い利益率を上げるために、コンパルタモスはさらに高い利息を借り手に課している。融資の多くが、年利一〇〇パーセント以上だ。これはアメリカの貸金業規制法で認められている利率よりもかなり高いし、三〇パーセントを超えることがまずない米国のクレジットカードの利率もはるかに上回っている。

コンパルタモスのＩＰＯから八カ月後、『ブルームバーグ・ビジネスウィーク』誌が一人の女性の存在を突き止めた。エヴァ・ヤネット・ヘルナンデス・カバジェロという、コンパルタモスの販促資料にサクセスストーリーとして紹介されている人物だ。ヘルナンデスは二〇〇一年、靴下編みビジネスの材料を購入するために最大一八〇〇ドルの融資を、年利一〇五パーセントで受けた。だが顧客からの支払いが滞ると、彼女自身の返済も遅れ始める。ヘルナンデスは返済サイクルを守ることができず、以降の融資が受けられなくなってしまった。彼女の写真は銀行の輝きを増す手助けをしているというのに、ヘルナンデス一家は「ぎりぎり持ちこたえている」ような状況だった。コンパルタモスはコストを賄うため、そして投資家を集めるためには金利を上げなければならないと主張する。だがヘルナンデスのような借り手が苦しむ中で初期の投資家たちが何億ドルもの資金とともに手を引いていく現状を見ると、この銀行がやっていることは利潤追求以外のなにものでもないのではないかと思えてくる。(7) 二〇パーセントの金利しか設定せず、借り手の返済が滞っても有利な条件で融資の借り換えを提供するグラミン銀行を立ち上げたユヌスは、『ニューヨーク・タイムズ』紙の論説でコンパルタモスをこのように非難した。「商業化は、マイクロファイナンスにとってひどく間違った方向だった。……貧困は撲滅するべきものであって、金儲けのチャンスとみなすべきものではないのだ」[8]。

借り手が必ず恩恵を受けられるなら、利益追求も許されるのかもしれない。だが最近の調査は、少額融資に対する熱を冷ますような結果を示している。ひとつには、マイクロクレジットは通常、数多い融資の選択肢のひとつにすぎないということ。バングラデシュ、インド、南アフリカの家庭の家計簿に基づく洞察に満ちた調査によれば、貧困家庭は非公式な借金、貯金、保険などをたくみに使い分けているそうだ[9]。そしてもうひとつは、一般的に言われていることとは異なり、借り手は皆が皆、事業を立ち上げるわけではないということ。それよりも、借りた金で別の借金を返したり、急な出費の穴埋めをしたりするほうが多いようだ。たとえば病気などで急にまとまった金が要り用になった場合、事後的な保険の一種として借金をするようなケースで、これは「消費の平準化」と呼ばれる。言い換えれば、マイクロクレジットは貧困から抜け出すというよりは、基本的な生存のためのものである場合が多いということだ。

著名な開発経済学者たちも、貧困から抜け出す手段としてのマイクロクレジットの役割に疑問を投げかける[10]。その一人が私の友人、ディーン・カーランだ。イェール大学の経済学教授である彼は、しばしば仕事で世界中を飛び回っている（彼の末娘は、八歳にしてすでにプラチナのマイレージカードを持っていた）。カーランと彼の同僚ジョナサン・ジンマンは、南アフリカとフィリピンにおける少額融資がもたらす結果が功罪相半ばすることに気づいた。いいほうの結果を見ると、南アフリカで一日六ドルで生活している中程度に貧しい成人の場合、借り手は仕事を見つけ、貧困ラインを脱することができ、家族が飢えることも少なくなることがわかった[11]。ここまではまあいい。だがフィリピンでは、活発な小規模起業家に対する融資が「事業の拡大や収入の向上、主観的な幸福度の向上につながることはなく、むしろより厳しいリスク管理、事業の縮小、主観的な幸福度の減少につながった」とのことだ。[12] そしてやはり同僚のマヌエラ・アンゲルッチと共同でおこなったコンパルタモス・バンコについての調査では、このような結論が出た。「平均すると、事業の収益性は上がらず、収入も向上しなかったが、借り手は資産を売却することなく負債をうまく管理できるようになり、女性は家庭内での発言力が強くなり、幸福度は向上した」。[13] つまり、マイクロクレジットはある程度の恩恵をもたらすが、貧困にとっての万能薬ではないということだ。

これらの結果は、マイクロファイナンス業界を騒然とさせた。革命的で人生を変えるはずの成果に、疑問を投げかけるものだったからだ。全体的にはマイクロクレジットを良しとしてはいるものの、圧倒的な大成功ではなく、「中途半端」と解釈されてしまったのだ。別の調査グループがやはり同様の結果を得て、論文のタイトルに「マイクロファイナンスの奇跡?」と挑戦的な疑問符をつけている。[14] 業界は防御の姿勢を取り、少額融資の支援者たちは無一文から中流階級になった実際の成功例や、研究者たちが短期的な影響しか見ていないという非難の言葉で反撃した。

今のところは、停戦のような状態が続いている。どちらの陣営もマイクロクレジットが役に立ち、極端な主張は大げさなもので、もっと徹底的な調査が必要だという点では合意しているのだ。

経済版トロイの木馬?

世界のどこでも、融資は便利でもあるし危険でもある。二〇〇六年のアメリカでは、国民一人当たり二枚のクレジットカードが発行されており、カード一枚につき平均四八〇〇ドルの債務があった。[15] 中流家庭の債務は平均約七万ドルで、個人貯蓄率はマイナス一・一パーセント。このマイナスはつまり、アメリカ人が稼ぐより多く金を使っているということを示している。[16] この債務の多くが、サブプライム住宅ローンだった。銀行は良心的なローンだとしてこれを積極的に住宅購入者に売りこみ、そして投資家に対しては不透明な高配当証券として売りこんだ。二〇〇七—〇八年に起きた金融危機の原因はこの住宅ローンの大量の焦げつきにあると言われ、世界経済はいまだにその後遺症に苦しんでいる。[17] 融資はたしかに強力だが、危険な商品でもある。それを手に入れやすくすることで、必ずしもいい結果が生まれるとは限らないのだ。

良質な融資を左右する条件は、少なくとも二つある。融資がどの程度慎重におこなわれるか、そして借り手の経済能力がどの程度あるかだ。これは、どのような融資についても言える。グラミン銀行は、融資する際に細心の注意を払うことで知られている。グラミン銀行の借り手の多くは、間違いなく恩恵を受けているだろう。

だが、どの借り手が恩恵を受けているのだろう? 経済学者のデータをもっとじっくりと見ると、効果が見られるのは特定の小集団に偏っていることがわかる。マイクロクレジットは、より裕福で教育水準が高い者のほうがより恩恵を受けられる。たとえばすでに事業を立ち上げている者、起業家としての能力と資質を備えている者、そして地域によっては社会文化的観点から、女性よりも男性のほうが恩恵を受けやすい。[18] つまり、デジタル・テクノロジーと同様、マイクロクレジットも人間の既存の力を増幅するものなのだ。

だが、マイクロクレジットはハードウェアやソフトウェアのような目に見えるものではない。では何が増幅をしているのか? 本質的に言えば、現金借り入れのための所定の手続きだ。典型的な形のマイクロクレジットは、金銭的な担保の代わりに社会的保証を提供する人々のグループに対する融資が基本になっている。正規の銀行はグループ全体を対象に融資をおこない、多くの場合はマイクロファイナンス機関が仲介を務める。するとグループは受け取った資金をメンバー個人に分配するという仕組みだ。借り手たちは支え合ってローンを返済し、メンバー一人ひとりがちゃんと返済するよう、仲間内で圧力もかけ合う。小規模融資を標準的なパッケージにまとめるという点で、マイクロクレジットはテクノロジーに似ている。[19]介入パッケージとして、マイクロクレジットは広く普及した。だがその範囲は、好ましい影響が得られるレベルを越えて拡大している。少額融資がそれ自体を目的として推奨されるようになると、ユヌスのグラミン銀行のような初期のプログラムにはあった必要不可欠な要素が忘れ去られてしまう。それらの要素は、社会問題の解決策としてテクノロジーを担ぎ出すときに無視してしまうものと同じ要素だと私は考えるようになった。

うまくいかない民主主義

介入パッケージには、子どもの教育を支援するiPadやHIV／エイズの蔓延を防止するコンドームなど、ありとあらゆる形と大きさのものがある。それに、オックスファムやハイファー・インターナショナルといった国際NGOの広告で、ヤギの寄付を呼びかけるものを見たことがないだろうか。ヤギは貧しい農家の食糧にもなるし、肥料も生み出してくれる。

だがマイクロクレジットと同様、介入パッケージは、目に見えるものに限られない。学資援助、チャーター・スクール〔アメリカの特別認可学校〕、住宅ローン、選挙など、抽象的なアイデアや制度構造もある。選挙は民主主義を実現する手段としてもてはやされているし、アメリカの外交政策はよその国に選挙をおこなわせることにこだわっている。国家の初の選挙ほどメディアの狂乱を呼ぶものはない。

だが近年中東やアフガニスタンで展開した出来事を見ると、投票自体がいかにほぼ何も達成できないかを思い知らされる。チュニジア、エジプト、それにリビアも独裁者を倒して新しい指導者を選ぶための選挙をおこなったが、それが民主主義につながるかどうかがはっきりしているとはとても言えない。たとえばエジプトでは、二〇一一年の革命後の最初の選挙でモハメド・モルシが選ばれた。だがモルシはすぐに軍事クーデターによって排斥された。リビアも、各地の武装集団がそれぞれに領地を支配するばらばらの国になってしまった。アメリカがこれまでイラクやアフガニスタンでやってきたように、世界最強の軍事力を駆使して暴君を追放し、選挙を支援しても、結果は腐敗と暴力に終わることが多いのだ[20]。

ほとんどの政治学者や外交通たちは、選挙に対する薄っぺらい信念に身震いする。彼らによれば、民主主義には投票以上のものが必要なのだそうだ。法の支配、安定した自由な報道、広く行き渡る教育、強力な統治機関、政府の対応と透明性を求める民衆の強い要求、軍に対する文民統制、格差がひどすぎない適度な富、等々[21]。だがこうしたものはパッケージ化するのが難しい。もともとある社会規範や指導者の人格、そしてほかにも複製するのが難しい人的要因に左右されるからだ。こうした要因は、たとえ銃を突きつけたとしても簡単に複製できるものではない。

この流れに沿った注目すべき意見を述べているのが、小説『崩れゆく絆』で知られるナイジェリア人作家チヌア・アチェベだ。アチェベは欧米の恩着せがましさを嫌悪していることで知られるが、それでも、ナイジェリアの真の民主化への道のりがまだまだ遠いことは認めている[22]。二〇一一年に彼はこう書いた。「アフリカの植民地独立後の気質は、人々が自らを統治する習慣を失ってしまい、伝統的な考え方を忘れてしまい、十分な準備なしに世界を受け入れ、世界とかかわらなくてはいけなくなった結果生まれたものだ」。そして、こう続けている。「民主制度を回復するだけでは、一夜のうちに国家を成功させることはできない。……忍耐が必要で、一瞬で起きる奇跡など期待できないということも理解するべきだ[23]」。

同じくナイジェリア人でピューリッツァー賞の受賞者でもあるデレ・オロジェデは、さらに踏みこんでいる。「大多数の国民が国家の概念すらまだ十分に理解できておらず、非常に貧しくて教育も受けていないうえ、毎日を生き抜くだけで必死であるがゆえに、たった五ドルの賄賂のためにさえ道を誤ってしまうような状況では、民主主義などまがいものにしか見えないときがある」。オロジェデは、すべての成人に投票権を与えることにさえ疑問を抱いている。普通選挙から「そこそこうまくいく民主主義」が始まったためしはない、というのがその根拠だ[24]。

選挙は政治の自由や責任ある統治、国家の安定、国民の幸福を保証するものではない。ほかの介入パッケージと同様、投票制度を複製するのは比較的簡単だが、健全な民主主義には単なる普通選挙よりもっと、もっと多くが必要なのだ。

法の下での平等

ある集団が、母国で社会的、政治的、経済的差別を経験する。集団に属する人々が、限られた雇用機会や物理的分離、結婚や家族生活における偏見に基づく制限などに苦しむ。そこへ、偏見を絶つための法律が鳴り物入りで成立する。しかし、そうした法律にまぎれもない効果があるとはいえ、偏狭や社会的不平等はその後何世代にもわたって続く。

これが、ほとんどの社会的・政治的平等のための戦いで見られる展開だ。

そしてこれは、アメリカの人種・ジェンダーでの平等の戦いにも、おおむねあてはまるものでもある。一九六〇年代初頭、アメリカは同一賃金法と公民権法を通過させた。前者は性別による賃金格差を禁止したものので、後者は人種や宗教、ジェンダー、民族、国籍に基づくさまざまな差別的習慣を禁じるものだ。それから半世紀以上経ち、あからさまな女性蔑視こそ減ったものの、性別の賃金格差はいまだに開いたままだ[25]。そして黒人の大統領が誕生したにもかかわらず、人種差別もなくなってはいない。

根強い偏見はインドにも残っている。私が訪れた地方の農村の多くは、カーストごとに区別された集落に分かれていた。こうした村々の一部では物理的接触が厳しく制限され、まるで幼稚園児の「エンガチョ」のように思えることさえあった。たとえば、「不可触民《ダリット》」の人々はほかの住民に触れること、同じ井戸の水を飲むこと、上位カーストの隣人に自分の影がかかることさえ禁じられている。禁を破れば不可触民には打擲の罰が与えられ、相手が最高位カーストのバラモンであれば、そのバラモンは浄化の儀式をおこなわなければならない。

現在、インド都市部で生活する人々の多くはそのような排斥制度にはかかわったことがないと主張するが、それはあくまで相対的な意味でしかない。スラムで暮らす女性から私が聞いたのは、上流中産階級の家庭の多くが、特定のカースト以外からしか料理人を雇わないという話だった。選挙に関しては、こんな言い習わしがある。「国民は票を投じるのではない、自らのカーストを投じるのだ」。そして私がオフィスでもっとも多く耳にした個人的な体験はロミオとジュリエットの再現のような話だった。ただ、モンタギュー家とキャピュレット家が対立するカーストに置き換わっただけだ。

カースト差別はインドでもすたれつつあり、その変化の一部は法の制定に起因するものだ。だがインドの憲法が少なくとも一九五〇年から不可触性と差別を禁じていることを考えれば、カーストの習慣は嘆かわしいほど根強い。この国の大部分、特に地方では、ほとんど何も変わってはいないのだ。

言い換えれば、法や政策でさえ、一種の介入パッケージだということだ。国レベルで複製することは簡単だが、本来目指していた目標を達成することはいまだにできていない。

究極のパッケージ、ワクチン接種

すべての介入パッケージの殿堂において最高位に君臨するのは、ワクチンだろう。ワクチンは命を救う。すぐに効果が表れる。フォローアップも必要ない。そしてあまりに効果的なため、ほかの介入が嫉妬するほどだ。「ワン・ラップトップ・パー・チャイルド」のネグロポンテはこんなこじつけめいた発言をしている。「OLPCは子どもたちを無知から守るための予防接種だと考えてみてほしい。そしてノートパソコンはそのためのワクチンなのだと」[26]。

ワクチンは一種の薬の魔法のようなものだが、あくまで、それを受ける意志がある人々に無事届けられることが前提だ。ポリオは富裕国では根絶されたが、アフガニスタンやパキスタン、ナイジェリアではいまだに蔓延しているし、ほかにもアフリカの十数カ国で犠牲者を生んでいる。はしかも開発途上国で毎年一〇万人以上の命を奪い続けており、アジアとアフリカでは大規模な集団発生が見られる。ワクチンが理想的な介入パッケージだというなら、なぜこれほど多くの命を守りきれていないのだろう？

問題はワクチン技術の不足だろうか？　もちろん違う。ポリオとはしかのワクチンは、もう何十年も前からあるのだ。

では、その技術が高価すぎるのだろうか？　たしかに、これらの病気に苦しむ国に、先進国ほど医療にかけられる予算がないことは事実だ。だが経口ポリオワクチンは一回二〇セントもしない。貧困国でも手が出せる金額だ。ポリオが蔓延する国々に住む三億五〇〇〇万人全員に推奨される三回の投与をおこなうために必要な金額は、二億一〇〇〇万ドル。決して少ない額ではないが、世界保健機関が運営するパートナーシップ「世界ポリオ根絶活動」が二〇一一年に組んだ予算だけで一〇億ドル近いことを考えると、かなり安い。この活動は、まちがいなくワクチン以外の何かに金を使っている[27]。

では、問題はインフラ不足だろうか？　ワクチンの配布は「コールド・チェーン」と呼ばれる、安定した冷蔵設備でワクチンを届けるシステムに依存している。悪路におんぼろトラック、不安定な電力供給、少ない冷蔵設備といった環境でまともなコールド・チェーンを確保するのは非常に難しい。だが世界中の国々はまだアスファルトや自動車、冷蔵庫が今よりずっと珍しかった時代でさえ、天然痘を撲滅することに成功している[28]。

もちろん、テクノロジーも現金も、そしてインフラも必要だ。だが多くの場合、それらはすでに備わっているのに、求めている成果がまだ得られていない。医療制度が混沌としている国ほど、こうした避けられる病気が多く発生しているのは偶然ではない。ワクチンで予防できる病気が開発途上国でいまだに蔓延しているという事実は、介入パッケージそのものを信じる人々に矛盾を突きつける。

人間性は含まれていない

私たちは介入パッケージに大規模な成果を求めるが、介入自体はほかのものに依存している。それは個人や組織における前向きな意志と高い能力という基盤だ。しかもこの基盤は、社会問題が根強い地域ほど不足しているものでもある。

決定的に重要なこの人間基盤を形成するのは、どのような人々だろう？　私の研究チームが実施した教育テクノロジー関連プロジェクトでは、カギとなったのはテクノロジーを開発した研究者たち、テクノロジーを採用した教師たち、そしてテクノロジーを使った生徒たちだった。この三つのグループは言い換えれば指導者、実施者、そして受益者と同義になる。

指導者とは、介入パッケージに対する力を持つ者を指す。介入がどのような形を取るのか、それを適用するのかどうか、どのように適用するのかを決定する人々だ。彼らは政府の大臣や非営利組織の代表のような名目上の指導者である場合もあるし、テクノロジーを生んだ人々、政策を策定したり資金を供給したり、あるいはほかの形で介入の構造に影響を与える人々の場合もある。

リーダーシップの重要な役割に疑問を持つ者はあまりいない。たとえばマイクロクレジットでは、力を持つ者——マイクロファイナンス機関の代表、政策決定者、投資家、等々——が低所得の借り手を支援しようという熱意を持っているかどうかが重要になる。その熱意よりも個人的欲求が上回ると（そこまではいかなくとも、もっと多くの人を救おうと対応可能な数以上に範囲を広げると）、成果は出なくなってしまう。ユヌスが指摘していることだが、マイクロクレジットの一番の目標が成長になってしまうと、「銀行は金利を引き上げ、強引な売りこみや債権回収に走るようになる。貸し手が非営利だったころに見られた借り手への共感は消え失せてしまうのだ[29]」。

残念ながら、共感はパッケージに含めることができない。それに、介入の規模拡大に伴って増えることもない。ユヌスがマイクロファイナンス機関の営利目的化に反対する中でも、その成長は続いている。コンパルタモスは、かつての借り手たちの窮状から目をそむけながらも成長を続けているのだ。靴下編み事業を立ち上げたヘルナンデスのような例も、コンパルタモスの共同創業者で取締役副社長のカルロス・ダネルの心を動かすことはない。「金融包摂が貧困軽減のツールになるというのは、多くの人々が示していることです」と彼は言う。「私たちはそれを証明しようとしているわけではありません[30]」。

実施者は、二つ目の重要なグループだ。ここでもマイクロクレジットを見てみよう。その手法には、間違いの起きる余地がほとんどない。貧しい借り手に少額融資をおこなうのは簡単ではない。彼らには正式な担保がないからだ。借り手をグループにまとめ、定期的に会合を開かせる必要がある。融資担当者が僻地の村を訪問しなければならないが、札束を運んでいるので強盗に遭うおそれがある。融資の判断は、わずかばかりの正式書類に基づいて下さなければならない。銀行などの資金源を誘致する必要もある。地元の法や習慣には従わなければならない。そしてそうした活動のすべてが、金銭的にはちゃんと収支が合うようにしなければならない。実は、このプロセスが正規の銀行にとってはコストがかかり過ぎるという理由で、マイクロクレジットはニッチなのだ。銀行が貧しい借り手と直接やり取りをしようと思ったら、どうしても赤字になってしまう。マイクロクレジットはうまくいけば、間違いのない高精度なプロセスと借り手への思いやりを組み合わせた、すばらしい効果を生む。

実施者は、介入パッケージを実施する個人や組織だ。彼らはテクノロジーを導入し、運用し、維持する。組織を構築し、経営し、管理する。政策を適用し、公表し、実施する。制度を策定し、統制し、運営するのだ。だが、それほど重要であるにもかかわらず、実施者が評価されることはめったにない。称賛は現場にいるグラミン銀行の職員ではなく、ユヌスのような指導者個人に与えられるのだ。あるいは、天然痘のワクチンを現場で投与した医療従事者たちではなく、ワクチンを特定したエドワード・ジェンナーに。あるいは、タハリール広場の名も知らぬ抗議者たちではなく、フェイスブックのページを立ち上げたワエル・ゴニムに。関係者すべての名前を挙げろと言われたらどの介入の話も完全に伝えることはできないが、彼ら実施者を見落とすことで、私たちはすぐれた介入をあたりまえのものだと思いがちだ。これもまた、パッケージには含めることができない特質のひとつだ。

三つ目のグループである受益者には、参加する意志と能力が求められる。だが指導者も実施者も、しばしば受益者の意志と能力を過大評価しがちだ。ユヌスも、貧困家庭について「彼らには金融資本さえあればいい」と発言している。[31] おそらくは敬意に基づいてだろうが、彼は受益者に訓練を施す必要は一切ないと主張する。「貧しい人々は生きているというただそれだけで能力を明確に証明している。私たちが彼らに生き延び方を教える必要はない」。そして、訓練プログラムが「逆効果」であるとさえ言い切る。[32] だが、少額融資を受けられる家庭のうち、実際に融資を受けたのは四分の一にも満たないことを示唆する調査結果が複数出ている。貧しい人々は、金融資本以外にも必要なものがあると自分たちでも気づいているのだ。[33] 経済学教授アビジット・バナジーと同僚たちは、事業拡大のために融資を受けるのはほとんどが経験豊富な起業家だという事実を突き止めた。[34] そしてインドのマイクロファイナンス機関「ベーシックス」の代表ヴィジャイ・マハジャンも、融資が「もっとも貧しい人々には有害無益だ」と警告している。[35]

人は、慢性的な不正には慣れてしまうものだ。そして貧しい人々は、日々の辛苦を乗り切るために労力を費やしている。なので、誰にでも言えることだが、意志と能力は無条件に引き出せるものではない。構築する必要がある場合が多いのだ。長生きは誰でもしたいと思うが、カウチポテト族は運動を続けるのに苦労している。教育の価値は誰しも認めるところだが、目標に向けて一日何時間もの勉強を毎日毎日、何年間も続けられる者は多くない。誰でも自由は求めるが、抗議活動の最前線で命を危険にさらそうと皆が出て行くわけではない。ワクチンでさえ、投与すれば大体すぐに効くものなのに、受益者候補が接種を希望しなければ効果を発揮できない。開発途上国の一部では、ワクチン接種キャンペーンが、自分たちを不妊にしようとする陰謀ではないかと疑う者が多いのだ。そして先進国の一部でも、自閉症などの問題を引き起こす原因になるという誤解を理由に、ワクチン接種を拒否する人々がいる。[36]

介入パッケージの呪い

指導者、実施者、受益者。この三位一体が介入パッケージの成功を左右するのだが、彼らが持つべきもっとも重要な資質はパッケージに含めることができない。指導者に必要な共感とすぐれた判断力を盛りこめるテクノロジーは存在しない。すぐれた実施能力を包含できる法は存在しない。他人が「これはいいものだよ」というものを受益者が欲しがるという保証を与えてくれる制度は存在しない。介入パッケージを成功させるまさにその要素が、大量生産できないものなのだ。

　この意見に、技術者やテクノロジー至上主義者たちは反感を覚えるかもしれない。彼らは、純然たる才能のみで乗り越えられない体系的な障害の存在を認めることを嫌うのだ。私はよく、若い「ハクティビスト」〔ハッキングを通じて社会的・政治的活動をおこなう者〕から、彼らのプロジェクトについての意見を求められることがある。たとえば、彼らはまず携帯電話のショートメッセージサービスを活用して、医療設備を利用できない貧困家庭に健康についてのアドバイスを一斉送信するシステムなどについて説明する。それに対して私は、君や私がスパムメールを迷惑だと思うように、貧困家庭の人々だって余計なメールは迷惑だと思うだろう、と説明する。そもそもメールを読めるだけの識字能力があったとして、知らないところからのメールなど無視するのが普通だろう。友人や親戚、村の司祭ではなく、頼みもしないのに送りつけられたメールのアドバイスなど、どうして聞くと思うんだい？　そうしたプロジェクトが成功するのは、すでになんらかの形で信頼が確立されている場合だけだ。

　同様に、教育改善のための解決策はテクノロジーによるものでもそうでないものでも、ひとえに親、生徒、教師、校長にかかっている。農業を改善する対策はどのようなものでも、農業資材の供給業者、農家自身、農業指導員、そして農作物の買い手にかかっている。政治を改善する対策はすべて官僚、役人、指導者、市民にかかっている。こうした人的要素への注力がなければ、故障して使えないままの医療機器、シャッターが下りた事務所、崩壊した民主主義が、社会的大義の歴史に傷を残すだけだ。[37]

介入パッケージはある種の呪いにかかっている、と言ってもおおげさではないだろう。皮肉なことに、極端な社会問題があるところにこそ、介入パッケージを実施するために必要な人の意志と能力が欠けているのだ。コンピューターを使って改善したい水準以下の学校にこそ、テクノロジーをうまく活用できる教師、校長、IT専門職員が不足している。選挙を通じて変えていきたい機能不全の政府にこそ、民主主義を持続させる意志のある制度、市民社会、軍隊が欠けている。そして法律で縫い合わせたい社会的分裂にこそ、そのために必要な人と人との信頼と相互尊重が欠けているのだ。

社会的プログラムの鉄則

ピーター・ヘンリー・ロッシは、二〇世紀半ばにもっとも影響力のあった社会学者だ。彼はしばしば議会に出て、その証言がアメリカの国内政策に大きな影響を与えた。同僚たちは彼について、社会的大義に努力を捧げ、確実な証拠の入手に情熱を注ぐ人物だと評している。ロッシはあるとき、公開討論で同僚を見つめてこう言った。「私のデータのほうが、君のデータよりもすぐれている」[38]。

犯罪、貧困、ホームレス問題に取り組むためのプログラム研究にキャリアを捧げた後、ロッシは一九八七年に「評価の鉄則、およびその他の金属則」と題した、一風変わった論文を発表した[39]。その中で、彼はぎょっとするようなことを主張している。題名の「鉄則」とは、「あらゆる大規模な社会的プログラムの最終的な影響評価の期待値はゼロである」というものなのだ。つまり、大規模な社会的プログラムには、平均すると、なんの社会的影響もないということになる。

ロッシは論文の大部分を割いて、このやる気をくじくような結論について検討した。その分析は介入パッケージの問題を予見するものだった。ロッシは、なぜ社会的プログラムが大規模になると失敗しがちなのか

について、三つの理由を明示している。(40)

そのうち二つは、プログラムの設計が悪いという問題に関連している。介入の理論に問題があるか、理論が実践される方法に問題があるかのどちらかだ。これらの問題は、リーダーシップの問題に連動している。介入パッケージに影響力を持つ人物が、何か問題を抱えているのだ。

ロッシが挙げる第三の理由は、実施の失敗だ。ロッシは論文中の一文で、今では一部の人々に「パイロット症候群」と呼ばれている問題を指摘する。これは、社会的プログラムがパイロットテストではうまくいくように見えるのに、大規模展開すると失敗するという問題だ。ロッシはこう書いている。「非常に能力が高く、強い熱意を持った人員が小規模なプログラムを実施するのと、ＹＯＡＡ（これはロッシの造語で、Your Ordinary American Agency、「普通のアメリカの役所」を意味する）によく見られる、能力も意欲もさほど高くない人員がプログラムを実施するのとではわけがちがう」。つまり、パイロットが成功する場合が多いのは、新しいプログラムにかける意欲が強く、優秀な人材がそろっているからだということだ。プログラムが無関心な官僚に引き渡されれば、失敗する。秘伝のソースはプログラムの詳細ではなく、実施者のほうなのだ。

きらびやかな魔法

パッケージされない介入など、あるだろうか？　ある。優秀な教師が思いやりをもって子どもに注意を向けること。市民が抗議行動に参加すること。しっかり運営されている医療システムが実施する、すぐれたワクチン接種プログラム。特定の利益団体からの圧力にも負けず、正しいことをしようという政治指導者の決断。人間の美徳は、パッケージ化できないのだ。

だが社会的変化に重要な人的要素が介入パッケージに含まれないなら、介入パッケージが十分ではないなど言うのはトートロジーではないか？　いかにもあたりまえのことを言っているだけのように思える。だがあたりまえのように思えたとしても、各界の専門家たちはあたかも完璧な解決策であるかのように介入パッケージを扱う。公共政策の重要な決定はなにかしらの介入パッケージに基づいておこなわれる。学者たちはどの介入パッケージがよりすぐれているかについて論文を戦わせる。財団は特定の介入パッケージに予算項目を割り当てる。ジャーナリストたちは新しい介入パッケージを賛美する。そして活動家たちは、まるで麻薬を勧める売人のような勢いで介入パッケージを勧めてくる。

なぜ人々はこのようなことをしているのか？　その理由は崇高とは程遠い。一部の者は利益を追求し、また別の者は名誉を求める。そしてまた別の者は、単にエゴの代理戦争に勝ちたいだけだ。こっちのプログラムは何億兆人の命が救えるんだぜ、そっちはどうなんだい？

だがもっとも誠実で献身的な人々でさえ、介入パッケージのきらびやかな魔法を強く求める。貧困の撲滅に人生を捧げてきたことで尊敬を集めるユヌスを見てみよう。彼は、貧しい人々には融資さえあればいいと主張する。「貧しい人々に融資をすることで、彼らは自分がすでに身につけている技術をすぐさま実用に移すことができる」[41]。彼らの能力が十分かどうかについての懸念をユヌスは一蹴する。「グラミン銀行の借り手は誰一人として、特殊な訓練など必要としていない」と彼は言うのだ。「彼らには金融資本さえあればいい」[42]。

ユヌスだけではない。非営利組織「国際コミュニティ支援基金」（ＦＩＮＣＡ）の設立者ジョン・ハッチも、マイクロクレジットに関する彼自身の理念をこう語った。「貧しいコミュニティにチャンスを与えて、その先は邪魔をしないことだ！」[43]　個人が融資に貢献できるポータルサイト「キヴァ」は、「低所得層の個人は、金融サービスが使えるようになれば自力で貧困から脱出できる能力を持っている」と主張する[44]。また別の大手マイクロクレジット組織「オポチュニティ・インターナショナル」は端的に、マイクロクレジットが「世界の貧困に対する解決策だ」と述べている。[45]

だがこうした主張を述べる人々は、自らの活動の中でその宣言とは矛盾する結果を生んでいる。私がユヌスに会ったとき、彼はグラミン銀行を成長させるために求められる非常に困難な努力について触れた。能力のある借り手を従業員として育て上げ、女性が収入を得られる新たな方法を考え出し、家庭に縛りつけられた妻たちを外へと引っ張り出すなど、さまざまな努力が必要なのだ。ユヌスが一山越えてはまた一山、借り手たちの手をずっと握ったまま、彼らを引っ張って行っているのは明らかだった。貧しい人々に訓練は必要ないと言いつつも、グラミン銀行には借り手全員が分かち合う独特の文化がある、とユヌスは説明した。たとえば、会議が開催されるときには必ず「一六の決断」を暗唱する。これは「私たちは落とし便所を作って使います」から「誰かが困っていたら、みんなで助けます」までの幅広い決断の数々だ。[46] ユヌスはこれを訓練とは思っていないのかもしれないが、単なる融資では絶対にない。コンパルタモスの連中が、借り手が苦しんでいるときに助けられるよう毎日誓いを暗唱していないことだけは確実だ。

ユヌスは、この複雑さをしっかりと認識している。にもかかわらず、必要以上に簡素化された部分的な解決策を、彼はなぜか売りこもうとしている。この観点から見ると、ユヌスもデジタル・テクノロジーの擁護者とそっくりだ。ゴニムの言葉を思い出してほしい。「社会を自由化したければ、インターネットを与えさえすればいい」。

介入パッケージに対するこれらの熱烈な賛辞の声は、社会的問題のための予算に影響を与える。世界中で介入にどれだけの予算が使われているのかを追跡するのは難しいが、ざっくりとした推定値でさえ衝撃的な数字だ。世界中のマイクロクレジット組織から財務情報を集めている「マイクロファイナンス・インフォメーション・エクスチェンジ」によれば、二〇一二年には一一六一のマイクロクレジット機関が低中所得国の九二〇〇万人に融資をおこない、その総額は九四〇億ドルにのぼっていた[47]。しかもこれは低めに見積もった金額だ。世界の貧しい家庭で従来の簡易なカマドを環境にやさしいコンロに変えようという「クリーンなコンロのための世界同盟」には、アメリカの複数の機関が一億二五〇〇万ドルを提供している。議会に提出された超党派の法案も、この活動を支援する。二〇〇九年にはマンチェスター大学の教授で国際開発における情報技術の研究の先駆者でもあるリチャード・ヒークスが、何をどこまで含めるかによって金額が変わるが、開発途上国におけるIT支出は推定二〇億ドルから八四〇〇億ドルだという推計を引用していた[48]。そして、「毎年何億ドルもが」単発のITプロジェクトに費やされ、「毎年何百億ドルもが」開発途上国のためだけのITインフラに費やされていると結論づけている。二〇一二年に教育に使われた世界全体の対外援助がたったの一二〇億ドルだったことを考えると、かなりの高額な支出だ[49]。介入パッケージは、社会的変化を起こそうという公式な努力を支配するものなのだ。

だが、これまで見てきたように、マイクロクレジットも、学校におけるパソコンも、それだけでは効果を生まないことは徹底的な調査でわかっている。インターネットがいくら普及しても、裕福国アメリカでさえ貧困や不平等を撲滅できていない。何十年もかけて改良を続けてきたコンロは、効果が薄かったり使われなかったりするものばかりだ[50]。チャーター・スクールについての研究を見ると公立学校と比較しても平均的にはほとんど改善が見られず、同じような環境で育った生徒の成績を比較するとさらにその差は小さい[51]。こうしたことすべては、介入パッケージがどのような「チャンス」を生み出していようとも、それ単体ではプラスの社会的変化を保証するものではないということを裏付けている。

それでも、いったん介入をきれいなパッケージに包んでてっぺんにリボンをつけてしまえば、それはあの秘密のソース、あの特効薬、あのもっとも大事な要素として売りこまれる。融資が貧困を撲滅できるのは、それによって雇用が生まれ、人々が仕事に役立てられる技能を身につけられたときだ。ネグロポンテのワクチンのたとえがあてはまるのは、ノートパソコンが何年にもわたる教育を保証したときだ。エジプトが民主主義のオアシスとなれるのは、選挙が善き統治を生むに十分だったときだけだ。

言うまでもなく、テクノロジーは暮らしを豊かにすることができる。選挙は市民に力を与えることもできるし、マイクロクレジットはより良い暮らしをもたらすことができる。だが「できる」は必ずしも「する」と同義ではない。現代社会は最先端機器をやみくもに信奉しがちだが、電源を入れるのは人間の指であって、操作するのは人間の手だ。私たちはなぜ、シュリンクラップ包装された場当たり処置にこれほどまでに夢中になるのだろう？ より知識の深い者までが介入パッケージを真の解決策と謳い上げるのはなぜだろう？その理由は根深く、何世紀もかけて形作られてきたものだ。

第5章　テクノロジー信仰正統派
――現代の善行について蔓延するバイアス

一九八七年、私はハーヴァード大学に入学するためにマサチューセッツ州ケンブリッジに引っ越した。どんちゃん騒ぎはあまり好きではなかったので、週末の夜はけっこう暇だった。壁越しに大音量の音楽がズンズン響いてくる寮の部屋で一人でいるのも寂しかったので街中を歩き回っていたら、自分の大好きなものに出会えることがわかった。本だ。

そのころ、ハーヴァード・スクエアを形成する数ブロックには、三〇軒もの書店があった。地元の観光ガイドが、地球上のどこよりも一平方マイルあたりの書店数が多いことを自慢していたほどだ。「マッキンタイヤ・アンド・ムーア」のかび臭い空気に浸り、「トマス・モア・ブックショップ」で悟りを求め、「マンドレイク」でプラトンの革張りの本をめくり、「サイエンス・ファンタジー・ブックス」でうしろめたい快楽をむさぼり、「バック・ア・ブック」で古本漁りをしていたことを思い出す。私のお気に入りは、ブラトル・ストリートの「ワーズワース」だった。フロア中を床から天井まで埋め尽くす、目を見張るほどの在庫がどれも安売りされていた二階建てのその店で、何時間も過ごしたものだった。

そうした書店の数々も、今はもうない。七、八軒しか書店が残っていないハーヴァード・スクエアは、本好きが自慢できる権利を失ってしまった。怖いのは、七、八軒しかない今でさえ、まだ世界の書店の中心地かもしれないということだ。どこを見ても、実店舗の書店は大手オンライン書店にぺちゃんこに踏みつぶされている。

アマゾンが最初の一冊をオンラインで販売したのは一九九五年七月。そして二〇一三年までには全米の書籍売り上げの最大三分の一を占め、電子書籍に至っては六〇パーセントも占めている。[1]「書店事業のバイブル」と言われる『パブリッシャーズ・ウィークリー』など、もう『アマゾン・ウォッチ』にでも改名したほうがいいのではないかというくらいだ。ベストセラーのランキングと書評を見ると、記事は二種類に分けられるようだ。アマゾンの最新の策略に対するショックと大げさな悲しみか、もしくはこの大変動に必死で明るい一面を見出そうとする出版社や司書、書店たちが無理やり上げる歓声か。誰もが持っている恐怖は、もはやこの業界にはアマゾンと顧客、そして一握りのベストセラー作家のいる余地しかないのではないかということだ。新進気鋭の作家や目利きの出版社は消滅してしまう。無限に存在していた純粋な文学のジャンルは、『フィフティ・シェイズ・オブ・グレイ』〔二〇一一年に出版された官能小説。大ヒット作〕だけになってしまう。本町通り《メイン・ストリート》はもはや、愛情たっぷりに選ばれた本の山を眺めて偶然の出会いを楽しむ場ではなくなるのだ。

その一方で、この懸念は消費者にはほとんど気づかれていない。彼らは近所にあった書店を懐かしく思い出しこそするかもしれないが、新しい電子書籍を九ドル九九セントで購入できて、どんな本でも指先ひとつですぐに読めることに満足している。出版業界は本当に危機を迎えているのだろうか？　ひょっとすると、時代遅れの出版社が新しい技術を覚えきれないだけなのかもしれない。

アマゾンに対する印象はどうあれ、これらの変化を生んだのはデジタル・テクノロジーだと思う人が多いだろう。開業二〇年そこそこのインターネット上にしか存在しない書店が、ほぼ単独で電子書籍市場を創り上げたのだ。ほかに説明のしようがあるだろうか？

だが、歴史は違う方向を指している。書籍ビジネスはもう何十年も前からコストを削減してベストセラーを売り続け、その過程で心配の種を山ほど生んできた。ロンドンに拠点を置く出版社ペンギン・ブックスが一九三五年にペーパーバックの安価なマスマーケット版を売り出したとき、ジョージ・オーウェルはこう書いた。「読者としての私は、ペンギン・ブックスを称賛する。だが作家としての私は、彼らを忌み嫌う」[2]。一九七〇年代に入ると、今度はアメリカ最大の書店チェーン「バーンズ・アンド・ノーブル」が書籍販売事業を荒廃させる番だった。何ブロックぶんもの敷地を占める超大型店舗、過激な値引き、通信販売システムなどの戦略でこのブランドはどんどん規模を拡大していき、最終的にはショッピングモールの常連だった「B・ダルトン」や「ウォルデンブックス」を吸収、消滅させてしまった。もともとそれらの書店も、個人経営の書店から仕事を奪って成長してきていたのだったが[3]。そして出版社も、インターネットが生まれるよりはるか前から大ヒット作を追いかけ続けてきた。著書『文化の商人――二一世紀の出版業界 *Merchants of Culture: The Publishing Business in the Twenty-First Century*』で、社会学者ジョン・B・トンプソンは業界が少ない作品数でより大きな売り上げを求めるようになる傾向について取り上げている[4]。そしてこの傾向が一九六〇年代、出版社が急速に統合しだしたころに始まっていると書いた。ランダムハウスとペンギンの大規模合併は二〇一三年のことだったが、ランダムハウス自体も合併で生まれた出版社だ。アルファベット順に並べるとバランタイン、バンタム、クラウン、デル、ダブルデイ、フォーセット、フォドーズ、クノップフといった出版社を次々と飲みこんできた。

要するに、アマゾンとそのデジタルな手法は、デジタル以前の時代からおこなわれていた既知の手法をなぞっている——増幅させている——だけなのだ。一方では、多種多様な本が以前よりもたくさん出版されている。作家人口は増えているし、出版はコモディティ化しつつある。(5) その一方で、幅広く注目を集めてベストセラーの仲間入りを果たすような本の割合は、全体のごくわずかになっている。前者の傾向は「ロングテール」と呼ばれることもあるもので、後者は「勝者一人勝ち」経済の代表例だ。(6) 評論家たちはこれらの現象のどちらかだけに注目しがちだが、どちらも同時に発生している。音楽であれ映画であれ製造業であれ、複製が容易で安く流通できる商品を扱う産業の品質を保証していた中央が空洞化している事態は、このふたつの現象が一緒になって引き起こしているのだ。実際、書籍ビジネスでも、執筆だけで生計を立てられる作家はどんどん減っていることが広く知られている。だがその縮小は、デジタルツールの出現よりはるかに前から始まっていた。

アマゾンの事例は、「増幅の法則」の帰結を強調したものだ。テクノロジーが向かう傾向とは、必ずしもテクノロジーが生んだ傾向とは限らない。そこにはしばしば、デジタル以前の歴史がある。アマゾンは、目に見えにくいメリットを犠牲にして温かみに欠ける効率性に向かっていった大きな書籍業界の動きの一部でしかない。その大きな動きにデジタル・テクノロジーが入ってくれば、アマゾンのような書店が生まれるのは当然のことだ（仮にアマゾンがつぶれても、同じような書店はまた現れるだろう）。

アマゾンをちゃんと理解しようと思ったら、そのテクノロジー戦略を知るだけでは十分ではない。ペーパーバックの歴史やバーンズ・アンド・ノーブルの過激な拡大戦略、印刷出版社の傾向についても知る必要がある。それらはアマゾンがおびやかしている対象ではあるが、みんな同類だからだ。デジタルではない側面にも目を向けなければならない。

同様に、私たちのテクノロジーに対する執着をより良く理解するには、もっと幅広い社会的・歴史的側面を理解する必要がある。介入パッケージへの熱狂に疑惑を持ち始めた当初、私は問題を回避する方法を模索した。社会的変化には別の角度からのアプローチができるかもしれないと思ったのだ。そこで、現在支持を増やしている三つの手法に取り組んだ。ランダム化比較試験、社会的企業、そして目標としての幸福。これらはおおむね互いに無関係な取り組みだが、いずれも大きな利点があり、それぞれの分野の中で高く評価されている。そして頼もしいことに、いずれも介入パッケージの呪いを解くことができるかもしれない可能性を秘めていた。

「ランダミスタ」革命

二〇一一年七月、私はインドのラジャスタン州南部にある小さな村、コートラの学校を訪れていた。校舎は白い漆喰の壁と藁ぶき屋根の小さな小屋。鮮やかな青色の制服を着た二〇人ほどの生徒たちが二つのグループに分かれて床に輪になって座り、一方を男性教師が指導するあいだ、もう一方は算数の問題を静かに解いていた。私は生徒たちの傍に膝をつき、手元の小さな黒板にチョークで計算している様子を見守った。どうやら三桁の引き算を勉強しているらしかった。何人かが隣の桁から数字を借りてくるやり方につまずいていたが、ほとんどの生徒が正しく計算できていた。生徒たちは集中しており、教師は注意深く生徒たちを見守っていた。

この学校を運営しているのは「セヴァ・マンディール」という非営利組織だ。もう四〇年以上、ラジャスタンの二つの地域で地方農村開発をおこなっている。私がこの地を訪問したのは、ある論文で知ったプロジェクトを視察するためだった。(7) 論文の第一著者は教師の常習的な欠勤に対抗する革新的なアイデアを思いつき、それをセヴァ・マンディールの学校で実地試験にかけたのだった。教師は学校に行くと必ず、一日の最初と最後に自分と生徒たちをデジタルカメラで撮影する。そうすると、写真を提出した日数分の給料が支払われるという仕組みだ。教師が細工をできないよう、研究者たちは不正防止対策を施した特殊なカメラを考案した。

このアイデアは興味深かったが、私がラジャスタンを訪れたのは、デジタル・テクノロジーそのもののためではなかった。それまでに、私はもう何百ものテクノロジー関連プロジェクトを見ていた。このプロジェクトの何が独特だったかというと、世界に名だたる研究者たちが綿密な手法を用いて、「増幅の法則」に矛盾するように思える何かを構築しようとしている点だった。調査チームを率いていたのはエスター・デュフロ、「天才賞」と呼ばれるマッカーサー奨学金や、将来ノーベル賞候補となる人物が多く受賞していることで知られるジョン・ベイツ・クラーク賞を含む数々の栄誉に輝く、MITの聡明な経済学者だ。「アブドゥル・ラティーフ・ジャミール貧困対策研究所」(JPAL)の創立メンバーであるデュフロは、貧困対策プログラムの検証にランダム化比較試験(RCT)を用いることを強く訴え続けてきた。これは臨床医学で使われる手法で、何もしない対照群を基準とした上で、治療を施した治療群に見られる効果を比較するものだ。データ重視の科学を社会問題に適用した点で、デュフロと同僚たちは革命家だと言える。ライバルたちも支持者たちも、デュフロを「ランダミスタ」、ランダム化主義者と呼ぶ。

デュフロと同僚たちは自らの活動について記した論文で、劇的な結果を報告している。予想通り、出勤の証拠が写真に収められ、教師は以前よりも頻繁に出勤するようになった。そして教師が常に学校にいることで、生徒たちの出席率も向上した。一日二回の写真撮影が、教師の欠勤率と生徒の欠席率の両方を抑えたのだ。

だが、欠勤率の削減は最終目標ではない。目指すのはより良い教育だ。そしてここで、この実験はさらに見事な結果を出した。対照群の生徒に比べ、写真撮影をおこなったクラスの生徒のほうが算数と読み書きのテストでいい成績を取ったのだ。撮影のために教室にやってきた教師たちはそのまま一日教室にいて授業をしたらしく、そしてどうやら、その指導が功を奏したようだ。この結果は衝撃的だった。開発途上国の学校でおこなわれたそれまでの調査では（デュフロ本人が実施したものも含め）、教室にいる時間が必ずしも実のある学習につながるとは限らないという結果が出ていたからだ。(8)

私にとって、コートトラは新たな希望だった。ひょっとすると、状況によってはテクノロジーそれ自体がすばらしい効果を上げることもあるのかもしれない。この場合、教師に対しては特に注力していなかったにもかかわらず、カメラのおかげですばらしい教育的成果が上げられたようだった。もしかすると、介入パッケージが単独では無用であると宣言したのは時期尚早だったかもしれない。私はこの不正防止カメラに興味を抱き、プロジェクト全体を成功させた要因がなんだったのかを知りたくなった。そこには、ほかの場面にも適用できるような教訓があるだろうか？

梱包テープは使っても、教育は梱包しない

コートトラの授業を見学したあと、私は教師に、どうやって写真を撮影しているのか見せてほしいと頼んだ。彼は戸棚からカメラを取り出し、液晶画面で写真を次々と見せてくれた。どれも、教師が気をつけの姿勢で立つ横に、制服を着た生徒たちが三列に並んでいる。教師が手渡してくれたカメラを見て、私は少しがっかりした。「不正防止カメラ」が、意外なほどアナログだったからだ。それは安物のヤシカ製デジタルカメラで、操作ボタンの上に梱包用のビニールテープを貼っただけだった。(9) それでも、テープに剝がしたあとが見られないことから、不正防止の細工がちゃんと目的を果たしているのはわかった。

だが今回の訪問で、私をさらにがっかりさせたことがある。論文の著者たちは、「我々の調査結果は、非公式の学校において出勤のためのインセンティブ（報酬）を提供することで、学習の度合いを向上させられることを示唆している」と書いていた。[10] 個人の努力で能力は上げられると信じる者は、この論文を気に入るに違いない。その論文のタイトルは「インセンティブには効果がある」で、教育的成果のすべてが、写真によって出勤が証明された教師に支払われた給金の差によるものだとしていた。この論文だけ読めば、教師の欠勤率が高いところならすべて、写真で出勤を証明してその分の給金を支払えば、学習は改善すると思ってしまうだろう。ＪＰＡＬのウェブサイトにもこうある。「教師の出勤率が改善できれば、それがそのまま生徒の試験結果の向上につながっていくはずだ[11]」。

だが、この結果はコートラはもちろん、ほかのどの貧しい村にもあてはまらないだろう。研究者たちは、プロジェクトの全体像を無視していた。学校訪問後、私はウダイプールにあるセヴァ・マンディールの事務所でスタッフたちと数時間過ごした。そのころまでに私は彼らのほかの取り組みも数多く見ていたが、セヴァ・マンディールが献身的でうまく運営されている組織であり、手がけるプログラムのほぼすべてで小さな奇跡を起こしていることは明確だった。カメラ監視プログラムに見たものが「増幅の法則」の反証ではなく、むしろその代表例のひとつではないかと私には思えてきた。あの実験の成果はカメラだけがもたらしたものではなく、質の高い教育に全力で取り組む強力な組織が実施したプログラムだったからこそ実現できたのではないだろうか。[12]

スタッフたちとの会話で、私の勘は裏付けられた。セヴァ・マンディールが調査の数年前にコートラの学校で活動を始めたころ、教師たちは経験不足で、授業内容も質の悪いものだったそうだ。農村生活の常として、親は教師や生徒が学校にいるかいないかをあまり重要視していなかった。セヴァ・マンディールは何年もかけて学校や教師たち、親たちと密接にかかわって活動を続け、教授法を改善し、日々学校に行くことの価値について関係者全員を説得していったのだった。

カメラ監視プログラムが実施されるころには教師たちの意欲は上がり、指導も当初よりずっと効果的になっていた。インド地方にはめったに見られない水準の熱意と能力で働いていたのだ。私がコートラで見た教師も、ほかの公立学校で見たどの教師より能力が高かった。授業の進行は面白かったし、生徒が適切な形で授業に参加するように仕向けていた。[13] つまり、カメラ監視と出勤率に基づく給金はたしかに効果をもたらしたのだろうが、教育的成果はセヴァ・マンディールとコートラの住民たちによる何年もの努力のもとにもたらされたものだったのだ。

こうしたことは、論文では一切触れられていない。セヴァ・マンディールが実験前に敷いた基礎についてはたった一パラグラフでまとめられているだけで、それも教師の出勤率に関する努力についてごくわずかに触れているが、教師の能力やコミュニティの期待値を高めるための忍耐強い努力については触れられていない。その結果、論文は学校の学習成果を向上させるためにはカメラ監視プログラムさえ実施すればいいという印象を与える。この研究は、たとえるなら食事全体の栄養価がデザートだけに含まれていると言っているようなものだ。[14]

当初、私はRCTが介入パッケージの限界を乗り越えてくれるのではという期待を抱いていた。デュフロたちランダミスタは、社会的変化をもたらそうとする大理論を打ち砕く。代わりに彼女たちが推奨するのは、何がうまくいくかを見るために数多くの実験をすることだ。[15] それは思慮深く、データに基づく手法で、結果的に、RCTの人気は高まりつつある。経済学者だけでなく、政治学者や社会学者もRCTを実施するようになってきたのだ。

だが批判者たちは、すべてがRCTで実験できるわけではないと指摘する。[16] 社会的問題の中には、この手法で検証するのが本質的に難しいものもある。現実世界では特定の問題は体系的に無視されたりするし、RCTに適さないプログラムもある。RCTは、介入パッケージ同士を比較するのにはうってつけだ。カメラ監視と給食のどちらが生徒の成績向上に役立つかを知りたければ、もっとも適している。だが介入パッケージとパッケージ化できない別の手法を比べるのは、かなり難しい。

その理由を説明しよう。効果的なRCTを実施するには、研究者はいくつかの条件を慎重に整えなければならない。実験群はバイアスなしに選出されなければならない（だから「ランダム化」というわけだ）。対照群は実験の影響を受けてはならない。介入は定義されたとおり、正確に実施しなければならない。データを収集しなければならない。そしてこれらすべてが、厳格な基準のもとにおこなわれなければならないのだ。要件を保証するため、研究者はセヴァ・マンディールのような能力の高い組織、つまりは面倒な指示をちゃんと守ってくれる組織と協力してRCTを実施することを好む。だが能力の高い実施者が取り組むことで、実験は必然的に、ほかの場所では見られない特殊な環境下でおこなわれることになってしまう。

実験結果が実験そのものの環境を越えては一般化できないような場合、科学者たちはこの問題を「外的妥当性」と呼ぶ。デュフロたちランダミスタは、さまざまな環境で実験を繰り返せば外的妥当性はもたらせると主張する。技術的にはたしかにそのとおりだが、実験を繰り返すことで実施組織の能力を検証するのは簡単ではない。良質な比較試験にまさに必要なことが、実験の一部については取り除かれなければならなくなるのだ。[17] これこそ、RCTのアキレス腱だ。

ロッシの「評価の鉄則」の残響が聞こえてこないだろうか。「非常に能力が高く、強い熱意を持った人員が小規模なプログラムを実施するのと、能力も意欲もさほど高くない人員がプログラムを実施するのとではわけがちがう」と彼は書いた。[18]「増幅の法則」もこれにあてはまる。介入パッケージの効果は、対象の能力に比例しているのだ。もし組織の能力が大前提としてある空中で実験を実施したら、その介入が組織に能力がない水中でどの程度効果があがるかはわからない。

念のために言っておくが、私はRCTそのものに反対しているわけではない。私自身、調査にRCTを使ったことがあるし、介入パッケージはもっとRCTで検証するべきだと信じている。それに私はJPALの姉妹組織「貧困対策のためのイノベーション」の役員に名を連ねている。この非営利組織もRCTを実施していて、その活動を私は深く尊敬しているし、応援している。

だがRCTが社会政策の意志決定における重要なツールだとしても、やはりもっと大きな概念の枠組みに置かれるべきだ。世界的に有名で慎重な実験主義者のデュフロでさえ介入パッケージの病を避けられないのなら、RCTを実施しているほかの研究者たちはどうなるだろう。あるひとつの手法が唯一のパラダイムになり、社会的変化にとって何が正しいかを決定することはありえない。問題はRCTそのものではなく、その結果を不注意に解釈してしまうことだ。[19] RCTは、プログラム評価の道具箱に入っているすぐれたツールのひとつにすぎない。すぐれたツールは大事だが、それよりも大事なのは建築家や職人が意志決定作業ごとにツールを正しい組み合わせで、正しく使うことだ。

利益を通じて貧困撲滅？

もうひとつの流行は、実施者が営利事業の手法を社会的問題に持ちこむというものだ。これは、ミシガン大学の経営学教授だったC・K・プラハラードが押し出した魅惑的なアイデアだ。二〇〇四年の著書『ネクスト・マーケット』〔原題 *The Future at the Bottom of the Pyramid*（ピラミッドの底辺の未来）〕で、プラハラードは一日二ドル未満で暮らしている世界中の四

○億人をビジネスチャンスととらえれば、彼らの暮らしは豊かになると書いた。[20] プラハラードのモットーは、「利益を通じて貧困を撲滅する」という副題にこめられている。

プラハラードによれば、政府や非営利組織は特に貧困に関する問題になると、なにもかも間違った方法で取り組んできたのだそうだ。どのようなビジネスでも忌み嫌われる二つの罪を犯している、と言うのだ。ひとつ目の罪は、コストを考慮していないこと。ふたつ目の罪は、多くの人々に届けられないことだ。「慈善事業は気分がいいかもしれないが」とプラハラードは言った。「大規模展開できる持続的な形で問題を解決できることは、ほとんどない[21]」。

プラハラードの提案は、低価格の商品やサービスを販売することで貧しい人々の「購買力」を育てるというものだった。プラハラードによれば、彼ら貧しい人々も「価値志向の消費者」であり、手が届く範囲の消費の機会があれば「選択肢が手に入り、自尊心が促進される[22]」。プラハラードの論調は、主流派経済学のテーマを焼き直したものだった。個人の選択肢、自由な市場、そして政治によらない貧困軽減。プラハラードは、「貧困層が積極的にかかわってくるところには持続可能なウィンウィンのシナリオが存在し、同時に、商品やサービスを提供する企業も利益を上げられる」と約束した。[23]

あまりにうますぎる話に思えるだろうか。全体的に見て、実際うますぎる話だ。プラハラードの本にはケーススタディが詰めこまれているが、実際に貧しい顧客の暮らしを改善しながら利益幅を増やしたという企業は出てこない。同じくミシガン大学教授のアニール・カルナニはプラハラードのケーススタディのうち九件に批判的な目を向け、うち四件が主に中所得層の消費者を対象としていたこと、二件が部分的に公的資金で維持されている非営利組織だったこと、そして二件がまったく利益を上げていないプロジェクトだったことを指摘した。貧困層の消費者への販売で利益を上げている営利企業は、一社のみだったのだ。[24]

この最後のケースは注目に値する。プラハラードの理論にあてはまっているように見えながらも、資金難に苦しんでいたからだ。問題の企業は家庭用品メーカーのユニリーバの子会社にあたるヒンドゥスタン・リーバ・リミテッド（HLL。現ヒンドゥスタン・ユニリーバ）で、商品は石鹼。プラハラードのケーススタディの中で、おそらくもっとも引用されることの多い例だ。インドでは下痢が多くの子どもを死に追いやっているが、手洗いで病気を防げる場合が多い。そこでHLLは「ライフブイ」印の石鹼を小袋に分けて販売し、「ピラミッドの底辺」の消費者でも手が届くようにした。

だが石鹼を売ることと、病気の細菌論について聞いたことがない人々に手洗いを習慣づけることとはまったく別の問題だ。HLLは二種類の方法を試した。ひとつはマディソン街の大手マーケティング会社オグルヴィ・アンド・メイザーが手がけたキャンペーン、もうひとつはインド政府との官民パートナーシップだ。HLLと政府は協力して数百万ドル規模の多層構造のキャンペーンを実施し、手を洗う必要があると人々を説得しようとした。企業マーケティングと官民パートナーシップ、どちらのほうが効果があっただろう？プラハラード自身が認めているところだが、「官民パートナーシップのほうが大規模展開の効果は多いが、企業の売上高という点でのメリットは」企業マーケティングのほうに軍配が上がった。つまり、企業キャンペーンのほうが利益は多いが、健康効果が大きかったのは税金でおこなわれた官民マーケティングのほうだったということだ。[25]

結局、プラハラードの九件のケーススタディのどれひとつとして、「利益を通じて貧困を撲滅する」模範例にはなれなかった。貧しい人々を対象としていなかったり、それほど利益を上げられていなかったりしたのだ。だがこれは驚くようなことではない。民間部門が独力で貧困層にサービスを提供するのがどれほど難しいか、私たちはすでに知っている。たとえば、決意に満ちた起業家たちが数々の実験をおこなってきたにもかかわらず、公共部門から一切支援を受けずに万人のための医療や万人のための教育を提供できたシステムは世界中どこを探してもない。民間の努力は継続していけるだけの収益を上げられないか、もっと裕福な人々のほうにまで対象を広げなければならないのだ。

プラハラードの理論でもっともねじれているのは、貧しい人々がどうにかして消費しながら貧困を脱することができるという主張だ。まるで、貧困は稼ぐことではなく買うことで対処できるものだとでもいうようだ。これに対してカルナニは冷静に、貧しい人々を支援する一番の方法は彼らが高所得の生産者になれるよう手助けすることであって、消費者になるよう手助けすることではないと反論している。[26] 十分な給料が支払われる仕事は、人を裕福にする。マイクロファイナンスの父ムハマド・ユヌスも同様の結論に至っていて、彼が「ソーシャルビジネス」と呼ぶものを立ち上げるよう、社会活動家たちに呼びかけている。[27] 彼らとプラハラードの違いは、低所得層の労働者に物を売りつけるだけでなく、雇用することを目標としている点だ。

非社会的企業

プラハラードは民間企業に多少なりとも影響を与えたが、中でも特に人気を集めたのが「社会的企業《ソーシャル・エンタープライズ》」と呼ばれる彼のアイデアだ。経営学部でも工学部でもベンチャー企業でも、社会的企業――持続可能な事業を通じて社会のために役立つことを目的とする新興事業――は大流行している。社会起業家たちは世界のスティーブ・ジョブズたちやマーク・ザッカーバーグたちを目標にするのだが、成功する事業が成功しているのは顧客を慎重に選んだからであって、触れるものすべてを黄金に変えるミダス王の指を使って失敗のない事業をしているからではないということには気づいていない。アップルが利益を上げているのはすぐれた製品を作っているからだけではなく、世界でもっとも裕福な人々を市場に選んでいるからだ。四〇〇ドルの

iPhoneを年収四〇〇ドルも稼げない人々に売ることしかできなかったら、とても立ち行かないだろう。広告収入を基盤にしているビジネスモデルにしても、広告主が広告料を払ってくれるからうまくいくのであって、ウェブページの訪問者が自由に使える現金を持たない人々ばかりだったらそうはいかない。

靴メーカーのトムズ・シューズは、この問題を乗り越える方法を考案した。創業者のブレイク・マイコスキーは、社会的企業の先駆者と言われている。トムズ・シューズは営利目的の企業で、そのマーケティング戦略（ホームページの一番上に、太字で謳われている）は「一足につき一足」。靴が一足売れるごとに、トムズが「困っている人」に靴を一足寄付するというものだ。(28) この会社は、非常に成功している。二〇〇六年の設立以来、寄付した靴は一〇〇〇万足以上。つまり、収益は累計約五億ドルということだ。最近は眼鏡にも手を広げ、同じく「一本につき一本」の約束を掲げている。ビル・クリントンは、ジム・モリソンを思い起こさせるワイルドな容姿のマイコスキーを、「今まで会った中でもっとも面白い起業家の一人だ」と紹介したことがある。(29)

だがその業績にもかかわらず、トムズ・シューズは酷評の対象にもなっている。貧しい地域に無料で靴を配ることで現地の経済が衰退し、依存の文化が固定化されてしまうと言う者もいる。あるいは、寄付するならキャンバス地の紐靴よりも長持ちする物を選ぶべきだという声もある。たとえ製造と輸送に一足五ドルしかかからないとしても、総額にすれば五〇〇〇万ドルが何か別のことに使えたかもしれないのだ。また、トムズが中国の安い労働力を食い物にし、裸足の子どもたちの写真でとてつもない利益をむさぼっている搾取企業だと見る者もいる。(30)

これらの指摘にはある程度の真実も含まれているが、本当の問題はもっと根が深く、目に見えにくい。マイコスキーが、靴を寄付している国の中に靴工場を造ることで批判に対処していると聞いても、批判者たちの不満は収まらないのではないだろうか。[31] そこには、もっと陰湿な何かがあるのだ。

トムズ・シューズは「靴なしに育つ子どもが直面する困難」に取り組む姿勢を声高に宣伝しているが、顧客が実際に何に金を払っているのかについてはあまりオープンにしていない。財務諸表を公開していないのだ。私たちにわかっているのは、最近未公開株式投資ファンドのベイン・キャピタルに持ち株の五〇パーセントを売ることに合意したマイコスキーが、それまでに単独のオーナー兼ＣＥＯとして自分に支払った金額に加えて、最高三億ドルを手にする可能性があるということだ。[32]

自分が非営利組織に五〇ドルの寄付をしたとして、そのうち一〇ドルが目的のために使われ、一〇ドルが謝礼として戻ってきて、三〇ドルが取締役の何百万ドルというボーナスの一部に使われていたとしよう。それを容認できるだろうか？ だがそれこそまさに、トムズ・シューズの「ビジネスモデル」だ。そしてその寄付金から創業者は懐にたっぷり金を入れ、そのうえ社会活動家の英雄として異様なほどに称賛される。どうも何かがおかしい。二〇一二年の大統領選挙で共和党のロムニー候補に暗い影を落とした企業でもあるベイン・キャピタル〔ロムニーはベイン・キャピタルの創業設立者で元ＣＥＯ〕の社長が口にした言葉に、私たちはヒントを得ることができる。「我々は、一対一の約束がこのブランドには欠かせないと考えている」[33]。言い換えるなら、トムズ・シューズが成功しているのは、安物の靴を二足買って一足をタダで手放すことと寛大さとを同じことだと考える「スラックティビスト」〔「怠ける slack」と「行動主義 activism」を掛け合わせた、労力を伴わずに社会運動をする人々を指す造語〕たちに向けた、人を小ばかにした宣伝文句のおかげなのだ。

つまるところ、トムズ・シューズは社会的責任という武器を備えた靴メーカーなのだ。マイコスキーは辣腕起業家であるという点で、そして増え続ける資産の一部を慈善事業に回しているという点で、称賛に値する。だがそれ以外に関して、トムズはナイキとなんら変わりはない。どちらも、高すぎる靴をブランド好きの消費者に売りつけ、幹部社員にたっぷりと報酬を支払うために開発途上国の安価な労働力を食い物にし、収益の一部を慈善目的に使っている（ナイキの場合、非営利組織ナイキ財団に）。

だが、トムズ・シューズにはもうひとつやっていることがある。慈善活動が同社の一番の関心事だという誤った印象を与えることで、本来ならもっと深く社会的問題に取り組んでいたかもしれない人々の善意をそらしてしまっているのだ。これは心理学者が「モラル・ライセンシング」と呼ぶもので、人々は過去におこなった善行を（たとえそれがごく小さなものだったとしても）、将来の無関心の言い訳に使う傾向がある。[34]つまり、トムズ・シューズの購入者の多くが、もっと有意義な努力をしなくなってしまう可能性が高いということだ。これが仮にナイキから靴を買っていたのだとしたら、そうはならないだろう。ナイキも独自の社会的責任への取り組みをおこなっているが、トムズほど派手に自画自賛していないからだ。だがさらに大きな懸念は、もっと幅広い社会としてのモラル・ライセンシングだ。トムズのような活動を大きく取り上げることで、私たちは社会として、世界中の問題が見識ある消費主義で解決できると思いこんでしまうのだ。

それが、社会的企業の喧伝全般の問題だ。大騒ぎのせいで、効果的な政府や非営利組織の社会的問題への取り組みから注意がそらされてしまう。[35]米国国際開発庁（ＵＳＡＩＤ）やフォード財団のような大規模な援助機関は、貴重な資金を営利事業に分配し始めている。一回限りの寄付が永続的な経済的原動力になり、公共財も生み出すことを期待しているのだ。小説家ジョナサン・フランゼンは著書『コレクションズ』でこう書いた。「約束の内容が悪ふざけの度を強めるほど、アメリカ資本の流入は勢いを増す[36]」。

だが、非営利モデルが持続可能な影響を大規模展開できないかというと、そうではない。ほとんどの先進国には、政府が補助する国民皆保険制度がある。[37]内戦で荒廃した東アフリカのルワンダでさえ、二〇一〇年時点で人口の九二パーセントが加入していた国民保険があるのだ。[38]二〇一一年には世界中の学齢期の子どもの九一パーセントが小学校に登録していて、そのほとんどが政府補助の学校だった。(39) 赤十字国際委員会は一五〇年以上にわたって世界中で「戦争と武器を用いた暴力の被害者」を支援しているが、年間一〇億ドル以上を、ほぼすべて個人からの寄付で集めている。(40) ほかにもCARE、グッドウィル、ヒューマン・ライツ・ウォッチ、オックスファム、ユナイテッド・ウェイのような非営利組織が、大規模かつ効果的に活動を続けている。政府や非営利組織は無駄遣いを責められているかもしれないが、経営陣に三億ドルの給料を支払ってそれが善意の効果的な使い道だというふりをしているような組織はない。

私は指導員、助言者、審査員として、複数の社会事業コンテストに参加してきた。才能あふれる二十代の若者たちが熱をこめてプロジェクトを売りこみ、マイコスキーのように「善行をすることで成功したい」と語る。プロジェクトは主にその経済的持続性（と書いて「収益性」と読む）、大規模展開の可能性（と書いて「市場浸透率」と読む）、そして斬新さと個性（と書いて「潜在的独占力」と読む）を基準に審査される。一般大衆《ホイ・ポロイ》から金を引き出そうと焦るあまり、「投資に対する社会的利益」はしばしば後回しにされる。まるで、金を払い続けなければいけないのなら、命を救ったり子どもに教育を与えたりすることには意味がないとでも言うかのようだ。

本当の社会的変化を起こすのに、非営利モデルよりも社会的企業のほうが簡単だなどということはない。だがこの社会的企業熱は、事業の成功と社会的影響を混同させている。

幸福とその不満

社会的大義が追求するのは経済的繁栄、社会的正義、人としての尊厳、そしてさらなる自由だ。したがって、介入パッケージもそれらを目標に掲げている。だが、その目標自体が見当違いだったとしたらどうだろう？

一九七二年、ブータンのジグミ・シンゲ・ワンチュク国王が、発展を測る新しい指標を提案した。国民総生産の代わりに、彼の国は「国民総幸福量」で発展を測ると宣言したのだ。遠くの小国を治めるこの若い国王を理想主義だと笑う前に、私たちはトマス・ジェファーソンの言葉を思い出すべきだろう。かつては遠くの若い国だった土地の代表者として、彼は「幸福の追求」を、生命と自由と同様に奪うことのできない権利だと記したのだ。

ジェファーソンとブータン国王は、自分たちがなんの話をしているのかちゃんとわかっていた。哲学者たちは、少なくともブッダとアリストテレスの時代から、人間活動の究極の目標かつ至高善として、幸福を挙げてきたのだ。そして数千年後、イギリスの哲学者ジェレミー・ベンサムとジョン・スチュアート・ミルがこの考えを社会全体にまで拡大した。彼らの功利的な哲学が目指すところは、最大多数の最大善だ。

驚いたことに、この一〇年ほどで、生真面目な経済学者たちまでが幸福度を真剣にとらえはじめている。リチャード・デヴィッドソンのような神経学者たちは、fMRI（機能的磁気共鳴画像法）で測定できる脳の特定の活動が自己申告による幸福度と関連していることを突き止めた[41]。この研究について、著名なイギリス人経済学者リチャード・レイヤードはこう記している。「今では、人が自分の感じることについて発言する内容は、脳のさまざまな箇所で起こる活動の実際の度合いと密接に関連していることがわかっている。これは、標準的な科学的手法で測定できるものである」。幸福度が現実のものであることに満足したレイヤードは、公共政策の基盤とするべきは富ではなく幸福度であると主張する本まで書いている[42]。

こうしたことすべてが、現在主流となっている国の発展を測る指標が不十分であると訴え続ける学者や政策決定者、活動家らの主張に連なるものだ。一九九五年に『アトランティック』誌はこう問いかけた。「G

DPが上がると、なぜアメリカは下がるのか？」[43]この国は、同じ質問を二〇〇九年にも集合的に問いかけている。GDPは景気後退から回復したが、雇用は回復しなかった。よい指標とは国の全体的な幸福と相関しているものであるはずだ。これほど多くの人々がみじめなままでいるのに改善し続ける指標など、なんの意味があるのだろうか？

この点、ワンチュク王は時代を先取りしていた。より大きな幸福につながるのでなければ、富にも社会的変化にも意味はない。戦争、病気、飢え、渇き、貧困、抑圧、無知、失業、無力さが問題である大きな理由は、それらが幸福への障害になるからだ。繁栄は、幸福のための物質的必要条件を満たす。正義は、幸福の倫理的条件を追求する。尊厳は、幸福の物質的・政治的基盤を敷く。そして自由は、ノーベル経済学賞受賞者アマルティア・センが書いたように、人々に「価値を見出すべき理由のある人生」を生きさせてくれる。つまり、私たちが幸せになれると感じられる人生だ。[44]貧しく、無知で虐げられた人々が暮らすコミュニティがあって、それでも人々がいつも幸せを感じているなら、彼らを支援する必要を感じることはない。どちらにしろ、彼らのほうで私たちの「支援」などほしがりはしないだろう。

この認識とともに出現したのは、個人の幸福に対する人々の関心だった。『正真正銘の幸福』『幸福にめぐり合う』『幸福の仮説』『幸福プロジェクト』といった題名の本が次々と出版され、私たちがどうすれば個人としてより幸福になれるかを競い合って助言してくれている。[45]世界の指導者たちも、幸福度や関連する概念に目を向け始めている。二〇〇九年、フランスのニコラ・サルコジ大統領（当時）は、五人のノーベル賞受賞者を目玉とするグループに、真の生活の質を測る指標を考案するよう依頼した。[46]二〇一〇年にはイギリスのキャメロン首相が、幸福度の測定を始めるよう政府に指示した。[47]そして二〇一三年にはバラク・オバマが二度目の就任演説で、ジェファーソンを再現してこう言った。「暮らし、自由、そして幸福の追求をすべてのアメリカ国民にとって現実のものとするのは……我々の世代の任務である[48]」。

アリとキリギリス

国民総幸福量という言葉を聞いて思わず吹き出しそうになるのをこらえた人——あるいはこらえようともしなかった人——は決して少なくはなかった。「幸福」などというとなにやら綿菓子のような、ピンク色でふわふわしたもののようなイメージがある。人生の重要な問題に本腰を入れて取り組む人がいる中で、どこかの牧草地で笑いながら跳ねまわっている若い牧神を連想させるのだ。学者たちは、幸福をもっと信頼性のあるものに見せようとして、「主観的福利」などと呼んだりするが、だからといってふわふわ感が薄れるわけではない。

幸福をそこなうものはなんだろう？　問題のひとつは、イソップ童話のアリとキリギリスの話に隠れている。夏の間、キリギリスが歌ってはしゃぎまわる一方で、アリは冬に備えてせっせと働く。冬が来て、キリギリスが寒さに凍える一方、アリは巣の中で快適に、ふんだんにある食料を味わっている。元となったギリシャの寓話では、キリギリスがアリの巣を訪れると、アリは「外で踊っていればいい」と言って扉をぴしゃりと閉じてしまう[49]。だが童話から悲しい結末が排除された現代版では、アリはキリギリスを迎え入れ、感謝したキリギリスが自らのおこないを反省するという筋になっている。

ほとんどの人が、たとえキリギリスのほうが明らかに幸福に専念しているように見えたとしても、長期的にはアリのほうが幸福だと言うだろう。つまり、短期的な快楽はしばしば、長期的な不満につながるということだ。この洞察が、心理学者が言うところの「ヘドニア」〔感覚的な幸福〕と「エウダイモニア」〔自己実現や生きがいを感じることで得られる幸福〕の区別の基礎となっている。快楽を追求するヘドニア的幸福には疑問の余地があるが、長期的なエウダイモニア的幸福は良い、と言えるのかもしれない。

だが、それで十分なのだろうか？　政策決定者たちがますます依存するようになってきている幸福を調べる心理テストでは、現在の気分やこれまでの人生に対する満足度を尋ねる設問が並ぶ。これらの指標によると、幸福量は過去と現在によって決まるということになる。[50]

だが、私たちの潜在的幸福は未来にあるものだ。幸福が現在の気分と満足度で決まるのなら、幸福量を増やそうという努力はキリギリスのように今日だけに注力したものになり、明日のことは考えなくてもいいということになる。最近次々と出版されている幸福に関する本がどれも推奨しているのが、まさにこれだ。たとえば、優秀な心理学者ソニア・リュボミアスキーは著書『幸せがずっと続く一二の行動習慣』で、「幸福度を高める一二の行動習慣」と「行動習慣が続く五つのコツ」を記している。後者に含まれるのはポジティブな感情、人生における変化、社会的なつながり、意欲と献身的な努力、そして習慣だ。最初の二つは明らかに現在に注力したもので、あとの三つも、注意深く見れば現在に注力している。意欲と献身的な努力を取り上げてみよう。これらはキリギリスよりはアリのほうに近いように思えるが、リュボミアスキーはこのセクションにたった四ページしか割いておらず、そのうち「忙しすぎるときはどうしたらいいか？」という質問にはたったの一ページしか費やしていない。余計な時間を使わなくてすむ簡単なことだけやる、というのが彼女の答えで、それはたとえば「仕事やパートナーや子どもたちを新しい、もっと寛大で楽観的な目で見ること、配偶者にやさしい言葉をかけること、くよくよ考えている自分に気がついたら何か気をそらすことをすること、食事の前に短いお祈りを唱えること、通勤中に見知らぬ人に微笑みかけること、あなたを傷つけた誰かに共感すること、など」だそうだ。[51]　このセクションの何ひとつとして、意欲と献身的な努力には意欲と献身的な努力が必要であるということを示唆していない。ポジティブ心理学〔長所と強みをどう伸ばすかについての心理学〕にありがちなことだが、リュボミアスキーが推奨しているのは今の気分を良くするための一時的な試みにすぎない[52]。将来の幸福量を上げるために勇気と忍耐と誠実さを習慣づけるような話は一切出てこない。そして三五〇ページ以上におよぶ本の中で、やさしさを通じて他人のためにもっと幸福を作り出すことについては一〇ページしか割かれていない。それですら、主な問題はやさしさがいかにして自分自身の幸福を増すかであって、他人の幸福についてではない。つまり、幸福論の世界的第一人者によれば、幸福とは明日の幸福や他人の幸福のために今日基礎を築くことではなく、ポップ・ミュージシャンのボブ・マクファーリンが歌っているように、「心配するな《ドン・ウォーリー》、幸福に暮らそう《ビー・ハッピー》」ということになる。

幸福はあらゆる人類の努力が目指す最終目標かもしれないが、アリストテレスがはるか昔に気づいたように、ほかの活動の副産物でもある。今日はキリギリスのように幸福かもしれないが、その幸福が冬の間も続くためには、慎重に準備をしなければならない。マクファーリンは間違っていた。「家賃の支払いが遅れていると大家が言ったら[53]」、正しい対応は心配しない《ドン・ウォーリー》ことではない。親戚のところに身を寄せるとか、予算を切り詰めて生活するとか、別の仕事を見つけるとか、自分の能力を上げるとか、公的支援を申請するとか、とにかくなにかしらアリのように、心配の種が少ない未来を築けるような行動を取ることだ[54]。

無限の測定

ランダム化対照試験、社会的企業、そして目標としての幸福は一見、何も共通点がないように思える。ランダム化対照試験は調査手法だし、社会的企業は組織の一種だし、幸福は政策目標だ。だが、この三つの概念はいずれも、テクノロジーと介入パッケージにおける問題を思い起こさせる特徴を備えている。

まず、どれも測定に対する異常な執着がある。ランダミスタたちは定量化できる実験を通じて得たのではない知識を見下す。社会的企業は自分たちが生み出す影響を数字で示すよう求められる。幸福は社会科学者たちが測定指標を開発して初めて、世間に認められた。投与されたワクチンの数であれ、配布されたノートパソコンの台数であれ、支給された貸付金の額であれ、投じられた票の数であれ、介入パッケージが人気である理由のひとつは、数えやすいということだ。

測定は、進歩を検証する上で間違いなく役に立つ。だが測定可能な要素を崇拝するあまりにほかの重要な資質を忘れてしまうという危険がある。携帯電話の契約数はわかるかもしれないが、その電話でどれだけ多くの人生を変えるような会話が交わされたかはわからない。票の数を数えることはできるが、どれだけ多くの市民が不正に抗議するために危険を冒すかはわからない。そうした目に見えない要素もいずれは定量化できるようになるかもしれないが、それでもまだ、測定できないものは多く残るだろう。俗に言うように、「数えられるものすべてが重要なわけではなく、重要なものすべてが数えられるわけではない」(55)。

だとしたら、重要だが数値化できない資質が常に存在すること、そして意志決定においてはその事実を確実に考慮することを、私たちは今ここで受け入れなければならない。残念ながら、このビッグデータの世界において、私たちはより大きな英知を見失いかけているようだ。数値データが次々と測定可能になるにつれ、私たちは数字にばかり注目して、測定可能な結果を伴わない資質を無視する傾向にある。

テクノロジー至上主義者は、「測定できないものは、管理できない」と言いたがる。だがこれはまったく間違っている。私たちの多くは友人や家族との関係を測定せずに管理している（指標がないと人間関係を管理できないなどという人がいたら、逆に心配だ）。多くの国が、国民経済計算の制度ができあがるずっと前から劇的な経済成長を経験してきた(56)。ホメロスは、自らの作品『イリアッド』が単なる一万五六九三行の強弱弱六歩格だとは絶対に思っていなかっただろう。大事なのは測定できるかできないかにかかわらず、有意義な目標をまず設定することだ。直接の指標が存在しないところには、間接的な代用品があるかもしれない。代用品もない場合は、測定可能・不可能な要素を思慮深く比較することができるはずだ。指標があるのに無視するのはばかげているが、測定できるものだけに意味があると考えるのは、詭弁以外のなにものでもない。

テクノロジーの十戒

測定に対する執着で問題なのは執着のほうであって、測定ではない。書籍の低コスト化の動きはベストセラー以外の本を排除してしまう。ＲＣＴマニアはそれ以外の代替手法を排除してしまう。社会的企業は慈善事業のほかの道から注意をそらさせてしまう。直近の幸福は、私たちを長期的な基盤から脱線させる。テクノロジーに対する狭い視野は、非テクノロジーの重要な要素から注意をそらさせてしまう。

こうしたテクノロジー至上主義的手法を取り巻く熱狂の渦の中、特定のバイアスが始終現れては消え、また現れる。それらは今のテクノロジー時代、テクノロジー信仰時代のゆがみであり、「テクノロジーの十戒」とでも呼ぶべきものだ。

- **意義より測定**――数えられるものだけを評価せよ。
- **質より量**――何百万人もに影響を与えることのみをせよ。
- **根本原因より究極目標**――成功を保証するべく、最終目標のみに焦点を絞れ。
- **経路依存より目標主義**――歴史や概念は無視し、目標へとひと跳びに向かえ。
- **内的より外的**――他人が変わることを期待してはならない。代わりに、彼らの外的環境のみに注力せよ。
- **実証済みよりイノベーション**――過去にすでにおこなわれたことは決してしてはならない。最低限、新しくブランド化をせよ。

●英知より知性——地道な努力ではなく、賢さと創造力を最大化せよ。知性と才能を活用して尊大さや身勝手さ、未熟さ、階級主義を正当化せよ（階級主義とはあらゆる種類の社会的階級に基づく乱用、屈辱、搾取、または征服を指す）。[57]

●価値没頭より価値中立——価値中立をよそおって、価値観や倫理を回避せよ。

●集団主義より個人主義——競争を効率性につなげよ。自己満足と腐敗のもととなる協力は回避せよ。公益のための妥協も含めたすべての自己表現の阻害は、抑圧と同じである。

●責任より自由——多く選択させろ。選択時に判断させるな。自由を抑えて、責任を促進するのは、専制に等しい。

これはもちろん誇張だということは認めるが、ひどく極端な例ではない。私は学者や起業家、非営利組織のスタッフ、プログラム・オフィサー〔組織内でプロジェクトの企画立案や運営管理をおこなう者〕、政府の大臣らと世界の貧困について何百回と議論を重ねてきた。驚くほどの頻度で、誰かが上記十戒のうちいずれかの変化版を引っ張り出し、自分たちが実行しているお気に入りの介入を、その力に対する独りよがりな確信とともに正当化するのだ。テクノロジー至上主義の熱狂的信奉者たちは、自分たちの見解が認められるのを確認するだけでは満足しない。その見解が普及するのを見たいのだ。その様子は、ソフトウェア会社オラクルの共同創業者兼CEOだったラリー・エリソンを思い起こさせる。彼はあるとき、自分の事業戦略はチンギス・ハーンに倣ったものだと語ったことがある。「私が成功するだけでは十分ではない」と彼は言った。「ほかの者すべてが失敗しなければ満足できないのだ」。[58]

「テクノロジーの十戒」を信奉しているのは技術者、介入パッケージ、RCT、社会的企業、幸福の支持者だけではない。どれかひとつのグループに限定されるものでもない。[59] これは政治の右と左、公共と民間の各部門、無宗教の慈善家から宗教的慈善活動家まで、さまざまな社会的大義のグループに浸透しているのだ。「テクノロジーの十戒」に対抗するのは難しい。真実の核を含んでいるからだ。たとえば指標やイノベーション、自由に反論するのは無意味だし、ある意味危険でさえある。だがデルフォイの神託が「過剰の中の無medem agan」と告げたように、過ぎたるはおよばざるがごとし。何事においても、バランスこそがもっとも重要だ。

テスト対策の授業をする

「テクノロジーの十戒」の不均衡は私たちのシステムに少しずつ、少しずつ浸透してきている。そして時間が経つにつれて、雪だるま式に重大な危機へと膨らんでいく可能性がある。

この傾向の一例が、「テスト対策の授業をする」というものだ。生徒の成績低迷に苦しむ学校は、目標を狭めることを思いつく。読み書きと数学だけに焦点を絞るのだが、それは一見合理的に思えるし、支持者の間でも議論を呼ぶことはほとんどない。そして全体としての進捗を測定するために、基準として共通テストをおこなう。ほどなく、数値を上げることだけが唯一の目標となってくる。点数を上げなければというプレッシャーの中、学校は手軽な対処法に手を出す。共通テストに出てくる問題のバリエーションを生徒の頭に叩きこむテクノロジーや手法だ。だがこの思考を伴わない丸暗記は生徒の学ぶ意欲を削いでしまい、好奇心にあふれて生産的、豊富な知識をもって社会に適応した市民を育てることにはつながらない。

一方、こうした変化は、裕福な親（あるいは助成金が受けられる親）たちが子どもをどこかよそへやろうと思うきっかけになる。私立学校やチャーター・スクールへ入学させるのだ。この反応は二重構造システムを生みだし、もともとの問題をさらに悪化させるだけだ。成績に苦しむ学校を救済するために始まったはずの努力は、テクノロジー信仰からくる測定、大規模化、外的変化、個人選択、そしておそらくは価値中立的な変化への過度の重視によってそこなわれてしまう。

このパターンは、教育以外にも広がっている。公共部門でも、活動が苦戦すると目標を絞りこみがちだ。たとえば医療や教育、経済産出量などに目標を絞りこむのは合理的に思えるし、あまり議論を呼ばない。そして全体としての進捗を測定するため、死亡率や学校に通う平均年数、収入とGDPなどが目標基準に用いられる。ほどなく、数値を上げることだけが唯一の目標になってしまう。数値を上げなければというプレッシャーのもと、政府や援助者、市民社会は手軽な対処法に手を出す。数値を押し上げると思われるテクノロジーや手法だ。だが外部から持ちこまれた介入パッケージはコミュニティ自身の能力をそこなってしまい、独立した、生産的で、隣人愛にあふれた市民を育てることにはつながらない。

薄れゆく啓蒙の光

ここではっきりさせておきたいのは、私がテクノロジー至上主義的な目標それ自体を攻撃しているわけではないということだ。テクノロジー至上主義的な考えが一般的になったのは、それがいくつかの非常にいい形で人類の文明を著しく変化させてきたからだ。

技術的発明と大規模な社会的変化の歴史を掘り返してみると、その多くが一七—一八世紀のヨーロッパと、「啓蒙時代」または「理性時代」と呼ばれる期間にまでさかのぼれる。「啓蒙時代」には知的活動が爆発的に増え、産業革命の礎を築いた。蒸気機関から航海用時計、望遠鏡から気圧計までが、この時代に生まれたのだ。だが「啓蒙時代」は単なるテクノロジーの爆発の時代だったわけではない。この時代についての本だけで図書館がいっぱいになるほどだが、それをすべてツイッターの投稿に詰めこむとこうなる——学問において、「啓蒙時代」は迷信と教養の時代に科学と理性の支配を持ちこんだ。文化においては、能力主義と多元主義を称賛した。経済においては、財産権と国家の成長を後押しした。そして統治においては、独裁政権を打倒し、民主主義を生んだ。

これらの思想は独裁政権や帝国主義、迷信、偏見、経済停滞など、当時多く見られた愚かさに対する反応だった。啓蒙思想は、無教養で地位の低い人民の上に繁栄していた宗教支配や君主制に対抗するものだった。啓蒙思想の研究者たちは常々、この時代は「外的発展」という考え方を生みだし、これを人類全体にとって望ましく、また体系的に実現可能なものだとみなした、と主張している。[60] これは「啓蒙時代」以前のヨーロッパ内外の世界と比較してのことで、この時代、人類の知力は内面的な変化にばかり注力しがちだったと言っても一般化に過ぎるということはないだろう。古代ギリシャの哲学とユダヤ・キリスト教の教義は、個人の美徳について熟考している。儒教の基本理念は社会の調和と階級の尊重を強調している。そしてインドの宗教は因果《カルマ》の力と精神的向上を重視している。

「啓蒙時代」以前、南極大陸を除くすべての大陸で、多くの文明が生まれては消えていった。だがその中に、現代世界が構築される基盤となった豊富な知識の殿堂を作り上げた文明はない。[61] 歴史には紆余曲折があったが、啓蒙思想から現代社会の思想までは、まっすぐな線を引くことができる。アイザック・ニュートンらは運動の法則と電磁気学の探索によって科学技術への高速道路を敷いた。哲学者バルーフ・デ・スピノザやジャン＝ジャック・ルソーは近代民主主義の哲学的基礎を築いた。財産権に対するジョン・ロックの主張とアダム・スミスの市場分析は、現代の資本主義を補強した。

そしてこれらの基礎のおかげで、世界の一部はそれまでのどの文明より多くの繁栄、正義、尊厳、自由、幸福、平和を手に入れた。二〇〇六年時点の世界のGDPは五〇兆ドル。目のくらむようなその金額のうち、四分の三を裕福なOECD各国が産出している。先進国のほとんどの国民が、基本的なニーズは満たすことができた。食べる物や寝る場所に困る者は減り、出生時平均余命は七七年だ（もっとも開発が遅れている途上国の五五年よりはるかに長く、たとえば一八五〇年のマサチューセッツ州の三九年よりもずっと長い）。ほとんどのOECD加盟国は、法の支配と基本的人権の保護が保証された民主主義国家だ。国外で戦争をした国もあるが、国内は平穏を保っている。そして世界価値観調査によれば、もっとも裕福な国の住民は、貧しい国の人々よりも常に幸福を感じている場合が多かったそうだ。[62] つまり、二〇〇六年は啓蒙の受益者にとっては最高の年だったということになる。いいことならもっとやり続けるべきだと思うのは、自然なことだろう。

だがそのわずか数年後、状況はかなり暗くなっていた。私たちが抜け出せずにいる景気低迷は私たちを精神的に弱らせるだけでなく、純利益も引き下げている。二〇一三年には世界中で三三〇億バレルの石油が燃やされ（その約半分が富裕国で燃やされた）、二〇七〇億リットルのソフトドリンクが飲まれ、アマゾンの熱帯雨林が一四〇万エーカー伐採された。このすべてが世界中で膨大な規模の環境汚染、気候変動、忍び寄る資源不足、そして健康悪化の要因となっている。[63]

それだけではない。世界でもっとも裕福、もっとも自由でもっとも幸福な人々こそ、これらの問題にもっとも責任がある人々だ。人口当たりで言えば、アメリカ人は開発途上国の人々に比べて三五倍もの天然資源を消費している。[64] そして世界の金融問題はウォールストリートにおける過度の活動に結びつけることができる。この通りでは、人々が半ば神のようにふるまい、自らの正義を金で買っているのだ。どうやら、繁栄と正義、尊厳、自由、幸福と平和は保証されていないようだ——永遠にも、万人のためにも。むしろ、これらの指標における私たちの成功こそ、隣人たちや私たち自身の未来をますます侵害しているものなのだ。

いったい、これほどいいものがどうしてこれほど道を間違ってしまったのだろう？　実質的に、私たちは「啓蒙時代」の進歩的な思想を厳格なテクノロジー至上主義の正説に合体させたのだ。テクノロジー主導で資本主義的、そして自由な民主主義に変わる代替案を検討することができなかった私たちは、テクノロジーを究極の救済手段だと宣言してしまった。

だがもしアダム・スミスが言うように「見えざる手」が経済成長を促進するのだとしても、その同じ手が一般市民のポケットから財産をかすめ取ってもいる。道徳的相対主義は複数の美徳を認めているが、同時に複数の悪徳を認めてもいる。能力主義は才能と勤勉に報いるが、万人にその資質を育てるための共同責任を放棄している。私たちは公益のためになるという前提のもとに自らの信念を正当化する。だがその間ずっと、弱点の存在を許していることを大目に見ているのだ。

人格のごく小さな欠点は、やがて悲劇的な運命をたどる。念のために言っておくと、自由な価値観に基づいて多様性を認める多元主義は君主制による抑圧よりはましだが、それでも公益を保証するには十分ではない。ウォールストリートの銀行家たちや多国籍鉱業会社は抑圧されておらず、おおむね自由に好きなだけ取引することができるが、公益を守ることと自分の銀行口座を太らせることとの狭間でおこなう日々の選択肢の中で、本当に公益のためを思って選んでいると信じている者はいるのだろうか？　いないとしたら、私たちの確固たる信念はなぜ彼らを支援しているのだろう？　高速電子取引のような革新的技術に私たちはなぜ興奮するのだろう？　欲を増幅させ、無意味な優位を強化する以外にたいしたことを達成しないというのに。

フランスのサルコジ大統領は、二〇〇九年に生活の質委員会の立ち上げを宣言したときこう言った。「我々は、確実性が消え失せた時代に生きている。……我々はすべてを再発明、再構築しなければならない。重要な課題は開発の方法、社会の形、生きたいと思える文明を選ぶことだ[65]」。いろいろと欠点はあったかもしれないが、サルコジは現代の国際社会における核心的な問題をはっきりと指摘した。私たちには、発展とは何か、ここからどこへ向かえばいいかというもっといい物語が必要なのだ。「啓蒙時代」はその役割を果たしたし、テクノロジー至上主義的価値観の多くも意味のあるものだ。だが今の私たちは、ただそれに依存しているだけだ。

不幸なことに、二五名から成るサルコジの委員会は、全員が経済学者で構成されていた。一応言っておくと彼らは傑出した経済学者たちで、ノーベル賞受賞者ジョセフ・スティグリッツやアマルティア・センも含まれていた。(66) だが、抽象的な経済学は人類の幸福についての科学にはなりえるが、今現在実践されている経済学は、合理的エージェントのモデル、線形効用関数、単純化され過ぎた回帰分析、ドル基準の指標、意義と測定可能性の混合、自由市場への無批判な支援から成る醜悪な九頭竜《ヒドラ》だ。そしてそのいくつもの頭は、定期的な失敗にもかかわらず、次から次へと再生する。

ここでもまた、テクノロジー、介入パッケージ、RCT、社会的企業、幸福、大規模展開、測定可能性、その他テクノロジー至上主義的思考全般がそれ自体、悪いものだというわけではない。それよりも、問題は盲信とバランスの悪さにある。新型ワクチンはいいものだが、医療制度が資金不足のうちはいいとは言えない。教育系テクノロジーは役に立つかもしれないが、優秀な教師と組織的支援が不足しているうちはいいとは言えない。選挙はすばらしいが、社会規範と政府機関が民主主義を認めないうちはいいとは言えない。テクノロジー至上主義的手法は解決策の一部かもしれないが、誰もがそこにこれほど注目していたら、ほかの部分には誰が取り組んでいるのだろう?

バランスはもっとも重要だが、二極化された売り文句が溢れる世界では、バランスについて語るのも難しい。(67) 自由に酔い、目標に突き動かされ、実力重視の個人主義者たちのために開発された、斬新で、測定可能で、大規模で、ハイオク満タンで、価値判断を伴わない、市場志向の介入パッケージが、社会的変化に対する私たちの概念を支配している。この信条はこれまでのところ、恩恵を受けた者にとってはすばらしい効果を生んできた。だが世界中に根強く残る問題や差し迫った危機は、今ここにあるものではこれ以上先には進めないことを示唆している。もっと永続的な人類の未来のためには、もっと良い発展の物語が必要だ。

第Ⅱ部

第6章　人を増幅させる
――心、知性、意志の重要性

私がリキン・ガンジーと初めて会ったのは二〇〇六年。彼は当時ソフトウェア・エンジニアで、「デジタル・グリーン」はまだ生まれていなかった。

ガンジーは、彫りの深いその表情からは思いもよらない、几帳面な中にも情熱を秘めた夢追い人だった。ずっと宇宙飛行士になりたかった彼は、宇宙を旅した人々の経歴をじっくりと調べた。すべてのアポロ計画について細部まで詳しく話すことができたし、NASAに採用される可能性が一番高いのは工学の学位を取って空軍のパイロットになることだと知っていた。私たちが出会ったときはちょうどMITで航空工学の修士課程を修了したばかりで、米空軍の将校訓練学校への入学許可を待ちながらソフトウェア会社のオラクルで働いているところだった。

だが待ち時間は長く、その間に彼は、宇宙旅行者たちの経歴にひとつの共通点があることに気がついた。「宇宙飛行士たちは、この世界の実際の姿である小さな青いビー玉を見る機会が得られます」と彼は言った。「そして、地球そのものと人類に対する新たな愛とともに帰還するんです」。人類で初めて月面に降り立ったニール・アームストロングの友人は、かつてこう語っていた。「自分がまるで春と秋に湧く蚊のような、ほんの束の間の現象にすぎないことを実感させられる。自分自身を客観的に見ることができるようになる。この惑星の基本に立ち戻るのだ」[1]。宇宙飛行士の中にはアームストロングのように、NASAを退職して農業を始める者がいる。あるいは最高齢宇宙飛行の記録保持者ジョン・グレンのように、政治の世界に入る者もいる。こうした情報が、ガンジーの中の何かを呼び覚ました。

ガンジーは宇宙飛行士の地球と人類への愛を、両親の母国であるインドの貧しい農家のために働くことで自分の目標と融合させようと決意した。そして、社会的大義を追求したいと願う数多いエンジニアの例にもれず、彼もテクノロジーを活用しようとした。彼が目指したのは「地方テレセンター」、貧困地域を対象とするインターネット・カフェのようなものの運営だ。支持者たちは、世界中の農村やスラムがインターネットにつながれば、遠隔医療でより良い医療サービスを、通信教育でより良い教育を、オンライン検索でより良い農業を手に入れられるようになるはずだと思い描いた。

インドでは、テレセンターはあらゆる問題の特効薬としてもてはやされていた。起業家や学者、政策決定者は、テレセンターを通じて膨大な農村人口にテクノロジー分野の成功を届けられるようになると信じたのだ。インドの「緑の革命」の父と称賛されるM・S・スワミナサンは、国内六〇万の農村すべてに「農村知識センター」を設立しようとしていた[2]。政府も、全国に「共益サービスセンター」を設立する独自のプロジェクトを立ち上げた[3]。首相の科学諮問委員会のメンバーであるアショク・ジュンジュンワラ教授は、地方テレセンターが僻地の農村における世帯収入を倍増させられると主張した[4]。ほかにも、インターネットへのアクセスは普遍的であるべきで、人権としてみなされるべきだという声も上がった[5]。

ガンジーはその興奮の渦に巻きこまれこそしたが、デジタルサービスで暮らしを良くするのがそう簡単ではないと気づけるだけの洞察力はあった。彼は、直接の経験がある人々の話を聞きたいと思い、私が同僚ラジェシュ・ヴェーララガヴァンと共同で執筆したテレセンターについての報告書を読んで私に連絡してきた。そこで、私たちは三人で会うことにした。(6)

残念ながら、ヴェーララガヴァンと私が実施した調査は、テレセンターが事業目標や社会的影響目標を達成できることはめったにないという結論に達していた。私は南アジアとアフリカの約五〇カ所のテレセンターを訪れたのだが、そのほとんどでたいした成果が見られなかったのだ。たいていのテレセンターの運営者にはサービスを売るために必要なマーケティング能力がなく、顧客候補は人間味に欠ける遠隔診療、教師不在の教育、農学についての学術論文などにほとんど価値を見出していなかった。

こうした問題に直面した支持者たちは、テクノロジーをさらに活用した修正を提案した。テレセンターの運営者に能力が足りないなら、成功例を共有できるオンライン・コミュニティを立ち上げよう。地方の患者が生身の医師に診察してほしがるなら、テレビ電話がいいだろう。語学や識字能力が壁になるなら、地元のニーズに合わせた使いやすいコンテンツを作り、現地の言葉に翻訳して、字を読まなくてもいいよう動画にすればいい、等々。

だがそうした対策の中に、根本的な問題に対処するものはほとんどなかった。テレセンターの支持者たちが支援したい低所得・低教育の人々こそ、あいまいな知識や匿名のコミュニケーションを通じて自力で貧困から脱出できる可能性がもっとも低い人々だったのだ。教育を受けた個人起業家でもちゃんとした教室教育を好み、医師と直接顔を合わせられる診療を求め、血の通った先輩からの農業指導を欲しがった。こうしたことすべてが、テレセンターには欠けていたのだ。(7)

完全なる失敗に終わらなかったわずかなテレセンターは、三種類あった。インターネット・カフェとして再生し、社会的大義は諦めて商業的に成功したもの。[8] パソコン技能認証の需要に目をつけて、比較的裕福な層を主な顧客としたIT訓練学校に転身したもの。テレセンターは既存のプログラムを強化するものだからという理由で、献身的な非営利組織が慈善活動の一環として無条件に支援したもの。テレセンターは運営者に内在する意図と能力を増幅するものではあったが、それ自体が根深い社会的問題の解決に役立つことはほとんどなかった。

ヴェーララガヴァンと私がこれらの教訓を伝えると、ガンジーはがっくりと肩を落とした。このプロジェクトに、大きな期待をかけていたのだ。彼はすっかり意気消沈してしまった。

だが完全に打ちのめされたわけではない。ガンジーはその後も連絡をくれ、数カ月間にわたって毎月、ヴェーララガヴァンはガンジーとどんな話をしたか私に報告してくれた。二人の議論の内容をまとめるとこうなる。テレセンターのような画一的な介入の広範な普及が社会的大義に取り組む正しい方法でないなら、何が正しいのだろう？

デジタル・グリーンの誕生

数カ月後、ヴェーララガヴァンが私のところにやってきてこう言った。「ガンジーを雇うべきだと思う。彼は小規模農家の支援に尽力したいと思っているし、技術力はすばらしいし、粘り強い。君さえよければ、彼にやらせたいことがあるんだ」。私たちはガンジーを仲間に引き入れ、動画を使って農家に指導する方法を考えてもらうことにした。そうして彼が思いついたのが「デジタル・グリーン」、のちに私たちの研究所でもっとも効果を上げたプロジェクトのひとつとなる手法だ。[9] デジタル・グリーンはテクノロジーによる増幅についての裏付けをふんだんに提供し、介入パッケージについての私の考え方に影響を与えた。

ガンジーが活動を始めたとき、私たちは彼を「グリーン財団」という小さな非営利組織に紹介した。バンガロールから二時間ほど南に行ったところにあるいくつかの村で、農家を対象に農業指導をしている組織だ。その後半年近く、ガンジーを見かけることはほとんどなかった。たいてい、村に滞在していたからだ。彼はグリーン財団のスタッフと一緒に活動し、地域の農民たちと知り合いになった。ときどき事務所に顔を出したときには彼が何をしていたのか、次は何をするのかを聞かせてもらった。あるとき、ガンジーは私にこう言った。「グリーン財団の農業プログラムについては理解できました。次は彼らの指導を動画に収めようと思います」。また別のときは、「スタッフを映したハウツー動画、地元農家を映したハウツー動画、尊敬を集める村人の証言など、ありとあらゆるパターンを試してみました。子どもが民謡を歌っているような動画で住民の興味を惹きつけられるかどうか、地元ならではの娯楽も試しているところです」。動画を引っさげ、彼は農家の自宅でイベントを開き、地元の学校で試写会を開き、農民たちが畑仕事に精を出すまさにその畑までノートパソコンを抱えて行って上映した。「思いつく限りのことはすべてやってみました」とガンジー。「これは、大通りの真ん中にテレビを据えたときの写真です。どんな人が集まるか見たかったんです」。

やがて、彼はうまくいきそうに思えるいくつかの案に落ち着いた。主なコンセプトは、地元農家を映したハウツービデオを教材に使って、毎週決まった時間に上映するというものだった。その上映会で、ときどきグリーン財団の農業指導員と一緒に来ていた村人と議論を交わすこともあった。「視聴者が即座に共感できるようにするためには、動画で地元農家を取り上げることが重要です」とガンジーは説明した。「私たちがやっていることは、農業番組をテレビでやるのとはまったく違います」。農民はそうした番組を観ても、中身はたいてい無視していた。一方、ガンジーの動画の出演者たちは視聴者たちと同じ方言でしゃべり、同じような恰好をして、同じ環境で生活していた。「それに、積極的な仲介者も欠かせません」。ガンジーはそう教えてくれた。「話し合いを持ちかけると農家はもっと積極的にかかわるようになりますし、質問をきいてくれる誰かがいる場合も同じです」。こうして、デジタル・グリーンが生まれたのだ。

この時点で、私たちは取り組みの効果を検証するために比較試験を実施した。期間は一年半。八カ村でデジタル・グリーンを実施し、別の八カ村では「訓練と訪問」と呼ばれる、典型的な対面型の農業指導を。そして四カ村では「ポスター・グリーン」という、デジタル・グリーンとまったく同じ内容だが、動画ではなくポスターを使った指導を実施した。[10] ガンジーとグリーン財団のスタッフは動画上映会ごとにどんな変化があったかを詳細に記録し、学んだ技術が実践されているかどうか記録するため、村の畑から畑へと歩いて回った。結果を見ると、ポスター・グリーンは典型的な農業指導プログラムよりかなり効果が高かったが、五カ月もするとその効果は薄れてしまった。農民たちはポスターに飽きてしまったが、内容を思い出すためには何度も見直さなければならなかったのだ。一方デジタル・グリーンは、ポスター・グリーンの一番いい結果をはるかに上回り、しかもその効果が薄れることはなかった。農民たちは内容が同じでも、違う農民が登場する新しい動画を作成しさえすれば喜んで動画に見入ってくれた。全体として、デジタル・グリーンは典型的な農業指導の七倍も高い技術の実践率を達成し、しかもコスト効率は一〇倍もよかった。デジタル・グリーンでは一人の農業指導員（この一人分の人件費が一番コストのかかるところだ）が、対面指導のときよりも多くの村に有意義な指導をおこなえる。動画を中心として、一度に大勢の農民と議論を交わすこともできる。

デジタル・グリーンでは、「増幅の法則」の好ましい影響が見られた。貧しい、識字能力のない農家に動画を見せること自体にはあまり意味がない。だからテレセンターを通じて提供された農業コンテンツはほとんど活用されないわけで、インドの公共放送で流される番組はほとんど効果を出せないのだ。だが同じような農家仲間や農業指導員との直接の交流は農家を動かすことができる。デジタル・グリーンの動画はこの人対人の交流を増幅し、より記憶に残るようにすると同時に、より実践可能にした。専門家の役割を専門家ではない進行役が部分的に肩代わりできるようにしたことで、農家により強い印象を残したのだ。[11]

きわめて効果的なテクノロジーの使用法における三つの習慣

デジタル・グリーンは、介入パッケージの最適な活用法が選択的で対象を絞った方法だということを教えてくれた。その教訓は、三つの原則に集約できる。

第一の原則――目標に合った人的能力を特定するか構築すること。デジタル・テクノロジーを使わなくても、グリーン財団は農家にかかわり、彼らを支援する能力があった。介入パッケージでプラスの効果を上げるには、増幅できるプラスの人的能力が必要となる。

第二の原則――適切な人的能力を増幅させるために介入パッケージを活用すること。ガンジーは、グリーン財団がすでにやっている活動を見て、その活動を増幅させるためにテクノロジーを活用した。また、組織化されていない社会的傾向の影響を増幅させることも可能だ。たとえばケニアでは、「Mペサ」と呼ばれる携帯電話を使った送金システムが都市部から地方への現金の流れを大きくしたことが有名だ。これは、都市部への出稼ぎ者たちが故郷に仕送りをするという文化がすでにあったからこそ成功した例だ。[12]

第三の原則――介入パッケージの無節操な普及は避けること。デジタル・グリーンは、農家との関係を築いている強力なパートナーなしでは機能しない。そしてデジタル・グリーンは、パートナー組織が経験のない分野、たとえば子どもの教育などには手を広げない。テクノロジーを広めること自体を目的とするのは、リソースの無駄遣いだし、逆効果となる場合も多い。

テクノロジー中心の社会的プロジェクトがやりがちなのが、第三の原則を破ることだ。デジタル・グリーンが知識を普及させる万能ツールだと思いたくなる気持ちはわかる。支援者やパートナーの中にはかつてテレセンターに見たものと同じ、そして現在携帯電話プラットフォームに見ているものと同じ可能性をデジタル・グリーンに見出す人もいるかもしれない。その衝動は、たしかに理解できる。テクノロジーを最大限に活用し、医療、家計、政治、農業以外の職業訓練、その他諸々にいっぺんに対処したらいいのではないか？

だが、それはテクノロジーの夢想主義というものだ。根底にある意図をうまく活かす方法には、正しい方法と間違った方法がある。

間違った方法は、介入パッケージそのものが問題を解決してくれると信じることだ。たとえば、農業だけを専門とするXというパートナー組織と協力するとしよう。だがXは、自分たちが活動している地域に新たな需要が生まれたことに気づく。妊婦が、妊娠中のアドバイスを欲しがっているのだ。これは動画で簡単に解決できる問題に思えたので、Xはオンラインで妊産婦の健康情報を調べ、新しい動画を作成して、地域で上映する。だがこのテクノロジーは、妊産婦の医療に関するXの知識不足を補ってくれるわけではない。動画を観たあとで妊婦が何か質問したいと思っても、Xは答えることができない。スタッフにはちゃんとした知識がないし、ネットの情報には矛盾するものもある。妊婦が難産になっても、Xには現地のどの診療所が最適かを判断できるだけの人脈がない。[13] Xが意図せず間違った情報を伝えて、それが悲劇につながる可能性も高い。倫理的な違反になりかねないこの状況にXが気づかないとしても、この専門知識のなさにはいずれ人々が気づくだろう。地元住民は医療情報を信頼しなくなるだけではなく、Xや、もともと実施されていた介入パッケージのことも信頼できなくなってしまう。[14]

こうした問題に対処するため、Xは医療スタッフを雇い入れるか、既存のスタッフに医療知識を身につけさせるか、地元の医療組織と連携する。いずれも正しい選択肢だが、これは介入そのものにとってだけでなく、Xのような組織にとっても大きな変化となる。実際、デジタル・グリーンも少しずつ医療分野に活動を広げつつあるが、農業専門のパートナー組織に医療動画もやるよう頼んでいるわけではない。医療を専門とする別のパートナー組織と協力しているのだ。デジタル・グリーンの動画上映会が効果を生むのは、パートナー組織が専門知識を有している分野であるからこそだ。

大規模化

二〇〇八年、ガンジーはデジタル・グリーンから自らの非営利組織を派生させ、ヴェーララガヴァンと私が役員に名を連ねた。立ち上げ当初から、私たちの活動目標は農業における既存のプラスの能力を増幅させることだった。

これを大規模展開すると、どういうことになるだろう？　ガンジーは数年の間に農業知識をかなり蓄えていたが、それでも専門家と呼ぶには程遠い。役員会の私たちもデジタル・グリーンの上層部も専門家ではない。私たちの得意分野は非営利組織の運営とテクノロジー、そして国際開発だ。多数の小規模農家と特別な関係を構築できている者など、誰一人いない。

そこで、デジタル・グリーンは地方の貧しい農家の支援に能力を持ってしっかりと取り組んでいるパートナー組織を探すことにした。動画で、その組織の目標と専門知識を増幅できるはずだ。

数年にわたり、デジタル・グリーンは幅広い非営利組織や政府事業体と連携してきた。活動の範囲は三〇のパートナー組織を通じて五〇〇〇の村にまで広がった。インド国内の九つの州だけにとどまらず、アフリカのエチオピアやガーナでも活動している。二〇言語で作成された三〇〇〇本の動画のうち少なくとも何本かを、四〇万人以上の人々が視聴した。収入が倍増した例もある。[15] そして全体的に見ると、増幅で予測できる結果がそのまま得られた。パートナー組織が強力であればあるほど、デジタル・グリーンをよりうまく活用でき、農家への影響も大きくなる。言い換えれば、デジタル・グリーンの大規模展開での成功は、すぐれたパートナー組織の存在と能力に完全に依存しているということだ。

この事実を裏返すと、パートナーなくしてデジタル・グリーンは存在しないということになる。テクノロジー中心のプロジェクトの多くが包括的な解決策として、あるいはもう少し慎重な言い方をするなら人の助けをほとんど必要としない最高の解決策だとして、自らを売りこむ。一方、デジタル・グリーンはスタッフやパートナー組織が農家との関係を構築し、適切な農業技術を特定することに多大な努力を費やしている事実を痛烈に自覚している。うまく実施された介入パッケージすべてに言えることだが、デジタル・グリーンも、変化の一番の要素である人的能力を最大限に活用している。[16]

デジタル・グリーンは、農業組織が不在なところ、または機能していないところでその代わりとなることはできない。だからガンジーは、農家すべてが動画を観られるようにする権利を求めて活動したりはしない。また、携帯電話やドローンが届ける iPad などを使って地球上のすべての農家にデジタル・グリーンのコンテンツを届けようと焦ったりもしていない。農家が信頼する組織が欠けている国がこれほど多いうちは、まだそのような段階ではないのだ。

デジタル・グリーンの活動手法は、テクノロジーを活用する正しい方法を示している。目標に合った組織や社会的傾向を特定または構築し、それから効果を増幅させる方向に介入パッケージを向けるのだ。

心、知性、意志

パートナー組織が重要である以上、その選定も賢くおこなわなければならない。デジタル・グリーンに限らず幅広いプロジェクトを見てきた私個人の経験上、すぐれたパートナーには三つの資質がある。すぐれた意図、判断力、自制心。あるいは、私が「心、知性、意志」ととらえているものだ。テクノロジーはこれらの資質を増幅するので、これらの人的資質がもっともすぐれたものであれば、介入パッケージもすばらしい結果を出せる。

デジタル・グリーンの場合、「心、知性、意志」はガンジーから始まる。彼は農家を支援したいと思った（意図）。彼にはしっかりとした技術力があり、建設的なフィードバックを求めていた（判断力）。そして彼は自分の取り組みが危機に直面したときには耐え忍んだ（自制心）。開発途上国の農家に対する彼の献身が揺らぐことはない。彼はデジタル・グリーンの洞察力に満ちたCEOであり、彼の部下たちは、留まるところを知らない上司の労働倫理に感服している。

心、知性、意志は、デジタル・グリーンがパートナー組織に求めているものでもある。小規模農家を支援しようという献身（意図）、農業知識だけでなく農家との関係構築のノウハウ（判断力）、そしてフォローアップに求められる粘り強さ（自制心）。「私たちは、パートナー選びにはかなり時間をかけます」とガンジー。「その組織が、専門としている分野に長けているかどうかをしっかりと確認するんです。デジタル・グリーンの成功は彼らにかかっていますからね」。

受益者にも心、知性、意志が求められる。農家は自分たちの暮らしを良くしたいという意欲がある程度はないといけないし（意図）、新しい技術を身につけられるだけの基本的な農業知識と能力が必要で（判断力）、学ぶために努力をする意志も必要だ（自制心）。支援が必要な場合は、デジタル・グリーンのパートナー組織が提供してくれる。

心、知性、意志については、指摘しておくべき点が二つある。ひとつ目は、それが介入パッケージに最低でもこれだけは必要だという「補完」であるということだ。これ以上完璧な介入パッケージはないと言ってもいいようなワクチンや薬の配布プロジェクトでさえ、意志がある患者、思いやりのある看護師、そして専門家である医師の心、知性、意志は欠かせない。

二つ目は、心、知性、意志が介入パッケージの創出と実施の両方で、介入パッケージの「原因」でもあるということだ。デジタル・グリーンの手法はガンジーの献身とすぐれた判断力、そして自制心がなければ生まれなかっただろう。そしてパートナー組織にも同じ資質がなければ、適切に実施されることもなかっただろう。ワクチンにも同じことが言える。ワクチンの発明には発明者の心、知性、意志が必要だ。そしてそのワクチンを普及させる政府や大手財団、世界保健機関のような多国間組織などにもその資質は必要だ。

指導者、実施者、受益者に十分な心、知性、意志があって初めて介入パッケージは最大限に効果を発揮できるというのは、明白に思える。だが大勢の賢く影響力のある人々が、まったく違う行動を取っている。まるで、テクノロジーや介入パッケージを無差別にばらまくことこそ社会の発展につながるとでも言うかのようだ。だがそれでは、簡単な部分だけを崇拝して残りを無視する結果になる。正しい心、知性、意志を見出し、育てることにはつながらないのだ。

対立の中での増幅

ときには、指導者、実施者、受益者の足並みが揃わないことがある。そんなときはどうすればいいだろう？

デジタル・グリーンにガンジーを迎えて間もなく、ヴェーララガヴァンは自らの目標を追求するために組織を去った。カリフォルニア大学バークレー校情報大学院での博士号取得だ。インドには実地調査のために時々戻ってきて、農村雇用保証法（NREGA）という法律に焦点を当てつつ、デジタル・テクノロジーが民主的な政治をどのように下支えできるかを研究した。「NREGAは貧困ラインよりも下の人々に固定給を支払う国家プログラムなんだ」とヴェーララガヴァンは説明した。一日約二ドルで年間最大一〇〇日間、労働者たちは「道路の建設など、地元の村役場が指定した単純作業をおこなう。要は、インドのもっとも貧しい人々になにかしらの仕事を保証しつつ、地元のインフラも整備しようというのが狙いだ」。だが、世界でもっとも混乱した民主主義国家のプログラムにありがちなのだが、現場で起こっていることと政策決定者たちが机上で描いたこととはしばしば食い違う。村や区画レベルの指導者たちが虚偽の作業報告を提出し、人件費を着服するのだ。本来の受益者に給料は行き渡らず、インフラも完成しない。

だがインド南部のアーンドラ・プラデーシュ州では、政府指導者たちはNREGAを成功させようと決意していた。「自分たちの政府内に腐敗が蔓延していることを彼らは理解していた」とヴェーララガヴァン。「そこで、問題に対処するために二つのことをした。まず、NREGAの一環として「社会的監査」と呼ばれる概念を導入したんだ」。「社会的監査」は、低所得労働者の市民権のために長年活動してきた非営利組織「マズドゥール・キサン・シャクティ・サンガタン」（MKSS）が主導し、「地元住民が公開された政府文書を閲覧し、政府のプロジェクトが汚職なしに実施されていることを確認するプロセス」だとヴェーララガヴァンは説明した。[17] MKSSが拠点を置くラジャスタン州では、徹底したプロセスが実施されている。村全体規模の会議、家庭訪問による検証、政府への追跡調査などが実施され、不適切なものはすべて是正されることが保証されている。だがMKSSは日常的に、情報公開を拒む頑固な地方役人に直面する。貸借対照表も多くの場合、判読不能なぐちゃぐちゃの文字で埋めつくされている。ヴェーララガヴァンによれば、アーンドラ・プラデーシュでは「政府は、すべてのNREGA関連活動の記録が義務付けられているオンラインシステムも導入した。データは公開されて、汚職は減るはずだった」。

だがヴェーララガヴァンは、デジタル化の効果がまちまちだったことに気づいた。部分的には「社会的監査と電子記録が汚職をあぶり出し、汚職の事例が劇的に減った」ところもあったが、汚職と非効率が続き、むしろテクノロジーのせいで悪化したところもあったそうだ。たとえば、GPSを使って下級役人を監視する計画は、違反に対する罰則を適用することを上司たちが嫌がったために頓挫した。ある管理職はこう言った。「もし誰もが不正をおこなっていたら……何人［の部下を］停職にすればいいんです？」[18]下級役人は汚職の責任逃れのために、ときどき村人に「コンピューターが作業を割り当てなかった」などと言うこともある。そしてときには、村人たちは役人たちに責任を取らせるどころか、共謀して制度をごまかそうとすることもあるのだとヴェーララガヴァンは言う。誰一人として働いていないのに、全員が口裏を合わせて虚偽の報告をし、給料だけを受け取るのだ。

対立の政治構造にもかかわらず、やはり「増幅の法則」はぴったりとあてはまる。政府指導者にとっては、テクノロジーが「腐敗を削減するという彼らの意図を増幅する」はずだったとヴェーララガヴァンは言う。だがテクノロジーは制度をごまかそうとする地元役人や村人たちの意図も同時に増幅してしまった。全体的に見ると、水もれの穴はほとんどがふさがれたが、十分な説明責任は果たされなかった。

民主的政治を実現する上での問題には第9章で触れるような、もっと忍耐を要する手法が求められる。今のところは教育に立ち戻ったほうがいいだろう。テクノロジーをうまく適用できる直接的な力が私たちにもある分野だからだ。

デジタル・ネイティブを育てる

私が背中を向けるか向けないかのうちに、またあの音楽が聞こえてきた。この数週間ですっかりおなじみになってしまったビデオゲーム『エグジットパス2』の、合成音によるBGMだ。聡明で元気いっぱいな九歳のヴィンセントがかぶっている野球帽はあっちを向いたりこっちを向いたりしているが、正面をちゃんと向いていることはまずない。そのヴィンセントが、ノートパソコンでまたゲームを立ち上げたのだ。(19) ほんの数分前に、そもそもゲームを始めたことを私が叱ったばかりだというのに。彼は、プログラミングの基礎を子どもに教える『スクラッチ』という教育ソフトをやっているはずだった。

ヴィンセントはシアトルにある「テクノロジー・アクセス財団」（TAF）の生徒で、私はインドから帰国した二〇一二年の春にこの財団で放課後の課外授業を指導していた。もし新しいテクノロジーを開発して普及させることが答えではないというなら、社会的大義を支援するために自分に何ができるかを知りたかったのだ。TAFでは、自分の直感を検証したいと思っていた。テクノロジーについて教えることは、新しいテクノロジーを与えることとは根本的に違うと証明したかったのだ。それは正しいことが証明されたが、本当の意味での教訓は、まったく違うものだった。

TAFの創設者でCEOのトリッシュ・ミリネス・ジコは、一九七〇年代にコンピューター科学の学位を取った数少ない黒人女性の一人だ。一九八〇年代半ばにマイクロソフトに入社した彼女は、ハイテク業界に人種マイノリティがあまりにも少ないことをその目で見た。そのため、TAFの目標は「STEM（科学、テクノロジー、工学、数学）教育の力を通じて、有色人種の生徒たちが大学でいい成績を取り、人生で成功できるよう備えさせること」となっている。私は月曜と水曜に、三―五年生一二人の教室を持っていた。全員にノートパソコンが支給され、カリキュラムはコンピューター・プログラミングを学ぶ実地体験、音声編集、ロボット学を教える内容になっていた。子どもたちが通う資金不足の公立学校では教えられない内容だ。私はＴＡＦのスタッフたちと一生懸命努力して、楽しい参加型の活動を考えた。生徒たちはYouTubeに投稿する動画を自分たちで制作し、インタラクティブなアニメーションを作成し、レゴでロボットを作った。だがこうした活動を生徒たちは喜んだものの、ビデオゲームほど強く子どもたちの関心を惹きつけることはできなかった。

子どもにはゲームを嗅ぎ当て、監督している大人に隠れて遊ぶという天賦の才能がある。また、教育的コンテンツに対する第六感もあって、ブロッコリーを選り分けるように避けて通る。私が受け持っていた教室では、生徒たちは色とりどりのキャラクターがマンガの世界を飛んだり跳ねたりする二次元ゲームで遊ぶのを好んだ。そうしたゲームは無害かもしれないが、『幸せな未来は「ゲーム」が創る』の著者ジェイン・マクゴニガルのような情熱的なビデオゲーム擁護者でさえ、ゲームの栄養価を特定しろと言われたら困るだろう。せいぜい、手と目を連動させる反射神経に多少の付随的な利益がある程度だ。

いずれにしろ、もっとも魅力的な教育ソフトでさえ、『エグジットパス２』の魅力には太刀打ちできない[20]。こうして私は子どもたちのテクノロジーに対する理解を深めたいと願いながら、テクノロジーそのものに邪魔をされていたのだった。

ＴＡＦで私が経験した苦境は、世界中で学校や親が直面している問題と同じ系統のものだ。ますますテクノロジーが豊かになっていく世界で、テクノロジーそのものの危険を避けながら子どもたちを備えさせるにはどうするのが一番いいのだろう？　ここでもまた、真っ先にするべきなのは人的能力を整備することだ。

人間第一

TAFでの私の上司は、プログラムマネージャーのトイーア・テイラーだった。私より少なくとも一〇歳は若かったが、子どもたちは私には絶対に払わない尊敬を彼女には払っていた。テイラーが教室に入ってくるだけで、背筋がぴんと伸びるのだ。

テイラーの席は私の教室のすぐそばにあって、TAFで二日目の授業を終えた私を、彼女は脇へ呼び寄せた。そして、生徒たちにもう少し厳しく接したほうがいいかもしれない、と匂わせた。壁越しに騒ぎ声が聞こえていたのだ。八―一一歳の子どもを教えるのが初めてだった私は、生徒たちには自分で学びたいことを発見させたい、という騎士気取りな野望を抱いていた。だが代わりに子どもたちが発見したのは、私がなめてかかれる相手だということだった。

テイラーの助言は具体的だった。生徒の注意を引きつけるため、教師の呼びかけに生徒が呼応するコール・アンド・レスポンス方式で手を叩く合図を習慣づけること。落ち着きのない生徒には五分間の沈黙の罰。それでもだめなら、テイラーとの面談。

これらのルールを導入すると、生徒たちは当然、反抗した。彼らは私の許容範囲を試すためにルールを破り、私は立て続けに生徒たちを恐るべきテイラー先生のところへ送りこまなければならなかった。気の毒には思ったが、私自身、子どもたちに対する浅はかで過剰な同情をやめなければならないことを悟った。幸い、五年生というのは、かなり反抗的な子どもでもまだ権威ある大人には服従する年齢だ。テイラーのところへ送りこまれた子どもたちは誰一人、また行きたいとは思わないことがわかった。一週間もすると生徒たちの行儀は良くなり、テイラーが私に心配そうな視線を投げかけることはなくなった。私がTAFでやったことの中で一番難しかったのが教師に注意を払う教室環境を整えることだったが、学習の基盤としては欠かせないものだった。

私が課していたルールには特別なことはなにもない。経験豊富な教師なら、それぞれにルールがあるだろう。だが特筆すべきは、コンピューターについての授業をやる場合、まずは人が変わらなければならないということだ。生徒の行儀の良さと、教師である私の規律を与える意志が必要なのだ。テクノロジーが人的能力を増幅させるものなら、結果が思わしくない場合には適切な人的能力が整っていないことがほとんどだ、ということになる。人的問題があれば、最高のテクノロジーでも失敗してしまう。

計算不能

この原則は、教育全般にあてはまる。アメリカの教育の弊害がなんなのかを考えることは、パンドラの函を開けるに等しい。問題は幼いころの貧しい暮らしかもしれないし、学校がある地区に資産税収入がちゃんと入ってこないからかもしれない。教師に対するインセンティブがうまく設定されていないのかもしれないし、優秀な生徒は私立学校に逃げてしまうからかもしれない。真実はおそらくこれらの、そしてもっと多くの要素が複雑に絡み合ったものなのだろうが、間違いなく言えるのは、コンピューターがないのが原因ではない、ということだ。もっとガジェットがあれば役に立つと考えている者も、アメリカの教育衰退の原因がテクノロジーの低下によって引き起こされているとまでは主張しないだろう。

アメリカで誰もが教育に対して心を痛めている問題の大部分は、ほかの国との比較から来ている。二〇一二年の国際学力調査（PISA）では、アメリカの生徒たちは数学で二七位、読解で一七位だった[21]。だがアメリカ全体が競争力を失っているのだとしても、優秀な生徒たちは順位を落としてはいない。たとえば国際数学オリンピックには各国が大学進学前の子どもたちの中から六人の精鋭を送りこみ、SAT（大学進学適性試験）の試験問題が「一＋一」くらい簡単に思えるほど難解な問題を解くのだが、アメリカは常に上位三位以内に入っている。[22]

だがＰＩＳＡのデータが示しているように、上位国はエリートだけではなく、すべての生徒に質の高い教育を与えることを重視している。一方アメリカは、世界の富裕国上位三三カ国と比べるとあまり振るわない。アメリカの一五歳の就学率は下から三番目（たったの八二パーセント）だし、教育格差は下から九番目に悪い。裕福な生徒と貧しい生徒の成績の差が特に大きいのだ。[23] アメリカの学校が不平等だということは、誰もが知っている。だがあまり認識されていないのは、この格差が私たちの国際的競争力の低さの原因だということだ。

教育格差が主な問題だとすれば、どれだけデジタル・テクノロジーがあったとしても事態は改善できない。教育長官アーン・ダンカンは多くの人々の希望的観測を代弁してこう言った。「テクノロジーは自宅にノートパソコンやiPhoneを持たない低所得層、マイノリティ、地方の生徒たちに不利に働くのではなく、むしろハンデをなくして平等にする」。[24] この発言には語弊があるし、見当違いだ。テクノロジーは、富と成功における既存の格差を増幅する。もともと語彙が多い子どもは、ウィキペディアからより多くを学ぶことができる。行動に問題のある生徒は、ビデオゲームに気を散らされる可能性がより高い。裕福な親は家庭教師を雇い、ほかの子どもがただ使い方を覚えるだけの機器を、自分の子どもならプログラミングできるようにするだろう。学校におけるテクノロジーはアクセスという意味でのハンデはなくすかもしれないが、それでユーザーの能力が向上するわけではまったくない。だが能力の向上こそ、教育が目指すところなのだ。テクノロジーそのものは、持てる者と持たざる者の間の溝を広げるだけだ。[25] 教育関連テクノロジーの研究者マーク・ヴァルシャウアーも、「情報通信技術を……学校に導入することは、既存の不平等を増幅する」ことを認めている。[26]

アメリカの教育制度が何よりも必要としているのはより多くのテクノロジーではなく、質の高い大人による監督を、誰がもっとも必要としているかに注力して、慎重に配分することだ。手ごわくこみいった対策だが、これはテクノロジーで解決できる問題ではない。[27]

教育関連テクノロジーの適切な使用

ＩＴの力が大きいということ自体、それを慎重に扱わなければならないということを意味する。ＴＡＦでほかの教師たちを観察していたら、それぞれが独自のルールを設定していたにもかかわらず、教室で見られる効果は同じ、建設的な学びだということに気づいた。これは最初、私を困惑させた。よその生徒たちはノートパソコンを開くと、すぐに勉強に取りかかる。だが私の生徒たちがパソコンを立ち上げてまずすることは、YouTubeで動画を観ることだった。

私の問題は、授業開始前からすでに始まっていた。生徒たちは教室にやってくると、戸棚からノートパソコンを引っぱり出して自分の席に持って行く。早く来た生徒には、私は好きなようにやらせていた。結局のところ、パソコンに慣れるために来ているのだし、と思ったのだ。テクノロジーに触れる時間を最大限に増やすことは、理にかなっているように思えた。習うより慣れろ、と言うだろう？

だがその結果、私は始業後の一〇分間を、生徒たちを落ち着かせることに費やさなければならなかった。食事の前にデザートを与えてしまったら、メインの食事に対する食欲が失われてしまうのは当然だ。

ほかの教師たちのほとんどは、これを許していなかった。それどころか、パソコンを使う時間を厳密に管理していた。彼らに相談して、私は自分にとって理にかなっていると思えるルールをいくつか選んだ。

●私が操作方法を実演して見せているなどの特定の時間には、生徒はノートパソコンを閉じておくこと。
●生徒が教室に早く来ても、授業前にノートパソコンを使ってはいけない。
●授業中のノートパソコンの利用は、授業に関係のある内容に限る。
●以上のルールを一日に二回破った生徒は、テイラー先生と面談。

狙いは、パソコンの利用を教育目的に限定することだった。たしかに私がやっているのはパソコン教室だったが、目標は画面を見る時間を最大限に増やすことではなく、学びを最大限に増やすことだった。子どもが一番良く学習できる方法については数々の説があるが、ミュージックビデオを眺めることがプログラミング能力を伸ばす最善の方法ではないのは間違いない。

ベテラン教師は、教室におけるルールは年度の最初に導入し、教室に生産的な文化を構築するべきだと言う。私はベテラン教師ではなかったので、生徒たちがなじんでしまった特権を奪わなければならなかった。それは、とても大変な苦労だった。だが私が設定したパソコンのルールに慣れてくれてからは、(たいていの場合)生徒たちもこっそりゲームをしようとするのをやめて、集中するようになった。ゲームに対する中毒症から解放された生徒たちが「スクラッチ」に関する質問をするようになってくれたのは、うれしいことだった。「先生、これに音ってつけられるの?」「風船が割れるようにしたかったらどうすればいいの?」「このキャラクターを五回転させたいんだけど、どうやればいい?」

TAFは、意識的に目的を持ってノートパソコンの使い方を決めることを教えてくれた。テクノロジーを戦略的に活用し、学びに貢献していないときは排除するというのは重要なことだ。スティーブ・ジョブズでさえ、かつて「我が家では、子どもがテクノロジーに触れる時間を制限している」と言っていたではないか。[28] 一度に二〇人、三〇人、四〇人を相手にしなければならない教師たちも、同じようにする必要がある。このアドバイスは、年長の生徒たちにも適用できる。私を含む大学教授たちは、教室内での電子機器の使用を禁止することが増えてきた。「私は、インターネットの検閲官候補にはまずならないだろう」とクレイ・シャーキーは書いている。「それでも、秋に受け持った授業では学生たちに、授業中のノートパソコンやタブレット、携帯電話の使用を避けるよう頼んだばかりだ[29]」。

学校での常識

二〇一三年、ある友人が私に、シアトルにある私立学校ノースウェスト・スクールの理事会を助けてやってほしいと頼んできた。学校のテクノロジー戦略を検討してほしいというのだ。この学校は芸術、多国籍な生徒たち、そして地域サービスへの献身を重視することで知られていたが、理事長によれば、デジタル機器についてはずっと保守的な姿勢を保ってきたのだそうだ。理事会に出席した私は、この本で触れたことの一部を紹介してから、具体的な質問に答えることにした。

議論は知的で活発な、開かれたものだった。理事の何人かはコンピューター技術に魅了され、子どもたちが取り残されるのではないかと心配していた。ほかの理事は子どもの集中力が削がれることを懸念し、学校の人間性重視の傾向を気に入っていた。こうした感情は、社会の中でテクノロジーをめぐって交わされる議論の根底にあるものとまったく同じだ。そして、そのような懸念が生まれるのも当然のことだ。だが戦略を削り出す道具として、感情論はあまりにも切れ味が悪い。だから必然的に、イエスかノーで答えなければならない質問をすることになる。すべての教室に電子黒板《スマートボード》を導入するべきか、否か？　無線ＬＡＮを入れるべきか、否か？　生徒全員にノートパソコンを貸与するべきか、否か？

だが、真の問題にはもっと精確さが求められる。そしてその問題について考える最善の方法は、こう問いかけることだ。「どのプラスの能力を増幅するべきか？（そしてどのマイナスの能力を増幅しないようにするべきか？）」私はこの議論を特定の教育目標に向けて推し進め、そのためにテクノロジーがどう活用できるかを考えた。たとえばこの学校には活発な演劇プログラムがあったが、そういうプログラムならすぐれた動画制作ツールが役に立つだろう。また、学校ではユニークな指導法を推奨しているということで、教師の中にはスマートボードを希望する者もいた。総意としては要望があれば導入するが、すべての教室に入れる必要はない、ということになった。自分の授業を録画して公開したいという教師もいた。これを禁止するべきではないという点では全員同意したが、学校が注力するのは学校に所属する生徒だけという共通認識も持たれた。授業をネットで公開するという多大な努力には、根拠がないように思われた。そして避けられない議論が、学校内での無線LANアクセスだ。達成するべき教育目標について議論する中で、そのニーズはなくなった。ほとんどの生徒がスマートフォンを持っていたし、自宅にパソコンを持っていた。図書館にはインターネットにつながっているパソコンが何台も並んでいる。ネットで調べものができないと文句を言う生徒はいなかった。

最大の懸念は、学校がこれまで実施したことがないコンピューター・プログラミングの授業が必要かどうかだった。ある父親が、どのような職業でもパソコンが使えればかなり有利になるし、プログラミングの知識があればなおそうだ、と熱く語った。それに、何人かが同意する。別の誰かが、学校の使命は幅広いもので、職業訓練を明示的に除外していると示唆すると、また何人かが同意した。議論は堂々巡りになった。プログラミングは選択科目として教えることも可能だが、職員も生徒も授業計画も目一杯なので、なにかほかのものを削らなければならない。だがどれを削るかについては合意が得られなかった。

会議が終わっても、その問題は未解決のままだった。だが私は、どのような結論に達しようとも、それが彼らにとっては正しい結論になるだろうという確信があった。強力な学習の文化を維持するために献身的に努力するのは学校であり、職員たちと保護者たちはともに重要な決断を下し、テクノロジーに関する決断の際にもまずは教育目標を優先する。まさに強い心、知性、意志を持つ学校だ。テクノロジーの持てる力は、理想的に増幅していくに違いない。

第7章　新しい種類のアップグレード
――テクノロジー開発の前に人間開発を

「ホール・イン・ザ・ウォール」プロジェクトを覚えているだろうか。貧しい地区の子どもたちがパソコンを自由に使えるようにしたら、大人の手助けがなくても使い方を自分たちで覚えたという話だ。だが、それで何をしたかというと、せいぜいビデオゲームをする程度だった。

だが、あれは子どもの話だ。大人なら違うかもしれない。そういう希望を抱いたのは私の同僚たち、ショーン・ブラグスヴェット、ウダイ・パワル、アイシャワリヤ・ラタン。「ホール・イン・ザ・ウォール」にヒントを得た「ケルサ＋」というプロジェクトを実施していた（「ケルサ」はカンナダ語で「仕事」という意味）。彼らは、普段パソコンに触れる機会のない大人が、無料でパソコンを使えるようになったときにどうするかを知りたかったのだ。

プロジェクトチームは、バンガロールにある私たちの事務所の地下室にパソコンを設置し、インターネットを接続した。そして事務所の清掃員、警備員、技術者たちとミーティングを持った。約四〇人の職員たちは、法と事務所の方針を守りさえすれば、パソコンを好きなだけ使ってもいいと言われた。また、パソコン上でおこなったすべての動作が、ソフトウェアによって記録されるということも伝えられた。

パソコンはかなり頻繁に使われ、数カ月もするとハードドライブがデータで一杯になってしまった。研究者たちがそのデータを分析し、発見したのは「ホール・イン・ザ・ウォール」とテレセンターの教訓を両方組み合わせた結果だった。「ホール・イン・ザ・ウォール」と同様、ほとんどの職員（特に男性）はすぐにパソコンの使い方の基本を覚えた。すでにパソコンに多少なじみのあった技術者や警備員仲間から教えてもらったのだ。オンライン検索をし、互いに短いメールを送り合い、YouTubeで動画を観る。特に人気があったのは、デスクトップの画像をウェブカメラで撮影した自分自身の写真に設定することだった。意識調査を実施すると、職員たちはプロジェクトを絶賛した。職員の一人はこう言っている。「ミーティングがあった日は、本当にうれしかったです。生まれて初めてパソコンに触れて、間違えずにいろんなことができました」。彼の同僚もこう言った。「パソコンが来て以来、私たちは意識が高まりました！　それに、毎日パソコンが使えるので、もっと学んで使えるようになりたいという欲求がとても高まりました」。そしてまた別の職員も「今まで働いてきた中で、ここが最高の職場のひとつです(1)」。

だが、彼らのパソコンの使い方に生産的と呼べるものはほとんどなかった。もっとも人気の使用法は映画を観たり音楽を聴いたりすること(2)。その使い方から、パソコンの使用方法に対する彼らの知識の浅さが見て取れた。ひとつ奇妙に思えた癖が、検索するものすべてに「.com」をつけることだった。たとえばインド映画『ポキリ』を検索するときに、まるで.comが魔法の呪文か何かのように、「映画　Pokiri.com」と打ちこむのだ。いずれにしても、彼らの日常の暮らしや仕事に役立つ技能を学んでいる者はいなかった。

テクノロジーのアップグレードvs.技能のアップグレード

地下室のパソコンプロジェクトを立ち上げた三人のうち、一番長くプロジェクトに携わっていたのは、小さな体にエネルギーと社会的正義の強い思いをぎっしり詰めこんだラタンという名の女性だ。私の事務所で働くほかの研究者たちとは異なり、彼女は事務所の労働者階級の職員たちの名前をちゃんと憶えていて、かなり若かったにもかかわらず、職員たちはみんな彼女を尊敬していた。

ラタンはパソコン能力がほんの少し向上しただけでは満足せず、職員たちともう一度ミーティングを持って、パソコンで何を学びたいかを尋ねた。もっとも多かった回答が「英語」だったので、ラタンは「ケルサ＋」をアップグレードして英語の学習CDをインストールした。

このアップグレードの前と三カ月後に、ラタンは英語の学力テストを実施した。結果は、おそらく予想通り。一人はこのソフトをかなり使いこんでいたが、ほかはたまにしか使わなかった。そして事前と事後のテストを両方受けた七人の職員の中で、平均的な英語力が大幅に増加することはなかったのだ。

だがラタンには、誇らしく思える出来事があった。「ケルサ＋」に刺激を受けた警備員の一人が、民間の訓練センターでデータ入力の講座に登録したのだ。毎日、彼は自分のシフトが終わると「ケルサ＋」を使って講座で学んだことを練習した。そして数週間後、辞表を提出した。データ入力の仕事ができるようになったのだ。最初は給料が少なくなることもいとわなかった。経験豊富な警備員の彼が稼いでいた給料は、初級レベルの事務職員が一般的に稼ぐよりも少し多かったのだ。だが彼の成長の可能性ははるかに大きかった。いつの日か、彼はホワイトカラーの管理職の給料を稼げるようになるかもしれない。それは警備の仕事で稼いでいた給料と比べると格段に高額になるだろう。(3) だが、彼がもっとも喜んでいたのはそれよりも目に見えないもの、社会的地位についてだった。「今では、父や友人たちに向かって堂々と言えます。もうただの見張り番じゃない、パソコンの仕事をしているんだと」[4]。

「ケルサ＋」は、介入パッケージの提供それ自体にできることはたいしてないものの、介入と訓練を組み合わせれば社会的目標は達成できることを示している。国際開発業界では、介入パッケージの最善の活用法を推奨するために「支援活動」が必要だという声がよく聞かれる。あるいは、組織的発展を支援するために「能力開発」が必要だと。少額融資は、経済についての教育と組み合わせることができる[5]。新しい種子の販売は、適切な農業指導の枠の中で実施することができる。ワクチンがもっとも効果的に配布できるのは、十分な訓練を受けた医療従事者の手によってだ。ヤギを贈るのでさえ、ちゃんとした世話の仕方についてのアドバイスとともにおこなえばさらに効果が期待できる[6]。

だが、介入パッケージとそのための訓練が二つのまったく異なるものであることを認識しておくのは重要だ。ピアノを持っていることとピアノが弾けることとがまったく違うのと同じ話だ。訓練には教材のような物理的な何かが必要かもしれないが、問題はモノの配布だけではない。指導には能力がある人々の努力と取り組みが欠かせない。これは、パッケージには含められないものだ。

正直、訓練には金がかかる。だが介入パッケージ単体に比べれば、訓練ははるかに大きな効果を生む。事務所の「ケルサ＋」パソコンを使えた職員は四〇人ほど。彼らはインターネットがもたらす幅広い「機会」を手に入れたが、具体的な価値はほとんど得られなかった。その一方で、自ら訓練を受けて収入獲得力、社会的地位、人生の満足度を大幅に増加させた者が一人いた。

現地調査で疲弊した研究者仲間たちからはしばしば、テクノロジーは解決策の一〇パーセントにすぎないという言葉が聞こえてくる。実際、テクノロジーの無料配布から始まったプロジェクトの多くが、結局は指導プログラムへと進化している。世界中にまだ残っているテレセンターの多くは、パソコンの訓練校に転身することで生き延びた。「ホール・イン・ザ・ウォール」の生みの親であるスガタ・ミトラでさえ、自由に使える彼のパソコンがもっとも効果を上げられるのは教師や学校の管理下にある場合だと認めている。(7)

アシェシ大学の驚異的な学生たち

「ケルサ＋」は、私がインドに行く前に経験したあることを思い出させた。二〇〇一年ごろだったか、友人のニナ・マリニが、これから立ち上げを手伝おうとしている面白いベンチャーの話をしてくれたのだ。彼女はカリフォルニア大学バークレー経営大学院を卒業したばかりで、そこでガーナに国内初のリベラル・アーツ大学を立ち上げようと決意しているガーナ系アメリカ人パトリック・アウアーと出会ったのだった。マリニはアウアーのビジョンに刺激を受け、アシェシ大学の設立時に副学長となることを決めた。私も、いつかそこで教えてもいいと申し出ておいた。

その日は、思っていたよりも早く訪れた。二〇〇二年、アシェシ大学は第一期の学生たちを迎え入れ、一学期目の微積分学を教えられる教師がすぐにでも必要になったのだ。マリニは私に一学期だけ来てくれないかと頼み、私は同意した。

大学に到着すると、二つのサプライズが待っていた。ひとつ目は、学生たちがまったく微積分学を学べる状態ではなかったということ。診断テストを実施したところ、二五人の学生のうち三分の二が、基本的な代数すら終えていないことがわかったのだ。グラフで直線方程式を描ける学生もほとんどいなかった。約束した仕事は果たしたかったが、与えられた一学期という短い期間では、数年分の数学の補講をおこなうことはできない。注文しておいた教科書では授業に合わなかったので、簡素化したカリキュラムを一から作り直すことにした。代数から基本的な微積分まで学生たちを導きつつ、一変数の多項式に焦点を絞りこんだのだ。

二つ目のサプライズは、学生たちの強い熱意とやる気だった。彼らは、まさに教師が理想とする生徒たちだった。当初、私はほかの学生よりも少しは基礎ができている少数の学生向けに三角関数と指数関数も指導する特別授業を予定していた。その内容は余分な宿題で学ぶように、と授業初日に説明しておいた。ところが授業後、私のオフィスの外に学生たちの長い列ができた。学生たちはかわるがわる、自分も特別授業を受けさせてほしいと懇願しにきたのだ。最終的に、私は譲歩した。それほどの熱意を拒否するのは間違っているとしか思えなかった。

学生たちは一生懸命勉強した。私は毎晩何時間分もの宿題を出し、彼らにはほかの授業もあったのだが、この挑戦が彼らを駆り立てたようだった。驚くほどのスピードで学習内容を吸収していくその様子は、まるで生まれてからずっと知識に飢えていたかのようだった。学期末までには全員が微分と積分を理解し、多項式の微積分ができるようになっていた。大半の学生がサイン・コサインと指数演算もマスターしていた。期末試験の結果は全員がAかB、ただし一人だけが見事なBマイナスだった（この学生についてはのちほど触れる）。私は、学生たちの教育と成長の機会に多少なりとも貢献できたことに満足して帰国した。

以来、そのときの学生たちとはずっと連絡を取り続けている。二〇〇五年には彼らの卒業式に出席するためにガーナに戻ったし、二〇一二年のアシェシ大学一〇周年記念式典にも出席した。現在、卒業生たちはプログラマー、起業家、数々の職業の専門家へと成長している。ソロモン・アントウィは国際開発コンサルタント。アンドリュー・タラワリは農業投資ファンドの投資顧問。クウェク・タンドーはガーナ有数のソフトウェア会社ランカード・ソリューションズでエンジニア部門のトップを務めている。

学生たちは、学びたいと思ったコンピューター・プログラミングと経営学をしっかりと学ぶことができた。だが彼らの経験にはそれだけではない、もっと多くの意味がある。アシェシの学生たちは、テクノロジーの能力に長けているだけではない。彼らはテクノロジーと事業創造の指導者なのだ。「ケルサ＋」がほんの少しの指導でも有意義だということを教えてくれるなら、アシェシ大学は人々への大きな投資にはさらに大きな価値があるということを教えてくれる。

内面的成長

二〇一二年、私は元教え子たちと、ガーナに新しくできたこぎれいなアクラ・ショッピングモールで同窓会を開いた。思い出話に花を咲かせ、彼らの暮らしについて聞くうちに、アシェシの卒業生たちが世界のエリートの一員だということにふと気づいた。独特の文化や歴史にもかかわらず、彼らのほとんどが世界中の中流・上流中産階級の人々と同じチャンスを手にしていた。そしてそのチャンスは、インドの平均的なテレセンター利用者やＴＡＦに通う生徒の労働階級の保護者たち、あるいは私が開発途上国の都市部や地方のスラムで一緒に過ごしてきた多くの人々とは明らかに異なっていた。

アシェシの私の授業で学生たちが学んだ数学よりも重要だったのは、彼らの心、知性、意志が経験した成長だ。リンダは授業中は私をぽかんと見つめていただけだったが、その当惑を、翌日の小テストで最高点を取るために必要な知識に変えていった。マーム・デュフィーは自分が微積分を学べるなど思いもしなかったと言っていたが、期末試験で高得点を取ると、やりたいことはなんでもできると気づいた。彼らにアシェシで一番学んだことはなんだったかと聞いてみたら、微分の計算方法を挙げた者はいなかった。セイラム・アヒアボルは、アシェシのリベラル・アーツ教育が彼に多様性を与えてくれ、「困難に立ち向かう自信をたっぷりと」つけさせてくれた、と言った。ミシェル・エーガンは「なんでも額面通りに受け取るのではなく、すべてに疑問を投げかけるという選択肢」を学んだと語った。アイザック・トゥッグンは「大変だろうとわかってはいましたが、それでも人生で最善の選択でした」と言った。

トゥッグンこそ、先ほど触れた見事なBマイナスを取った学生だ。「僕はブルキナファソとの国境に近い、北西部のナンドムという場所から来ました」と彼は私に説明したことがある。「ガーナでももっとも貧しい三つの地域のうちのひとつです」。彼はほかの学生たちより一〇歳ほど年長で、比較的貧しい生い立ちだった。「まだ中学生のときに、両親を喪いました」と堅苦しい、だが流暢な英語で彼は語った。「弟と妹はまだ小さくて、何もできませんでした。お金もありませんでした。食べるものにさえ事欠くほどでした。私は中学生にしてブタ、ウサギ、ほんの少しのニワトリを育て、角砂糖やタバコを少しずつ売って生計を立てなければなりませんでした」。こうした困難に加え、彼は子どものころに遭った事故で片足に一生残る傷を負っていた。事故当時に適切な治療を受けられなかった彼は、松葉杖を使って歩いていた。

弟妹たちが多少は自活できるようになると、彼は「ブルキナファソの首都ワガドゥグで仕事を探すことに数年を費やした」そうだ。「生活のため、ビジネスマンや政府の役人、政府機関向けにも翻訳をしました。でもそれでは暮らしがあまり変えられなかったので、二〇〇〇年にガーナに帰国しました。仕事と勉強する機会の両方を探していて、アシェシへの入学許可をもらったのです」。トゥッグンは、大学ではちょっとした伝説だった。職員たちは、彼が正式な資格証明書もほとんどなしに入学事務局にやってきたときのことを覚えている。最初は追い返されたのだが、何度もやってきては自らの言い分を述べたのだそうだ。最終的に、彼はその魅力と大胆さ、そして粘り強さだけを根拠に入学が認められた。奨学金まで受けられたのだ。

トゥッグンは診断テストとその後実施したすべての試験で毎回最下位だったが、一番の努力家でもあった。しばしば図書館に最後まで居残って、ほかの学生たちが帰ったあともこつこつと課題に打ちこんでいた。助けが必要になると、しょっちゅう私のところへやってきた。新しい概念が登場するたびに理解するのに苦心していて、課題は時間切れのため不完全なまま提出されることがほとんどだった。だが、提出するときの彼はいつも笑顔だったし、覚えたことは忘れなかった。そうして、あのBマイナスを勝ち取ったのだ。

それから数年はメールでトゥッグンとやり取りを続けていたが、あるとき突然、彼からの連絡が途絶えた。そして七、八年間、消息を聞かなかった。アシェシ大学では、彼が結局学位を取得しなかったことを嘆いていた。

すると、消息を絶ったときと同じくらい突然に、彼は同窓会直前に姿を現した。別の同窓生が偶然彼に会って、彼を連れてきてくれたのだ。ディナーの席で私はトゥッグンの婚約者にも会い、彼女の仲立ちで私とトゥッグンは北部にあるタマレという街で会えることになった。ラスベガスにカジノが林立するように、非営利組織が次々と生まれている街だ。私も彼も、偶然そこでそれぞれ別のミーティングがあったのだ。約束の日、私は屋外レストランの生ぬるい闇に包まれて彼を待っていた。そこへ頑丈なピックアップトラックが乗りつけられる。国連の役人が好んで乗るタイプだ。助手席のドアが開くと、松葉杖に続いて現れたのは、まぎれもなくアイザック・トゥッグンだった。彼は運転手に、一時間ほど話があるから待っているようにと伝えた。

聞けば、トゥッグンはガーナ障害者連合という擁護団体で出世の階段を上っていたのだった。「まずは秘書から始めて、管理者にまで昇進していきました」と彼は語った。「それから、ガーナの障害者活動の擁護担当職員になったのです」。タマレで会ったときの彼は、オランダの支援団体ＤＡＮＩＤＡとの共同プロジェクトを運営していた。

トゥッグンは、どうやって放浪の翻訳者から外国支援業界の運転手つきリムジンで送迎されるまでになったのだろう？　彼が備えた特徴には、多くの個人起業家が当然のように持っているが、不本意に貧しい生活を送る人々にはあまり見られないものがいくつかあった。こうした資質の中にはすぐれた教育によって身につくものもあり、それは明らかにアドバンテージだ。ただ、教育は単に読み書き算数ができるようにするだけだと考えられる傾向があるが、実際には、効果的な教育は単なる学問以上のものを与える。他方で、科学や歴史の知識があまりなくても、多くの人々が自らの社会的能力、起業家精神、あるいはもともとの性格に備わった力のために満たされた人生を送ることができる。つまり、教育はある資質を身につけるための手段のひとつではあるが、教科書に書いてあることよりも公式な学びに付随する何かのほうが重要である場合のほうが多いのだ。

トゥッグンを成功に導いたのは、介入パッケージを成功させるものと同じ心、知性、意志だった。トゥッグンにはすぐれた意図、判断力、自制心があった。デジタル・グリーンを率いるリキン・ガンジーに備わっていて、デジタル・グリーンがパートナー組織に求めたものと同じ資質だ。

心（意図）——何よりもまず、トゥッグンには誰か、つまり未来の自分のために、人生を良くしたいという強い意図があった。より良い暮らしは誰でも求めるものだが、そのために必要となる努力があまりに大変なので、多くの人々が貧困と無力さの人生に留まっている。身体にしみついた無力さは希望を押しつぶす。人々は困窮した、あるいは抑圧された環境で今日を生きることだけで精一杯で、未来のためになど生きられない。(8)　だがトゥッグンは違った。「両親は人生において成功することができませんでした」と彼は言った。「私は、その貧困の連鎖を断ち切ろうと決意していたのです」。彼は、自分が置かれた境遇から抜け出そうという強い意図を持っていた。生き延びるために必要なことはなんでもやったが、より良い人生への希望を常に視野に入れておくことも忘れなかった。自分を厄介事に巻きこみそうな相手は慎重に避け、今の境遇から抜け出すチャンスを常にうかがっていた。

だが、未来の自分の面倒を見ることは、前向きな意図におけるひとつの段階でしかない。トゥッグンは今、母国でほかの障害者の権利のために闘っている。現在だけに注力していた人物が将来にも注力すると、社会的大義のためにより尽くせるようになる。哲学者ピーター・シンガーが「拡大する輪」と呼ぶものの中で、人は注意を自分から他者へと広げていくのだ。[9] 自分の面倒を見るのはいいことだ。家族や地域の面倒を見るのはもっといいことで、国の面倒を見るのはさらによく、人類全体の面倒を見るのは何よりもいいことだ。[10] 暴君や犯罪者の「悪」はしばしば、彼らの関心がごく限られた範囲にしか向けられていない点にある。現在の自分自身に対する前向きな意図はあるかもしれないし、場合によっては未来の自分に対する意図もあるのかもしれないが、その関心が他者にまで向くことはない。この対極にいるのが、生きとし生けるものすべてにその前向きな意図を広げている聖人だろう。残る私たちは皆、その間のどこかにあてはまる。

意図を変えるのは難しいが、それこそ社会的発展の中核だ。世界でもっとも有意義な社会的変化——奴隷制度からの解放、人種主義から平等への移行、途切れない戦争から途切れない平和へ、所有物としての女性からジェンダー平等へ——は、人類の意図における膨大な変化が続いていることを反映しているのだ。

知性（判断力）——トゥッグンの成功におけるもうひとつの側面が、慎重な判断力だ。知識は判断力の要件のひとつで、その価値をここでわざわざ論じることはしない。だが判断力には机上の知識だけにとどまらない、人やチャンスについての鋭敏な判断を下す能力も含まれる。

トゥッグンは自分の置かれた状況を明確に判断し、一瞬ごとに適切な選択をおこなった。質の高い教育には価値がある、と彼は気づいた。「アシェシ大学で一部給付奨学金を受けたのは、私の人生で最良の判断でした」と彼は言った。彼は誰が自分を助けてくれるのか、誰が自分に厄介事を持ちこむのかを見極めることができた。また、都市部の中流階級の人々と交流するために必要な社交力も持っていた。これは、部分的には観察を通じて身につけた「文化的財産」とでも言えるものだった[11]。そして、近代心理学の知識がなくとも、今の状況を学ぶためのチャンスととらえることのほうが、結果についてくよくよ考え続けるよりも有意義だということを、トゥッグンは本能的に理解していた。「不愉快で望ましくない結果に直面することはありますが、それも学びのうちです。人生は、ずっと学び続ける場なのです[12]」。

本書の読者の多くはこうした感覚を当然のように持つことができるが、これはあまり裕福ではない地域で育った人々には経験したり実践したりできないので、必ずしも身につくとはかぎらない感覚だ[13]。三本の柱のうち、押さえるのが一番難しいのはこの判断力かもしれない。あまりにも状況に左右されるからだ。ある判断が最適だったかどうかは、その後の結果をすべて知らなければ決してわからない。トゥッグンが大学を中退したのは正しい選択だったのか？　彼にとってはそれがうまくいったわけだが、別の状況のほかの誰かにとってはそうではないかもしれない。判断力（あるいは慎重さ、思慮、実践的英知）は教えたり特定したりするのが難しいものだが、誰が聡明な判断力の持ち主かはすぐにわかる[14]。

意志（自制心）——最後に、トゥッグンは驚異的な自制心を見せた。彼が強い決意を持っていることはわかっていたが、その決意がどれほど強かったのかを知ったのはずっとあとになってからだ。トゥッグンは、アシェシで学んでいたころの彼がホームレスだったことを明かしてくれた。「公共の大型トラック専用の駐車場で、テントの下のベンチに寝ていました。テントは屋根だけで、ドアもなく、それもガソリンスタンドの営業が終わった夜一一時以降でないとベンチを使うことはできませんでした」とトゥッグン。「体は、運転手用の公衆浴場で洗いました。大学へはたいてい、一日八キロ歩いて通学していて、いつも空腹を抱えながら勉強していました」。彼は本当に限られた予算の中でやりくりしていて、その後の生活をおびやかしそうな誘惑は避けて通った。目の前でドアをぴしゃりと閉じられるような出来事が何度もあったが、それでも彼は耐えた。私の授業で数学を学ぶために一生懸命勉強し、その後の彼からのメールを見ればわかることだが、作文にもかなり力を入れた。彼の物語は、延々と続く自制心のマラソンの物語だ。

自制心は、私たちが意図すること、あるいは私たちが最善の行動であると判断することを最後まで続けさせてくれる。(15) 貯金という安心を切望することと、貯金するための自制心を奮い起こすこととはまったく違う。職業能力の必要性を認識することと、その能力を身につけるために時間と努力を費やすことも違う。集団行動が抑圧を克服できると知ることと、そのために投獄の危機を冒してでも集会を組織することともやはり違う。

トゥッグンは、どうやって自制心を身につけたのだろう？　意志の力について一般的に言われていることは、あながち間違ってはいないだろう。使わなければだめになる、あるいは痛みなくして得るものなし、だ。心理学者ロイ・バウマイスターは、自制心を筋肉のようなものだと述べている。短期的には、集中的な使用で疲労するかもしれないが、定期的な訓練を繰り返せば、長期的には能力が向上する。トゥッグンは子どものころに両親から刷りこまれた習慣を繰り返し、両親亡きあとは幼い弟妹たちの面倒を見ることで、そしてアシェシで学問に苦労することで、自制心を身につけたのかもしれない。

よみがえる今は亡き賢者たち

総合的には、意図、判断力、自制心という能力（あるいは心、知性、意志）は美徳、性格、成熟度、感情的知性、智慧、英知とでも言い換えられるかもしれない。[16] だが残念なことに、これらの言葉はどれも飽和状態だ。宗教的、政治的、哲学的教義が目一杯に詰めこまれ、純粋な利己主義と倫理的公正さとの区別がつけられなくなっている。

本書の残りの部分で私は、心、知性、意志が社会的変化を起こす核であり、それは宗教、文化、政治を超越した純粋に現実的な理由に基づくもので、個人だけでなく社会についても同様であることを伝えられたらと願っている。そのためには、飽和状態になっていない用語が必要だ。時間が経てばそこなわれるかもしれないのを承知の上で、新たな用語を紹介しよう。意図、判断力、自制心の発展を説明するために私が選んだ言葉は、「内面的成長」だ。これは個人あるいは社会の内面にはぐくまれる特性であり、外的でテクノロジー至上主義的な介入パッケージとは対極にある。内面的成長は内面的な動機という概念とも組み合わさっている。外的な報酬や懲罰ではなく、人の内面から湧き出る動機だ。そして内面的な学びともかかわっているのだが、これについては次の章で触れよう。

折に触れて、私は「英知」と「美徳」という言葉を内面的成長と同じ意味合いで使うことがあるが、それらの言葉が理想的ではないのは、年老いた白髪の連中や慎み深い若き処女を思い起こさせるからだ。一方、内面的成長は年齢や性別には関係ない。意図、判断力、自制心を向上させるものなのだ。大事なのは人を髭の長い教祖に仕立て上げることではなく、すべての人を段階的により大きな内面的成長へと押し上げることだ。[17]

第Ⅰ部では、どれほど教育関連テクノロジーがあっても、集中力のない生徒や思いやりのない親、質の悪い教師、能力の低い運営者を改善させられないことを見てきた。では、問題はどこにあるのだろう？　集中力の高い生徒には学ぶ意図がある。監督する大人に（選択的に？）耳を傾けるという判断力、勉強するという自制心もある。思いやりのある親は自分のことは自分でできる子どもを育てるという意図があり、すぐれた学習を見極める判断力と、教育側に責任を自覚させるときだけ介入するという自制心がある。すぐれた教師は生徒にとって一番いいことをしようという意図があり、学習を向上させるために日々何百という小さな判断を下し、ときには反抗的になるかもしれない教室でも冷静さを失わないだけの自制心を持っている。そして有能な学校長は意図、判断力、自制心を持って学校をうまく運営していく。

このほかにも第Ⅰ部では、民主主義にはフェイスブック革命と投票箱以上のもっと多くの何かが必要だということも見てきた。積極的な市民、効果的な官僚、そして見識ある指導者が必要なのだ。

別の例を見てみよう。気候変動を止めるには膨大な量の内面的成長が必要だということは、ますます明確になってきている。個人としての私たちは、子孫のために持続可能な世界を遺すという意図、状況の緊急性を認識できるだけの判断力、そして消費を抑える自制心を持たなければならない。企業にも、短期的な利益よりも長期的な価値を優先するという意図、判断力、自制心が必要だ。そして政治指導者たちにも同じ意図、判断力、さらには利権と出世を拒めるだけの自制心が求められる。

こうしたことはパッケージ化するのが難しく、すべて内面的成長を要するものだ。

私は、内面的成長が社会の発展のすべてだと言いたいわけではない。法、ワクチン、学校、ノートパソコン、市場、農学、製造技術、クリーンエネルギー、投票箱、経済政策、交通インフラ、政府機関はすべて、パズルのピースだ。これらの介入パッケージは、うまく実践されれば膨大なプラスの影響を生む。

だが、「うまく実施されれば」というのが難しいところだ。ひょっとすると社会大義における最大かつ暗黙の誤解は、適切な型枠こそもっとも重要だ、というものかもしれない。正解のクッキー型を見つけられれば大量生産して出荷して、クッキーが必要になるたびに生地を型抜きすればいい、というわけだ。ほかのクッキー型よりすぐれている型もあるかもしれないが、おいしいクッキーを作るのは道具ではない。大事なのはパティシエの心、知性、意志だ。同様に、テレビは質の高い教育の一部とすることはできるが、賢明な教師がその使用法を指導しなければ意味がない[18]。マイクロクレジットは貧困を軽減できるが、賢明な組織が能率と思いやりを融合させた場合のみだ[19]。選挙はちゃんと対応する政府を生むことができるが、賢い市民が政府に抑制と均衡を課す用意をしていなければならない。望ましい社会的変化が起こるのは、そのための努力を下支えする内面的成長の基盤があるからだ。介入パッケージが重要ではないというわけではなく、内面的な成長が究極の制御可能な大義であるということなのだ。内面的成長に注力すれば、あとは黙っていてもついてくる。

　内面的成長は、新しい概念ではない。古くからある考え方に新しい光を当てただけだ。伝統的な美徳はすべて、三本の柱で説明できる。今の自分以外の誰かのためにすぐれた判断を下すとき、自制心があれば勇気で恐怖を乗り越えられる。克己心は短期的報酬を見極め、長期的な利点のために自制心を呼び起こす。正義と慈悲心は他者に対する善意の表現だ。慎重さは洞察力をもって呼び起こされた自制心だ。謙虚さは自信が過信に変わる瞬間を見極め、自尊心を抑制する。近年人気の「やり抜く力《グリット》」や「回復力《レジリエンス》」といった能力も、心、知性、意志を同じように組み替えたものだ。異文化間の分析を見れば、これらを含むほかの能力も、相対的な重点こそ違えど、世界中で評価されていることがわかる[20]。

　文明でもっとも賢いのは誰だと思うかと聞けば、ソクラテス、マハトマ・ガンジー、マザー・テレサ、ベンジャミン・フランクリン、ネルソン・マンデラ、アウン・サン・スー・チー等々の名前が挙がるだろう[21]。

特筆すべきは、このリストにはモーツァルトやスティーブ・ジョブズのような名前が入っていないことだ。彼らも、特定の領域においては賢かったと言えると思うのだが。知能、才能、聡明さは、心、知性、意志と同義ではない。もっとも、すぐれた判断力にはある程度のIQが必要ではある。ガンジーはインドをイギリスの支配から解放するためにハンガーストライキをおこなった。マンデラは牢獄で二七年過ごしたあと、自分を投獄した人々と和解した。これらの行動に欠かせなかったのはただの知能だけではなく、高徳な意図と途方もない自制心だ。ガンジーとマンデラは自分が属する家族や民族、国を越えたもっと幅広い人々のために尽くし、超人的な意志をもって鉄よりも硬い障害を打ち砕いた。[22]

最後に、なぜ柱は三本なのか、そしてなぜこの三本なのだろう? それが人類のあらゆる望ましい行動の基礎となるからだ。[23] 長期的な健康に必要な英知がひとつの例だ。理想的な健康を得るには、まず健康を望む必要がある（未来の自分に対するすぐれた意図）。それから栄養と運動のメリットを理解し（判断力）、正しい食事を取って運動をする必要がある（自制心）。この三つの要素のどれかひとつでも欠ければ、より良い健康が手に入れられる可能性は低くなる。たとえば、仕事中毒の栄養科学者は正しい食事がどんなものかわかっているだろうし（判断力）、強い気持ちも持っているかもしれないが（自制心）、それでも研究に集中しすぎていて自分の健康については無頓着かもしれない（悪い意図）。迷信深い健康マニアは健康になりたいと願い（意図）、健康でいるためにいいと信じていることを努力して実践するが（自制心）、不適切な医学的アドバイスのせいで方向を誤るかもしれない（悪い判断力）。賢く、善意を持つカウチポテト族は抽象的な概念で健康を望み（意図）、自分にとって何がいいかはわかっていても（判断力）、カウチを離れるにはぐうたらすぎるかもしれない[24]（悪い自制心）。

集団の内面的成長

内面的成長の教訓は個人だけでなく、集団にもあてはまる。公衆衛生がいい例だ。ほかの社会的大義における規律以上に、公衆衛生はテクノロジーと内面的成長とのバランスについての激しい議論の対象となってきた。近代医療は目を見張るようなテクノロジーの連続で、私たちは次々登場するその技術を祝福するべきだろう。だが公衆衛生で問題になるのは、生物学だけではなく、集団としての健康の社会的基盤だ。公衆衛生の多くの専門家が医療を提供するのは人間社会だということを強調している。これを、彼らは「医療システム」と呼ぶ[25]。このため、公衆衛生の実践者たちは、ほかのテクノロジー重視分野よりも意識的に、組織や社会の内面的成長を促そうとするのだ。

ワシントン大学の国際医療研修教育センター（I－TECH）が、一例を提供してくれる。ここは世界中で「有能な医療従事者を育成し、しっかりと組織された全国規模の医療提供制度を構築する」活動を支援している[26]。創設者はアン・ダウナー、世界的な公衆衛生学の教授だ。母性に溢れた温かい微笑みの下には、鋼のような厳しい気質が隠れている。

I－TECHが設立されたのは二〇〇二年だが、ダウナーはその誕生が米国大統領エイズ救済緊急計画（PEPFAR）の資金のおかげだと語る。そして多くの公衆衛生関係者にとってはうれしい驚きだったPEPFARの戦略については、創設時の役員、マーク・ダイブルの功績だと言う。ダイブルは感染症の専門家で、エイズが蔓延する国に抗レトロウイルス薬をばらまいてもあまり効果がないことを理解していた。病気が蔓延する国の医療能力を構築する必要があったのだ。PEPFARは当初から、現地政府の保健省が自力でHIV／エイズ対策をおこなえるよう支援することを目的としていて、I－TECHが資金を受けられたのは医療システムの強化に重点を置いていたからだった。

I－TECHは医療システムのさまざまな段階で活動しているが、その任務は突きつめればすべて訓練と組織開発だ。現場の医療提供者に指導をおこない、研究員には品質管理について教え、保健省の役人にはリーダーシップ研修を実施し、医療教育プログラムの標準カリキュラムを作成し、以上すべてを自分たちでできるように現地の指導員を育成する。「私たちは、以前よりも現場の医療従事者と一緒に活動することは少なくなりました」とダウナー。「ですが現場であれ上層部であれ、私たちの目的は常に医療システムをより効果的に、自立できるようにすることです。最終的には、すべて患者のためなのです」。

I－TECHの活動に、華やかさはほとんどない。タンザニアでの指導について私が尋ねたときのダウナーは、率直だった。「ここアメリカでは、私たちは多くのものをあたりまえだと考えがちです」と彼女は言う。「学習者が知識を構築し、批判的思考力を育てられるようなディスカッションやケーススタディのように、ごく基本的でアナログな再現しやすい指導法を使って有能な教師が教えることには、強力な効果がありますが、私たちはその効果を過小評価していると思います。ハイテクに頼りたくなりがちな今の時代ですが、このようなアナログな手法が基本的教育の提供に苦労している国に適用されると、計り知れないほどの効果を生むのです。「基本に立ち返る」という言葉に新しい意味を持たせるのです」。

だが、基本的な努力こそ、長期的な影響をもたらすことができる。創設からの一〇年で、I－TECHは一八万人以上の医療従事者に研修を実施し、PEPFARの始動から四年間で推定一二〇万人の命を救うことに貢献した。[27] もちろん、救われた命のひとつひとつが家族や経済的生産性に影響を与え続けることにもなった。だがこの数字は、HIV／エイズ治療だけにとどまらない、もっと強力な医療システムが最終的にもたらすであろう影響をまだまだ過小評価している。[28] 研究者は、PEPFARが活動している地域での医療全般の改善を引き合いに出し、より安全な輸血用血液が確保できるようになったことや、より多くの家庭で飲

みすず 新刊案内

2016. 11

試行錯誤に漂う

保坂和志

「私がこの〝試行錯誤〟ということを最初に思ったのは、パブロ・カザルスの、バッハの『無伴奏チェロ組曲』を弾いているときに聞こえる、弦の上を指が動いてこすれる音と弓が弦に触れる瞬間の音楽になる一瞬間の音だった。(…)

弦の上を指が動いてこすれる音や弓が弦に触れる瞬間の音はだからノイズではない。その音が弦楽器を弦楽器たらしめ、チェロをチェロたらしめる。(…)

表現や演奏が実行される前に、まずその人がいる。その人は体を持って存在し、その体は向き不向きによっていろいろな表現の形式の試行錯誤の厚みに向かって開かれている」

小説家がペンを動かしながら考えているさまを同時進行的に読んでゆく。いまを起点にして、思考はいつも「私」の成り立ちに触れようと、前へ前へ——。書くこと、考えること、創ることの真髄へ誘う21世紀の風姿花伝!

四六判　三〇四頁　二七〇〇円（税別）

下丸子文化集団とその時代

一九五〇年代サークル文化運動の光芒

道場親信

一九五〇年代、サークル文化運動が空前の盛り上がりをみせていた。無名の人びとが集まっては詩や小説を書き、ガリ版で刷った。文化産業は未発達で、人びとは貧しかったこの時代、サークル文化運動は若い労働者のあいだで野火のように広まり、文学サークル、うたごえサークル、演劇サークルなど、日本全国に無数のサークルが誕生する。

そのなかでも光を放っていたのが、東京南部の「下丸子文化集団」である。軍需工場が集中する大田区下丸子で、安部公房らの働きかけで生まれた文化集団は、若い労働者の表現を解放した。労働や生活、反米抵抗などを詩にした『詩集下丸子』『石ツブテ』などの詩誌や、「原爆を許すまじ」などの歌を生み出し、全国に大きな影響を与える。

散逸していた資料の発掘と読み込み、膨大なインタビューから、本書はサークル文化運動の実像をはじめて明らかにし、「もう一つの戦後史」を鮮やかに浮かび上がらせる。

四六判　四二四頁　三八〇〇円（税別）

映画の声

戦後日本映画と私たち

御園生涼子

「もし死刑という制度に例外事態が起こってしまったとするならば、すなわち、死刑の執行が失敗し、その後も被告人が生き延びてしまったとしたら、一体何が起きるのか? こうした一見、抽象的な思考実験とも思える問いを通して、大島は「国家」という制度の核心へと近づいてゆく」。

『日本の夜と霧』『絞死刑』『儀式』『二十四の瞳』『仁義なき戦い』『セーラー服と機関銃』――大島渚や木下恵介からメロドラマ、実録やくざ映画、角川映画まで、日本映画は戦後民主主義と大衆消費社会の結節点にありながら、国家と共同体の外へ追われた〝他者の生〟を描いてきた。国民の物語と娯楽性の狭間にあって映画は、安保を、在日を、天皇を、戦争を、沖縄を、アイヌを、ふるさとを、恋愛を、少女を、いかに表象してきたのか。映像に固有の論理と緻密な分析によって、仮借なき暴力に彩られたそのさまざまな〈声〉を聴き取る、硬派で繊細な映画批評の誕生。

四六判　三一二頁　三八〇〇円（税別）

治安維持法の教訓

権利運動の制限と憲法改正

内田博文

治安維持法は大正十四（一九二五）年に制定され、昭和三年と十六年の改正をへて猛威をふるった。歴史研究による刑法学の第一人者が帝国議会の審議から制定の過程を、大審院判例から運用の過程を読み解き、二十年の変容を辿る。

《京都学連事件》《司法官赤化事件》《唯物論研究会事件》…法廷ではどんな法理論を用いて「目的の為にする行為」「支援結社」などを拡大解釈して無数の有罪判決を導いたのか。治安維持法は「国体の変革」や「私有財産制度の否認」を目的とする非合法組織の取締りを掲げ、昭和十年頃には共産党などは壊滅状態になった。しかし真の狙いは国民の統制であり、とりわけ失政の見直しを政府に求め、自らの手で実現しようとする、労働争議や反戦などのあらゆる「権利運動」の抑圧だった。

憲法改正や共謀罪に通底する「公益及び公の秩序」のための人権制限はどんな社会を招くのか。いま、ふたたび歴史に聴く時。

A5判　六〇八頁　九〇〇〇円（税別）

最近の刊行書

――2016年11月――

ジョン・バージャー文　ジャン・モア写真　村松潔訳
果報者ササル――ある田舎医者の物語　3200円

長田 弘
幼年の色、人生の色　2400円

斎藤貴男
失われたもの　予 2700円

松隈 洋
ル・コルビュジエから遠く離れて――日本の20世紀建築遺産　予 3600円

松隈 洋
建築の前夜――前川國男論　予 5500円

外山健太郎　松本裕訳
テクノロジーは貧困を救わない　3500円

＊＊＊

―新装復刊 2016年11月―

神話と意味　C. レヴィ＝ストロース　大橋保夫訳　2400円
アメリカン・マインドの終焉　A. ブルーム　菅野盾樹訳　5800円
心の影 1・2　R. ペンローズ　林一訳　1：5000円／2：5200円
原因と偶然の自然哲学　M. ボルン　鈴木良治訳　4200円
量の測度　H. ルベーグ　柴垣和三雄訳　3800円

＊＊＊

月刊みすず　2016年11月号

「つながりを求める心」大井玄（老年は海図のない海・第13回）／「フランス人とは何か――P. ヴェイユを読む」宮島喬／連載：「食べたくなる本」（第2回）三浦哲哉・「一葉忌」（賛々語々・第74回）小沢信男・「顔は誰のものか」（メディアの現在史・第77回）大谷卓史／ブレイディみかこ ほか　300円（11月1日発行）

みすず書房
http://www.msz.co.jp
東京都文京区本郷 5-32-21　〒113-0033
TEL. 03-3814-0131（営業部）
FAX 03-3818-6435

表紙：ヨゼフ・チャペック　※表示価格はすべて税別です

料水の浄化処理をおこなうようになったことを挙げている。[29] そして、研修は医療従事者が働いている間、彼らの中にずっと残る。その大部分が、彼らが管理し、指導する後輩たちに伝えられていくのだ。

将来のメリットをすべて集計することは不可能だ。I－TECHのカリキュラムで研修を受けた看護師の助言がきっかけで家庭で水を煮沸消毒するようになったために何人のひ孫たちの健康状態が改善されたかなど、どうやって調べればいいのだろう？　むしろ、それが集計不可能だということを認識するのが重要だ。そうすれば、私たちは単なる費用対効果の分析から、測定しにくい目標に関する判断へと移行していける。私たちは単にできる限り多くの介入パッケージを配布するべきなのか、それとも自ら介入パッケージのための資金を集め、維持し、実施できる組織を育てるべきなのだろうか？

I－TECHのような組織がやっていることは、国の医療システムの心、知性、意志を育てることにつながる。[30] 内面的成長の概念は個人だけでなく、集団や社会にもあてはまるのだ。もちろん、これらの資質がどのように形作られ、表現されるかは集団と個人とでは異なる。集団の心、知性、意志は、多くの個人が組織構造とややこしいが避けては通れない政治を通じて自らの意図、判断力、自制心を組み合わせた結果だ。信頼は一人の人にとってはあまり意味のない社会的資質だが、集団での交流になると急に重要性を増す。いずれにしても集団には意図があり、選択肢を見極め、さまざまな度合いの自制心を働かせる。集団としての内面的成長は、個々人の内面的成長が集まって複雑な社会的要素と融合した結果、生まれるものなのだ。[31]

だがダウナーは、彼女たちの活動が既存の基盤に依存するものだったと指摘した。「I－TECHの活動が公衆衛生分野で効果を発揮するためには、公教育制度も機能していなければなりません」とダウナーは説明する。「すべての制度がともに機能して初めて、もっとも大事な要素が見えてきます。つまり、仕事や国のために働こうという個人の献身と、目標を設定して達成できるだけの能力です」。これらはI－TECH

がある程度までは強化できる資質ではあるが、ゼロから育てるのは難しい。

同じことが、アシェシ大学にも言える。この大学は多くを成し遂げたが、卒業生の業績すべてが大学の手柄だとは言えない。ほかの優秀な大学と同様、アシェシも入学者を厳しく選定する。つまり、ほとんどの学生が強い心、知性、意志を持って入学してくるのだ。

ここで、I－TECHとアシェシは私たちにまた別の質問を突きつける。人々がI－TECHやアシェシから恩恵を受けるための基盤は、どうやって構築すればいいのだろう？　そして、もっとも厳しい環境でもその基盤を構築することは可能なのだろうか？　これらの質問には、シャンティ・バヴァンという奇跡が答えてくれる。

平和と学びの楽園

一一年生（高校二年生）のとき、タラ・スリーニヴァサは数学とコンピューターが好きだと書いた。すばらしい教師と巡り合えたおかげで、彼女はとりわけ会計の勉強が好きだった。ギターのレッスンも受け、放課後には友だちとバドミントンやバスケをする姿が見られた。彼女は、将来の計画を自信たっぷりに説明していた。「私は、商売をしてお金をたくさん稼ぎたいです。いつの日か、自分で会社を立ち上げて、おばあちゃんをしのんで老人ホームを造ります。……私に自立心を教えてくれたのはおばあちゃんだからです」[32]。二〇〇九年、スリーニヴァサは州の高校共通試験に合格して大学へ進学した。そして卒業すると、会計士になった。

スリーニヴァサの例はそれほど並外れているようには思えないかもしれないが、彼女の生い立ちを知れば考えが変わるだろう。彼女が生まれたのは南インドの非常に貧しい農村、クンドゥコッテだ。インド政府は彼女の家族を「下層階級」に指定している。「社会的かつ教育的に下層である」と公式にみなされたカーストに与えられるレッテルだ。[33] スリーニヴァサの母親は公式教育を受けたことがなく、読み書きができない。若いころは公立学校で調理師として働き、年間一二〇ドル稼いでいた。父親は無職で、ほとんど家にいない。スリーニヴァサは祖母のことを、独立した女性だと考えている。病気になるまで、祖母は他人の土地で農作業を手伝って一日四〇セントの賃金を稼いでいたからだ。

一方、クンドゥコッテから数時間離れた村では、スリーニヴァサと同じ年頃の少女が、もしかしたらスリーニヴァサのものでもあったかもしれない人生を送っている。カヴィサの人生もスリーニヴァサとほぼ同じように始まったが、カヴィサは八年生で学校をやめてしまった。家事をしなければならず、中学校までの四キロの道のりは時間がかかりすぎたからだ。いずれにしても、小学校が終わるころまでに彼女はほとんど何も学べていなかった。彼女が通っていた学校は、生徒の理解度を無視した融通の利かないカリキュラムに固執していたのだ。五年生になるころには、彼女も同級生の多くも、取り返しがつかないくらい勉強が遅れてしまっていた。一四歳のとき、カヴィサは一五歳上のおじと結婚させられた。幼いころから決められていた結婚だった。おじは、地元の役所の何カ所かで管理人をしている。年収数百ドルの安定した仕事だが、これといった展望はない。夫はカヴィサが買い物以外で外出するべきではないと考えている。二〇〇九年に私が会ったとき、カヴィサは一八歳で二人目の子どもを妊娠中だった。

スリーニヴァサに明るい未来が待っているのは、シャンティ・バヴァンのおかげだ。これは低所得、低カーストのインド人家庭の子どもが入れる全寮制の学校で、寄付金で賄われた最上級の教育が受けられる。両親の同意と応援のもと、学校はスリーニヴァサが四歳になるかならないかのうちに受け入れたのだった。[34]

シャンティ・バヴァンは南インドのタミル・ナードゥ州にある広い農業地帯のどまんなかに、四〇エーカーを占めている。周囲何キロ行っても、視界に入るのは小さく区分けされた畑でいろいろな野菜が育てられている光景だけだ。最寄りの村はバリガナパリと言って、泥やレンガ、コンクリートでできた家がせいぜい一〇〇軒並んでいる程度。道路は舗装されておらず、村で一番大きな建物はちっぽけな公立の小学校だ。

バリガナパリとは対照的に、シャンティ・バヴァンは緑豊かなオアシスだ。明確なビジョンを持った創立者で最大の後援者でもあるエイブラハム・ジョージは、シャンティ・バヴァンを「平和の楽園」と呼ぶ。彼は、生徒たちが上流中産階級の子どもたちが得られるものと同じ設備を使えるようにするべきだと考えた(35)。そこで、インドのほとんどの学校で見られる硬く乾いた土ではなく、きれいに刈りこまれた芝生を校庭に敷きつめた。入念に手入れされた茂みや草花が歩道を縁取る。五月になれば、「森の炎」と呼ばれるホウオウボクの木が鮮やかなオレンジ色の花を咲かせ、車道を花火のように彩る。校舎はパステルピンク色の二階建てで、教室は広大な中庭に面している。

ラリサ・ローは、シャンティ・バヴァンの創立から一二年間、校長を務めた女性だ。「中流階級の学校が当然とみなしている基本的なことから始めなければなりません」と彼女は私に言った。入学前には本など見たこともない生徒がほとんどだった。誰一人、どの言語の文字も知らずに入学する。だが基本的な問題はそれだけではない。「入学した時点で、近代的な衛生習慣を身につけている生徒はほとんどいません」とロー。「日常的な入浴の習慣すらない子もいます。歯を磨くという習慣も、ほとんどの子にはありません」。生徒の多くが、学校の芝生でそのまま用を足すのだと、ローは言外に匂わせた。

このため、シャンティ・バヴァンには「おばさん」と呼ばれる職員がいる。我が子を育てるようにして新入生の面倒を見るのだ。スリーニヴァサは、最初の数日のことを覚えていた。「スプーンの持ち方や、靴の磨き方を教わったわ。トイレを見るのも生まれて初めてだった。歯の磨き方、靴の履き方、スプーンを使った食べ方、エンピツや本の持ち方、ほかにもいろんなことを教えてもらったの」。シャンティ・バヴァンの子どもたちが五歳ないし六歳で正式に一年生になるころには、厳密には中流階級の子どもたちとまったく一緒とは言えないまでも、かなり近い状態になっている。

だが残る格差も、生徒たちがインドで最上級の私立学校と同等の教育を受ける一二年の間に縮まっていく。献身的な運営スタッフは常にボランティアで補充され、ほとんどが外国から来ている彼らは課外活動に注力する。生徒たちはピアノを弾いたり演劇をしたり、サッカーの試合をしたりする（ちなみに、この学校は特にハイテクではない。パソコンが備えられた教室でパソコンの選択授業はやっているが、どれもインターネットにはつながっていない）。

中学までには、シャンティ・バヴァンの生徒たちはインドの上流中産階級の、質の高い教育を受けた家庭の子どもと区別がつかなくなっている。これまでのところ、卒業生は全員、いい大学に進学している。二〇一二年、シャンティ・バヴァンの一期生たちが大学を卒業した。彼らはゴールドマン・サックス、アイゲート、メルセデス・ベンツといった多国籍企業に就職している。スリーニヴァサが働いているのも、イギリスに本拠地を置くアーンスト・アンド・ヤングだ。シャンティ・バヴァンがなければ、この子どもたちは読み書きできるだけで幸運だっただろう。そしておそらくは賃金労働やぎりぎりの農業、その他貧困ラインより下での労働に従事していた可能性が高い。

私はインドでほかにも多くのオルタナティブ・スクール〔主流ではない代替的な教育をおこなう学校〕を見てきたが、シャンティ・バヴァンのような学校は初めてだった。生徒一人当たりにかける費用が政府予算の二―三倍という学校ならどこでも学習を向上させることができるだろうが、将来を劇的に変えることができる生徒はごくわずかだ。だがシャンティ・バヴァンでは、変化は全体におよんでいる。ここの一一年生たちがあるとき、私と同僚たちに議論をふっかけてきた。長年人前で話す経験を重ねてきた、博士号を持っている私たちにだ。彼らはその自信に満ちた振る舞いと十分に練られた論法で私たちを完全にやりこめた。シェイクスピアからの引用で私たちを楽しませることまでしてくれた。幼い子どもを残らず全寮制学校に入れることは必ずしも公共政策として現実的ではないかもしれないが、それでも、学問、課外活動、人格と文化的財産を重視するシャンティ・バヴァンは、すぐれた総合教育の劇的な効果を実証する希望の光だと言えるだろう。たったの一世代で、シャンティ・バヴァンは生徒たちを貧困から脱出させたのだ。

公式教育の真の価値

しかし、金銭的貧困にばかり注目すると、テクノロジー至上主義的な狭い視野に陥ってしまう。私たちはつい、アシェシ大学とシャンティ・バヴァンを経済的に生産性の高い人的資源が生まれる場だと思いたくなる。彼らの成功の大部分は、卒業生の就職先に見てとれる。世界銀行の経済学者ハリー・A・パトリノスと同僚ジョージ・サチャロプロスが指摘したように、「教育への投資には目に見える、測定可能な見返りがあることには、合理的な疑いの余地が一切ない」。幅広い国々のデータに基づき、彼らは全国規模の教育プログラムによる経済的利益率がおおよそ一〇パーセントであると推定した[36]。

だが、ネルソン・マンデラはあるときこう言った。「教育は、世界を変えるために我々が用いることのできる最強の武器である」。このとき彼が経済的変化のことだけを言っていたわけではないのは明らかだ[37]。実際、教育の恩恵は経済的生産性だけにとどまらない。たとえば、ここに挙げるのはパトリノス自身がまとめた、女の子の教育による恩恵だ。

女の子が学校で一年間教育を受けると、乳児死亡率が五―一〇パーセント削減できる。五年間の初等教育を受けた母親のもとに生まれた子どもが五歳以上まで生きられる確率は、四〇パーセント高くなる。中等教育を受けた女性の比率が今の倍になれば、出産率は女性一人当たり五・三人から三・九人にまで減少する。女の子にもう一年余分に教育を受けさせれば、彼女たちの賃金は一〇―二〇パーセント増加する。女性の教育向上により、生産性の高い農業手法が生まれ、栄養失調が四三パーセント減少することを示す証拠がある。また、女性に教育を受けさせることには、男性が教育を受ける場合よりも子どもの教育に大きな影響があることが示されている。ブラジルでは、子どもの健康により影響をおよぼすのは男性の教育よりも女性の教育のほうが二〇倍高い。地方の若いウガンダ人が中等教育を受けると、ＨＩＶ陽性になる可能性が三分の一になる。インドでは、女性が公教育を受けると、暴力に抵抗するようになる可能性が高まる。バングラデシュでは、教育を受けた女性は政治集会に参加する可能性が三倍高まる。[38]

こうした統計のため、一部の開発専門家は、女の子の教育が世界的貧困に対抗するための特効薬にもっとも近い対策だと思いこんでしまう。[39]

だがこれらの数字を見ても明らかになっていないのは、なぜ教育にこれほど幅広い影響力があるかということだ。パトリノスは教育を近代農業に関連づけているが、公教育と農業にどんな関係があるのだろう？　最近のカリキュラムで教えているわけではない。女の子の初等教育がどうしてその子どもの生存率に影響するのだろう？　その子が三年生で新生児医療について学んでいるわけではない。

教育は高く評価されてこそいるが、[40]必ずしも適切な理由で称賛されているとは限らない。問題の一部は、私たちが文法や九九の表、名前や年号や認識能力だけを教育とみなしていることだ。だが、生産的な暮らしに知識が重要であるとはいえ、それだけでは不十分だ。

しばしば見落とされるのは、すぐれた教育が心、知性、意志にもたらすことのできる、より深い変革だ。スリーニヴァサはカヴィサより知識が多いだけ、「より良い教育を受けた」だけではない。スリーニヴァサには強い願望に満ちた未来への展望があり、自分自身に対する信念、学ぶ能力、さまざまな好奇心に対する内面的なやる気、そして自分を超えた大義に貢献したいという思いがある。これらはすべて、政策立案業界ではおおむね無視されている資質だ。

幸いにも、教育の見えにくい価値についての証拠は少しずつではあるが、表面に出てきつつある。ある注目に値する研究では経済学者パメラ・ジャキーラ、テッド・ミゲル、ヴェラ＝テ＝ヴェルデらが、たった二年の公教育を受けただけでケニアの十代の少女たちの態度が驚くほど変化したことを示している。

一八〇〇人の少女たちのうち、無作為に選ばれた半分は奨学金を受け取った。そして行動経済学者らしく、ジャキーラと同僚たちは二つのグループにゲームをさせた。具体的に言うと、「独裁者」ゲームの一種だ。

普通の「独裁者」ゲームでは、プレーヤーは二人。一人は一定額の現金を与えられる。ゲームでおこなわれるアクションはただひとつ。その人物が現金を全額または部分的にもう一人のプレーヤーに譲るか、まったく譲らないかという選択肢を与えられたときだけだ。そのシンプルさと普遍性から、このゲームは行動経済学における三目並べと言われている。繰り返しおこなわれた実験の結果、独裁者役のプレーヤーのほとんどが現金の大部分を自分の手元に残すが、それでも一部は相手プレーヤーに譲ることがわかった。つまり、独裁者となった私たちは自己犠牲的な聖人にはなれないが、かといってまったくの守銭奴になるわけでもないということだ。だが問題は、どのくらいを手元に残すかだろう。

ケニアでの実験の場合、経済学者たちはゲームに四種類のバリエーションを設けた。バージョン1Aと1

Bでは、現金は通常どおりに独裁者に渡される。バージョン2Aと2Bでは、現金は相手方に渡され、独裁者は取りたいだけの現金を受け取ることができる。Aのゲームでは、現金の額は最初に現金を受け取るプレーヤーが振るサイコロの目で決まる。Bのゲームでは、金額は物理的な運動によって決まる。プレーヤーが一生懸命働けば働くほど、金額が増えるのだ。言い換えれば、Aのゲームでは、金額は運によって決まる。Bのゲームでは、一方のプレーヤーの努力によって決まるというわけだ。

主な結果としてわかったのは、学校に通う少女たちが独裁者になると、自分が努力したぶんよりも多くの現金を手元に残し、努力に対して自分に報酬を与える、ということだった。また、相手プレーヤーが努力した場合にも多くの現金を渡し、つまりは他者の努力を評価した。この結果がもっとも顕著だったのは、過去二年間で成績が上がった生徒だった。研究者たちは、学校で努力に対する見返りという経験を内面に取りこみ、その倫理を人生の別の場面で適用したのだと考えている。わずか二年の公教育が、運よりも努力に対する健全な評価を植えつけたのだ。

運よりも努力を評価することには、すぐれた意図と判断力の両方が見て取れる。つまり、より大きな心と知性だ。努力を評価することは、目標を達成しようという能力が個人にあることを示しているだけでなく、努力に報いるという社会規範を強化するものでもある。全体として、より努力することに意味があると信じたほうが人は目標を達成する可能性が高く、努力に対する報酬があれば社会はより繁栄する可能性が高い。特に重要なのが、現実世界の結果が主に運によるものなのか、努力によるものなのかは関係ない、ということだ。原因のうち、努力が占めるのがたった一パーセントでも、人がそれを信じる価値はある。運は平均にならされてしまうが、努力の一パーセントの影響は複利のように、時とともに蓄積していく。[41] 実際、一九六六年にはすでに社会学者ジェームズ・コールマンが、アメリカ政府の依頼で実施した調査の中で、社会格差をもたらすのはあるひとつの原因なのではないかと疑っていた。アメリカの社会経済的階級が異なる子どもたちの間に見られる主な違いは、彼らが運を信じるか努力を信じるかという点だったのだ。[42] より裕福で教育水準の高い親のもとに生まれた子どもほど、努力を評価する傾向があった。

ジャキーラたちの研究は、教育が単なる知識の移転だけではないことを示している。教育は心、知性、意志も育てるのだ。教育の中の何かが、たとえば田畑や搾取工場で何も考えずに単純作業を一日一二時間やるよりも、内面的成長に貢献するということだ。これは別に田んぼや工場が教育的でないということではない。農業や工業の中にも、すばらしい英知を何世代にもわたって伝えているものはある。[43] そしてオルタナティブ教育の中には、農場や工場を教室として使っているところもある。[44] だがこれらの環境は、児童労働や養育放棄の場となることのほうが多い。たとえ安全な職場だったとしても、子どもたちに継続的学習の機会を与えることはまれなのだ。

一方、効果的な教育では、「私にはできる!」ということを学べる機会が繰り返し訪れる。これは悪評高い丸暗記教育にでさえあてはまることだ。たとえば、日本の教育制度は主に「聞く、勉強する、テストを受ける、合格する」というサイクルに基づいているが、日本の教育制度が崩壊していると主張する者は少ないだろう。[45] この国の識字率はきわめて高く、寿命も長く、長い不況が続く中でも世界第三位の経済大国だ。同様に、中国やインドのエリート学生たちは、丸暗記学習で育ったにもかかわらず、アメリカの平均的な学生よりもはるかに優秀だ。楽観的な意図、注意深い判断力、そして強い自制心をはぐくむすぐれた丸暗記教育のほうが、教育の不在、質の悪い教育、あるいはうまく実施されていない野心的な教育プログラムよりはましだ。

だが、丸暗記教育が最高だと言っているわけではない。そんなことはまったくない。世界でもっとも恵まれた子どもたちが受けている教育は、一人ひとりの個性をはぐくむ内容である場合がほとんどだ。優秀な教師たちが子どもたちを励まし、導き、やる気を出させ、刺激を与える。すぐれた学校は協力と創造力を推奨する。そして裕福な親は単なる読み書き算数にとどまらない、子どもを豊かに育てる活動をわが子に与える。(46)

実際、すぐれた教育は、統計好きのテクノロジー至上主義者たちが原因を定量化できなくても存在を認める数少ないもののひとつだ。小さくても重要なものはあるのだが、コスト削減や達成度の標準化の中で、小さなものの多くが失われてしまう。たとえば、すぐれた学校は生徒たちにさまざまな職業を知ってほしいと、外部から講師を招く場合がよくある。これでテストの点がよくなることはないが、生徒が人生の目標を形作る一助にはなる。シャンティ・バヴァンも多くの外部講師を迎えている。そして生徒たちは医師、エンジニア、科学者、ジャーナリスト、環境活動家、ブロードウェイ歌手になりたいと夢見る。ＮＡＳＡの宇宙飛行士サンドラ・マグナスの記念すべき訪問以来、かなりの数の生徒が宇宙飛行士になりたいと思うようになった。一方、インドの公立学校の生徒たちの希望は、政府関係の仕事に限定されている。それ以外に安定した職業を知らないのだ。(47) 帝政ローマの著述家プルタルコスはこう書いた。「知性は満たすべき器ではなく、灯すべき薪である(48)」。

真の持続可能性

すぐれた教育は効果的だとしても、簡単に、あるいは安く手に入るものではない。ジョージはシャンティ・バヴァンを立ち上げてから一五年の間に自分の財産を使い果たしてしまったし、最近では資金集めに注力するため、入学者数を減らさざるを得なくなっている。それに、シャンティ・バヴァンが持続できたとしても、インドでいい学校に通えていないあと二億五〇〇〇万人の子どもたちはどうすればいいのだろう？

エイブラハム・ジョージがもう一〇〇万人現れて、彼らの教育を支援してくれるとは思えない。シャンティ・バヴァンは、応用可能な教訓のない、一回限りのいい話にすぎないのだろうか？　その教育モデルは、持続可能なものなのだろうか？

政策立案者や大手財団はしばしば、限られた現金の投入で変革を引き起こすことについて語る。まるで、社会的変化は並べられたドミノのピースのようなもので、誰かがやってきて最初のピースを倒してくれるのを待っているだけだとでも言うようだ。彼らが「持続可能性」を求めるとき、本当に求めているのはたった一度の限られた寄付に対して永久に称賛されることなのだ。その結果、教育や能力開発に対する有意義な支出はしばしば持続可能ではないとみなされる。コストがかかるし、誰かが毎年毎年援助し続けなければならないからだ[49]（ここでもまたC・K・プラハラードが登場する。覚えているかもしれないが、「寄付は気分がいいかもしれないが、大規模展開可能で持続的な形で問題を解決することはまれである」と不満を漏らした人物だ）。

だが、これは持続可能性にとって逆効果な物の見方だ。たとえばシャンティ・バヴァンは、プラハラードの基準によれば間違いなく持続可能ではない取り組みだ。生徒一人当たりにかかる費用は年間約一五〇〇ドルで、この費用は生徒の家族から取り立てるわけにはいかない。どうがんばっても払えるわけがないからだ。それに、この学校のモデルが少なくともインドでは、大規模な政府主導のプログラムとして展開可能になるとも思えない。年間一五〇〇ドルという金額は、インドが公立学校の生徒に割り当てている年間二五〇ドル未満という金額をはした金のように思わせる[50]。なので、シャンティ・バヴァンの運命は寄付金に依存している。だが、この学校の効果が持続可能ではないと思うのは大きな間違いだ。

スリーニヴァサ自身が、持続可能性の高くそびえる記念碑だ。シャンティ・バヴァンの卒業生であり、ダーウィンも卒業した名門ケンブリッジ大学クライスツ・カレッジの卒業生、大手企業アーンスト・アンド・

ヤングの従業員であるスリーニヴァサは、インドの上流中産階級にしっかりと食いこんでいる。彼女の年収が五〇〇〇ドルを超えることがないとしても（彼女の能力と経験を考えたらかなり低い見積もりだが）、年間わずか数百ドルで生活している何億人ものインド人に比べれば彼女の生活水準はすばらしいものだ。やる気をくじくような逆風が起こらない限り、年間一五〇〇ドル以上の家計所得を得ることがまずないカヴィサが経験しているような困難をスリーニヴァサが知ることはないだろう。[51] つまり、仮にシャンティ・バヴァンが明日閉校したとしても、スリーニヴァサの物語はサクセスストーリーなのだ。世界中の足長おじさんたちが言うように、「教育は、君から決して奪うことのできない数少ない財産のひとつだ」。シャンティ・バヴァンの影響は、生徒たちを徐々に高みへと押し上げていく。

しかも、それだけではない。スリーニヴァサは家族がちゃんとした医療を受けられるようにする一方、カヴィサは地方のまともな医療従事者が来てくれるだけでもラッキーだ。スリーニヴァサはいずれ産むかもしれない子どもを何人でも、いい学校に入れられる。カヴィサは人手不足の公立学校や多少ましな程度の私立学校（月謝が一―二ドルかかる）で我慢するしかない。スリーニヴァサは税金を納め、両親の福利厚生に貢献するが、カヴィサは雨不足の年には隣人に頭を下げて借金して回らなければならないかもしれない。

私はカヴィサの人生がお先真っ暗だと言いたいわけではないし、内面的資質が結果のすべてを決定づけると言いたいわけでもない。カヴィサは地元の自助グループに参加して、地域の指導者になるかもしれない。裕福な親戚から土地を相続するかもしれない。それにスリーニヴァサにも困難が待ち受けていないわけではない。株式市場が崩壊してクビになったり、大金を失ったりするかもしれない。どちらの女性も、いいときと悪いときを経験するだろう。それでも、スリーニヴァサとカヴィサ、それぞれに起こり得る出来事には傾向があり、その傾向は永続的だ。スリーニヴァサのほうがより良い暮らしを送り、自分の子や孫たちの幸福にまで貢献できる可能性が高いのだ。

これだけでは十分でないのなら、スリーニヴァサが受けた教育の効果は、彼女の故郷でも見られることを伝えておこう。シャンティ・バヴァンの批判者の中には、家族の中で一人だけがまるで別の惑星に連れて行かれたような状況で、家庭内に大きな社会文化的な溝が生まれることを懸念する者もいる。私も一時期、同じ懸念を抱いていた。[52]だが、シャンティ・バヴァンを訪れて生徒たちに会ったとき、その懸念は消散した。学校では入念なカウンセリングと年二回の帰省を通じて、生徒が家族との絆を保持できるよう心を砕いている。生徒たちは、家族と距離ができないようにすることの難しさを率直に語ってくれた。中には、家庭で起こりがちな性的虐待といった難しい状況を乗り越えてきた生徒もいた。[53]そしてほとんどの生徒が自分と家族との間に大きく開いた社会的、文化的、言語的溝を認識し、その差を埋めることに慣れていた。

こうした困難にも負けず、生徒たちはうまく順応し、家族は子どもの成長に喜びと驚きを口にする。生徒たちは帰郷すると有名人のような扱いを受けることが多く、隣人たちも影響を受けて、子どものために可能な限りいい教育を受けさせたいと思うようになる。[54]スリーニヴァサの母親はシャンティ・バヴァンが長女に与えた影響を見て、次女ガヤートリも学校に通い続けられるよう、できるだけのことをしている。現在、ガヤートリは公立大学に通っていて、教育が受けられなかった場合よりもずっと明るい未来が彼女を待っている。

最後に述べておきたいのは、スリーニヴァサがシャンティ・バヴァンの経済的持続可能性の種を秘めているということだ。これを知ったら、プラハラードでさえも誇らしく思うだろう。二〇一三年に、私はスリーニヴァサと彼女の友人たちをランチに連れ出した。みんなシャンティ・バヴァンの初期の卒業生で、最初に働き始めたグループだ。就職してまだ数カ月だが、彼女たちは早くも、月給の一部を必ずシャンティ・バヴアンに寄付している。これからどんどん卒業生が増えていくにつれ、生徒と支援者の比率は変わり続け、やがては卒業生からの寄付だけで全生徒を援助できるようになり、場合によっては大規模展開も視野に入れられるようになるかもしれない。

こうしたことすべて――スリーニヴァサが彼女自身の内面に秘め、将来の世代に広げていけること――は、シャンティ・バヴァンからも、創立者エイブラハム・ジョージからも、ほかの後援者からも、一銭たりとももらわずに成し遂げられる。これはたいした持続可能性だ。

そして大規模展開の可能性

シャンティ・バヴァンとは異なり、アシェシ大学はすでに経済的に持続可能になっている。大学の運営費は、かなり高い学費で賄われているのだ（支援者は奨学金、資金集め活動、寄付金で貢献する）。だがアシェシは、大規模な影響に対するヒントも提供してくれる。アウアー学長は、すべての年齢層でわずか五パーセントという現在のアフリカの大学卒業生がアフリカの将来に向けて働いてくれるようになれば、その五パーセントが必然的にリーダーシップをとる二〇年後には、この大陸は変革できるはずだと主張する。(55)

二〇年は、待つには長い期間に思えるかもしれない。世界の何千人もの腐敗した政治家たち、何百万人ものお腹を空かせた子どもたち、何億人もの貧しい労働者たちを気にかける人々は、今苦しんでいる人がいるのに二〇年もかけて人材が育つのを待っていられないと言うかもしれない。だが、それは特定の行動指針に対する議論というよりは、避けられない悲劇的なトレードオフを嘆いているだけだ。

この苦悩に対する最高の保険は、国自身の発展だ。だが所得が一日一ドルという国は、年一〇パーセントという非現実的なほどの成長率を維持できたとしても、アメリカの単身家庭の貧困レベルに相当する所得、一人当たり年一万一六七〇ドルに到達するまでに四〇年はかかるだろう。[56] 一方、次の世代を育てるのにはたった二〇年しかかからない。時間は相対的なものだ。中国や東アジアの虎たちはほんの数十年で急成長した。それも、全国民に対する質の高い教育に幅広く投資したことが大きな要因だ。アウアーも、アシェシ大学を通じてアフリカに新たな基礎を築こうとしているのだ。

発展は黙っていてもやってくるものではない。だが内面的成長を向上させようという努力はほんの少しであっても、おのずと持続可能になることが多い。とすれば、スリーニヴァサを育てたような大きな努力なら、まさに変革的なものになる。

第8章　願望の階層
——内面的動機の進化

二〇一二年三月一日、ガーナのフィデリティ銀行で働くソフトウェア・エンジニア、レジーナ・アギャレのいつもの一日が始まった。彼女は目を覚まし、着替え、朝食をとった。そして車で仕事に向かう。パソコンにログインすると、メールをチェックした。だが、その日はいつもの一日にはならなかった。その日、彼女は仕事を辞めたのだ。

彼女は前にも一度、仕事を辞めようとしたことがあった。だが会社のほうが彼女を引き留め、「昇進や昇給、その他のインセンティブを持ち出したんです」と彼女は私に説明した。そのときは、辞めないことにしたのだった。

だが、この三月一日は違った。「その日も、銀行は私を引きとめようとしました」とアギャレは言う。「上司は、せめて月末まで待って、ボーナスを受け取ったらいいじゃないかと言いました」。それは魅力的な提案で、彼女はまたしても決断を再度検討した。だが、結論を出すまでにそう長くはかからなかった。自分の中の何かが、今が辞め時だとわかっていたのだ。その日の午後までに、「オフィスを整理して、さよならしました」。

「次の仕事が決まっていたわけでも、壮大な計画があったわけでもありません」とアギャレ。だが、何をやりたいかという漠然とした考えはあった。そして二週間後、「ソロンコ」を立ち上げたのだ。ソロンコは、ガーナの言語のひとつであるトゥイ語で「ユニーク」を意味し、その名に恥じない組織だ。実際には営利目的事業のソロンコ・ソリューションズと、非営利のソロンコ財団という二つの事業体が合体している。「ソロンコ・ソリューションズは中小企業にソフト開発サービスを提供します。ガーナには非常に多くの中小企業があるのに、サービスが十分に行き渡っていないんです」とアギャレは説明した。彼女はソロンコ・ソリューションズが上げる収益のなんと八〇パーセントを、自分が本当にやりたいことであるソロンコ財団に注ぎこんでいる。ソロンコ財団は、ガーナの若者にIT技術を教える組織だ。この財団の増え続けるSTEM(科学・技術・工学・数学)プログラムは、地方の子どもたちに科学と技術の補習授業を提供している。「最近は、「テック・ニーズ・ガールズ」(テクノロジーには女の子が必要だ)という別のプログラムも立ち上げました」とアギャレは言った。「女性エンジニアを編成し、都市部のスラムに住む女の子たちにコンピューター・プログラミングと起業家精神を教えているんです」。

アギャレの活動は、注目を集めた。彼女は世界経済フォーラム、アスペン研究所、ヒラリー・クリントンが主導する研究奨学金制度バイタル・ボイス・フェローシップなどから称賛を博している。フェイスブックの最高執行責任者シェリル・サンドバーグも、著書『*LEAN IN*』でアギャレについて触れている。(1) そして二〇一四年、アギャレはバラク・オバマ大統領が立ち上げた「若きアフリカ人指導者イニシアティブ」にも選ばれた。

ここまでの各章では、介入パッケージを展開し、それを実施するために必要な内面的成長をはぐくむ最善の方法について議論してきた。だが社会的大義には、それだけでは足りない。指導者であれ追随者であれ、他人のために時間と労力を費やす人々が必要だ。ほんの数年前まで、レジーナ・アギャレは世界中の中流・上流階級で快適に暮らす何億人もの成人とまったく変わらなかった。ちゃんと自力で成功していたのだ（これは大事なことだ！）。だが、他者に与えるプラスの影響は限られていた。そこで、彼女は行動を起こした。

高度な内面的成長

効果的な社会活動家はほかの人々となにが違うのだろう？　そして、その違いを生むのはなんだろう？

私がアギャレを知っているのは、アシェシ大学で私の教えていた微積分のクラスで彼女が成績トップの学生だったからだ。当時からすでに彼女は自信たっぷりで優雅な、女王の風格を備えていた。なんでも自分流に、自分のペースでやるのが好きな学生だったのだ（一度、彼女は私の顔にパイを投げつけたことがある。退屈な問題を課題に出した私が、学生たちに仕返しのチャンスを与えたのだ。アギャレは、復讐の天使としてクラスのためにすぐさま行動した）。

当時、アギャレは自分自身で会社を立ち上げることにも、ガーナの女の子たちを指導することにもほとんど関心がなかった。自分一人の未来を確実にすることだけに集中していたのだ。「私がアシェシで取った授業のひとつが、起業家精神についてのものでした」と彼女は語った。「私は、自分が会社を立ち上げるとは思ってもいない、と講師に言いました。当時は、ただ安定した仕事が欲しかっただけなんです」。彼女はコンピューター科学を選択し、プログラマーになろうと考えていた。

だがアシェシは技術系の専攻を提供してこそいるものの、その目標はもっと幅広い。大学のモットーは「学識（スカラーシップ）、指導力（リーダーシップ）、市民権（シチズンシップ）」。事業であれ、学問であれ、政治であれ、その他の分野であれ、大学が学生たちに「新世代の倫理的指導者」となることを期待していたのをアギャレは覚えている。

経営陣は、たとえ地方政治の汚職まみれの泥沼の中で蝸牛の歩みほどに時間がかかろうとも、決して賄賂を使わないという不変の方針を通じて、この姿勢を貫こうとした。そのために、課外奉仕活動も奨励していた。私が教えていた年には、学生たちは視覚障害の子どもたちを支援する地元の慈善団体のために資金集めをしていた。学生たちが誇りをもって従う倫理規定が、彼らに高い水準の誠実さを求める。大学の認証過程で、政府は学生たちが自らを律することができるのかどうかを疑問に思い、もっと厳しい指導を勧告した。すると学生たちが猛烈に反対し、最終的には自分たちの意見を通したのだ。「学生としての僕たちが誠実さの文化を維持できなかったら、成長して国の指導者となったときにどうしてそれができると思うんですか?」というのが彼らの主張だった。

アシェシが学生たちの中に播いた種は、アギャレの中で芽吹いた。「私たちは、世界を変えられると教えてもらいました」。彼女も、自分の役割を果たしたいと思った。だが、どうやって?「卒業後、親友の一人はすぐに事業を立ち上げました。でも、私は自分に同じことができるかどうかわからなかった――資本もなければ経験もないし、コネもありませんでしたから」。そこで、彼女は七年間、いくつかの企業で働いた。準備ができるまで、時間を稼いでいたのだ。

最終的にどうしてフィデリティ銀行を辞めることにしたのか訊くと、アギャレはいくつもの理由を挙げてくれた。「最初の上司はすばらしい人でした。テクノロジーに詳しかったたし、私の仕事を正当に評価してくれたし、自分自身の目標を設定させてくれましたし」と言う。「でもその上司が辞めてしまって、次の上司は、まあ、そういうことをあまりしてくれなかったとだけ言っておきます」。企業内で何度か組織変更があって、その結果アギャレの周りにはあまりいい同僚や興味深い仕事の機会が残らなかったというのもあった。「最後の藁一本がラクダの背を折る」ということわざがありますが、私の場合、それは銀行が外国の企業にテクノロジー関連プロジェクトを外注し始めたときでした」とアギャレ。「最初にあの銀行を選んだのは、ガーナ人が作ってガーナ人が運営する、地元の銀行として売りこんでいたのが気に入ったからだったんです」。

一方、自立したいという思いは彼女の中で少しずつ育っていった。ゆっくりとだが、彼女は経験を積んでいった。ゆっくりと、自信をつけていった。そしてゆっくりと、応援してくれる人たちのネットワークを構築していった。三月一日のことについて、アギャレはこう語る。「あの日も、朝起きたときには仕事を辞めるとは思っていませんでした」。

辞める前の数年間、アギャレは安定した生活を確保したいと思っていた。未来の自分自身に対して前向きな意図を持っていたのだ。彼女はいい仕事に就けるだけのしっかりとした基礎的知識と判断力も持っていた。目標を達成するための自制心もあった。簡単に言えば、自分の幸福と成功を確保できるだけの心、知性、意志を備えていたのだ。

だがソロンコを立ち上げるころまでには、アギャレの意図は膨らんでいた。自分と雇い主のために働くだけでは、もう満足できなくなっていたのだ。彼女のような特権を得られなかった子どもたちのために貢献したかった。また、彼女の判断力と自制心も大きく育っていた。「自信と経験が身について、能力と情熱もありました。そのとき思い出したのがアシェシで経験したことです。サークルの部長をやったことや女性グループの副会長をやったこと、HIV／エイズのピア教育〔立場の近い者による指導〕をやったこと。銀行を辞めるころには、もう自分で何かをできるとわかっていたんです」。

つまり、銀行を辞める前と辞めた後のアギャレの大きな違いは、心、知性、意志が育っていたこと、内面的な成長ができていたことだ。もちろん、ほかにも要素はあった。七年間働いた彼女には蓄えができていたから、安定した収入を捨てる決心もしやすかっただろう。また、支援を頼める強いコネもできていた。だがもし大学を卒業した直後のアギャレに同じものがあったら、それだけでも十分だっただろうか？　本人は、そんなことはなかっただろうと思っている。「私は、自分自身を起業家だとは思っていませんでした。そのために必要な自発力が、当時の私にはなかったので」。

アギャレの例は、より大きな心、知性、意志が育ち、内面的成長をどんどん大きくしていくと、一種の転換点に到達することを示唆している。それは、社会的大義への純粋な貢献者となる転換点だ。内面的成長は、社会問題に苦しむ人々がそこから脱け出せるようになるための基盤であり、安定した環境にある人々が他者のために貢献しようと思う理由でもある。違いを生むのは、その度合いだ。より広い意図、より慎重な判断力、より強い自制心。つまりは、より大きな内面的成長はあらゆる良い社会的変化の制御可能な根本原因だということだ。スタート時点で貧しかろうが裕福だろうが、抑圧される側だろうがする側だろうが、無力だろうが強力だろうが関係ない。

人を変える

テクノロジー至上主義者たち、中でもとりわけ経済学者たちは、人はインセンティブに反応するものであり、インセンティブとは通常、金を意味すると言う。一般的な経済の「合理的選択モデル」は、誰もが自分の効用を最大化するために自分本位に働くものであり、その効用はほとんどの場合、金銭で測られることを前提としている。(2)

もちろん、多くの人にとって、お金だけがインセンティブではない。一番のインセンティブですらない場合も多い。経済学者たちも自ら、多くの反例を示している。お金についての世界的専門家たちがここにいるとしよう。もし彼らの主な目的が金銭的効用を最大化することであれば、全員がウォールストリートで一番給料の高い仕事に殺到するだろう。同じように選択する経済学者も確かにいるが、そうせずに教授、政策立案者、ジャーナリストとなり、本来なら稼げていたはずの高額の給料を選ばない者もいる。

それだけではない。経済学者の中には銀行や金融業で働いていたのに、それほど報酬の高くない仕事に転職した者がいる。私はそういった人々に出会ったことがあるが、彼らの転職の理由はさまざまだった。「激しい出世競争にうんざりしたんですよ。私自身高給取りの競争者だったんですけどね」「もっと知的な見返りがあることをしたかったんです」「家族と時間を過ごすことのほうが大事になったんです」「自分で自分のボスになりたかったので」「もっと有意義なことがしたくて」。

こうした意見は、主流派経済学の考え方と二つの点で極端に違っている。まず、今挙げた転職理由のどれひとつとして、もっとお金を稼ぎたいというものではなかった。大事なのは家族であり、自律であり、認められることであり、知的報酬であり、社会的影響だったのだ。お金はたしかに重要だ。無給の仕事に転職した者は少ないし、多くは安定した経済基盤があったからこそ転職できている。だが富に対する欲求はある時点で満たされ、ほかの欲求が優先されるようになったのだ。

次に、人が変わった。選好が進化したのだ。人間の本性は固定されたものではない。人の動機は、時が経てば変わるものだ。実入りのいい仕事を捨てて給料の安い仕事を選んだり、給料自体を放棄したりする者もいる。それまでに蓄えた富でさえ手放すようになる者もいる。この変化は、経済学者たちに限られるものではない。アギャレは傑出した例だが、これから見ていくように、彼女は例外というわけではまったくない。

願望の役割

経済学者であれエンジニアであれ、それを言うなら農民であれ工場労働者であれ、人生における自発的な進路変更の動機は、願望の変化である場合が多い。アギャレの場合は、安定した確実な仕事への欲求から、自分自身のボスとなってより大きな社会的貢献ができるようになりたいという願望への非常に明確な変化が見られる。

願望は強い力であり、その追求を後押しするための決まり文句《クリシェ》だ。だが、卒業生に贈るすべてのスピーチの母のようなこの言葉には、なにがしかの真実があるに違いない。実際、願望がなぜこれほど意味のあるものなのかを示す理由は、少なくとも四つある。

第一に、願望はもっと良いものを目指すよう人を促す。「もうひとつ上の何か」というのが、オクスフォード英英辞典の定義だ。(3) 大人になってからずっと、アギャレの願望はまずは自分の未来の幸福、次いで他者の幸福だった。しばらく前から、私は会う人ごとにこれから五年の間に自分自身や自分の人生について何を変えたいと思うかを聞いて回っている。ケニアでは、さまざまな経験をしてきた二〇〇〇人の回答者へのアンケート調査にもこの質問をもぐりこませた。これまでのところ、回答はすべて前向きなものばかりだ。それらを大きく分けると、一二のカテゴリーにあてはまる。基本的なニーズを満たしたい、もっと収入を増やしたい、家族を養いたい、個人的に成長したい、精神的に満たされた人生を送りたい、等々。そして、この調査は特定の願望があやしげな方法で実現されているかどうかを突き止めているわけではないが、目標達成のために犯罪や汚職に手を染めることもいとわないと願っているという回答はひとつもなかった。(4) 願望は、自己満足に対抗する人類の壮大な探求の旅へと私たちを駆り立てるのだ。

第二に、たとえ外的要因に影響を受けるとしても、願望は内面的である。アギャレはIT業界の特別待遇に縛りつけられていたわけではない。自分の内側から響いてくる太鼓の音をこれ以上無視できなくなったときに辞表を提出したのだ。心理学者エドワード・デシとリチャード・ライアンは、内面的動機という概念をこのように定義している。「自己決定の原型的な形。すなわち、完全なる選択の感覚、やりたいことをやるという経験、そしてその際に強制や強迫を伴わないということ、これらによって人は自らが関心を覚える活動に自発的に取り組むのである」(5)。強制されたり頼まれたりするのでは、願望とは言えない。願望は内面から生まれるものだ。

第三に、願望はゆっくりと粘り強く生まれ、長期にわたって続く。内面的成長は一日にして成るものではない。長続きしない力は、どれほど強力であっても内面的成長を促すことはできないのだ。学生から起業家兼活動家へのアギャレの道のりは、一一年を要した。そしてその間、彼女は常に努力を続けていた。アシェシ大学での膨大な量の課題をこなせたのも、収入を得るためだけでなく学んで成長するために働き続けられたのも、何かが彼女を引っぱっていたからだ。もちろん、その間ずっと、ほかの内なる力——ニーズ、恐怖、欲求、不条理な衝動、もっと裕福になりたい、やさしくなりたい、健康になりたい、幸せになりたいという妥当な欲求——も彼女の注目を求めて競い合っていた。だがそれらは、彼女の一番の願望が持つ引力に比べれば微々たるものだった。心理学者ケノン・シェルドンはキャリアの大部分を費やして、内面的な動機に基づく目標や自己調和した目標を設定し、そこに向けて邁進することの価値について研究してきた。彼と同僚たちは、「人は自己調和した目標のほうがより成功する。そのような目標に向けてはより継続的な努力を費やすからである」と述べている(6)。長期的な目で見て、一瞬一瞬の気分がもたらすざらざらした部分をならしてしまえば、あとに残るのは願望の大きくゆっくりとしたうねりだ。

第四に、アギャレが決定的な内面的成長を経たのは、願望を追い求めたからだった。もっと早い段階でソロンコを立ち上げたいと思ったとしても、自分自身の準備ができていなかったと思う、と彼女自身も認めている。自分で会社を立ち上げるのは、決して簡単なことではない。そして営利事業と非営利組織の両方で同時に成功するのもまったく別の問題だ。そのために必要な能力と強さを彼女に与えたのは、なんだったのだろう？

アギャレが初期のころに抱いていた願望を通じて学んだことは、彼女の後の願望を発展させた。初期の願望で、彼女は知識と職業上の判断力を身につけた。組織を一から立ち上げるにはビジネス感覚、経営能力、指導力が必要で、そのすべてをアギャレは最初の仕事で学んだ。また、数年分の学生生活と社会人生活で、自制心を育てることもできただろう。アシェシは、定期的に成績優秀者を輩出する。ガーナのハイテク企業では、世界のほかのハイテク業界とほぼ同じく、積極的に攻めまくる労働意欲が良しとされる。この精神的・感情的スタミナが、アギャレのソロンコ立ち上げに貢献した。自らの願望を追い求めることで、より明晰な頭脳と強い意志が生まれたのだ。(7)

だが、願望を達成するためには、ある程度の努力を伴うことが重要だ。努力なくして達成された願望は、英知の素にはならない。「分不相応な」名声や幸運は必ずしも成長を促さない。内面の変化を伴わないからだ。巨額の富を相続して甘やかされた子どもは、必ずしも賢い子どもではない。石油や鉱物などの資源による呪いが指導者を腐敗させ、ほかの産業を衰退させるのも、これと同じ原理が国家規模で働いているだけだ。(8)安定した国でもますます多くが「オランダ病」に苦しんでいる。松葉杖を使いすぎると筋肉が衰えるように、簡単に手に入る資源のせいでほかの生産性が奪われてしまうという現象だ。(9)例外に思えるものも、この法則を裏づけるだけだ。信託基金で生活する子どもは一族の名声を高めるかもしれないが、金ぴかの安物を集めてぜいたくな社交生活を送ることにばかり気を取られている。中には、北海の石油で思いがけない収入を手に入れ、それを慎重に投資して得た利益を世界でもっとも気前のいい対外援助プログラムに注ぎこんだノルウェーのような国もあるが[10]。

願望を追い求めて努力することがよりすぐれた精神と意志につながるというのは、意外ではない。意識的な努力は、学びにつながる。アギャレの内面的成長で特筆すべきなのは、彼女の心の変化だ。彼女は、意図が根本的に変わるという経験をした。企業での仕事の経験を通じて自分自身の経済的、知的、感情的ニーズを満たすところから、他人のニーズを満たすことに注力するようになっていったのだ。「夢と欲求が芽生えると自分の中で目覚まし時計が鳴りだしたように感じるということに気づくまでに、四年の歳月と眠れない夜を過ごしました」とアギャレは言う。「スヌーズボタンを押しても無駄です。またアラームが鳴りだすだけですから。いずれは、起きずにはいられないんです[11]」。

新たな始まり

アギャレがアシェシ大学に入学するずっと前——それどころか、アシェシがまだこの世に存在するより何年も前——パトリック・アウアーは、二度とガーナには戻らないと誓った。一九九〇年に母国を訪れたとき、その政治腐敗、経済停滞、社会的後進性にうんざりしたのだ。それに先立つこと五年前、彼は両親の賢明な子育てと本人の非常に優秀な学業成績のおかげで、アメリカのスワースモア大学への全額支給奨学金を受けられた数少ない幸運な学生の一人だった。当時のアウアーの夢は、エンジニアになって母親に新しい家を買ってやること。大学では電子工学と経済学を専攻した。卒業後は、プログラムマネージャーとしてマイクロソフトに入社する。その後一〇年間で、彼は出世階段を一段一段昇っていった[12]。

その一〇年は、マイクロソフトの黄金時代だった。すべてのデスクにパソコンを届けようという会社のミッションを実現するべく、アウアーと同僚たちが日夜を問わず働いていた一〇年間だ。市場は彼らの努力に産業ブームで応え、その残響はいまだに大きくなり続けている。自社株購入権《ストック・オプション》を通じて、同社は急増する利益を従業員にも分配した。最初のマイクロソフト富豪が生まれたころだ。

一九九五年、アウアーもその一人となって快適に生活していた。ほんの一〇年前に描いていた夢を早くも実現し、それ以上の成功を収めていた彼は、しかし、テクノロジーのすばらしい成果と家族の経済的安定以外にも人生には成すべきことがあるのではないかと自問し始める。自分が信じられないほど恵まれていると感じ、その幸運を分かち合いたいと思ったのだ。自分の人生を振り返り、彼はスワースモア大学で受けた教育に重要な意味があったと感じた。この大学が力を入れているリベラル・アーツ教育が、アウアーの人生の道筋と、彼の高校時代の同級生たちの道筋とを大きく分けた転換点だったのだ。この確信に基づき、そして妻の応援もあって、アウアーはガーナにリベラル・アーツ大学を開校しようと決意した。そして一九九八年にマイクロソフトを退職したのだった。

彼はカリフォルニア大学バークレー校のハース経営大学院に入学し、受講する講義の課題すべてを、どうやって大学を立ち上げるかという問題の解決に転換させた。二〇〇二年、ゲーテの言葉——「できること、あるいはできると夢見ることがあるなら、始めよ。大胆さは天才、力、魔法を秘めている！」[13]——に駆り立てられ、アウアーはガーナの首都アクラにアシェシ大学を立ち上げた。そしてほどなく、彼は過去の誓いを破って家族とともに母国に戻ってきた。

「アシェシ」は、アウアーの祖先の言語であるファンティ語で「はじまり」を意味する。そしてこの名は吉兆を呼んだ。最初は場所を借りて二五人の学生から始まった大学は、美しい新設の校舎で六〇〇人の学生を教えるまでに成長したのだ。才能あふれる学生たちはガーナ国内だけでなく、西アフリカ全土から集まってくる。国際開発の専門家たちは、この大学がアフリカの人々によってどれだけのことが達成できるかを示すいい例だと語る。[14] アシェシに倣って、いくつもの私立大学がアフリカ各地に生まれ始めた。

アシェシは、社会的変化が成功したという点では議論の余地がない例だ。だがアウアーのキャリアがＩＴに偏っているとはいえ、彼の人生から得られる教訓は、彼が使ってきたツールとはあまり関係がない。関係があるのは海外で勉強したいという熱意を持った青年が大企業のプログラムマネージャーになり、そこからアフリカを変える大義に自らの富、汗、魂を注ぎこんだという彼の変化だ。言い換えれば、これは介入パッケージについての物語ではないということだ。

人生を変える内なる啓示

勇猛果敢な努力を通じて願望が達成される過程で、何かが起こる。夢が実現すると、自分がその夢をもう卒業してしまったと気づく人もいる。アウアーはマイクロソフトでの最後の一年、自分が「かつて抱いていた危機感を失っていました。仕事が、もう前ほど重要に思えなくなっていたんです」と語る。人生に何かが欠けている、もっと何かが欲しい、ずっと先延ばしにしていた何か、あるいは今まで想像もしていなかった何かを手に入れたい、と言う人もいる。内面的な変化を感じるのだ。それは新しい知識を身につけることとは違う。結局のところ、人生には今追い求めているものだけではない、もっと多くの何かがあることはみんなわかっているのではないだろうか？　人生はむしろ、今とは異なる、もっと深いところで感じる願望へと移行していくのだ。アウアーもあるときから、給料の一〇パーセントアップ、他人からの評価、長年追い求めてきた達成感には魅力を感じなくなっていた。もっと大きな目的のために働きたくなっていたのだ。

こうした物語は、心温まるニュース記事にはよく見られるネタだが、政策立案者たちによって議論されることはめったにない。アメリカ政府、世界銀行、ゲイツ財団の誰一人、「人生を変えるような内なる啓示を通じて人を勇気づけるにはどうすればいいだろう？」などと語り合ったりはしないのだ。

問題の一部は、ふわふわした目に見えないものを、今の指標重視のテクノロジー至上主義者たちが笑い飛ばしてしまうという点にある。また別の一部は、こうした心境の変化を考慮する分野と、政策とが切り離されているという点にもある。さらに別の一部は、かつてはこのような深い問いについて考えていた分野が、問いかけることをやめてしまった点にある。現代の行動科学のあまりにも多くが、簡単に測定できる短期的な現象と引き換えに長期的な人の変化を見過ごすようになってきてしまった。「公衆電話に残された一〇セント硬貨を見つけたら、一時的に他者を助けたいと思う気持ちが高まる」などといった、目を引きやすい事実めいたことにばかり注目してしまうのだ。[15] その結果、現代の社会政策は戦略的に置かれたコインのようなもの――「行動変化」を引き起こす小技やナッジ――ばかりに執着する。[16] だが行動変化は、行き当たりばったりにテクノロジーをばらまくよりは有意義な目標には違いないが、結局は短期的なものだ。さらに、個人を操作するべき相手とみなしてしまう。まるで、人は自力では正しいことをできないとでも言うようだ。これを乗り越えるためには、「人をより大きな社会的善行に向けて内面的に動機づけるのはなんだろう？」と問いかけなくてはならない。パトリック・アウアーやレジーナ・アギャレのような人物はどうすればできあがるのだろう？　このような問題に、今の数字重視の学問は答えることができない。

だが、発達心理学なら答えることができる。古くはジークムント・フロイトまで、[17] 心理学者たちは人の成熟を「人格」「性格」「生涯発達」という段階的なプロセスとして説明しようとしてきた。フロイトの考え方にはその他多くの研究者も加わった。エリク・エリクソン、ジャン・ピアジェ、ローレンス・コールバーグらの思想家たちが、長期的な人間発達の特徴を描き出そうとしてきた。[18] 彼らの主張の一部は近代心理学によって否定されてしまったが、生涯続く内面的な力が成長をもたらしうることを認める彼らの考え方は、現在の超短期的な政策決定への代替案を提示してくれる。

そして、アウアーに起きたような変化を説明するにはそのほうが適している。彼の道筋は、一連の願望によって定義することができる。学生時代の彼は「立派なエンジニアになりたいと思っていました。私の父は機械工でしたし、私もスペースシャトルについての雑誌記事などを読んでかっこいいと思っていましたから」。マイクロソフトに就職した彼は、子どものころに憧れていたような仕事をすることができた。「ガーナで育った私が技術の進歩について見聞きするとき、それはいつも外国で起こっていることでした」とアウアーは言う。「ですが就職した会社では、自分がその中心にいられました。ネットワークが主流になりつつあったときに、コンピューター・ネットワークの仕事をしていたんです。私がやっているような仕事についてどこかの子どもが知って、「すごい、かっこいい！」と思うだろうとわかっていました」。アウアーは、「マイクロソフトでの仕事が与えてくれる技術的課題と、職場の張りつめた雰囲気も」好きになったと語った。

だが、そんな仕事を一〇年近く続けたあとで、「このボタンがどんな役割を果たすべきか、どの機能を捨てるべきか、そんなことを決める会議があまり重要に思えなくなったんです」。何があったのだろう？　数年間会社勤めをしたあとで自立したアギャレはもう紹介した。リキン・ガンジーも、オラクルでのソフトウェア・エンジニアとしての仕事と宇宙飛行士になるという夢を棄ててデジタル・グリーンを立ち上げた。エイブラハム・ジョージはアメリカで起業家として成功したのちに、インドに戻ってシャンティ・バヴァンを設立した。トリッシュ・ミリネス・ジコは、テクノロジー・アクセス財団を立ち上げるまではマイクロソフトの社員だった。ビル・ゲイツも、世界有数の財産を築く生活から、世界規模の慈善事業に財産を注ぎこむという転換をなし遂げたことは周知の事実だ。私がバンガロールで研究グループを監督していたときには、私たちと一緒に活動したいという専門家たちから毎週のように問い合わせを受けていた。「私はこれまで成功してきましたが、これからは社会にどう恩返しができるかを知りたいんです」と彼らは言ったものだ。あなたの周りにもこのような人がいる可能性は高いだろう。あるいは、あなた自身がそういう人物かもしれない。

こうした人々の個性を押しつぶさなくとも——彼らの一人ひとりが、人間性という砂浜に散らばる宝石だ——あるパターンが働いていることは疑いようがない。[19] 人間成熟のパターンだ。内面的成長のパターン。広がる心、知性、意志のパターンだ。

マズロー的発達

発達心理学には、このパターンを説明できる学説がいくつもある。私が目撃したことにもっともうまくあてはまるのは、心理学者アブラハム・マズローが展開した有名な「欲求の階層」というものだ。世界の著名な心理学者の一覧を作ればマズローの名前は必ず含まれるし、彼の理論は心理学にとどまらない幅広い分野でしっかりと根づいている。[20] だがマズローの階層がネット上の芸能ネタくらい一般化してしまった今、その人気ゆえの弊害も生じている。かなり間違って理解されてしまっているのだ。通俗心理学でこの階層について聞いたことのある人は多いだろうし、聞いた情報の一部は正しいだろうが、そこには不正確な噂も混在している。たとえば、欲求の階層を描写する際にたいてい使われる虹色のピラミッドを、マズロー本人が使ったことは一度もない。間違った解釈では、アウアーのこともアギャレのことも説明できない。

本来のマズローの階層は、五段階に分かれた動機づけのカテゴリーだった。飢えや渇き、睡眠といった生存のための欲求に迫られて、人は食べ物や水、住処を探し求める。そして安全のための欲求に迫られて物理的・心理的安全を求めたがり、恐怖や不安からの解放、構造と秩序に対する欲求を覚えるのだ。愛と所有に対する欲求は社会的受容、共同体への帰属意識、交友関係によって満たされる。承認欲求には認知、地位、達成、有能感が求められる。そして自己実現に対する欲求によって、人は独自の才能や嗜好を表現する。その人が「個人として適している」何かを表現するのだ。それはたとえばロックバンドで演奏することかもしれないし、企業の部署を管理することかもしれないし、いい親であることかもしれない[21]。

マズローは、誰もが持つこれらの欲求が、その緊急度によって並べることができると論じた。「人が生きるためにはパンが必要だというのはたしかに事実である――パンがないときには。だがもしパンが山ほどあって、腹が常に満たされている状態だった場合、人の欲求はどうなるのか？　ほかの（しかもっと大きな）欲求がすぐさま生じ、生理的な飢えよりも、こちらの欲求のほうが有機体を支配する。そしてこれらの欲求が満たされると、またしても新たな（しかもさらに大きな）欲求が生じ、無限に続いていく[22]（傍点は原文）」。

直近の飢えが満たされれば、安全を求めるようになる。安全が確保されれば、承認のほうが重要になってくる。承認が得られれば、自己実現が次に強い動機となるのだ。

人が「複数に動機づけられ」、行動が「複数に決定される」というマズローの主張は、あまり理解されていない。たとえどれかひとつが優先されているにしても、人には同時に複数の欲求がある。どのようなときでも、人の欲求はそれぞれが異なる度合いで満たされる。「それはまるで、平均的な市民であればたとえば生理的欲求の八五パーセントが満たされ、安全の欲求の七〇パーセントが満たされ、愛の欲求の五〇パーセント、承認欲求の四〇パーセント、自己実現の欲求が一〇パーセント満たされている、というようなものだ[23]」。そしてどのような行動も、複数の欲求に突き動かされている可能性がある。私たちが仕事をがんばるのはそれに伴う報酬や利益が生理的欲求、安全への欲求、承認欲求を満たしてくれるからだ。仕事に対する評価は承認欲求を満たす。仕事が自分にとって非常に面白いなら、自己実現の表れになる。このように仕事の中身や報酬、仕事への態度によって、これらの要素のひとつひとつの比重が異なってくるのだ。

マズローふたたび

マズローにも批判者はいて、彼らはマズローの階層の数、内容、順位づけ、個人の重視、マズロー自身のジェンダーや文化に対する偏見に至るまで、ありとあらゆるものを批判した。[24]（個人的には、私はマズローの「所属欲」が一階層を占めるとは思っていない。ほかの欲求と並列されるものの中に、そっちのほうが一階層を割り当てられるべきだと思うものがあるからだ）。こうした批判の一部はたしかにそのとおりだが、大多数はマズローの理論をしっかり読みこんでいない。[25]もっと真の意味で理解すれば、アウアーのような個人の内面的成長がどのようにして起こるかがわかるはずだ。

特に広まっている誤解が、自己実現を階層の最上層にあるものとみなすという点だ。[26]マズローはその生涯を通じて、階層を組み直し続けた。たとえば、承認をさらに二階層に分け、ひとつは他者から認められることと、もうひとつは個人的な達成や熟達に割り当てるべきかなどを悩んでいたようだ。[27]そしてこれはよりアウアーにあてはまることだが、マズローは「自己実現だけでは十分ではない」ことにも気づいていた。「自己超越」とでも呼ぶべき、もうひとつの階層があることを示唆していたのだ。[28]自己超越は「他者のための善行」に、無私と利他的行為に、人を向かわせるものだ。

自己超越は、アウアーの進化を説明する上で欠かせない。彼は自己実現できる仕事だけで終わらなかったからだ。アウアーは、マイクロソフトで働いていた期間の後半にかけて、もっと広い世界に貢献したいという欲求が高まってきたと語った。「息子が生まれたことや、アフリカで起こった数々の出来事が」彼の変化を引き起こしたと、ルワンダの大虐殺やソマリアの内紛にも触れている。彼の人生の道筋は、安全、承認、達成、自己実現への欲求を上回る自己超越の引力を明白に示している。

マズローの学説には、ほかにも誤解されているものがある。不正に抗議するために、ハンガーストライキをする人がいる。つまり彼らの生理的欲求はほかの動機を上回っていないわけで、すると階層がおかしいということになる[29]。だが、実際には、この例はほかの事実の証明だ。マズローは、行動には内発的な動機と外発的な動機の両方があることを知っていた。そして、優先順位の低い欲求に対する感じ方は人によって異なると語った。「特定の欲求が常に満たされていた者ほど、将来的にその欲求が奪われることに耐えられる」[30]。

つまり、マズローの階層は実際には二つに分かれているということだ。ひとつは、行動に対する外的状況の影響。これは私たちの多くが三日間水なしで過ごすよりは、三日間自己実現をせずに過ごすほうを選ぶ理由の説明になる。こちらが、一般的に理解されている欲求の階層だ。もうひとつは、内発的動機。これは一部の人々がより高い欲求のために低い欲求を犠牲にできる理由を説明する。ハンガーストライキをおこなう者は、生存欲求の前に自己超越した目標を設定する。これは一種の成熟であり、より大きな願望のためには差し迫った欲求でさえ抑圧、あるいは無視することのできる能力だ。この内発的な傾向を欲求の外発的階層と区別するために、「願望の階層」と呼ぼう[31]。

マズローは、この内面の成長を良いものと見ていた。彼はそれを「性格の学習」または「内面的学習」と呼び、これが内面的成長の要だと述べた[32]。意図、判断力、自制心の向上は、差し迫った、自己中心的かつ短期的な欲求を満たすためだけに行動するのではなく、他人の幸福を向上させ得る長期的な成果に向けても行動できるようにしてくれる。もっとも下の階層にあるのが生理的願望であり、これは範囲が狭く、自己中心的で現在だけに集中した、物質的な欲求だ。主にこの階層で行動している者は、世界は生き延びるための生々しい闘いの場だと見ている。だが安全の願望によってこの狭い視野は広げられる。安全の願望もやはり自己中心的ではあるが、これを満たすためにはある程度の将来計画と協力が必要だ。次に来るのが承認と達成の願望で、これは非物質的欲求を包含し、さらに長期的注力と、協力したいという意欲も植えつける。[33]だがこれらの欲求は基本的にはまだ利己的であり、この利己性は自己実現までずっと続く。実際、自己実現は利己性の極みとみなすことも可能だ。自己実現者の一番の関心事は物質的にも知的にも感情的にも、自らの長期的幸福を確保することだからだ[34]（現在学校でおこなわれているクリエイティブなジャンルの授業が、かつてないほど自己陶酔的になっていることを示す研究が数多いのも、これが理由のひとつかもしれない）。だが、ここでの利己性は野卑な生存競争における利己性とは異なり、見識ある自己利益と表現できるかもしれない。自己実現の願望者はしばしば普遍的な自由の保護を声高に求めるが、これは自らの自己表現の権利を保証したいという欲求と都合の良さの両方を兼ね備えているからだ。そして最後が自己超越的な願望。ここでは自己に対する注力が純粋に無私な、他者への気遣いに取って代わられる。意図がもっともっと大きな人類愛の輪を包含していくのだ。より大きなマズロー的発達により、人はもっと未来志向に、もっと他者中心に、そしてもっと大きな集団としても他者中心になっていく。

アウアーはそのいい例だ。承認と自己実現が保証されると、彼のそれらに対する関心は低くなった。新しい技術を学び、満足できる仕事で秀でることができる自分の能力に自信をつけていくにつれ、彼の中の何かが変わったのだ。マズローは、こうした転換が起こるのは欲求が「常に満たされてきた」場合に起こると示唆している。だがもっと遠慮のない説明をするなら、人が自らの能力によってであれ、社会によってもたらされたものであれ、自らの欲求を満たせると心底から自信を持てたときに、この転換が起こるのだということになるだろう。[35]いずれにしろ、低い欲求が強い引力を持たなくなったのは、アウアーの動機が主に（おそらく動機はひとつだけではなかっただろうが）より高い欲求に突き動かされていたからだ。彼は、大学を設立するためには昼食抜きで働くこともしばしばあった。高収入な仕事を手放しただけでなく、自分の財産も大学のためにかなりの額を費やしている。そして、もっともわかりやすい証拠が、マイクロソフトを退職する際に彼が感じた犠牲だ（「正直に言いましょう。つらい決断でしたよ」とアウアーは告白した）。それでも、彼の新たな願望を邪魔することはできなかった[36]。

一方、主に生存や安全を願う者は、アウアーのような犠牲を払うことに不安を覚える。この衝撃的な例が、世界の奴隷制度の専門家で非営利組織「フリー・ザ・スレイヴズ」の代表ケビン・ベイルズが聞いた話だ。あるインド人の夫婦が奴隷労働をさせられていたのだが、一族の負債を返済して自らの自由を買い戻せるだけの財産を相続した。だがそこで夫がこう言う。「私たちは借金を返して、なんでも好きなことをできるようになりました。ですが、そうなるといつも心配していなければならなくなりました。子どもたちが病気になったら？　作物が育たなかったら？　政府が金を要求してきたら？　もう所有主がいないので、以前のように毎日食事をもらえることもなくなりました。しまいに、私は元の所有主のところへ行って、また奴隷にしてくれるように頼みました。別に借金をする必要はなかったのですが、所有主はまた私たちを奴隷農民にしてくれました[37]」。

この夫婦には自由があったのだが、食料と安全の保証と引き換えに奴隷としての条件を自主的にふたたび受け入れた。マズローが言う生理的および安全への欲求がいずれもあらゆる方面から脅威にさらされているときに、それらの欲求の引力がどれほど強いかを証明する例だ[38]。自己実現と自己超越はおろか、達成や承認に対する欲求もまったく見られない。申し分のない仕事を犠牲にしてもっと収入の高い仕事を求める者がいる。仕事が強い創造欲を満たしてくれるのなら、給料は低くても構わないという者もいる。自分がしたことが評価されない限りは高潔な行動を取らない者がいる一方で、人に評価されようがされまいが、常に寛大な者もいる。こうした違いは、願望の階層で説明できる。

階層についてひとつ言えることは、願望が曲がりくねった進化をたどっているということだ。貧しいがゆえに物を共有しなければならない村を見てみよう。このような状況では、個人が財産を蓄積することは難しい。厳しい状況では集団で生存を図るというのは理にかなっているが、個人の努力は削がれてしまう。これが逆に個人の財産所有権を尊重する社会規範になると、個人のやる気を促進し、物質的成長を促す。だがある程度の繁栄に達すると、自己中心的な富の蓄積は激しい格差につながり、社会機構をゆがめてしまう。そうするとまた共有が重要な意味を持つようになるが、今度はそれほど個人にも共同体にも偏らない形を取るだろう。このように、内発的成長はスイッチバックのある登山鉄道のようなものだ。発展は、共有から個人所有へ、そしてやがてより進んだ共有へと進化していくのだ。同様に、人は依存から独立へ、そして相互依存へと成長する。望まぬ貧困から繁栄へ、そして充足へ。抑圧から自由へ、そして責任へ。無力さから自信へ、そして謙虚さへ。階層に内在する質的な変化は、ヘーゲル哲学に見られるような、常に均衡と止揚、そして成熟を目指して行きつ戻りつする行動を生むのだ。

登山鉄道のたとえは、ほかの要点も明確にしてくれる。まず、階層は止まることのできない上昇運動を示唆してはいないということ。後退や停滞、躊躇もあり得る。階層は単なる地図であり、地図そのものは人の行き先を決定づけるわけではない。また、地図は旅先で出会うかもしれない動植物についてはほとんど教えてくれない。願望の階層がとらえるのは、社会的大義に適している人の人格のひとつの側面だけだ。この学説は私たちの無限で豊かな行動のあらゆる側面を一切説明せず、制約もしない。

個人はまた、それぞれに異なる高度から、異なる速度で昇り始める。アウアーは生きるために必死なわけではない両親のもとに育ったので、必要最低限の生活は保証されていた。これはたとえばアイザック・トゥッグンと比べれば、明らかに有利なスタート地点だ。あるいは、自己実現が保証された段階からスタートする者もいるかもしれない。すぐさま自己超越へと進むことができる人々だ。これが意味するのは、ある階層の願望がすでに存在する状態で育てられた子どもは、より高い願望を抱くことができるということだ。アメリカの第二代大統領ジョン・アダムズは、妻への手紙でこう書いている。「息子たちが数学や哲学を学ぶ自由を得られるように、私は政治と戦争を学ばなければならない。息子たちは数学、哲学、地学、自然史、造船工学、航海術、商業、農業を学び、彼ら自身の子どもたちに絵画、詩、音楽、建築、彫刻、織物、磁器を学ぶ権利を与えられるようにならなければならない」[39]。進歩は困難で現実的なものから建設的で探究的なものへ、そしていずれは芸術的で自己表現的なものへと進んでいく[40]。マズローの登場より一世紀半以上前、アダムズは子孫のために安全から達成へ、達成から自己実現への道筋を敷いていた。

テクノロジーの十戒に立ち向かう

貧しく虐げられた地域で活動してきた中で、私は多種多様な驚くべき人々に出会った。有意義な仕事と出会って以来、アルコール中毒から一滴も酒を飲まない禁酒家になった男たち。集団暴行に遭って社会とのつながりを絶っていたが、売春婦を救済する組織を立ち上げた女性。互いに民族的に対立していたが、力を合わせて病院を建設した人々。工学部を卒業してから貧しい村に移住して何十年も支援を続けているエンジニア。貧窮して非営利組織の支援を受けていたのが変貌を遂げ、妥当な給料を受け取れる有能な非営利組織のスタッフとなった人々。こうした個人的な変身は決して日常的に起こることではないが、めったに見られないというほどでもない。そして起こるときには、アギャレやアウアーのような進化を見せる。内発的成長の大きな波を伴うのだ。彼らは他者を刺激し、介入パッケージの不活発さをよそ目に、光り輝いている。

社会的変化についての今の主流な考え方に欠けているのは、内面的な人の進歩だ。トゥッグンやスリーニヴァサが当初は厳しかった状況から独立した人生を歩んだ能力に、敬服する人もいるかもしれない。あるいは、アギャレとアウアーの社会に対する大きな貢献を称賛する人もいるかもしれない。どちらの人もまとめれば、世界にはより良い自分自身になれる人々がもっと必要だ、ということを主張したいのだ。だが、内面的な向上の枠組みなくして、そのための基盤は得られない。

公共政策においては、人は固定された同じ嗜好を持つ、とする見方が優勢だ。(41) たとえば、ほとんどの経済学者は、行動に大きな変化をもたらすためには外的報酬をどう作ればいいかについて考える。(42) 市場メカニズムがもてはやされるのは、石のように硬いと言われている人の欲から、人類すべてを向上させてくれる構造物を削り出すからだ。社会における長期的変化を、個人の人格の成長を通じて実現しようと考える者はほとんどいない。(43)

だが経済学者のもっとも大きな批判者たち――文化、文脈《コンテクスト》、複雑性を重視する質重視の研究者たち――でさえ、個人の進歩の枠組みは示していない。代わりに一部の文化人類学者たちが、文脈の多様さから生まれる人の行動の多様性を認めている程度だ。文化的な相対主義において、人類は地理、歴史、文化、権力構造に知的に適応している。すべての人が平等に価値ある存在なら、個人的進歩や社会的進歩の余地はほとんどなくなってしまう。(44)

人間の行動における経済学的モデルと人類学的モデルは、社会科学の定規では両極端に位置する。ヘビとマングースくらい対極にある分野なのだ。だが、それでもひとつの共通点がある。どちらも、行動は主に外的文脈に依存するものであるという前提のもとに、外的環境を変えることに注力している。そして、内面的成長は無視するのだ。[45]

同じことが、政治でも起こっている。二〇一二年のアメリカ大統領選討論会で、候補者たちはそれぞれが一番の強みだと感じている要素を前面に押し出した。オバマは、個人の外側にある外的力を重視する左翼の見方をとらえてこう言った。「連邦政府はチャンスを広げ、チャンスの梯子をかけ、アメリカの人々が成功できる枠組みを作るだけの能力を有している」。右翼代表のミット・ロムニーはこう言った。「教育に対して一番責任があるのはもちろん、州と地域レベルである。……すべての学区、すべての州がその判断を自ら下すべきだ」。左翼は弱者を責めることを恐れ、個人の内面的成長を軽視する。右翼は、地域に自力でやっていくだけの内面的成長を与えようとしない。[46] いずれにしても、内面的成長はもっとも必要とされるはずのところで無視されている。

この無視は、「テクノロジーの十戒」にそのままあてはまる。十戒は外的環境をもてあそび、価値基準と直接かかわることを完全に避けるよう求めている。だが社会の不平等は、価値判断に基づかない変化だけでは排除できない。格差が生まれるのは一部には、私たちが価値を見出す性質が個人によって異なるからだ。いい人生のためには内面的成長が重要だという主張と、さらなる内面的成長がどういうわけかより良いものではないという主張が両方とも正しいということはあり得ない。何が善人をつくるのかという議論はできるし、するべきだ。だが万人が平等に善人であるふりをする、あるいは美徳を育てる政策を「過保護国家」として片づけることは、心、知性、意志を育てようという努力をそこなってしまう。

魔法の杖の一振りで地球上のすべての人の富が急に増えたらと想像してみてほしい。そしてこの棚ぼたが累進的に起こり、一日一ドルで暮らす人の富は一〇倍ずつ増えるのに対し、億万長者の富は一パーセントしか増えないと想像してみよう。その杖の一振りで経済的成長が生まれ、世界はより平等になり、より大きな尊厳、さらなる自由、そして即座に幸福が手に入る。だが、それで長期的に世界がより良い場所になるかというと、それはまったくもって定かではない。幸福は薄れ、消費は増え、貧しい人々はまた貧困に逆戻りしてしまうだろう。では代わりに、魔法の杖が地球上のすべての人々の心、知性、意志を急激に育てるが、ほかのことは何も変えなかったとしよう。そうすると経済的成長は必要な場所には自然に増え（必要でない場所では自然に減り）、正義、尊厳、責任を伴う自由が増え、世界規模の幸福が持続する可能性が高まる。

内面的成長は、外的変化よりも内面の成熟を重視する。真の進歩はゆっくりと段階的に起こるものだという事実も受け入れる。そして特定の普遍的価値の繁栄――個人の自由だけでなく、個人の高潔さ――と進歩を結びつけるのだ。人の発展の枠組みは、「テクノロジーの十戒」への反論を提供する。真の発展は厳密に言うと、今の私たちが抱くすべての欲求を満たすことと同じではない。私たちの欲求そのものが進化することなのだ。

第９章　「国民総英知」

──社会的発展と集団の内面的成長

発展は、危険思想になりかねない。人に点数をつけてレッテルを貼ることになりかねないし、それをさまざまに解釈できてしまう。レッテルは点数が低い人のやる気をくじいたり侮辱したりするし、高得点者の傲慢さを招いたり自己満足させてしまったりして、社会全体を偏見でゆがめてしまう。そのいずれも、まったく役に立たない[1]。それどころか、発展は心、知性、意志のような個人の資質にかかっているという主張自体が、まるで貧困、抑圧、偏見の犠牲者に対して、内面的成長が欠けているのはおまえのせいだとでも言っているように聞こえる。

これは挑発的な問題であって、この問題について知的な対話をおこなうことを私たちはあまりにも長く先送りしすぎたと思う。難しい倫理的問題を少しずつでも引き出すひとつの手段として、昔私が家庭教師をしたある高校生の話をしよう。デイヴィッドは貧しく問題のある家庭に生まれたのち、裕福な家に里子として引き取られた。里親はちゃんとした住居を彼に提供し、高額な私立学校に入れ、そこで彼はスポーツのスター選手として尊敬を集めた。だが勉強に関しては、どの科目でも後れていた。彼に幾何学を教えていて、私は彼がその気になればちゃんと計算できるが、大人が励ましてやらないとその気にならないということに気づいた。勉強しようというやる気があまりなく（意図）、勉強に意味があるとも思っておらず（判断力）、それに宿題に余念なく取り組むということをしなかったのだ（自制心）。

デイヴィッドが幾何学が苦手だからといって、そして彼の心、知性、意志が精彩を欠いていたからといって、私は彼を責めたりしない。誰も彼を責めるべきではない。彼の実の両親は薬物中毒にアルコール中毒、ホームレスで識字能力がなく、破産状態で情緒不安定だったかもしれないし、あるいは単に月並みな不運や悪い判断に苦しめられていたかもしれない。常に困窮状態にある中で子どもが良い学習習慣を身につけなかったからといって、子ども本人を責めることはできない。だがスタンフォード大学の心理学者ウォルター・ミシェルの有名な「マシュマロ実験」によれば、楽しいことを後回しにできる能力――一種の自制心――を四―六歳の間に発揮できることが、十代後半になってからの成功や社会的適応のもっとも強い予測因子になるのだそうだ。[2] 六歳児が自分の人格について責任があるというのはあまり道理が通っているとは思えない。どう考えても子ども本人の責任ではないはずだ。だがミシェルの実験がさらに示唆しているのは、自制心の度合いに対する大人の責任も白黒はっきりしているわけではないということだ。[3] 人の内面的成長は、決して本人がすべて自ら作り上げるものではないのだ。

だが、仮にデイヴィッドが本人の心、知性、意志の欠陥について責められるべきではないにしても、より良い人生に向けてより良く備えるためには、もっと内面的な成長が必要だった。

一方、もっと裕福で力のある人々にも、もっと内面的成長が求められる。快適な繭に慣れきった彼ら（あるいは私たち?）は自己陶酔・自己満足しきった暮らしを維持し、意図の輪を広げようとしない。最近の調査では、社会的地位や収入が低い人に比べて、高い人のほうがあまり共感を示さず、倫理的に行動せず、困っている人に分け与える割合も低いことが示唆されている。[4] 影響力のある人々がどのような内面的成長を遂げているにせよ——これもやはり、デイヴィッドを責められないのと同様、彼ら本人の功績ではない——もっと成長するべきだ。持っている力が大きいぶん、社会の幸福にとっては彼らがさらに内面的成長を遂げることが重要だ。

だが、人が自らの内面的成長を渋っていたり成長することができなかったりする場合、どうやって励ませばいいだろう？　私はこれまで個人の心、知性、意志を強調してきたが、本書に書いてあることの何ひとつ、私たちの人生が完全に自らの統制のおよぶ範囲内にあると言っているわけではない。[5] 外的状況も重要だし、社会構造も重要だ。アギャレとアウアーは二人とも、いつも応援してくれた両親のおかげで成功できたと言っている。スリーニヴァサの人生も、彼女が南インドの片田舎ではなくてスウェーデン、ソヴィエト・ロシア、サウジアラビアで生まれていたら、それぞれまったく違っていただろう。

だが、個人の目から見た外的状況はしばしば、社会の集団的行動として人の制御下にある。人が享受する法的自由も、税率も、受けられる公教育も、育つ文化も、その人個人の選択の結果ではないが、それでも人間の選択であることには変わりない。[6] 人は、より良い医療があればもっと良く暮らせるだろうか？　より良い教育は？　より強力なコミュニティは？　国民は、より賢い指導者がいたほうがもっと幸せだろうか？　より将来を意識した政策は？　政治と富との分離は？　もちろんだ。だがこれらを実現するためにはより良い意図、判断力、自制心が社会全体としてのレベルで求められる。言うなれば、「社会の内面的発展」とでも呼べるものだ。

もちろん、社会というのは限りなく複雑なもので、社会規範は変えるのが難しいことで悪名高い。だが、大規模な社会問題は解決不可能なわけではない。時間はかかるだろうし、困難ではあるし、複雑な問題が絡み合ってはいるが、変化は起こるものだ。私たちの多くがその変化を自ら目撃していて、大規模な社会的変化が偶然に起こるものではないという希望を抱かせてくれるはずだ。社会の内面的成長の事例を検討することで、それが個人の内面的成長とどう関連するかを理解できる。

願望における何十億回もの変化

ウィリアム・ブレイクは、一粒の砂に世界を見た。私は、一人のタクシー運転手にインドを見た。ナラシムハに出会ったのは、空港に行くためにタクシーの電話呼び出しサービスを利用したときだった。運転手が約束の時間の五分過ぎに電話してきてあと一〇分かかると言うのを聞くのはもう慣れっこだった私は、実際の時間よりもだいぶ早めにタクシーを呼んだ。だがナラシムハは、約束の時間の一〇分前にやってきた。運転の仕方も、バンガロールのほかの運転手とは違っていた。執拗な自殺願望でもあるかのような運転の仕方ではなく、安心できる安定した運転だった。

私たちは会話を始めたが、私のカンナダ語が限界を迎えると、彼はヒンディー語に切り替えた。それすらも不十分だと見るや、今度は片言の英語に切り替えた。聞けば彼は独身で、バンガロールから数時間離れた村の出身だと言う。実家は農家だが、おじがタクシー業に紹介してくれたのだそうだ。ナラシムハの夢は自分の車を持つことで、もうすぐ買えるくらいまで貯金は増えていた。空港のターミナルに近づくと彼は名刺を差し出し、車が要るときはいつでも呼んでくれと言った。直接彼に電話すれば、仲介料を取られなくてすむからだ。

そこで、私はそうすることにした。ナラシムハは賢く、一生懸命働いた。私が朝の二時や六時の飛行機に乗らなくてはいけないときでも、空港までの三〇キロの運転を断られたことはない。ときには彼がバンガロール郊外で数日にわたって別の仕事をしなければいけないときもあって、そうすると彼は「兄弟たち」——運転手仲間のネットワーク——の一人に代わりを頼んでおいてくれた。そして待ち合わせの時間より前には私に電話して代わりの運転手が何時に来るかを伝え、その後ちゃんと迎えが来たことを確認するためにも道中で電話をくれた。彼の兄弟たちはみんな私を空港まで送り届けてくれたが、ナラシムハほど素早く、安全で、信頼できる運転手はほかにはいなかった。

ある日、ナラシムハはぴかぴかの白いフォード・アイコンでやってきた。それは彼が人生で初めて買った自分の車で、つまり彼は独立したということだった。もうタクシー会社から車両を借り出す必要はないのだ。私はたまたま独立後の彼のお客第一号で、私が祝福すると彼は満面の笑みを浮かべた。彼は愛車を猫かわいがりしていて、送迎を頼むたびに新しい何かが増えていた。ダッシュボードのじゅうたん風のカバー、後部座席のスピーカー、ダッシュボードに鎮座した神のための派手なLED電飾、ついにはCDプレーヤーつきのステレオまで。愛車を手に入れた今、人生で一番欲しいものは何か、と私はナラシムハに聞いてみた。すると彼は、もっと大きな車を手に入れたいと言った。妹にふさわしい夫を見つけてやりたいとも。そのためには、花嫁持参金をたくさん稼がなければならない。どうやらナラシムハ家の次の世代は、彼自身が育ったものとはまったく違う世界で育つことになりそうだった。

ナラシムハは、インド全体が経験している変化の一部だ。彼は、急速に貧困から脱しつつある、インド社会の新しい階層を代表している。彼らを押し上げているのは一部には国全体の経済成長、一部には集団としての内面的成長の波だ。ナラシムハは地方の貧しい家庭で育ったが、基本教育と自己の動機づけ、そして経済的チャンスが、彼を新たな階層に区分した。今の彼は、まだほとんど変化を経験していない極貧階層の大多数のインド人と、昔からの上流階級の間のどこかに位置する。彼と同輩たちは、低所得でぎりぎりの生活から、中流階級の安定した暮らしへと集団で移行しつつあるのだ。

社会学の古典『プロテスタンティズムの倫理と資本主義の精神』で、マックス・ヴェーバーはキリスト教のプロテスタンティズム、とりわけその世俗的働きを美徳とみなすその傾向が、現代の資本主義の起爆剤となったと述べている。私がナラシムハに見出したものを見ていたら、ヴェーバーもその説を変えていたかもしれない。皮肉にも、「ヒンドゥー式成長率」はかつて、インド独立の一九四七年から一九八〇年代までの長きにわたって年間一・三パーセントという遅々としたペースでしか伸びなかった一人当たり所得を嘆く意味で、インドの知識層が使っていた自嘲的な表現だ。だが一九九〇年代になると、インド経済は上昇し始める。一九九二年から二〇一〇年の間にインドのGDP成長率は年平均六―七パーセントとなり、世界的不況の最中でも八―九パーセントを記録することさえあった。ヴェーバーがあと一〇〇年遅く、六〇〇〇キロほど南東に生まれていたら、プロテスタントの世俗的禁欲主義を合理的産業化の原因だとは考えなかったかもしれない。そして代わりに、目の前の仕事に愚痴ひとつこぼさずに取り組むヒンドゥー教の倫理観を挙げていたかもしれない。あるいは、彼が今の中国を訪れていたら、儒教的規律と近代化を結びつけていたかもしれない。(7)

今にして思えば、経済成長の原因がキリスト教でもヒンドゥー教でも儒教でもなかったことは明らかに思える。人間の中には、適切な状況において、単なる生存と安全以上のものを求めさせる働きをする何かが存在するのだ。人には、生産性と自己表現に対する内面的願望が備わっているのだ。

金銭的見返りは間違いなく役割の一部を担っているが、ヴェーバーはこれについて、願望が必ずしも経済的利益だけを求めるものではないと慎重に指摘している。ヴェーバーは、何かほかの要素があると考えた。「それは人の職業的活動の内容に対する義務感であり、何で構成されているかにかかわらない」(8)。このまじめさが、私のタクシー運転手にはしみついていた。ナラシムハは、客を喜ばせようという気持ちが人一倍強かった。私が少しでも荷物を持っていれば、駆け寄ってきて運んでくれる。私が車に乗りこむとすぐに、エアコンはつけるかと聞いてくれる。音楽が聴きたいと言えば、南インドのカルナティック音楽からボリウッドのヒット曲、さらにはアメリカン・ロックからヨーロッパのテクノポップまで、ラベルを手書きしたＣＤをラックごと用意していた。前の送迎から数週間も空くと、彼のほうから電話してきて何かできることはないかと聞いてきたものだ。

二〇〇九年、私はアメリカに戻ることを彼に伝え、次にインドに来るのはしばらく先になるかもしれないと言った。空港に着くと、私は運賃に加えて、長年にわたる信頼のサービスに感謝する意味でボーナスも渡そうとした。だが彼は最初、どちらも受け取ろうとしなかった。目に涙をため、ただ、次にバンガロールに来たらまた電話してほしいと言ったのだ。しまいには、私は現金の入った封筒を彼のシャツのポケットにねじこみ、きっと電話すると約束しながら走り去るしかなかった。半年後に短い出張でバンガロールを再訪したときも、同じような場面が繰り返された。ナラシムハは運賃の受け取りを拒み続け、彼の仕事にとってこれは重要なことなんだと私が主張するまで折れなかった。ヴェーバーは正しかった。ナラシムハの多大な努力には、利益を超越する目的意識があったのだ。

インドの一〇億超という人口によって増幅されるこれらの変化は、芽生える起業家精神、増える消費、拡大する政治への参加力、そして高まる国家威信の形で全国に広がっている。インドの中流階級は、急激な変化を遂げつつある。毎年、大企業での安定した仕事を望む若者の数は減り、代わりに自ら起業して名を成したいと願う若者が増えてきた。政治活動も次第に強まり、若い世代が政府の腐敗を根絶しようと熱心に取り組んでいる。一方、インドのショッピングモールには人々が大挙して押し寄せている。私が二〇〇四年にバンガロールに到着したとき、街には二つしかモールがなかった。五年後にそこを去るころにはその数が一〇以上に増え、どれも真新しい世代の買い物客でごった返していた。そして二〇一四年九月二四日、インド宇宙研究機関は宇宙探査機マンガルヤーンを火星の周りを回る軌道に乗せたと発表した。全国紙によれば、首相はこう宣言している。「これは世界で初めてのことだ。今日、歴史が創られた」[9]。

進化する集団の価値

インドの変化は、先進国の歴史の要素を繰り返している。今のインドと同様、アメリカも起業家精神によって活気づいた。利益をむさぼるアメリカの政治腐敗に対する闘いは、一九世紀に効果的におこなわれた[10]。今のインドに芽生えつつある消費文化は、一九二〇年ごろにアメリカで発明されたと言ってもいい。そして火星軌道船に対するインド人の誇りは、世界初の月面着陸を達成したアポロ一一号に対するアメリカ人の感情を思い起こさせる。

文化と歴史は大きく違えど、社会経済的成長を経験する社会の間に共通点があることは否定できない。私は子ども時代の一時期を日本で、そして一時期をアメリカで過ごした。両国の違いにもかかわらず、近代化のパターンが似ていることは明らかだった。インフラが改善し、テクノロジーが増殖し、政府がより効率的になり、夫婦が持つ子どもの数が減り、産業関連雇用が農業関連雇用を上回り、ジェンダー格差が縮まる傾向が見られるのだ[11]。

インドに着いたとき、既視感《デジャヴ》を覚えたことを思い出す。両親や祖父母が聞かせてくれた、二〇世紀半ばの日本を思わせる何かがあったのだ。通りは活気に満ちた喧騒であふれかえっていた。ナラシムハのような国民一人ひとりの願望が緊密に編みこまれ、国の発展を支えていた。金融サービスの広告は「家族に投資しよう、インドに投資しよう！」と呼びかけていた。国全体としての使命感がそこにはあった。

発展を信じることは、国が最終目的地に着いたことを意味するわけではないし、共通の目的地について総意があることを約束するものでもない。たとえば、現代の欧米社会が人類文明の絶頂であるという主張には根拠がない。アメリカを例に取ってみても、貧困率一五パーセントに金銭的利害ばかりの政府、気候変動への取り組みに対する頑なまでの拒絶、リアリティ番組〔一般人のホームビデオで構成された低予算番組〕ばかりのテレビよりはもっとうまくやれるはずだ。だが発展が難しい、あるいは定義が多様すぎるからと言って、発展への希望をまるごと放棄するべきだということにはならない。

この半世紀だけで、数多くの国で女性の社会的地位に起こった変化を見てみよう。一九七七年、アメリカ人の三分の二が女性は家庭の外で働くべきではないと考えていた。二〇一二年、そう思っているアメリカ人は三分の一未満だ[12]。一九七〇年代、フルタイムで働く女性の平均収入は男性の六〇パーセントに過ぎなかった。二〇一一年、それが七七パーセントにまで上がった[13]。一九七〇年、議会における女性の数は五三五議席中一一議席、たったの二パーセントだった。二〇一四年、女性が初めて二〇パーセント近い一〇〇議席を占めるに至った[14]。道のりはまだ長いが、進歩は着実に、自律的に、大規模に起こっている。

詳しくない者でさえ、こうした変革が介入パッケージを通じて実現したのではないことははっきりとわかるはずだ。中には、家電や避妊技術のおかげで社会における女性の役割が改革されたのだと主張する者もいるかもしれない。だがこれらの発明は、書籍業界におけるアマゾンの影響と同様、加速と増幅の要因ではあったものの、主たる原因ではなかった[15]。アメリカで低用量避妊薬の使用が認められたのは一九六〇年だが、アメリカで女性の権利を求める活動が始まったのは少なくとも一八〇〇年代半ばにまでさかのぼる。女性の参政権が認められたのは一九二〇年、同一賃金法が成立したのが一九六三年だ。そしてこうした試金石の背後で常に続いていたのが、全国規模での男女の意識変化に勇気づけられた女性たち自身が最前線に立つ、平等を求める闘いだった。こうした力はすべて、測定するのもパッケージ化するのも難しい要素だ。

ほかの国でも、同じような道筋をたどってきた。一九六〇年後半、私の母は慶應大学医学部の九五人のクラスでたった五人の女子学生のうちの一人だった。つまり、女性は全体の五パーセントしかいなかったということになる。現在、一クラス約四五〇人の学生のうち女性は約九〇人で、二〇パーセントを占める。それは進歩だ。たとえ――繰り返しになるが――まだ道は半ばだとしても。国連開発計画は医療、教育、政治、雇用の指標に基づいて、二〇〇〇―一三年の間に調査した国の九六パーセントで全体的なジェンダー格差の減少が見られた、と報告している。[16]

つまり、個人の内面的成長が積み重なると、大規模な社会的発展となって現れるらしい。だが、そのたしかな証拠はあるのだろうか？

驚くべきデータを見せてくれるのがミシガン大学の政治科学教授、ロナルド・イングルハートだ。[17] イングルハートは「世界価値観調査」という国家的価値の大規模な調査の創始者であり、前代表だ。彼と同僚らは、一九八〇年代初頭からこの調査を始めるという先見の明を持っていた。この調査はもう四〇年にわたり、人が住む六大陸すべての九七カ国、四〇万人を対象に実施されている。人の価値観、信条、願望について質問し、仕事、家族、宗教、幸福、政府、環境を検討する調査だ。[18]

この四〇年間、イングルハートらはこの膨大なデータの山を掘り返し、際立ったパターンを発見してきた。たとえば、集積した個人の願望が近代化、経済発展、民主化と相関関係にあることなどだ。彼らの結論の核心を、世界価値観調査のウェブサイトから引用しよう。

●異なる社会における人の価値観の多様性は、大部分が二つの大きな次元で要約できる。第一の次元は「伝統的価値観vs.世俗的合理的価値観」、第二の次元は「生存価値観vs.自己表現価値観」である。

●伝統的価値観は宗教性、国家威信、権威に対する敬意、服従、結婚を重視する。世俗的合理的価値観は、これらすべての逆を重視する。

●生存価値観は自由よりも安全を優先し、同性愛の拒絶、政治活動の自制、外部の人間に対する不信感、低い幸福感を伴う。自己表現価値観はこれらすべての逆を示唆する。

●人の優先順位は、自らの存在に対する安心感が増すにつれ、伝統的価値観から世俗的合理的価値観へと移行していく。存在に対する安心感が最大限に増加するのは、農業社会から産業社会へと移行した際に起こる。したがって、伝統的価値観から世俗的合理的価値観への移行も、この時期に起こる。

●人の優先順位は、個人の行為主体性が増加するにつれ、生存価値観から自己表現価値観へと移行していく。行為主体性が最大限に増加するのは、産業社会から知識社会へと移行した際に起こる。したがって、生存価値観から自己表現価値観への移行も、この時期に起こる。[19]

言い換えれば、個人の願望の変化は国の近代化という目に見える側面に関連して起こるということだ。これらの変化は、マズローの階層と明らかに相関関係にある。常に生理的欲求が満たされるか満たされないかというぎりぎりのラインで自給自足農業あるいは奉公をしている人々は、伝統的価値観を持つものと推測される。自然や人の権力による気まぐれで個人の努力をはるかに超える範囲の結果がもたらされた場合、自分に結果を左右できる能力があるという感覚を人々が持てなくなるのは当然だ。

だが、増大した農業生産性から生まれた余裕は、産業化と、世俗的合理的価値観の拡散のお膳立てをする。[20]

工場やその他の公式な仕事の型が日々の規則性を生み、実力主義社会の始まりとなることで世俗的合理的価値観をより強固にする。産業化はどれほど非人間的であろうとも、運、天候、自給自足の厳しい暮らしから一時的にせよ解放してくれる[21]。この段階での伝統的価値観から世俗的合理的価値観への移行は生存価値観と安全に対する願望がまだ強いうちに起こるが、同時に、目標に向けた努力、達成、承認を認めることにもつながる。

安定した職によって物質的な幸福が確保されると、人はもっと多くの自律、独立、自己表現を求めるようになる。これらの傾向は、自己実現をめざす、より大きな階級を育てる。イングルハートと同僚ピッパ・ノリスは、「長期的な文化の変革は、男女平等をさらに促進するうえで重要である」ことを発見した[22]。さらに、イングルハートは別の同僚クリスチャン・ヴェルツェルとともに、ある人口集団が必要十分な自己表現価値観を持っているかどうかが、どれほど民主主義にとって重要かを示した。これはつまり、自己表現に対する願望が、ジェンダーに対する平等主義的観点だけでなく、強い民主主義の基盤になるということだ。

イングルハートとヴェルツェル自身も、マズローを引用している。「選択と自己表現に対する願望は、人類の普遍的な願望である。その願望を満たすことで自己達成感がもたらされることを、アブラハム・マズローがはるか昔に指摘している[23]」。自己表現価値観がどうやってより民主的な社会につながるのかを説明するために、彼らはマズローの言葉を引き合いに出した。「個人の安全と自律は自己中心性を低めると同時に、人間中心性を高める」。これは、マズローが自己実現的で自己超越的な人々に見出した、すべての人類に対する気遣いだ[24]。

「パンがふんだんにあるとき、［人の］欲求はどうなるのか？」とマズローは問いかけた。「すぐさま、別の（そしてより大きな）欲求が生まれる[25]」。イングルハートとヴェルツェルも同意する。「生存が確保されていると感じるか確保されていないと感じるかなどの経験に基づく要素は、人の世界観を形作る上で少なくとも同じくらい重要なものだ」[26]。

もちろん、これは内面的成長と国の変化の関係についてのざっくりとした説明にすぎない[27]。現実はそんなに紋切り型ではないし、国に影響を与える要素は数多い。それでも、このデータは平均して、そして大きな規模で見ると、集団としての価値観の変化は国の発展と相関関係にあるということを示している。最終的に、イングルハートらはマズロー的成長のようなものを示したのだ。願望の集団としての変化が、近代化と密接に関連しているということを。

インドのテクノロジー分野の秘密

二〇〇六年、私はパキスタン有数の都市カラチにあるマイクロソフトの営業所を訪ねた。街中を移動して回る間、パキスタンとインドの違いに気づかずにはいられなかった。インド都市部ではそこらじゅうがゴミだらけで、空いているスペースはすべて移民の家族でぎゅうぎゅう詰めになっていた。だがカラチでは、高層アパートの間を走る路地はからっぽで、不法居住者のいない広い空き地がそこかしこに見られた。清潔で、秩序のある街に見えたのだ。

だが、見かけに騙されてはいけない。私が現地で会った人々は、物事を違う目線で見ていた。彼らはインドのハイテク経済をうらやんでいたのだ。私がバンガロールでその一部を構築する手伝いをしていたことを知り、こう聞きたがった。「インドのIT分野の秘密は何なんです?」

この質問には慣れっこだった。ブラジルでも、歴史的にずっと貧しかったインドがどうしてこれほど成功しているかを不思議がっていた。ケニアでは、インドの成功を模倣するにはどうすればいいかと聞かれた。

スリランカでは、インドのように農業経済から直接サービス経済に、間の産業経済をすっ飛ばして突入する方法について語られていた。これらの質問は必ずしもインドの全体像を考慮してはいなかったが、あまりにも執拗に聞かれるので、私も答えを探し始めたほどだった。

インドの専門家は、自分たちのテクノロジーの成功をさまざまな形で説明する。その多くが指し示すのが一九九一年、Ｐ・Ｖ・ナラシムハ・ラオ首相と財務大臣でのちの首相となるマンモハン・シンが、外国からの投資を解禁したことだ。彼らが実施した改革は、インドの好景気を爆発させた。また、インドのテクノロジー会社がＹ２Ｋ（西暦二〇〇〇年問題）に大きな後押しを受けたと指摘する者もいる。世界中の企業が、自社のコンピューターシステムが’00年を二〇〇〇年ではなく一九〇〇年と勘違いしてしまうのではないかと心配していた。年数を四桁に修正するのは技術的には簡単な作業だったが、とにかく面倒だった。インドの企業は安い労働力で需要を満たしたのだ。あるいは、教育を受けたインド人が（教育を受けた中国人とは違って）英語を操るため、アメリカの企業とコミュニケーションがとりやすい点を指摘する者もいる。

だが、こうした説明のどれひとつとして、パキスタンの専門家たちを納得させはしなかった。パキスタンも、少なくとも一九九一年から海外投資を受け入れている。Ｙ２Ｋ危機は世界的な懸念だったので、パキスタンもそのチャンスをつかむことができたはずだ。パキスタンのエリート層も、英語くらい話せる。

実は、バンガロールの私のオフィスを見渡せば一目瞭然なのだが、秘密は、インドがＩＩＴなどの施設を通じ、数十年にわたって優秀なエンジニアを育成してきたという点にある。シリコンバレーの人間なら誰でも知っていることだが、ＩＩＴはインド工科大学の略称で、この国の最高のテクノロジー頭脳を生み出すいくつかの大学の集合体だ。ジャワハルラール・ネルー首相によって一九五三年に開設されたこの国立大学の合格率は、ハーヴァードやＭＩＴよりも低い。二〇〇三年に五〇周年記念式典が開かれた際にはアマゾン、シスコ、マイクロソフトなどの企業のCEOがこの大学を「個性的」「すばらしい」「世界トップクラス」と褒めちぎっただけでなく、その世界的貢献にも感謝した。[28] ビル・ゲイツは、「コンピューター業界はIITの伝統におおいに助けられた」と語った。感謝するだけのことはあるだろう。マイクロソフトでは従業員の二〇パーセントまでもがインド出身で、その多くがIITの卒業生なのだから。

これほど多くの卒業生が海外に出ていく中で、IITがインドに本当に貢献しているのかと疑問に思う方もいるかもしれない。だが彼らの出国は、必ずしも恒久的な頭脳の流出ではない。バークレー情報大学院のアナリー・サクセニアンは、条件が整ってさえいれば、頭脳の流出は有益な「頭脳の循環」に変化し得ることに気づいた。[29] 著書『最新・経済地理学』でサクセニアンは、インド――だけでなくイスラエル、台湾などほかの国々――のテクノロジー分野における成功の大部分は、まさにこの現象によるものだと述べている。

頭脳の循環にぴったりの例が、マイクロソフト・リサーチでの私の元上司だ。P・アナンダンは一九七〇年代後半にIITマドラス校を卒業し、修士号を取るためすぐにアメリカへ旅立った。その後引き続き博士号を取得、そしてリサーチ会社サーノフ・コーポレーションとマイクロソフトでリサーチ職に就く。私が彼の下で働き始めたころには、彼はもうアメリカで二五年も快適に暮らしていた。まさに、典型的なインドの頭脳流出の例だった。

が、それだけでは終わらなかった。私が知る限りずっと、アナンダンはインドのコンピューター科学研究を支援するために活動を続けてきた。インドの学生のためにインターンシッププログラムを立ち上げたし、インドの大学を頻繁に訪れ、マイクロソフトのインド人幹部からも支援を取りつけた。そしてある日、頂点のビル・ゲイツを含む経営陣は、アナンダンを創設時理事長として、インドでの研究所立ち上げを承認した。数カ月後、彼は私を引き連れ、四半世紀離れていた母国へと戻ったのだった。

これが、サクセニアンの理論が現実に起こった例だ。アナンダンはマイクロソフト・リサーチ・インドに彼自身が海外ではぐくんだ能力、姿勢、人脈をすべて注ぎこんだ。研究所を立ち上げる際、私たちはアメリカの研究文化のいいとこ取りをしようと考えた——学問の質、知的寛容さ、最小限の上下関係、あけすけなほどの誇り。その結果、世界的に見てももっとも有能なコンピューター科学者たちを呼び寄せることに成功した。中にはアナンダンのようにインドで生まれ育って教育を受け、研究者として海外で長年過ごした者もいる（言うまでもなく、私たちはこれらすべてをまぎれもなくインド特有の文化と融合させた。職員たちは間違いなく、私がほかのどこで経験したよりも個人レベルで互いにオープンだ。多様な考え方やプロセスに対するすばらしい寛容さがそこにはあった。それに私たちは瀬戸際外交の達人で、イベントの準備は土壇場の本当にぎりぎりの瞬間で奇跡的にすべてうまくいくのだった）。

ＩＩＴの役割は、インドのほかの有名な教育機関によって模倣されている。インド理科大学院、デリー大学、インド経営大学院、全インド医科大学。そしてテクノロジー分野の成功は、インドのほかの産業にも影響を与えている。

インドのテクノロジー分野から始まった大規模な変化の真の出発点は、どこだろう？　実現したのは間違いなく外国からの直接投資のおかげだろうが、すぐれたエンジニア教育と海外経験豊富な管理職も絶対条件だった。法律がたったひとつ改正されただけでは不十分だ。そう言い切れるのは、海外からの直接投資そのものが不十分だとわかっているからだ。インドでは、経済的恩恵は高学歴層に著しく偏っている。国全体が同じ法の下にあるにもかかわらず、いまだに八億人以上が一日二ドル未満で生活していることを思い出してほしい。そして、世界中で投資の垣根が低くなっているからといって、ＩＴ分野が自動的に繁栄する結果になるわけでもない。パキスタン、ブラジル、ケニア、スリランカはいずれもさまざまな形で努力しているが、投資政策の改正、ハードウェアやソフトウェアの輸入とは違い、才能が成熟するには最低限一世代はかかる。インドの成長は、人的能力の構築に数十年を費やしたことが基盤になっている。その一部はネルー首相の世代による賢明な判断によって意図的にはぐくまれ、一部は個人が外国で願望を達成しようと努力する中で構築されていった。金融改革の介入パッケージが、国の内面的成長を増幅したのだ。

また、表面上はテクノロジーと経済的成長の物語のように思えるものが、少なくとも心、知性、意志の変化の物語であることも重要な事実だ。インドの新興テクノロジー会社を訪れてみれば、国内のもっと年季の入った企業とどれほど違うかには否応なく気づくだろう。たしかに、ビルは全面ガラス張りできらめいているし、廊下にはテーブルサッカーのゲーム台が置かれている。だがそれだけではなく、もっと大きな違いは職場の文化と、従業員が当然の権利として享受している社会規範だ。たとえば、インドの古くからの産業は指揮統制方式で回っていることが多い。上司が一番物事をわかっていて、部下は上司に言われることをやるだけだ。だがインドのテクノロジー産業は、よりフラットになる傾向にある。私自身、この違いを常日頃から目にしてきた。テクノロジー以外の分野から人を採用すると、最初のうちは慣れるまでに時間がかかる。上司がまくしたてる命令に部下がすぐ従わなかったり、上司に「様《サー》」をつけないようにといきなり言われたりするからだ。もうひとつの違いは、何をもってキャリアの成功とするかの評価が変わる点だ。一世代前なら、安定した職は一律に成功の頂点とみなされただろう。大卒者は医師、弁護士、政府の役人になりたがったものだ。今では、経済的安定ですらその魅力を失っている。特に野心的なＩＩＴ卒業生は、大企業を辞めて自ら会社を立ち上げるようになった。より大きな承認、達成、自己実現を求めているのだ。

自己実現するクリエイティブ・クラス

イングルハートの分析は、サービス産業あたりで先細りした。そこから先は、社会学者リチャード・フロリダが後を引き継いだ。彼は自らが「クリエイティブ・クラス」と名付けた階級を調査して分析を広げていった。[30] この階級は「科学者、エンジニア、アーティスト、ミュージシャン、デザイナー、そして知識基盤の専門家たち」で、「基本的にはクリエイティブな仕事をして生活費を稼いでいる人」を指す。[31]

クリエイティブ・クラスの台頭は、先進国の都市部が主導してきた世界的な現象だ。フロリダは、アメリカのクリエイティブ・クラスが一九〇〇年から二〇〇〇年の間に三〇〇万人から三八〇〇万人にまで、あるいは労働人口の一〇パーセントから三〇パーセントにまで増えたと推定している。その中核に位置する「スーパー・クリエイティブ・コア」は一九〇〇年の二・五パーセントから、二〇〇〇年には一二パーセントにまで増えているとのことだ。だがこれらの数字は、総集するとアメリカの労働人口が稼ぐ賃金の半分までを占めるクリエイティブ・クラスの影響力を過小評価している。彼らは国のもっとも強力な機関の多くを支配し、消費者が購入する商品の形や中身を作っているのだ。ヨーロッパの経済先進諸国でも、クリエイティブ・クラスが労働人口において同様の割合を占めている。[32]

クリエイティブ・クラスの間では、自己実現というテーマが突出している。フロリダいわく、「クリエイティブな働き手たちは、アブラハム・マズローの典型的な欲求の階層を昇っていくだけではない。生存のための基本的ニーズを満たす心配をしなければならない者はほとんどおらず、すでに人生の梯子の上のほうまで昇っている。そこでは、承認、自己実現といった内面的な報酬の探求がおこなわれているのだ[33]」。

フロリダのクリエイティブ・クラスは、マズローの階層でいう下層レベルにはあまり突き動かされない。お金は生存と安全ではなく、「単に得点を記録する手段のひとつ」とみなされ、「どの分野でも、もっとも優秀な人々を突き動かすのは情熱だ」[34]。承認でさえ、特定の形を取らなければならない。フロリダは、経済的安定の下に生まれたクリエイティブ・クラスは「もはや富に真の地位を見出す必要がないため、逆にそれを軽視しがちだ」と言う。そして代わりに、「精通者からの高い承認と認識を勝ち取るチャンス」を追い求めるのだそうだ[35]。

このため、フロリダの言うクリエイティブ・クラスは主に自分の仕事が好きだからという動機で働く。マズローの自己実現者たちと同じ理由だ。クリエイティブ・クラスが自律と多様性を重視するのも、自己実現者と共通している。クリエイティブ・クラスの人々は、基本的欲求を満たす自らの能力に自信を持っている。仕事が脅かされた場合、一番の懸念は収入源を失うことではなく、「単なる仕事」で我慢しなければならなくなることだ。

フロリダの著書に記載されたひとつのグラフが、個人の願望と国の人口構成との間の関連性をとらえている。一九〇〇年には農業がピークを迎えており、労働人口の四〇パーセント近くを雇用していた。だが間もなく労働階級が幅を利かせるようになり、一九一〇―六〇年の間は労働者階級が四〇パーセントを占めるようになった。一九七〇年代以降はサービス階級が主流となって労働人口の四五パーセントを占めていたが、この主流も、クリエイティブな自己実現階級が上昇を続ける中で消滅しつつある。こうした労働サイクルは、マズロー的な個人の発展における集団での移行が、国の社会経済的成長と相関関係にあることをまざまざと思い出させる。

ニワトリも、タマゴも

イングルハートとフロリダの主張の中心は、国家の変化が個人の願望の変化と相関関係にあるという点だ。

これらは、表裏一体なのだ。

これが明白に思えるなら、社会的大義が、人の価値観や願望をまったく無視し、外部から「賢明」と言われる成果を押しつけようとする試みに満ちみちていることを思い出してほしい。プロジェクトは蚊帳、ノートパソコン、改良品種の種に注力するが、それを使う人々の育成にはほとんど注力しない。GDPの増加は、たとえそれが高騰する医療費によって引き起こされたものでも、みんなが困窮している中で財産を増やし続ける一握りの富裕層によって引き起こされたものでも、常に歓迎される。選挙は、たとえ国内の政府機関や社会規範が民主主義への準備ができていなくても、民主主義につながるものとして期待される。あまりにも多くのプロジェクトが、より深い変化をもたらすことよりも表面的な状況だけを改善することに集中し過ぎている。

内面的成長という基盤なしに慌ただしく構築された社会制度は、残念ながら霧散してしまうことが多い。イラクとアフガニスタンの民主主義がいい例だ。イングルハートとヴェルツェルは、選挙さえやればより幸せでより忍耐強い、あるいはより自由を愛する人々が生まれるという概念すべてに辛辣な攻撃を仕掛ける。彼らのデータによれば、ソ連崩壊後の国々では、一九九〇年代の民主主義への移行に引き続いて起こったのは信頼、忍耐、幸福度の減少だった。これが重要なのは、「民主主義が根付くかどうかは、民主的政府のもとで暮らすことによる単なる習慣化よりも、自己表現価値観が持つ強さによるところが大きいと思われる」からだ。そして彼らはこう結論づけた。「もっともすぐれた設計の制度でも、それに見合った大衆文化がなければならない[36]」。民主主義の介入パッケージがうまくいくのは、基礎となる国民の価値観が民主主義を助長するものである場合のみだ。

では、どちらが先なのだろう——個人の内面的成長か、社会の内面的発展か？[37] 考えられる答えは、お互いがお互いを引き起こしているというものだ。個人の成長は国の成長につながる傾向があるし、逆もまたしかりだ。社会経済的成長とマズロー的発展は、強い相関関係にある社会現象の多くがそうであるように、少なくとも富が一定のレベルに達するまでは、相互に補強し合う。より裕福になると、人は生存を越えた何かに向けた願望を抱くようになる。そしてより多くの人々が生存以上の何かに対する願望を抱くようになれば、社会は自らを豊かにしていく。

個人と社会の成長が相互補強している間、私たちは双方の制御可能な要因に注意を払うべきだ。個人レベルでは、自分自身と他者の内面的成長を目指す。社会レベルでは、社会の心、知性、意志に見合った、それらをはぐくむ制度や政策の構築を追求するべきだろう。では、それを貫くための政治的意志、集団の内面的成長を別とした、政治的意志とはいったいなんなのだろう？

思いやり階級？

この章の冒頭で、インドの労働階級に属しながら内面的成長を経験しつつある個人の例、ナラシムハを紹介した。今度は、インドでもう少し快適な階級に属する子どもたちを紹介しよう。彼らの中でも、また別の形の成長が起こりつつある。彼らは、ほかの願望にもっと関心を持っているのだ。

私がインドで一緒に仕事をした研究者の中に、ニンミという一児の母がいた。若いころに取った社会人類学の学位をもとに、都市部のスラムにおけるテクノロジーの研究をしようとしている女性だ。ほかにもサウラブという、インドの恵まれない学校制度のために自分に何ができるかを考えた才能あふれるコンピューター科学者、学究心と公共サービスの両方を追求した情熱的な開発経済学者アイシュワリヤ、自分の研究からもっと社会的影響を引き出したがっていたデザイン研究者インドラニもいた。

彼らは皆、比較的裕福な家族のもとに育っている。そして関心を向ける先はそれぞれに異なっていたが、経済的・社会的安定にはおおむね無頓着だった。代わりに彼らが求めたのはさまざまな度合いの尊敬、実績、そして自己実現であり、自己超越にも強く惹かれていた。親世代と比べると、彼らの願望は変化している。自分たちの持てるものを、自分たちほど恵まれていない人々と分かち合いたいと思っているのだ。

クリエイティブ・クラスが集団としての自己実現を代表するとすれば、集団としての自己超越が「思いやり階級《コンパッショネート》」につながるのではと想像したくなる。国内のニーズがあまねく満たされ、主な願望が世界の平和と繁栄であるという国を想像してみてほしい。そのような国は国民のニーズを満たすことができるものの、国家としての第一目標は経済成長ではない。自己充足的で利他的な人々が自らのみならず他者の内面的成長をも促進する国になるのだ。新植民地主義的な「白人の責務」の利己的あるいは布教的やり方などは用いられない。

世界の一部の戦略がすでにこの方向に進み始めていることを示す兆候はあると私は思っている。たとえばアメリカでは、寄付やボランティアの割合は景気後退で少々落ちこみこそしたものの、今は過去最高の数字に近づいている。現在、非営利組織の数は一五〇万を超え、毎年約五万の新しい組織が生まれている。[38] 二〇一一年には、アメリカの成人の二七パーセントがさまざまな目的のために合計一五二億時間をボランティア活動に費やした。これも歴史的な数字だ。[39] 二〇一三年の寄付金の合計額は三三五〇億ドルで、景気後退直前の二〇〇七年に到達していたピーク時の金額に迫る勢いだ。[40]

こうした傾向は、若いアメリカ人の間で特に顕著に見られる。二〇一三年、カリフォルニア大学ロサンゼルス校の高等教育研究所が学生を対象に調査を実施した際は、新入生の七一・八パーセントが「人を助ける」ことが人生において重要だと回答した。これは一九八〇年代後半以来の最高記録だ。[41]「世論調査界のノストラダムス」フランク・ルンツは、「二〇二〇年世代はうまくやりたいと思うと同時に、いいことをしたいとも思うだろう」と述べている。[42] 彼らの多くが、富裕層のX世代から生まれた子どもたちだ。X世代は経済的に安定しているだけでなく、一定の社会的地位と自己実現を提供できることが前提となっている世界で育った世代だ。[43] 彼らの親たちはすでにやりたい仕事をやれていたので、前の世代が経済的安定は保証されているものと思って育ったのと同様、この世代も満足できる仕事が保証されているものと思っている。今彼らが感じているのは、自己超越のための初期の願望なのかもしれない。

『世界を変える人たち』の著者デヴィッド・ボーンスタインは、同様の傾向がほかでも見られると述べている。バングラデシュで活動している二万もの非政府系組織の大半が、過去四半世紀に立ち上げられたものだ。フランスでは一九九〇年代を通じて、毎年平均七万もの市民グループが設立されていた。その同じ時期、ブラジルでは市民グループの登録数が六〇パーセント増加した。この時期は、国際的市民団体の数が六〇〇〇から二万六〇〇〇に増えた一〇年でもある。[44] ジョンズ・ホプキンス大学のレスター・サラモンと同僚らは、「組織的、個人的、有志による、あるいは非営利の活動の大きく急激な高まりがここ三〇年かそれ以上の間、世界中で起こっている」ことに気づいた。[45]

中にはもっと先へと進み、慈善活動の目標を国家政策の中央に据える国もある。スウェーデンとノルウェーは、政府開発援助（ODA）で世界を牽引している。どちらの国も、国民総所得の一パーセント以上をODAに割いているのだ。この二カ国のすぐあとに続いているのがルクセンブルク、デンマーク、そしてオランダだ。[46] これらの国々は国民一人当たりの人道的援助目的での寄付額でも上位を占めていて、ルクセンブルクの二〇〇八年の寄付額は国民一人当たり年間一一四ドル。ノルウェー、スウェーデン、アイルランド、デンマークがあとに続く。[47] これらの国が世界価値観調査の世俗的合理的、および自己表現価値観で非常に高い位置につけているのは偶然ではないだろう。ひょっとすると、これらの国々はこの指標を満たしきってしまい、より思いやりにあふれた次元へと駒を進めているのかもしれない。

私は、この世界の重要な一部分が、純然たる利他主義の聖人めいた領域へと超越していっているのだと言いたいわけではない[48]。対外援助計画には問題が山積みだ。そして活動を通じて栄光を得たいという欲求は、富を通じて栄光を得たいという欲求と同じくらい強いものかもしれない。活動家の多くが公益のための活動というマントをまとうが、それでも認めてもらいたい、あるいは英雄としての地位を得たいと望む[49]。だが、明るい兆しがないわけではない。先進国における近年のクリエイティブ・クラスの台頭は、これまで見られなかった傾向だ。世界中でジェンダー格差は縮まりつつある。そして心理学者スティーブン・ピンカーが力作『暴力の人類史』でまとめているように、人間の暴力の度合いは長きにわたる文明の中で減少傾向にある[50]。より多くの人々が出世階段やウォールストリートがもたらす富、自己中心的な承認以外の何かへと関心を移していくその傾向は、新たな願望の幕開けを示唆している。

さらなる成長は可能だが、保証されているわけではない。幅広く思いやりのある世界が実現する日が来るのかどうか、それは定かではない。現代の地球文明は、消費と個人的達成を特徴とする自己実現の形にとらわれているように思える。だが自己超越的世界がたしかなものではないとしても、そこに向けて努力する価値はある。それは信じるだけの価値がある夢であり、実現可能な自己充足の予言であり、私たちの未来に向けたより明るい願望なのだ。

第10章　変化を育てる
——社会的大義の枠組みとしてのメンターシップ

私の両親は、学校の成績については割に鷹揚だった。だがピアノのレッスンとなると、鬼のように厳しかった。レッスンを受けさせられるようになったのは、私が五歳のときだ。そして大学進学のために私が家を離れるまで、辞めさせてくれなかった。私は練習が大嫌いだったが、母は毎日一時間はピアノの前で過ごすよう私に強要した——そして発表会やコンクールが近くなれば、もっと長い時間を。(1) ピアノのレッスンに行くときは、母は必ずついてきた。家でも私の横に座り、ピアノ教師の指示を反復していた。「おまえはプロのピアニストにはならないかもしれない」と父は言ったものだ。「でも、役に立つことが学べるよ」。当時はそれが大人特有のたわごとのように聞こえたが、今にして思えば、父は正しかったのだとわかる。今の私はどうがんばっても不器用なピアニスト以上にはなれないが、鍵盤に向かい続けて学んだことは多かった。複雑な技術を練習する方法、何ページにもわたる情報を暗記する方法、退屈な作業（音階の練習など）にでも楽しみを見出す方法、反復練習に創造力の入る余地を見つける方法、一人で練習する方法に他人と一緒に練習する方法、人前で演奏する際の緊張に対処する方法、美的目標を達成するために知性と感性を融合させる方法、等々。そして、すべての良い教育から得られるであろう、もっとも貴重な教訓も学べた。人生の非常に多くの部分が技能と習慣の両方に根差していて、ほぼすべてのことは十分な練習を積めば習得できるということだ。言うまでもなく、音楽だけがそうしたことを学ぶ唯一の方法ではない。同様の教訓は、スポーツ、ダンス、ビジュアルアーツ、学問、コンピューター・プログラミングをはじめ、長期的な訓練への取り組みを要するすべての行為からも学ぶことができる。

熟練に近道はない。どのようなテクノロジーも、制度も、政策も、手法も、初心者を一夜にして一流のピアニストに変身させることはできない。メトロノームやチューナーは学習のための大事な補助器具だし、ラジオや iPod のようなテクノロジーも音楽を簡単に「測らせて」はくれる。単純に聞こえた音を反復するだけが目標だとすれば、だ。だが自動演奏ピアノのスイッチを入れられるだけの人を音楽家とは呼ばないだろう。音楽家は、自ら音楽を生み出せなければならない。真の妙技には、やる気に基づく長年の努力が必要なのだ。

これが個人について言えるのなら、国中の人を一流の音楽家に仕立てるには何が必要だろう？　ベネズエラでそのヒントが見つかる。一九五〇—六〇年代、ベネズエラの二大都市カラカスとマラカイボは、いくつかのプロのオーケストラの本拠地だった。このエリート集団はベネズエラの石油を資金源としていたが、楽団員のほとんどが欧米人だった。ホセ・アントニオ・アブレウは、ピアノとバイオリンを演奏する石油経済学者だ。彼はベネズエラ人の音楽家が活躍する機会がほとんどないことに落胆し、一九七五年に数人の仲間を集めて若者のオーケストラを立ち上げた。最初の日、練習場所の倉庫に集まったのはたったの一一人。だがこの一一人は情熱に突き動かされて一致団結し、一日中練習し、家に帰るとほかにも人を集めてきた。二日目には、参加者は二五人に増えていた。三日目には、その数は四六人になっていた。

一カ月もしないうちに七五人から成るオーケストラができあがっていたが、中には楽器をほとんど演奏できない者もいた。アブレウは一日最大一二時間もかけて練習をさせた。年長のメンバーには年下の練習を見てやるように頼みもした。ほどなく、彼らは政府の大臣や高官の前で演奏するようになった。メキシコのルイス・エチェベリア・アルバレス大統領も演奏を聴いた一人で、彼はオーケストラの演奏に感銘を受けたあまり、自国で演奏してほしいと招待までしたほどだった。初期のこの成功を基盤に、アブレウはオーケストラを海外のイベントに連れて行くようになった。じきに、オーケストラは世界的に高い評価を受けるまでになる。(2)

やがて、アブレウのもとには、同じビジョンを共有する人々が集まるようになった。彼らは国中、主に貧しい地区に音楽施設を建てていく。資金はベネズエラ政府、世界銀行、米州開発銀行、ユニセフなど、公的資金から確保した。この活動は、大きな政治的変化のさなかにも成長を続けた。現在、ベネズエラ全土に二八五の「支部《ヌクレオ》」が作られ、四〇万人の生徒たちが自由時間はたいていそこで過ごしている。彼らは練習し、リハーサルをし、ネットワークに属する三一のプロ交響楽団のどれかに入れることを願っている。(3) 地区内を歩くと、バッハやマーラーのしらべがどこからともなく聴こえてくるだろう。この活動はベネズエラではしっかりと根付いていて、地方の村に行くと家族がウシに「モーツァルト」や「ベートーヴェン」といった名前をつけているほどだ。国でもっとも優秀な音楽家たちが入るのが、シモン・ボリバル・ユース・オーケストラ。彼らはカーネギー・ホールで、ケネディ・センターで、そしてベルリンやロンドン、ウィーン、東京、北京などの大きな会場で演奏してきた。もっとも気難しい批評家でさえ、彼らを絶賛している。二〇〇九年、オーケストラの二八歳の指揮者グスターボ・ドゥダメルが、ロサンゼルス・フィルハーモニックの音楽監督にスカウトされた。ベネズエラ出身の神童が、世界トップクラスのオーケストラを率いることになったのだ。

彼は、「次のレナード・バーンスタイン」と呼ばれている。

アブレウは、自分が立ち上げた組織を「ベネズエラの児童および青少年オーケストラの国民的システムのための国家財団 Fundación del Estado para **el Sistema** Nacional de las Orquestas Juveniles e Infantiles de Venezuela」、略して「エル・システマ」と名付けた。だがこの組織は「システム」ではない。社会運動だ。エル・システマには今では学位を授与する音楽学校、特定の楽器を専門とするアカデミーの数々、ジャズやベネズエラ民族音楽の講座、弦楽器職人のための実習制度、特別な支援を必要とする子どものためのカリキュラム、保育園教室、新米ママと赤ちゃんのためのプログラムまである。エル・システマ・グループは、さらに約五〇カ国に活動を展開させている。

音楽のない国があったとして、そこがどのような介入パッケージを使っても音楽の楽園に変えられるなどとは思わないだろう。そう、バイオリンのような技術が必要だし、場合によってはMP3プレーヤーも要るかもしれない。大勢でリハーサルができる場所も必要だし、資金も、活動を支援するための法や命令も必要になるかもしれない。だがそれらがすべてそろっても、練習や妙技が保証されるわけではない。介入パッケージでは、社会を純粋に音楽好きにすることはできない。もっと何か——劇的な何かが必要だ。それはたとえば有能な指導者のひたむきな献身であるかもしれないし、市民の支援と寛大なスポンサーかもしれないし、情熱を持った音楽家たちや運営者のネットワークであるかもしれないし、音楽を愛するように一人ひとり大切に育てられた子どもたちであるかもしれないし、励ましとともに活動する社会であるかもしれない。そしてそのすべてが、何世代にもわたって続く必要がある。

社会的変化は壊れた機械を直すようなものではなく、オーケストラを育てるようなものだと考えると、介入パッケージについて私たちが持っている考え方のあまりにも多くが笑えるほど表面的なのに気づくだろう。

社会の発展には人の変化が必要で、それが測定可能な行動として普及するまでには何年もかかるかもしれない。[4] これは考えてみればあたりまえの話なのだが、パッケージ化された安易でけばけばしい応急措置のにぎやかさに埋もれて、ますます見落とされがちな話でもある。エジプトの革命やアメリカの同性婚の合法化のような目に見える出来事はあまりにも素早く起こるので、それがフェイスブックや、たったひとつの法律または判決で実現したと、つい勘違いしがちだ。だが、これらが長い歴史に基づかない瞬間的な出来事であると考えることは、まるで交響曲を、そこらへんを歩いている人々がたまたま楽器を手にしてちょっと音でも出してみようかと思いついただけのフラッシュモブ〔ウェブを通じて集まった参加者が特定の場所でアクションをおこない解散するパフォーマンス〕だと考えることにも等しい。もちろん実際は、舞台上で奏でられる音のひとつひとつが、何十年とまでは言わないまでも何年にもわたる個人と集団、そして世代を超えた努力が響き合った結果生まれる。テクノロジー至上主義的な近道など、存在しない。

だが、近道が存在しないのであれば、社会的大義に貢献したい私たちはどうすればいいのだろう？　本書の最後となるこの章では、他者の内面的成長をはぐくむアイデアをいくつか紹介する。テクノロジーと介入パッケージが人的能力の増幅要因であるのなら、テクノロジー至上主義的な道具がすでにあふれているこの世界でもっとも重要な質問は、内面的成長をいかにして育てるかだ。

ギークと教祖《グル》と

私は、見るからに幸せそうな三〇歳の女性、ジェイシュリー・ディッギに釘づけになったまま座っていた。ジャールカンド州東部に建つなんの変哲もない四角いビルのセメントの床に、四〇人ほどの女性たちが座っている。ディッギは二つの自助グループに属する彼女たちを代表しているのだ。早口のヒンディー語で、彼女は自分が暮らすロンジョ村がデジタル・グリーンの動画で教えていた、すぐれた稲作方法を取り入れるようになった経緯について語った。ディッギは村の地図を示し、稲作による各家庭の収入増についての統計をすらすらと並べ立てた。後ろに控えた女性たちの中にはディッギの倍くらいの年齢の女性もいたが、全員が彼女を尊敬し、彼女の下に一致団結しているように見えた。

これは二〇一一年七月の話だ。私を含むデジタル・グリーンの理事数人が、インドの地方ジャールカンドでのスタッフの働きぶりを視察しに訪れたのだった。インドのもっとも貧しい州のうち七州で約三五万世帯を対象に活動する先駆的な非政府組織「プラダン」とのパートナーシップについて知りたいというのが、視察の目的だった。プラダンのプログラムは農業、医療、インフラ、地方自治など幅広い分野を対象としており、パートナーとなる地域ではさまざまな成果が得られていた。収入が二倍、三倍に増えた村もある。安全な水が手に入るようになり、病気が減った村もある。ディッギのような若い指導者に誇りを抱く者もいる。多くが、地元政府との基盤となる関係を構築していた。(5) プラダンはインドの貧しい地方農村を啓蒙し、その社会経済的発展の可能性を広げようとしている。

アブドゥル・マンナン・チョードリーは、プラダンでロンジョ村を担当するシニアスタッフだ。プラダンがロンジョ村で活動を始めたころ、ディッギは近代農業、金融、政治についてはほとんど知らない、物静かな新米ママだったと言う。インドに大勢いる地方の村人と同じで、僻地の農村に生まれ、公式な教育はほとんど受けずに育ち、大変な農業労働の暮らしに慣れ親しみ、若いうちに嫁にやられ、村の外の生活はほとんど知らず、権力に弱く、自分の考えを持つことを奨励されてこなかった。

だが今のディッギは、その当時の彼女とは似ても似つかぬ人物になっていた。彼女と自助グループの仲間たちは新しい稲作技術の詳細を理解しているだけでなく、銀行から融資を受け、「パンチャヤート」と呼ばれる地元の政治制度にも積極的に参加していた。グループの一人が、最初は銀行の職員たちに腰が引けたが、今では彼らと堂々と渡り合える、と告白した。ディッギは、自分を含む女性たちが徐々に村の政治にかかわるようになった経緯を説明してくれた。今では、村の集会の参加者は半数以上が女性だ。彼女たちは政府の役人とも定期的に会合を持っている。ディッギは自分の活動に誇りを持っていると進んで語ったが、それもすべて、ゆくゆくは自分の子どもたちと村のためだと言う。次の世代に、たしかな教育を保証したいのだそうだ。

視察に参加した私たちは全員、表向きはデジタル・グリーンの動画制作過程を見るために現地に行っていた。だがそれだけではなく、実はプラダンが推奨する農業技術にも興味があった。つまり、ギークっぽい介入パッケージを見に行っていたというわけだ。だが自助グループの女性たちと触れ合う中で、彼女たちこそが真実の物語だと気づいた。ディッギはその知性とカリスマで私たちを魅了した。チョードリーは、これまでの数年間でディッギが「コミュニティ内での交流術とプレゼンテーション能力とを向上させ、自信を倍増させる」のを目撃してきた、と語った。

では、ディッギはどのようにして今の彼女になったのだろう？　少なくとも、デジタル・グリーンの動画が教える稲作技術そのものが原因ではないはずだ。自助グループと一緒に借りたローンでもない。地元の村の集会で投じた一票でもない。テクノロジーによって実現したり、法によって強制されたり、インセンティブを通じて誘発されたり、市場で交換されたりする行動変化以上の何かが、そこにはあった。ディッギと彼女の自助グループがプラダンとおこなっている独特の取り組みは、エル・システマが音楽初心者からオーケストラを作り上げたのと似ていなくもない内面的変革を促したのだ。ディッギのすべてを変えたのは、プラダンのメンターシップ（助言）だった。(6)

メンターシップのモデル

メンターシップ（助言）においては、一方の当事者がもう一方を支援し、後者が願望を達成する能力を身につけられるようにする。そして双方が大きな内面的成長を遂げる。助言者、被助言者は個人であるかもしれないし、グループや、あるいは国全体であってもいい。三〇年という時間をかけて、プラダンは村との取り組み方について一連の戦術を確立した。それをひとつずつ検討すれば、すぐれたメンターシップの要素を理解できるようになるだろう。ここでプラダンを例に挙げるのは私が彼らの手法について詳しいからで、プラダンが非常にうまくその手法を実践しているからだ。だがほかにも、称賛されてもいなければ十分な資金を受けてもいないし、「メンターシップ」という呼び方すらしていないかもしれないが、主な手法がメンターシップであるという組織はある。すぐれたメンターシップの要素に光を当てれば、今その手法に取り組んでいる組織がより見えやすくなり、ほかの組織がより効果的に活動できるようになるはずだ。

被助言者を運転席に座らせて関係を構築する　プラダンが活動地域を特定すると、スタッフが毎月数日を現地で過ごし、数カ月かけて住民と関係を構築する。チョードリーの前任者が、ロンジョ村の初代スタッフだった。彼はまず話ができる住民を特定し、彼らの作業を手伝い、日常生活の中で彼らとともに過ごした。信頼に基づく関係は、すぐれた助言には欠かせない。だがいい関係を築くには、時間がかかるかもしれない。

メンターシップはまた、当事者間の地位の違いも明確に認識する。プラダンと活動対象の村では、これは自然にわかる。違いが、隠しようもないくらいに一目瞭然だからだ。プラダンは、支援ができるとわかっている場所に人を送りこむ。ロンジョ村にスタッフが入ったときは、貧しく、受け身で、教育を受けていない村人たちと会った。一方、プラダンの従業員はほとんどが大卒者で、ヒンディーと英語のバイリンガルだ。村人のほとんどが買うことのできないバイクで村に乗りつけ、村人のほとんどがテレビでしか見たことのない若々しく都会的な雰囲気をかもしだしている。地位の格差を認識することが、虐待や搾取に警戒する基盤となるのだ。(7) プラダンのプログラム・ディレクターで元事務局長のアニルバン・ゴースいわく、「被助言者のコミュニティは脆弱です。「信任」の精神で取り組むのは私たちの任務です」。

構築した関係が弱かったり、プラダンが提供できるものに対する村の関心が低かったりすれば、その関係は終わってしまう。被助言者候補は、メンターシップを拒否する権利を有している。法による強制や地元への相談がないまま走り出すプロジェクトとは異なり、純粋な助言関係を構築することを、双方が自由意志で選ばなければならない。逆に、助言者が自分たちの信条に沿わない活動を避けたり、誠実さが見られない被助言者候補との活動を拒否したりすることもある。プラダンは、組織の意図や専門性を尊重してくれない村からは撤退することもある（このように手を引くことは、不幸にも国際開発にありがちで一見似ている習慣、すなわち「我々は経済上のアドバイスと一〇億ドルの低金利ローンを提供するから、そっちは輸入税率を引き下げろ」といった強制的な取引とはまったく違う。あるいは、もっと一般的な「そっちがXをすればこっちはYをする」という取引とも違う。これらは助言ではなく、恐喝だ）。

行動計画を策定し、取り組みの条件を決めるのは被助言者自身であるべきだ。被助言者は自らの願望を守りながら、助言者の思惑をあれこれ勘ぐらないようにしなければならない。そして助言者側は、自らの世界観を被助言者に押しつけたくなる欲求を抑えなければならない。こうした姿勢を構築すること自体が努力を要するかもしれないが、それも活動の一部だ。

だが、被助言者が行動計画を管理している場合、助言者は予期せぬ事態に備えておく必要がある。私はあるとき、非営利組織「開発オルタナティブ」とともに活動している元インド空軍中尉Ａ・Ｖ・Ｍ・サーニから こんな話を聞いた。サーニは、川の流れをゆるやかにし、近隣の田畑が水を吸収しやすくする小型の砂防ダムの支持者だ。砂防ダムは、乾季の間でも乾燥した土を湿り気の多いローム層に変えてくれる。サーニがインド中部の都市ジャーンシ内外のいくつかのコミュニティで砂防ダムの造り方を助言して回ると、住民たちは楽に二毛作が実現できることに気づいた。それまではどうがんばっても年一回しか作物を作れなかったのだ。一夜にして年収が倍増した彼らは、大喜びだった。だがサーニにはもっと大きな野心があった。もう一回、作物を作れるはずだと考えたのだ。植え付けの日程をほんの少し調整すればいい。だがこの変更を提案すると、農家が抵抗した。「村から村へと歩き回って俺たちをもっと働かせようとしているこの親父は何者なんだ？」サーニは、笑いながらこの話をしてくれた。「そうですよね、人々が望んでいるもの以上の何かを押しつけても意味がありませんよね」。

目覚める願望　いったん関係が構築できると、プラダンは村に対し、定期的に会合を持つ自助グループを作るよう勧める。ディッギは、二〇〇二年にロンジョ村に作られた二つのグループの片方に加入した。ここでのプラダンの活動は幅広い、とチョードリーは説明する。

一番はじめは、概念の種を蒔くための会合を持ちます。その後、プラダンが近隣のエダルベラ村で支援した既存の自助グループの男女メンバーを視察訪問し、自助グループの詳しい話を聞かせてもらいました。既存の自助グループのメンバーと交流を持ち、グループの運営原則、細則、メンバーの利益などについて議論したのです。この視察のあと、ロンジョ村の住民ともう一度会合を持って、参加に関心があるかを尋ねました。そしてその次の会合で、自助グループを結成したのです。

プラダンの穏やかだが粘り強い促進活動は、自助グループ内に活発な団結心《エスプリ・ドゥ・コール》を生んだ。現在、ロンジョ村には一三、インド国内には二万二〇〇〇を超える自助グループがある。[8]

結成された自助グループの最初の仕事は、願望を明確にすることだ。だが正義の負け組の側にいることに慣れた地域では、願望は呼び覚まさなければならない場合がある。「私たちの取り組みで一番難しい障害は、腐敗した官僚でも不十分な政府主導プログラムでもなく、村の中や家庭内での対立でもありません」とゴース。「たしかに、そうした問題も存在はしますが」。一番難しいのは、現状に屈している村人の意識を変えることだそうだ。「神ご自身が降臨したとしても事態は変わらない。自分で何を変えられるって言うんだ？」と彼らは言う。このためプラダンは穏やかながらも頻繁に励まし続け、今村人たちが持っている強みを足がかりにする。やがて、コミュニティは失望から身を守るために何層も下に隠していた壊れやすい希望を見つけることができるようになる。[9]「貸金業者にこれほど頼るのをやめたい」「夫が酒を飲みすぎるのをやめさせたい」「使えるお金がもっと増えるよう、コメの収量を上げたい」。

このプロセスは、「願望の評価」とでも言えるものかもしれない。多くの社会活動家が訓練を受けたニーズ評価とは対照的なものだ。ニーズ評価の背景にある意図も、善意に基づいている――努力はコミュニティが実際に必要としていることに向けるべきであり、私たちよそものが彼らに必要だと勝手に決めつけたことに向けるべきではない。だが現実には、ニーズを押しつけずにいるのはほぼ不可能に近い。裕福な人々は、貧しい人々にはもっといい医療が提供されるべきだと考える。民主国家の国民は、ほかの国の人々には政治的自由が必要だと考える。大卒者は、誰もが高い教育を受けられるべきだと考える。ほとんどの読者にとってこれらは間違いなく重要だが、違う状況の別の人々にしてみたら、これらの「ニーズ」はもっと強い欲求の次かそのまた次に来るものかもしれない。

対照的に、人々は自らの願望にかなり注力する。その一例が、携帯電話業界に見られる。研究によれば、非常に貧しい人でも、高額な高機能スマートフォンを買うために一生懸命働くそうだ[10]。その根底にあるのは、地位と国際人としての洗練という願望だ。助言があれば、人々は願望の本質を満たすことができるようになる。知識、自信、生活力、社会的影響力を増やすことができるようになるのだ（一方、テクノロジー中心の取り組みは無料で携帯電話をばらまくだけだ）。願望はニーズよりもはるかに心、知性、意志を育てる。

プラダンにとって最優先の質問は、「このコミュニティがやりたいことはなんだろう？」だ。提案こそするものの、プラダンは自らのアイデアを押しつけすぎないよう、細心の注意を払っている。

内面的成長を促進する　願望で大事なのは内面的成長の促進なので、いったん願望が明確になれば、プラダンは技術専門家を呼ぶ。この専門家たちは技術を指導し、リソースの確保を手助けし、自助グループが関連機関と連携を取れるよう支援する。チョードリーによれば、

［プラダンは最初に］自助グループの仕組みについての研修を実施しました。貯蓄プログラムやマイクロクレジットについて説明したのです。彼らの法的権利や資格についても説明しました。それから、呪術やアルコール中毒、家庭内暴力といった社会悪について話し合いました。ディッギも含めた少数の選ばれたメンバーたちがそうした社会悪やジェンダー問題に対して講じることのできる法的対策についての研修を受けました。彼女たちは、コミュニティ内で手に入るさまざまな天然資源についても学びました。土地や水に関する活動は、灌

漑インフラの資金を提供する「ジャールカンド部族開発協会」との連携を通じて実施されました。直近では、ロンジョには新しいコメの品種が導入され、稲作技術の改善に取り組みました。

活動全体を通じて、焦点はコミュニティの能力向上に絞りこまれている。自助グループが自力で願望を達成できるように、プラダンは支援と指導を提供する。ディッギのような人々が、プラダンの指導を直接受けるのだ。

プラダンは、村の活動を自分たちがやるのは極力避ける。代わりに、村人たちが自力で目標を達成できる方法を促進している。指導の過程で実演してみせることもあるかもしれないが、プラダンが村の代わりに継続的に何かを実施するということはしない。プラダンがロンジョ村の農業生産物に注意を向けているとしたら、それは主に、ロンジョ村の習熟度が上がったことを確かめるためだ。収量が増えれば、プラダンの指導がうまくいっているという証明になる。助言者は励ましと刺激を与え、ときにはプレッシャーを与えることもあるが、被助言者にしつこくしたり、目標を勝手に決めたりはしない。

つまり、メンターシップとは知識、技術、人脈、その他個人やコミュニティレベルの英知の育成に注力するものだ。プラダンがコミュニティに提供する一番の贈り物はスタッフの時間と労力、そして専門知識であって、現金、食料、器材、インフラ、テクノロジーではない。プラダンは介入パッケージのために助成金や寄付金を得てはいるが、それもすべて、村が何か新しいことを学ぶために役立てられる（プラダンの長期的な目標は、村が自ら資金源を確保できるようになることだ）。プラダンがモノの提供から比較的切り離された活動をおこなっていることには多くの意味があるが、そのうちひとつが、メンターシップは比較的腐敗に耐性があるという点だ。政府の銀行口座に一〇〇万ドルの援助金を放りこんだら、汚職まみれの闇へと消えていく可能性がかなり高いが、助言者が費やした一〇〇万ドル相当の労働時間をポケットに入れるのは難しいだろう。それを踏まえた上で、メンターシップは効果的かつ適切に価格設定されなければならない。助言者を名乗っておきながら、報告書を書いたり次のプロジェクトを確保したりする以外にたいした活動もしないのに給料をもらいすぎているコンサルタントのポケットを、さらに膨らませてやる筋合いはないのだ。

被助言者の願望に注力すれば、人にレッテルを貼ったり、被害者を責めたりといった問題が避けられる。願望の階層は主に、人の発展の地勢を地図に描き出すためのものだ。その地図は、描かれた頂点に理論上は到達することが可能だと実証してくれる。だが地図は具体的な道程を示してはくれない。それは人がどこから旅を始めるか、どのような嗜好や能力があるかによって異なる。山のどの地点にいるかというよりも、山を登っているという事実が重要なのだ。大事なのはどっちが上かをわかっていることで、「上」は願望が示してくれる。

助言者としての私たちの役割は、人々の判断力をはぐくみ、彼らが自力で願望の階段を昇って行けるようにすることだ。次の一歩を、私たちが決めてやる必要はない。メンターシップに最終目標があるとすれば、それは被助言者が自力で目標を達成できるようになる地点だろう。これこそ、プラダンが自助グループの自律の育成にこれほど力を入れている理由だ。(11)

教育と子育て　ここまでいろいろと述べてきたが、被助言者の願望が明確にならない、あるいはまだ形成されていないという場合もある。これは子どもが対象の場合に多く見られるケースで、その場合、特殊な助言が必要となる。子育てと直接指導だ。

だが私が出会ってきた大人にも、自分自身についての小さな決断ですら恐れているため、ほとんど自分の人生について語らない人々がいる。プラダンの活動地域には、当然ながら、ディッギのようには決してならない女性たちもいる。彼女たちは、夫や仲間たちにただ従っているだけで満足なのだ。それでも、多少は成長したいという衝動があるはずだ。役立つ技術を教えることは、知識を育てるだけでなく、学ぶことができるという自信も育てる。そうした人々に対しては、教育は効果的なメンターシップになり得る。ただし、内面的成長に注力しておくことが重要だ。より一般的に言えば、社会的大義においてもっと注目を集めてもいい教育領域はいくらでもある。小中高教育は言うまでもなく、職業訓練、職業意識向上、ソフトスキル教育、自信構築訓練、芸術・スポーツ能力育成、リーダーシップ・経営能力育成、コミュニティ構築、組織開発、いわゆる能力開発などもそうだ。内容によっては、これらのいくつかが個人や集団の願望に最適ということもあるかもしれない。

そしてこれらがすべてではない　内面的成長、そしてそのための指導は、時間がかかるものだ。プラダンは何年も、ときには何十年も、ひとつの村で活動する。自助グループが完全に自立して、これ以上教えることも支援することもなくなるまで活動を続けることもしばしばだ。

プラダンの唯一の目的は、村の利益だ。メンターシップは、ビジネス、商取引、政治交渉や、その他の取引を伴うプロセスとは根本的に異なる。取引関係においては、地位が低いほうの当事者が地位の高いほうの当事者のために何かしらの仕事をしたり、助言や支援と引き換えに直接代償を支払う場合がある。[12]これらはメンターシップのように見えるが、ここで生じる利害関係は、搾取につながる可能性がある。地位が高いほうの当事者の直接的で目に見える利益は、メンターシップの真の目的と矛盾している。物質的交換はすべて慎重に、透明性をもって、ときには疑いの目さえ向けておこなわれなければならない。

もちろん、助言者が得るものがまったくなかったら、メンターシップはなかなか実施されないだろう。だがメンターシップは、助言者にとっても満足でき、力を得られる行為だ。私がボランティアで参加したプログラムのいくつかは助言者が多すぎて、被助言者候補の注意を惹こうと助言者同士が競争していた。うまく実施されれば、メンターシップは深い思いやりと共感を伴う活動だ。アリストテレスの「人は正しい行為をおこなうことで正しい人間となり、節度ある行為をおこなうことで節度ある人間になり、勇敢な行為をおこなうことで勇敢な人間になる[13]」という言葉が正しいのなら、メンターシップを通じて、私たちはより寛大な、自己超越的な人間になれるはずだ。

メンターシップは、介入パッケージを「展開」または「大規模化」する努力とはかなり異なる。人々が個人的願望を達成できるよう手助けすることが目標なのであれば、行動計画はそれに合わせて調整するべきだ。たとえばプラダンはさまざまな介入パッケージを実施することができるが、村のコミュニティが望んだ場合にしか実施はしない。重要なのは介入パッケージをすべてのコミュニティに押しつけることではなく、コミュニティの願望に介入パッケージを合わせることだ。「私たちは自分たちがサービス提供組織だとは思っていません。むしろ、希望を再燃させ、プロセスをはぐくむ仕事をしていると思っています」とゴース。「私たちは貧しいコミュニティが社会で対等な条件を手に入れられるよう、知識、技術、人脈を増やす手伝いをしているのです」。

最後に、すぐれたメンターシップに重点を置くのは大事なことだ。着飾っただけのメンターシップや、流行り言葉だけのメンターシップに重点を置いてはならない。メンターシップが失敗する原因はいくらでもある。あるメンターシップ（「能力開発」などほかの名前で呼ばれている可能性が高い）が失敗したり支持されなくなったりしたとしても、もっとうまいメンターシップができないという意味にはならない。

メンターシップは、概念を根本から覆すようなものではない。だが、それが社会的大義の模範として取り上げられることがまずないため、理論家、政策決定者、支援団体に無視されてきた。[14] だがメンターシップはトップダウンの権力、慈善的なパターナリズム、うわべだけの平等といった問題を回避する、包括的な枠組みになれるのだ。

メンターシップではないもの

メンターシップは、強制、操作、寄付、貿易といった社会的大義へのほかの取り組み方とは異なる。「強制」は、特定の行動を強要し制限する、物理的、法的な力を伴う。政権を変えるための軍事力や、人口を抑制するために中国がおこなった一人っ子政策がその例だ。「操作」はテクノロジー至上主義者たちの間で今流行している手法で、外的なインセンティブを通じた「自発的な」選択を誘導するというものだ。条件付きの経済支援を親に与えることで子どもを学校に通わせたり、健康に悪い商品に悪行税を課したりするのも、操作にあたる。[15]「寄付」は人の能力を育成しようという努力を伴わない無料配布で、緊急時には役立つかもしれないが、考えなしに実施すると成長を妨げる障害になりかねない。そして「貿易」は無条件にいいものだと思われがちだが、力や富が不均衡な当事者間でおこなわれると搾取につながる可能性がある。ブラッド・ダイヤモンド（紛争地帯で採掘されるダイヤ）やナイジェリアの原油がいい例だ。

メンターシップがもっとも研究されているのは、ビジネス界だろう。よく引き合いに出されるのがコーチングやマネージングで、どちらもメンターシップと同じように地位の格差を受容するが、大きな点でメンターシップとは異なる。[16] コーチングの一部の定義によると、コーチとは中身のない共鳴板であり、プログラム・マネージャーにすぎない。関係の中に技術的知識をまったく持ち込まないのだ。[17] コーチとは異なり、助言者はしばしば相手に関連のある専門知識やリソースをもたらす。またマネージングは他者に建設的作業をおこなわせる技術であり、その目的は通常、マネージャーの目標だ。重視されるのは高い地位にいる側の目標を達成することであり、メンターシップ関係とは逆になる。

以上の選択肢のいずれも、メンターシップを幅広い文脈の中でとらえれば、戦略的に使われることがあるかもしれない。私はほかの手法に反対して、メンターシップをおこなうことを推奨しているわけではない。より包括的な枠組みとしてのメンターシップを薦めているのであり、さらに言えば、メンターシップを意識的に増やしていくことを薦めているのだ。メンターシップは、さまざまな事態の中で臨機応変に切り替えることができる。内面的成長のより幅広い目標のためには、ほかの手法を賢く活用することもあるかもしれない。だがそれは常に被助言者の願望と内面的成長のためだ。メンターシップが長期的に理想とするのは、相手の独立と成熟なのだ。

外的パッケージから内面的成長へ

メンターシップについていろいろと述べてきたが、テクノロジーが適切な場合の「テクノロジーによる増幅」を見過ごすのはもったいない。ロンジョは新しい品種の種子を活用したし、貯蓄プログラムも、ほかの介入も、プラダンとともに活動する中で取り入れてきた。賢明な個人または社会が賢明な方法で適切なものを活用する限りにおいて、介入パッケージは重要だ。だがその活用に際しても、内面的成長をはぐくむチャンスは常に存在する。

本書で見てきたとおり、デジタル・グリーンは農業技術のハウツー動画を教材に、効果的な農業手法を取り入れるよう農家を説得している。このために彼らは膨大なオンライン動画のライブラリーを持っていて、成果をトラッキングするデータ分析システムを管理し、小型ビデオカメラやピコプロジェクター（文庫本くらいの大きさの携帯型プロジェクターで、デジタル動画を暗い部屋の壁に写しだすことができる）を活用する。つまり、テクノロジーは彼らの活動の重要な一部なのだ。

だがデジタル・グリーンの究極の目標は農家の収量、収入、幸福を向上させることである一方、人的能力の構築にも強く焦点を合わせている。そのための方法はいくつもある。まず、デジタル・グリーンの動画や、農家の知識と能力の育成についての教授法が挙げられる。動画は地元に密着したものになるよう慎重に企画が練られ（作物の種類、季節、天候、地理）、内容については、わかりやすい見返りがもっとも早く得られる方法をまず見せるようにする。こうすれば、農家は自信をつけ、もっと知識を欲するようになる。次に、デジタル・グリーンは主にパートナーに手法を教えるという活動をおこなっている。プラダンと活動したとき、デジタル・グリーンは村で動画の試写を直接監督するところから始めたが、やがてこの作業はプラダンのスタッフに委ねられ、関心を示した自助グループにプラダンのスタッフが研修をおこなうようになった。

つまり、ここには介入パッケージがあるということだ。それは考えようによってはハウツー動画かもしれないし、デジタル・グリーンの手法全般のことかもしれない。だが農家にせよ、そしてパートナー組織のスタッフにせよ、活動対象の内面的成長を促すことが究極の目標だ。ここでもやはり、重要なのは介入パッケージではない。

介入パッケージを提供しようという意図のあるところには、必ずメンターシップの余地がある。人に魚を与えればその日一日は生き延びられるが、飢えた人に魚の釣り方を教えれば一生涯食いつないでいけるという理論にはたいていの人が同意するだろう。だが他人の問題を解決するために、モーター付き、熱センサー付きの全自動釣竿を開発などしないのと同様に、ただ釣りを教える以上のことが私たちにはできるはずだ。

釣りを教える指導員を支援し、起業家には釣り具を製造するよう奨励し、きちんと管理された魚市場を運営できる政策決定者を後押しし、魚類学調査を実施する大学を育て、持続可能な漁業に向けて国を応援することもできる。そうすれば、社会は力をつけ、私たちの力がますます不要になっていくはずだ。

農業開発における証拠を見れば、農家と農業支援組織の成長に貢献するプログラムは成功することがわかる。農業指導員が農家に現場で実践的技術を見せる「ファーマー・フィールド・スクール」の実績は調査で証明されている。[18] 南アジアの「緑の革命」に伴う収量増加は農業指導の強化だけでなく、新品種の種の導入にもよるところが大きい[19]（土壌や農業システムへのマイナス効果に対する疑問は脇に置く）。現在、中国は農業指導を信じ続ける数少ない国のひとつで、質・量ともに他に類を見ない、八〇万人近い指導員を国中に派遣している。その結果、中国の農家は活気づき生産性が高くなった。[20]

介入パッケージは、内面的成長をはぐくむための具体的な活動の中心と考えることができる。農業が改善したおかげで、ディッギの家族が昔より多くの収入を得られるようになったのはすばらしいことだ。だがそれよりも本当にすばらしいのは――そして持続可能なのは――ディッギが自信に満ちたコミュニティ指導者へと変貌したことだ。彼女にとって農業は、より抽象的な学習を可能にした、実際的な焦点だったのだ。

どのような介入パッケージも活動も、内面的成長をはぐくむ土台となり得る。「ビレッジ・ヘルス・ワークス」というNGOの創立者である私の友人デオグラティアス・ニイゾンキザは、医療介入を足掛かりとして中部アフリカの国ブルンジの村で学校の改善、食料の確保、暮らしの向上を自力でおこなえるよう指導している。[21] I－TECHの代表アン・ダウナーはあるとき、K・セトゥという名のタクシー運転手の話を私にしてくれた。この運転手は初等教育までしか受けていなかったが、彼女の指導を受けて、I－TECHで成長著しいインド支部の施設管理者になったのだそうだ。[22] そしてエル・システマの創立者アブレウはこう語る。

「オーケストラは何よりもまず、より良い人間開発を奨励するものです」。彼にとって、音楽とは「個人と社会の発展にとってもっとも大事な道具」なのだそうだ。[23]

英知をはぐくむには時間がかかるし、内面的成長はゆっくりとしか起こらない。自分に自信のない一毛作農家が一夜にして換金作物のスーパー農家に変身し、農閑期には籐家具を売るようになる可能性はかなり低い。苦労している農家にまず必要なのは救済であって、その後に拡大そして多様化なのかもしれない。これは、人が一度にひとつずつしか学んではいけないという意味ではない。文脈に合わせ、人々の願望に合わせ、彼らの内面的成長の度合いに合わせて、プログラムを仕立てることに注力しなければならないということだ。

端から端までメンターシップ

メンターシップは、多様なレベルでおこなうことができる。

プラダンの指導員たちは当初、上層部から手渡された指示に現地スタッフが従うだけの、型にはまった活動方法に陥ってしまっていた。だが共同創設者のディープ・ジョシがすぐに、自分たちのスタッフが上からの指示を何も考えずにただ実行しているだけでは、村人から自信に満ちた意思決定など引き出せるわけがないと気づく。これは実践的な意味と理念的に矛盾していた。地方のコミュニティには、プラダンのスタッフをロールモデルとして見てもらわなければならないのだ。

そこでジョシは、組織が何を達成すべきかという問題と同じくらい真剣に、組織をどのように運営すべきかという問題についても考えた。そしてこの非営利組織が慣れるべきなのは、「自己制御が可能で常に最高の仕事をしたいと思っている……プロの開発活動従事者を採用し、育成し、発展させる」ことだ、と彼は考えた。[24] やがて、プラダンの上層部はこれを試みる活動方法を編み出した。たとえば、スタッフは全員、一年間の研修を受ける。その一年の間には、貧しい地方の家庭に二週間滞在する。その間は中流階級が享受できるような快適さは一切得られない。ほとんどのスタッフがより知識を深め、貧困家庭が直面する困難をより良く理解し、その困難に取り組む決意を一層固くして研修を終えるようになった。活動を始めると、かなりの責任と裁量が与えられる。そして研修は継続的に受けられる。昇進したスタッフはプラダンの運営審議会に加わるが、上司としてというよりは助言者として活動を続ける。中には、自分で非営利組織を立ち上げるために卒業していく者もいる。スタッフたちは、活動するコミュニティに期待するのと同じくらい、自らも自立性と自律性を増すというわけだ。

このように、プラダンは影響の多層構造を備えている。スタッフが対象地域のコミュニティで内面的成長をはぐくみ、経営陣はスタッフの内面的成長をはぐくみ、そして指導者は、自らの内面的成長をはぐくむのだ。

長くつらい道のり

『ソクラテスの思い出』という文献の中で、ソクラテスの弟子クセノポンは若きヘラクレスが分かれ道で二人の女性に出会う話を書いている。一方の女性は、これといった達成はないが安楽で快適な暮らしを、もう一方は、「もっとも祝福された幸福」を約束するが長くつらい道のりを差し出す。もちろん、ヘラクレスは後者を選ぶ。

社会的変化について考える私たちにも、同様の選択肢がある。長くつらい道のりはメンターシップ、願望、内面的成長に注力するもので、テクノロジー至上主義のこの世界では支えるのが難しい。まず、測定がしにくい。簡単な大規模展開はできない。価値観に対する疑問をはらんでいる。イノベーションで輝いているわけでもない。テクノロジーの十戒すべてに反している。

メンターシップと内面的成長は、世界中の問題をすべて解決してくれるわけではない。だが介入パッケージが人的能力を増幅するのなら、すでに驚異的なテクノロジーやすばらしいテクノロジー至上主義的アイデアがあふれているこの世界にこれ以上必要なのは心、知性、意志だ。[25]

テクノロジー至上主義的な力は、自力で発展する。携帯電話が世界中どこでもつながるようにと私たちが携帯事業を後押ししてやる必要はない。通信会社がもう自力でやっているからだ。有利なローンの普及について私たちが心配する必要はない。そこはやる気のある銀行がやってくれる。民主化を求める抗議運動を私たちが引き起こす必要はない。不満を抱えた市民は、自力で反旗を翻すだろう。介入パッケージは私たちの助けがあろうとなかろうと広まっていく。簡単に複製できる部分には、見返りが内在しているからだ。

自力で発展しないのは、万人のための質の高い教育だ――これは、見返りが得られるのがずっと先になる上、成果が測定しにくい。あるいは、希望に満ちた努力家のための経済的後押しだ――願望は金銭的価値で測ることができない。あるいは、より強力なコミュニティや組織だ――金のかかる人対人の交流が必要になる。あるいは、富と力を持つ者の思いやりだ――彼らは思いやりなどなくてもやっていける。つまり、私たちはテクノロジーとテクノロジー至上主義が適さない目標に注力すべきだということだ。貧しいコミュニティのために活動し、教育を受けられない人々に教育を施し、機能不全の政府機関を改革し、虐げられた人々を組織し、長期的な危機に備え、自己超越を奨励し、力を持つ者から反応を引き出すのだ。

テクノロジー至上主義的な目標には手っ取り早いインセンティブがある。残る仕事は、本質的に難しいものばかりだ。[26]だからこそ、均衡のとれた発展を望む者にとって、自己超越的な動機を持つ者にとって、純粋に社会的変化を求める者すべてにとって、もっとも有意義な努力は、テクノロジー至上主義的な価値観によって後押しされるものではない。介入パッケージは比較的簡単だ。個人と集団の心、知性、意志を育てるのは難しい。私たちに必要なのは、もっと多くの人々が長く、つらい道のりを選ぶことなのだ。

結論

一五歳のとき、私は日本で通っていたアメリカン・スクールで開催された卵落としコンテストで優勝した。課題は、学校の給水塔から落とした卵を受け止めるもっとも小さくて軽い装置を考えること。私の装置はティッシュペーパーで作ったパラシュートをつけた段ボールの管の中に卵を納めるというものだった。これで、私は初めて技術オタク《ギーク》界のスターになれるはずだった。

物理のオリアリー先生は心からの祝意を表してくれ、クラスメートたちは嫉妬心から私をからかった。だが一番記憶に残っているのは、私の勝利が翌日の朝礼で取り上げられなかったことだ。校長は定期的にスポーツチームの勝利の話や演劇部の催しの話などを取り上げていたのに、私の技術的快挙はどうして称賛に値しないのだろう？　けっこう痛かった。

その晩、私はなぜ自分がこんなに気にするのだろうと考え、好奇心が痛みを上回った。パラシュートを設計して、八階にある自宅のベランダから落とす実験をするのは楽しかった。私が落とした卵は割れなかったし、私はそのことを誇りに思える。技術オタクとしての私の自己像は保たれたのだ。それなら、他人がどう思うかなどどうでもいいのでは？　もっと認められたいと思うなど、ばかげているし無駄なことだ。

自分が大人への一歩を踏み出したのはあの日だと、私は今でも思っている。あのとき、自分が意識下の強い願望に突き動かされていたことに気づいたからだ。私はある種の達成感を求め、称賛を欲していた。他人の評価など気にしないほうがいいと心のどこかでわかっていたものの、その願望は根が深く、理屈では自分を説得することができなかった。

あなたが救える命

哲学者ピーター・シンガーは著書『あなたが救える命』の冒頭で、お気に入りの思考実験を紹介している。(1) 仕事に向かう途中、池で小さな子どもが溺れているのを目撃したとする。周りには誰もおらず、子どもを救えるのはあなただけだ。子どもを助けるためには水の中に入らなければならず、新しい靴はだめになってしまうし、仕事には遅れてしまう。あなたならどうする？　もちろん、子どもを救うだろう。子どもの命と比べれば、時間と金などなんでもない。

次に、シンガーは現実の状況について考えてみてほしいと書いている。毎日、世界中で何千人もの子どもたちがさまざまな理由で命を落としている。その死の多くは、新しい靴一足分の金額で簡単に防ぐことができる。たとえば、はしかは毎日三〇〇人を死に至らしめていて、その大半が五歳未満だが、アメリカ赤十字社はたった一ドルの寄付金で子ども一人が予防接種を受けられると述べている。(2) 私たちのほとんどが、コーヒーをちょっと減らしたり、もう少し安い携帯の通話プランに切り替えたりするだけで一日一ドルくらいは楽に捻出できる。生活をまったく変えなくても一日一ドルの出費をカバーすることができる人も多いだろう。ではなぜ私たちは、死にかけている子どもたちを救わないのだろう？

この二つの状況を並べ、シンガーはこのような悲劇を許す行為に弁解の余地はないと主張する。彼の論点にはたしかに説得力がある。シンガーが支援する非営利組織「イノベーションズ・フォー・ポヴァティ・アクション」（貧困撲滅のためのイノベーション活動）は最近、内面の葛藤を露呈したメモつきの寄付金を受け取った。メモに書かれていたのは、「ピーター・シンガー、おまえのせいだぞ！」だった。だがこうした寄付者一人に対し、この思考実験をやってみても小切手を切ろうとはしない者が何千人とまではいかなくとも、何百人かはいる。シンガーの溺れる子どもの話を読んだとき、私が最初に考えたのは、自分がすでにさまざまな目的のために毎年寄付をしている、ということだった。彼の理論には納得できたし、もう少しくらい寄付することは十分可能だったのに、財布に手を伸ばそうとはしなかったのだ。それはなぜだろう？

わずかに異なる仮説が、私たちをもう少し真実に近づけてくれる。数日前に、池で溺れる子どもを助けたばかりだったとしよう。水浸しになったローファーの代わりに、新しい靴を買ったばかりだ。すると昨日、池で二人の子どもが溺れているのを見てしまった。二人とも助ける。また靴を買う。今朝、どういう運命のいたずらか、今度は子どもが三人も溺れている。その三人も助ける。だが一週間でかなりの靴をだめにしてしまったし、もう三日連続で仕事に遅刻している。明日や明後日のことが心配になってきた。もし毎日子どもが溺れていたらどうしよう？　続けられるかどうか、自信がなくなってくる。

私たちが実際に直面する状況には、こちらのほうが近い。シンガーは予防可能な病気で毎日二万七〇〇〇人、あるいは年間一〇〇〇万人が命を落としていると書いている。私たちの多くが一人の子どもを救うためには喜んで数ドル出すだろうが、救える限りの子どもたちを継続的に救い続けられる人は多くないだろう。そのために必要な時間と費用を捻出する覚悟が、私たちにはない。私は年収の〇・一パーセント、一パーセント、一〇パーセント、あるいは二〇パーセントだって寄付しても惜しくはない。だが五〇パーセント、七五パーセント、九〇パーセントとなったら？

言い換えれば、理論上の善行が、私の自己中心的な欲求と矛盾するということだ。私は必要以下しか与えず、必要以上に消費し、この本を書くような行為に時間を費やしている――もちろんこの本が役に立つことを願って書いているわけだが、同時に、これは自己満足のための努力でもある。罪悪感、恥、その他すべての自分への忠告を脇に置いても、私が聖人などではないことは厳然たる事実だ。私は、こうあるべきと自分で思っているほどやさしくはなれない。そして、そこが難しいところなのだ。知っているだけでは十分ではない。知っていることをもっとうまく実行できるようにならなければならないのだ。

テクノロジー至上主義者たちはテクノロジーと知識と知性を激賞するが、良い社会的変化にはそれよりもっと多くが必要だ。世界中に、他人がうらやむような満ち足りた暮らしを送っている人は何百万人もいる。つまり、幸福に暮らすために必要な知識を、私たちはもう持っているということだ。対外援助の批判者ウィリアム・イースタリーは、テクノロジー至上主義的幻想によって私たちは「専門知識の不足」に苦しんでいると思いこむ、と書いている。[3] だが実際に欠けているのは思いやりであったり、能力を持って目的を最後まで遂行することだったりする。すぐれた判断力は手始めにすぎない。その上に必要なのは秀でた意図と強い自制心だ。シンガーの溺れる子どもが提示する問題は子どもを救うかどうかではなく、どの介入パッケージが一番多くの子どもを救えるかでもなく、どうすれば私たちがもっと多くの子どもを救えるような、そしてそれを実行するような人間になれるか、ということだ。

本書の中核的テーマは、社会的状況を解決するべき問題として見るよりも、育成するべき人や制度として見るべきだというものだ。この問題は、異なる側面から多くの人々に取り上げられてきた。[4] 程度の差はあれど、この問題はさまざまな思想と合致する。アリストテレスや孔子と彼らの聡明な弟子たち、公衆衛生分野における医療システムの擁護者たち、社会的発展についての社会活動家たちの考え方、国際開発におけるイースタリーの問題解決の仕組み、テクノロジー中心の解決主義に対するエフゲニー・モロゾフの反論、アメリカの教育における応急措置的な取り組みに対するダイアン・ラビッチとデイヴィッド・L・キルプの批判、一九八〇年代の共同体主義《コミュニタリアニズム》とそれによる公的価値と私的価値の融合、幅広い社会科学における「制度的転回」、人、組織、コミュニティ、国家をはぐくむことを主な目的として活動する地に足の着いた組織の考え方にもだ。(5) これらがすべて、たったひとつのテーマで結びついているということがわかっていただけただろうか。ひとつの領域における教訓は、ほかの領域にもあてはまる。有効なワクチンがあるにもかかわらずポリオを撲滅するのが難しいという問題は、世界にデジタル機器があふれているのに質の高い教育を提供するのが難しいという問題にも通じる。その問題は公民権法があるにもかかわらず根強い偏見が残っているという問題に通じ、その問題は選挙が実現しているのに民主主義への壁が存在するという問題に通じ、その問題はエコ技術が発展しているのに気候変動に対して何もできていないという問題とも通じる。二一世紀の今、介入パッケージは山ほどある。もっと必要なのは適切な種類の心、知性、意志なのだ。

汝、成長せよ

第四代合衆国大統領ジェームズ・マディソンはこう言った。「いかなる形の政府であれ、人々に美徳を見出すことなく自由や幸福を保証できると思うのは、非現実的な考えである」(6)。別の合衆国大統領、エイブラハム・リンカーンはそれをこう言い換えた。「国民感情に適えば、何事も失敗しない。国民感情に適わねば、何事も成功しない」(7)。二人の大統領が示唆していたのは、私たち自身の内面的成長が欠かせないということだ。実際、内面的成長は私たちにできるもっとも有意義かつ持続可能、大規模展開可能、そして費用効率が高い投資だ。

他人を変えるよりは自分を変えるほうがずっと簡単なのだから（ときにはそれもほとんどできないような気もするが）、手始めにはいいだろう。[8] これまでに見てきたとおり、一人の人間が願望を追い求めることによって生じる社会的影響は、膨大なものになり得る。パトリック・アウアーはたった一人の男だが、彼の成長によって数百人が新しい人生を手に入れた。アイザック・トゥッグンやレジーナ・アギャレもその中に含まれる。そしてその一人ひとりが、今度は他者に影響を広げつつある。一〇人の人生を変えられる人もいれば、一〇〇〇人、一〇〇万人の人生を変えられる人もいるだろう。私たちの内面的成長が必要不可欠なのは、その効果が私たちの影響力の度合いによって増幅していくからだ。社会活動の歴史は、指導者たちによる良くない意図、まずい判断力、不十分な自制心が下流でひどい結果を引き起こしてきた物語の連続だ。[9] 私たちが最高の自分に近づけば近づくほど、私たちが触れるすべての人々にとってより良い結果が生まれる。

これは、国家にもあてはまる。バンガロールに住んでいたころ、私はインドの中・上流階級が持つ環境保護への意識の高さに驚かされた。企業はエコな商品を宣伝する。道路拡張のために木が伐採されると聞けば抗議のデモ行進がおこなわれる。私の友人の中にも、住んでいる地区でゴミ分別活動を始めた者がいる。ほとんどの先進国の歴史とは異なり、インドの環境活動が根付いたのはかなり早い時期だ。[10] この国の経済は国民一人当たりに換算するとアメリカのそれよりも半世紀以上遅れているが、環境に対する願望はほとんど変わらない。だからといってインドが楽園だというわけではない。空気汚染がひどい上位二〇都市のうち、半数がインドの都市だ。だが、インドの一部は、将来の環境的幸福に向けて計画を立てている。[11]

インドがもともと持っていた持続可能性を重んじる伝統や産業化への圧力など、この流れに貢献した要素は数多い。だが、ここにはほかにも検討するべき要素がある。インドの海外移住者たちは帰国する際、外国で学んだ感性を母国に持ちこむ。その中には、環境活動を支援するものもある。インドはしばしば欧米にヒントを求めるが、それをしているのはこの国だけではない。開発途上国の多くが、物質的に発展した国を手本としているのだ。

だが、もし先進国が良い手本になるのであれば、内面的成長を継続していることが絶対条件だ。そのためにはやるべきことがある。たとえばアメリカは、気候変動を抑える活動をもっとうまく主導できてもいいはずだ。合衆国民《アンクル・サム》がどうして臆面もなく中国やインドに対して二酸化炭素の排出量を減らすよう圧力をかけられるのか、私には理解しがたい。[12] 中国とインドはその圧力をぞんざいに拒絶しているが、それも当然だろう。[13] 二酸化炭素の排出量がもっとも多いのはアメリカ人で、年間一人当たり一八立方トンもあるのだ。一方、中国は六・三立方トン、インドは一・四立方トンだ。[14] 中国とインドも自ら環境問題に取り組み始めたという事実は称賛に値するが、アメリカはよそに消費を抑えるよう言う前に、もっと高い道徳的水準を満たすべきだろう。私たちが模範を示し、気候変動や世界の貧困、民族間紛争、その他の世界的問題に取り組むべきだ。

先進国が手本となれるもうひとつの方法は、より進化した願望を通じてだ。偉大さが軍事力やGDPではなく、英知と内面的成長で評価されるとしたらどうだろう。これはすでにおこなわれている場合もある。ジェンダー平等のような問題については、多くの先進国がまだ不完全ながらも尊敬に値する活動をおこなっている。さらなる内面的成長は物的消費の減少につながり、自己超越的な目標を伴う取り組みにつながる。ほかの国も、きっと追随するだろう。

私たち自身の成長を追求することには、パターナリズムを和らげる効果もある。特権階級の独断的な考えは害となることが多いため、社会的大義には謙虚さが求められる。人が「歴史の終わり」に到達したという尊大な考えは捨てるべきだ。[15] 現代の富裕階層は、大人になるまでまだまだ時間がかかる思春期の子どもといったところがせいぜいだ。万人の内面的成長が共通の目標になれば、人の関係は真のパートナーシップにもっと近づくはずだ。

私たちはいつ始めるつもりなのだろう?

アイザック・アシモフは、暗いロボット話に辟易していた。彼が「フランケンシュタイン症候群」と呼ぶものが絡む物語では、人類は必ず自らの創造物によって滅ぼされる。そこで、アシモフは自分の小説では人類が宇宙中で繁栄し、そのためにしばしば最新技術の助けを借りるという楽観的な未来を描いた。

アシモフがまだ二二歳だった一九四二年に出版された『堂々めぐり』が、その例だ。この物語では、「スピーディ」と名付けられたロボットが、水星の地表を何時間もぐるぐる走り回り続ける。故障したらしく、童謡をまくし立て続けながら。人間の乗組員が燃料源を求めてスピーディを水星に送り出したのだが、目的地が腐食性のガスで汚染されていた。このため、スピーディは目的地から一定の距離を保ち続ける。スピーディの回路の中では、二つの矛盾する命令が闘っている。燃料を確保しろという命令と、自らを破壊してはならないという命令。このせいでスピーディが故障してしまったことに気づき、乗組員の一人が思いつく。彼は自分の宇宙服を開け、水星の厳しい環境にその身をさらす。危険な状態の宇宙飛行士を検知し、スピーディは救出に駆けつける。二つの矛盾する命令よりも、人命の救出のほうが優先度の高い命令だからだ。アシモフの世界では、すべてのロボットにはなによりも優先されるべき原則が刷りこまれている。ロボット原則その一、「ロボットは人間を傷つけてはならない、あるいは人間に害がおよぶのを看過してはならない」だ[16]。

スピーディは初期モデルだったが、そこにはすでに、アシモフの小説に浸透している「救世主としてのテクノロジー」というテーマが見える。アシモフが成長するにつれて彼のロボットたちも成長したが、救世主の概念は残った。新しい小説が出るたびにより洗練されたモデルが登場したが、やがて、彼の小説の多くに、R・ダニール・オリヴォーという神のような存在のロボットが登場するようになる。自己修復機能を備えたダニールは、不死身となる。そして未来の科学によって、超感覚的なマインドコントロール術を身につける。だが、それでも第一の原則は彼の体にしみついたままだ。アシモフが想像する数千年規模の枠組みの中で、ダニールは人類が失敗するたびに、永続的な銀河系文明のために繰り返し人類を救済し続けるのだ。

私たちの中にも、アシモフがほんの少し入っている。私たちの自己実現的な創意工夫の賜物であるテクノロジーが、私たち自身の悪徳から私たちを救済してくれるだろうと信じたがるのだ。この信念は、私たちが救済を必要としているということ、そして救済されたいと願っていることの両方を認識しているという証だ。だがこの信念にしがみつくあまり、私たちは自分で自分を救済するという自らの可能性と責任を放棄している。

テクノロジーにもテクノロジー至上主義それ自体にも、欠陥があるわけではない。テクノロジーがどのような社会的変化をもたらしてくれるかという私たちの誤解に基づく、楽観的に過ぎる信念に欠陥があるのだ。アシモフが初めてロボットを空想してからまだ一世紀と経ってはいないが、ロボットはすでに時事ニュースに登場するまでになっている。グーグルは自動運転の車を試作した。ソフトウェアロボットが、オンラインの商品評価を操作する。アマゾンは自動操縦のドローンを使った配送を提案している。これらのロボットは人類をより良くするためではなく、利益目的で開発された。テクノロジーそのものは自力で倫理的なものの見方ができるわけではない。最終的には、テクノロジーを支配するのは人間だ。発展と呼ぶにふさわしい発展には、人間の心、知性、意志の発展が欠かせない。

第二次世界大戦中に従軍し、冷戦の真っただ中を生き抜いたアシモフは、その楽観主義にもかかわらず、強力なテクノロジーが石器時代の感情を踏みつぶすわけではないことを十分理解していた。[17] 彼は、批判者たちが彼のロボット・パターナリズムを見抜き、人類を監視が必要な生き物として描く彼を酷評するのではと懸念していた。この批判を想定して、彼はこんな返答を用意していた。「大人として扱ってほしいと言うなら、私たちは大人らしく振る舞うべきではないだろうか？ では、いつになったらそれを始めるつもりなのだろう？[18]」

謝辞

「テセウスの船」同様、本書の最初の草稿は少しずつ書き換えられ、結局最終稿に第一草稿の要素はほとんど残っていない。改稿の多くについて私は抵抗したのだが、今読み返してみればそれがどれほど必要な改稿だったかわかるので、そのチャンスとアドバイス、批判を与えてくれた多くの人々に感謝したい。

カリフォルニア大学バークレー校情報大学院のアンナリー・サクセニアンとノキア・リサーチのヘンリー・ティッリは、私が第一草稿についての取材・執筆をするために、一年間の時間と自由という非常に貴重な贈り物をくれた。度重なる改稿にもかかわらず、あの第一草稿の本質と論拠は、しっかりと残っている。

『アトランティック』誌の編集長スコット・ストッセルは、フィードバックや専門知識、人脈、チャンスを、寛大すぎるというくらい寛大に与えてくれた。彼がいなければ本書は出版されなかっただろう。

出版業界のさまざまな人々が、最終的に自分にはなんの得もないのに私を道中助けてくれた。ハワード・ユンとメラニー・トルトロリもその中の二人で、貴重な意見を聞かせてくれた。思慮に富んだフィードバックを提供してくれたエージェントや編集者も少なからずいて、ジャイルズ・アンダーソン、マックス・ブロックマン、ジョセフ・カラミア、エイミー・カルドウェル、ローリー・ハーティング、ジェフ・キーホー、レイフ・サガリン、ジーヴァン・シヴァスーブラマニアム、アンナ・スプラウル＝ラティマー、アンドリュー・スチュアート、エリザベス・ウェールズらがそこに含まれる。作家ベン・メズリッチとエフゲニー・モロゾフも、時宜に適ったアドバイスをくれた。ありがとう。

また、パトリック・ニューウェルには、すばらしく組織された二〇一〇年のTEDxTokyoで発表するよう招待してくれたことに感謝している（http://j.mp/ktTEDxTokyo）。

本書の内容は、数多くの組織と密接にかかわってきた中ではぐくまれたものだ。P・アナンダン、ダン・リン、リック・ラシッド、クレイグ・マンディーにはマイクロソフト・リサーチ・インドを共同設立するというすばらしい機会を与えてくれたことに、そして「テクノロジー・フォー・エマージング・マーケッツ」（新興市場のためのテクノロジー）グループの仲間たち――エド・カトレル、ジョナサン・ドンナー、リキン・ガンジー、デイヴィッド・ハッチフル、ポール・ジャヴィド、インドラニ・メディ、サウラブ・パンジュワニ、ウダイ・シン・パワル、アルチャナ・プラサド、ニンミ・ランガスワミー、アイシュワリヤ・ラクシュミ・ラタン、ビル・ティース、ラジェシュ・ヴェーララガヴァン、ランディ・ワン――には、研究という探求の旅に一緒に出てくれたことに感謝したい。アシェシ大学で教えることができたのは人生最高のチャンスで、そう思わせてくれたのはパトリック・アウアー、ニナ・マリニ、そして二〇〇五年のアシェシ大学卒業生たちだ。高僧テンジン・プリヤダーシは親切にも、MIT工科大学の「倫理と変革の価値観のためのダライ・ラマ・センター」のフェローとして私を受け入れてくれた。ここではほかのフェローと話をするのも楽しかった。デイヴィッド・エーデルスタイン、キャロライン・フィゲラス、リキン・ガンジー、ブークダ・ゲイサール、ディーン・カーラン、デオ・ニイゾンキザ、バギャ・ランガチャル、そしてクリフ・シュミットは、いずれもそれぞれの非営利組織で役員や顧問をやるようにと私を誘ってくれた――グラミン財団、IICD、デジタル・グリーン、グローバル・ワシントン、イノベーション・フォー・ポヴァティ・アクション、ビレッジ・ヘルス・ワークス、CLT、リテラシー・ブリッジ。彼らの活動については、内側から見てたくさんのことを学べた。

本書の一部は、私のために寛大にも時間を割いてくれた人々への取材を基に構成されている。レジーナ・アギャレ、パトリック・アウアー、ロイ・バウマイスター、アブドゥル・マンナン・チョードリー、ジェイシュリー・ディッギ、アン・ダウナー、ジュリア・ドライバー、エスター・デュフロ、デイヴィッド・エラーマン、エイブラハム・ジョージ、アニルバン・ゴース、クリス・ハワード、ロン・イングルハート、ディープ・ジョシ、ニーリマ・ケタン、ゲイリー・キング、カヴィサ・L、ラリサ・ローヨルゲ・ペレス＝ルナ、A・V・M・サーニ、バリー・シュワルツ、プリヤンカ・シン、タラ・スリーニヴァサ、ヴェラ＝テ＝ヴェルデ、アイザック・トゥッグン、マーク・ヴァルシャウアー。意見が一致しない部分があったとしても、彼らの考えを正しく伝えられているといいのだが。

第8章で触れたケニアの願望についての調査は、シノヴェイトのヴィクター・ラテンが実施したものだ。シコー・ギタウとジョエル・リーマンには調査に協力してくれたこと、そして特にナタリア・ロドリゲスには分析を手伝ってくれたことに感謝したい。

多くの人が本書の草稿に意見を寄せてくれた。その全員に大きな「ありがとう」を！　ビル・ティーストとスーズ・ウルフはすべての章に意味深い注釈をつけてくれるという、私が望んだよりはるかに大きな貢献をしてくれた。ビルは、数カ所のこみいった文節をわかりやすくする手助けもしてくれた。また、いくつかの章について突っこんだ批判をしてくれた以下の人々にも恩義を感じている。ナナ・ボアテング、ヘンリー・コリガン＝ギブス、ジェームズ・デイヴィス、マウリシオ・ゴンザレス・デ・ラ・フエンテ、テッド・マッカーシー、アニタ・プラカーシュ、フランシスコ・プロエンザ、ロニ・ローゼンフェルド、エドゥアルド・ヴィラヌエヴァ。プロの編集者たち——サイモン・ワックスマン、ジェンナ・フリー、コニー・チャップマン、クリスティナ・ヘンリー＝デ＝テッサンも、すばらしい意見を聞かせてくれた。

また、それぞれ一章かそれ以上の草稿を読んでくれた友人・知人にも感謝を。シャブナム・アガルワル、ヴァルン・アガルワル、ジョツナ・アグラワル、マイケル・アルドリッジ、マリカ・アルチェーゼ、ヴァルン・アローラ、スリ・アルムガム、パトリック・アウアー、サティーシュ・バブ、サヴィタ・バイルール、アントン・バカロフ、ラシュミール・バラスブラマニアム、ユージーン・バーダック、ジョアンナ・バージェロン、ジェイソン・ベルチャー、ガリマ・バティア、リリアン・ブリッジス、パオロ・ブルネロ、フジン・ブツド、シンディ・チェン、ゲリー・チュー、メロディ・クラーク、ジョシュア・コーエン、カローラ・コンチェス、モー・コルストン＝オリバー、ポール・キュリオン、メリッサ・デンスモア、ロン・ダークス、ジョナサン・ドンナー、クリッティカ・ド・シルヴァ、ジョージ・ダーハム、ハンス＝ユルゲン・エンゲルブレヒト、ローリ・エリクソン、キャロライン・フィゲラス、シビル・フライシュマン、リキン・ガンジー、アンクール・ガーグ、マリア・ガージウロ、アニルバン・ゴース、セシャギリ・GS、レバ・ハーベル、クリストファー・ホードリー、ヴィグネスワラン・イラヴァラサン、ライアン・ジェイコブス、スーザン・ジェフォーズ、ジョフィシュ・ケイ、イタマール・キムチ、アニルド・クリシュナ、ネハ・クマール、リカ・クマール、キンモ・クウシリンナ、スージー・J・リー、ナタリー・リンネル、アンディー・ロング、トレイシー・ラブジョイ、アドナン・マハムード、メーガナ・マラト、デレク・マティス、インドラニ・メディ、グラム・ムルタザ、サティヤジット・ナト、ムチリ・ニャッガー、フラヴィオ・オリヴェイラ、マイケル・パイク、ダイアナ・パレ、サウラブ・パンジュワニ、ダン・パーケル、グレッチェン・フィリップス、ショーン・ポリカルピオ、サンミア・ポヴェダ、アビシェク・プラティーク、バラト・ラガヴァン、シーマ・ラムチャンダニ、ジョン・ローゼンバーグ、アツシ・サカハラ、サンビット・サトパティ、ジョナサン・スキャンロン、ケヴィン・ショフィールド、フランク・スコット、スコット・ストッセル、トマス・ストッセル、ジェフ・スウィンドル、ヘザー・ソーン、ラジェシュ・ヴェーララガヴァン、ジョナサン・ワイ、ローウェル・ワイス、ルネ・ウィットマイヤー、トリーナ・ウー、メル・ヤング。

　さらに、私の文章はたくさんの、非常にたくさんの人々から、対話やその他の形での支援を受けた。デビー・アプスリー、オズレム・アイドゥク、マリカ・アルチェーゼ、シヴァ・アトレヤ、ガリマ・バティア、クリス・ブラットマン、ピーター・ブロムクィスト、マウリツィオ・ブリコラ、ジェンナ・バレル、スヴォジット・チャットパディヤイ、ディープティ・チッタマル、マグダレナ・クラロ、ジョシュ・コーエン、クリスティナ・コルデロ、デイヴィッド・ダバレン、クリスティン・デイリー、ジョン・ダンナー、アンキ・ダス、アラン・ド・ジャンヴリ、サッド・ダニング、パオロ・フィカレッリ、グレッグ・フィッシャー、バブル・ガングリー、マリア・ガルジウロ、アチンティヤ・ゴーシュ、レイチェル・グレンナースター、リカ・ゴヴィル、ユルゲン・ハグマン、ナオミ・ハンダ＝ウィリアムズ、サスキア・ハルムセン、ガエル・ヘルナンデス、メリッサ・ホー、シャンティ・ジャヤンタスリ、ロブ・ジェンセン、アショク・ジュンジュンワラ、ジョセフ・ジョイ、プリタム・カベ、ケン・ケニストン、ニーリマ・ケタン、ジェシカ・キーセル、マイケル・クリーマー、ラムチャンダル・クリシュナムルティ、アンソニー・レコイティップ、ミエップ・ルノワール、ジュリア・ロウ、ジェフ・マッキー＝メイソン、ドリュー・マクダーモット、パトリシア・ミケール、パヴィートラ・メータ、テッド・ミゲル、エドゥアルド・モンジュ、ローハン・マーティ、ミゲル・ナスバウム、チップ・オーウェン、タパン・パリク、ポール・ポラック、マダヴィ・ラジ、ランジート・ラナデ、ガウタム・ラオ、エリック・リンガー、ハンス・ロスリング、エリザベス・サドゥレット、マキシミリアノ・サンタ・クルズ・スキャントルバリー、ジョナサン・スキャンロン、デニース・センマーティン、ジャハンゼブ・シェルワニ、プリヤンカ・シン、プラティマ・スタントン、リック・ゼリスキ、スティーヴ・トーベン、マイク・トルカノ、アヴィナシュ・ウパティヤイ、ディプティ・ヴァギーラ、スザンヌ・ファン・デル・フェルデン、スリカント・ヴァサン、ワヤン・ヴォタ、テリー・ウィノグラッド、クリスチャン・ウィット、ルネ・ウィットマイヤー、ナー・ラムレ・ウルフ。

テクノロジー熱を相当批判している私だが、テクノロジーそのものを否定するわけではない。デジタル・テクノロジーには大きな借りがあることを、ここで告白しておこう。私はこの本をウィンドウズで走るエイスースのノートパソコンに搭載されたマイクロソフトのワードで執筆した。調査はグーグルとウィキペディアのおかげでかなり楽になった。絶版の本を何冊か、アマゾンで見つけることができた。フェイスブックのおかげで、非公式なアンケートも実施できた。ツイッターやその他のソーシャルメディアも、プロモーションの書店めぐりでは大きな役割を果たすだろう。

『*Geek Heresy*』という原題は、二〇一一年五月六日にトム・ポールソンが私について書いた記事から取った。彼は非営利のニュース組織「ヒューマノスフィア」(www.humanosphere.org) の設立者だ。その記事以来トムとは親しい友人になって、私は彼の非営利組織の理事会に加わり、世界の発展についてほかに類を見ない恐れ知らずの報道を支援している。

パブリック・アフェアーズのクライヴ・パドルとレヴィーン・グリーンバーグ・ロストン・リテラリー・エージェンシーのジム・レヴィーンには、私の本に可能性を見出してくれ、私の願望を励ましてくれたことに大いに感謝している。徹底的な見直しを経て、クライヴと彼の同僚マリア・ゴールドヴァーグは洞察に富んだ助言をくれ、過剰で自己中心な文章から私を救い出してくれた。また、メリッサ・レイモンドとレイチェル・キングには制作全体の監督に、キャシー・ストレックファスには骨の折れる編集作業に、ピート・ガルソーとシンシア・ヤングには装丁に、キャサリン・ボウマンには索引作業に、ロリ・ルイスには校正に、リンゼイ・フラッドコフ、ジェイミ・ライファー、ニコル・カウンツにはマーケティングと広報業務に感謝したい。

それでもなお残っている余計な文章は、私の頑固さの表れだ。私は研究と個人的経験を通じて学んだことを基盤に本書の執筆を始めたが、目の前にあるテクノロジー関連の問題から出ていた糸を引っ張ると、断片ごとには理解できない、はるかに大きな迷宮の中へと連れて行かれた。細かい部分は不鮮明だったり不備があったりするかもしれないが、一冊の本として見れば首尾一貫としていて真に迫る全体像が描き出せていることを、心から願っている。少なくとも、考えるきっかけにはなってくれていればと思う。

そしてなによりも、妻ジャスミット・カウールには、変わらぬ支援（そして草稿が改稿されるたびに次から次へと読んでくれたその意欲）が、本書を執筆する私の能力を最大限に引き出してくれたことを感謝する。

外山健太郎
テクノロジーは貧困を救わない
松本裕訳

2016年11月11日　印刷
2016年11月22日　発行

発行所　株式会社 みすず書房
〒113-0033 東京都文京区本郷5丁目32-21
電話 03-3814-0131(営業) 03-3815-9181(編集)
http://www.msz.co.jp

本文組版　キャップス
本文印刷所　萩原印刷
扉・表紙・カバー印刷所　リヒトプランニング
製本所　東京美術紙工

ISBN 978-4-622-08554-6
[テクノロジーはひんこんをすくわない]

著者略歴

（とやま・けんたろう Kentaro Toyama）

ミシガン大学情報学部W. K. ケロッグ准教授，マサチューセッツ工科大学「倫理と変革の価値観のためのダライ・ラマ・センター」フェロー．2005年にマイクロソフト・リサーチ・インドを共同設立し，2009年まで副理事を務めた．同研究所では「新興市場のためのテクノロジー研究班」を立ち上げ，世界でも特に貧しい地域の人々がエレクトロニクス技術とどのように触れ合うかを研究して，テクノロジーが社会経済的発展を支援する新しい方法を開発した．同研究班は数々の賞を受賞．その成果には，MultiPoint, Text-Free User Interfaces, Digital Green などがある．

訳者略歴

松本裕〈まつもと・ゆう〉翻訳者．青年海外協力隊として2年間，西アフリカのセネガルに滞在．訳書オロパデ『アフリカ 希望の大陸』(2016) トイチュ『WOMEN EMPOWERMENT 100』(2016) エプスタイン他『社会的インパクトとは何か』(2015，以上英治出版) ディートン『大脱出』(2014，みすず書房) 他.

索引

【タ行】

【ナ行】

【ハ行】

【マ行】

【ヤ行】

【ラ行】

【ワ行】

原 注

はじめに

1. このパネルディスカッションの全録音は、Saxenian et al.（2011）で聴取可能。ここで私が発表した意見は、主に第 I 部に該当する。
2. パネルディスカッションの当日、Google.org のホームページ（http://www.google.org）のキャッチフレーズは「Tech-driven philanthropy（テクノロジー主導の奉仕活動）」。少なくとも2012年11月14日まではそれが表示されていた。以後変更されたようだが、2014年12月20日に「Tech-driven philanthropy」をグーグル検索したら、一番上に表示されたのはまだ（なぜか）Google.org だった。
3. International Telecommunications Union（2014); Ericsson（2014), p. 6.
4. World Wide Web Foundation（n.d.).
5. Page（2014).
6. Zuckerberg（2014). Internet.org の発表は Internet.org.org（2013).
7. Duncan（2012).
8. Sachs（2008).
9. Clinton（2010).
10. DeNavas-Walt et al.（2009), p. 13 に、米国勢調査局による貧困のグラフが掲載されている。ちなみに、なにやら静かに壊滅的な出来事が、1970年代初頭に始まっていたようだ。さまざまな分野の評論家たちが、アメリカ（そしておそらく欧米世界全体）が衰退を始めた転換点としてこの時期を挙げている。Hedrick Smith（2013）は1971年の「パウエル・メモ」が企業を狭量で自己中心的、権力に飢えた利潤追求者に変えたと非難した。政治科学者 Jacob Hacker and Paul Pierson（2010）は、富裕層の意志をねじまげた政治制度を非難する。ペイパルの共同創立者 Peter Thiel（2012), 39:30 は、テクノロジーの進歩が1970年代初頭から減速している（ただしコンピューター業界を除く）と語ったし、経済学者 Goldin and Katz（2009), p. 4 は、「1970年代の初めに、青少年向けの教育の発展が著しく鈍化した」と述べている。
11. 中流階級の収入の低迷と広がる格差には、確立された証拠がある。たとえば Piketty and Saez（2003）や US Department of Commerce, US Census Bureau（2011）を見るといい。Saez（2013）は、不平等の尺度がこれほど高かったのは1917年にまでさかのぼることを示している。事実関係もほとんど争われていない。財政的保守派 Boudreaux and Perry（2013）も、その原因や政策に対する影響については異論があるにしても、統計については同意している。
12. CTIA（2011).
13. 貧困率が平板化しているのは、非テクノロジーの影響が1970年代以降現在までの貧困率を押し上げた一方、その同じ時期にテクノロジーが貧困率を引き下げており、

この二つの力によって貧困率が相殺されていたからかもしれない。だとすれば、テクノロジーが増えること自体が社会的大義の役に立つわけではないという私の主張は間違っていたことになるが、同時に、私たちの社会制度は、新しいテクノロジーがすさまじい勢いで発明され続けない限りどんどん貧困に傾いていくということにもなってしまう。もし本当なら、このますます暗いシナリオは、第II部全体を貫くテーマをあらためて正当化するものになる。すなわち、私たちはテクノロジーの力よりもむしろ、社会的力のほうにもっと注意を払うべきだというテーマだ。

14. Carolina for Kibera (n.d.).
15. 経営陣が従業員の才能を称賛していても、企業が商品を重視するのは当然、理解できる。問題は、社会全体がそれを鵜呑みにしたときに起こるのだ。そして実際、社会は鵜呑みにしてしまう。私は一度、影響力を持つとあるハーヴァードの開発経済学者と話をする機会があり、その会話の中で、人々の英知を育てることの重要性について触れた。すると彼はいぶかしげな眼で私を見て、こう訊いた。「それは、君が自分の子どもたちに求めることとどう違うんだい？」彼は、国際開発にとっていいことは、家族にとっていいこととは根本的に違っていなければならないと信じているらしかった。
16. 電子ブロックは、1970—80年代にかけて日本で人気だった教育玩具だ。製造は1986年に中止されたが、その後周期的に再発売されている。
17. Viola and Jones (2001).
18. Criminisi et al. (2004).
19. Rowan (2010) がキネクトシステムの背景について語っている。そのテクノロジーについては、Toyama and Blake (2001) が説明している。
20. マイクロソフトは中国にもっと大きな研究所を抱えているが、その住所は北京だ。光り輝く高層ビルやスラム街のないこの環境を、「開発途上国」に分類するのは難しい。一方、インドにある私たちの研究所の前は放し飼いのウシが毎日通るような場所で、近隣には移民労働者が暮らすビニールシートのテントがいくらでもある。
21. WEIRD という非常に気の利いたこの略語を最初に使ったのは、Henrich et al. (2010) だ。彼は、ほとんどの心理学研究が富裕国の大学生を対象におこなわれていて、世界人口の代表とは言えない、と主張している。
22. Plato (1956), pp. 64–65 は、勝手に動く「ダイダロスの彫刻」に触れている。それらは「手元に置いておきたければ縛りつけておかなければならない。さもなければ、逃げ出してしまう」そうだ。

第１章　どのパソコンも見捨てない

1. Pal et al. (2006). ジョヨジート・パルはアジム・プレムジ財団の助けを借りて、インドの４州にまたがる18の学校を訪問した。Pal (2005) でこの訪問の際の写真やスライドによるプレゼンテーション資料が見られる。
2. Pawar et al. (2007). マルチポイントは、マイクロソフト・リサーチ・インドが特定の環境にどっぷりと浸かり、試作と実験的な実地試験を繰り返し、確認のための評価をおこない、そして最終的には技術移転と商品化までこぎつけるという、調査研究

への取り組みのフルサイクルを実施した最初のプロジェクトのひとつだった。

3. United Nations (2005).
4. ネグロポンテはこの持説を公共の場でしばしば繰り返している。ワン・ラップトップ・パー・チャイルドのウェブサイトの「ミッション」というページにも、これは掲載されている（日付なし）。
5. Surana et al. (2008) は、インド地方の送電網で最大1000ボルトものサージ電流を計測した。ほとんどの家電は240ボルト以上に耐えられない。
6. ここで紹介しているプロジェクトの数々は、マイクロソフト・リサーチ・インドの私のグループに所属する研究者たちが実施した教育関連プロジェクトの一部だ。プロジェクトの成果はさまざまだったが、どのプロジェクトも例外なく、第2章で紹介される「増幅の法則」の片鱗を垣間見せてくれた。とりわけ、影響をもたらすテクノロジーにとって学校と教師の教育能力が必要不可欠だという点は共通していた。以下の文献は、パラグラフ内の紹介順に並んでいる。Sahni et al. (2008); Paruthi and Thies (2011); Panjwani et al. (2010); Hutchful et al. (2010); Linnell et al. (2011); Kumar (2008).
7. Cuban (1986) は、アメリカのエレクトロニクス技術史の徹底的な脱構築をおこなっている。エジソンの引用は Weir (1922) より。
8. Darrow (1932), p. 79.
9. Oppenheimer (2003), p. 5.
10. Santiago et al. (2010); Cristia et al. (2012). これらの調査では、算数、国語いずれの成績も向上しなかった。だがレーヴンの「漸進的マトリックス」という視空間能力検査のような認知技能は大幅に向上した。この調査は第2章の「増幅の法則」をまさに実証するものだ。子どもは生まれながらに遊びを通じて認知技能を育てたいという好奇心と欲求を持っていて、コンピューターがそれを増幅できるのだ。ただし、学業成績の向上に必要なやる気の方向づけにテクノロジーが役立つためには、まず力強い指導が必要となる。
11. De Melo et al. (2014). 言語はスペイン語。結果についての英語での概要とコメントが、Murphy (2014b) で読める。
12. Linden (2008); Barrera-Osorio and Linden (2009). リンデンの研究は、開発途上国の学校におけるコンピューターの影響を測定するためにおこなわれた、初めての大規模なランダム化対照試験のうちのひとつだった。
13. Behar (2010). ベハールは今も、「教育の特効薬」の辛辣な批評家だ。詳しくは Behar (2012).
14. この部分で紹介した例や引用は、Warschauer et al. (2004) より。
15. ヴァルシャウアーに対して公平を期すために言っておくと、私との私的なやり取りの中で、彼は私による彼の活動の描写方法に若干の不快感を表した。私の理解が正しければ、彼の主張の中でどれか特定の部分を不正確に伝えているというわけではなく、私の描写全体が、うまく運営されている学校ならコンピューターも肯定的な影響を与えることができるという彼の主張を強調できていないとのことだ。この章で私は偏りのない見方を心がけたし、ヴァルシャウアーの言葉を曲解して紹介して

はいない。それでも彼の意見を正確に伝えきれていない部分が残っているとすれば、それは私の責任だ。テクノロジーが組織の能力を増幅するという根本的なテーマ（第2章でさらに詳しく説明され、テクノロジーの可能性と失敗の両方を簡潔に示すテーマ）については、ヴァルシャウアーと私は意見の一致を見ているようだ。

16. Bauerlein (2009), p. 139.

17. Oppenheimer (2003). *The Flickering Mind* は、教育におけるコンピューター技術について書かれた中では、今も最高峰の評論だ。

18. Hu (2007).

19. Duncan (2012).

20. Prensky (2011), p. 9. テレビゲームを生産的な教育目的に用いることができるという可能性を、私は否定しない。それに、教育的なテレビゲームについてさらに掘り下げる価値があるとも思う。だが、その価値を示す証拠は乏しいし、加えて、仮に短期的な学習が効果的だったとしても、私たちはテレビゲームの形で示された教材を使わなければ学習できない世代を育てたいわけではないのだ。深い教育の要点の一部は、たとえ教材が魅力的でない場合でも、学び方を学ぶという点だ。あるいは、退屈な教材を自分で興味深くする方法を学ぶというべきか。学習機会がすべて娯楽的だったら、こうした能力は身につかない。

21. Wood (2013).

22. Sanders (2013).

23. Mitra and Dangwal (2010).

24. Warschauer (2003) と Arora (2010) の「ホール・イン・ザ・ウォール」に対する懐疑主義は、彼らの個人的な視察経験が基になっている。一方、「ホール・イン・ザ・ウォール」導入のプラスの影響を示唆する調査結果は、ミトラと同僚たちが実施した、手法に疑問が残るものばかりだ。

25. Mitra and Arora (2010).

26. Fairlie and Robinson (2013) の調査は、生徒一人ひとりにノートパソコンを与えたことによる教育的効果を検証した数少ないランダム化対照試験のひとつで、その結果は決定的だ。調査に資金を提供した組織のうち2つ――「コンピューターズ・フォー・クラスルームズ」(教室にコンピューターを) と「ゼロディバイド財団」――はいずれも非営利組織。活動目標はパソコンを持たない家庭でのパソコン普及率を増加させることなので、当然もっと違う結果を期待していたはずだ。このような調査に資金を拠出し、結果を公表したその意欲は称賛に値するし、結果の信頼性をさらに高める。

27. Duncan (2012).

28. 同上。

29. 何が学校の成功につながるのかについてまとめた OECD (2010b) の概略報告は、パソコンやその他のテクノロジーについての言及がないという点が印象的だ。中国に関する結果は、実際は上海の一都市に限られる。2012年現在、PISA 試験は中国全体では実施されていない。

30. OECD (2010b), p. 106.

31. この章のいくつかのパラグラフは、Toyama（2011）からの逐語的引用か、部分的転用。
32. CBS News（2007）. ただし、ネグロポンテは教育的成果について本格的な研究は実施していない。彼を興奮させているのは、ノートパソコンを支給された家庭が夜に照明代わりにパソコンを使っている、あるいは彼らが最初に覚えた英単語が「グーグル」だったというような事実だ。
33. Warschauer（2006）, pp. 62–83.
34. Sinclair（1934［1994］）, p. 109.

第 2 章　増幅の法則

1. Rangaswamy（2009）.
2. Heilbroner（1967）の記事は、テクノロジーと社会をめぐる研究でもっとも引用されている記事のひとつだ。理由はおそらくこの記事が、尊敬を集める学者が恥じることなくテクノロジー決定論の側についている数少ない記事のひとつだからだろう。Heilbroner（1994）はのちにその姿勢を和らげたが、それもごくわずかにだった。現在、純粋なテクノロジー決定論を認める学者は数少ないが、この章でのちに出てくる例を見ればわかるように、学者ではないが影響力のある人々でこの見方に同意する者は多い。MacKenzie and Wajcman（1985）は、テクノロジー決定論が「テクノロジーと社会との間の関係についての、もっとも影響力のある唯一の理論である」と述べている。
3. Feenberg（1999）, p. 78.
4. *Star Trek: First Contact*（1996）.
5. Schmidt and Cohen（2013）, p. 257. 彼らの著書はテクノロジーの暗黒面を苦心して認めているが、その譲歩は読者の警戒心を解き、もっと大きなテーマである「テクノロジーは多いほうがいい」という主張を受け入れさせるためのものにすぎない。Toyama（2013a）が、この本をより詳細に検討している。
6. Shirky（2010）.
7. これらの引用は Economist（2008）と Diamandis and Kotler（2012）, p. 6 より。
8. 米国農務省の調査によると、Coleman-Jensen et al.（2013）が2012年に、アメリカの700万世帯の「食料確保率が非常に低かった」ことを示しており、たとえばそれらの家庭の97% は「買ってきた食料ではとにかく足りず、追加で買いに行く金もない」と回答した、とのことだ。これらの家庭には、480万人の子どもがいた。
9. Food and Agriculture Organization（2013）.
10. Morozov（2011）, p. 88. モロゾフは、世界中の抑圧的政府におけるインターネットの暗黒面について、長年切望されてきた概観を提供している。
11. 同上、p. 146。元の引用は Dahl（2010）より。
12. Ellul（1965［1973］）, p. 87.
13. Postman（1985［2005］）は、テレビの影響により近代社会はすべてを娯楽的価値で測るようになってしまった、という強力な主張を述べている。彼の分析は鋭く、インターネット時代の今はますますその通りに感じる。ただ、ポストマンの意見は一種のテクノロジー決定論に傾いており、社会的傾向の元凶としてテクノロジーそのも

のを非難している。私なら、娯楽の重視傾向は私たちの内面に存在するものであり、テクノロジーの役割はそれを増幅することだと主張するだろう。問題は、私たちが社会として、自分たちを YouTube 中毒の植物人間に変えることなく、自分たちのほかの側面を増幅できるかどうかだ。

14. Jasanoff (2002).
15. Malmodin et al. (2010).
16. Delforge (2014) は、2013年のデータセンターによる電力使用量を910億キロワット時と推定している。これはだいたい4兆キロワット時（US Energy Information Administration 2014b）という全米の電力使用量の約2.25% にあたり、2011年にこの数字が2% だと記した Koomey (2011) とおおむね一致している。
17. 懐疑論者たちは夢想家たちを「夢見るような連中」と嘲り、夢想家たちはそれに対して論調を和らげた。だが、完全に納得できるほどではなかった。ときには、その行為はぎくしゃくとしたものになってしまう。Schmidt and Cohen (2013), p. 257 が「楽観主義の根拠は SF の最新機器やホログラムにあるのではなく、テクノロジーと接続性（コネクティビティ）がこの世界における虐待や苦悩、破壊に対してもたらす検査機能にあるのだ」という主張もそのひとつだ。この文章を翻訳するとこうなる。「楽観主義の根拠はテクノロジーにあるのではなく、テクノロジーにあるのだ」。ほかの連中はもう少し慎重で、私が徹底的に調べた Shirky (2010, 2011) のいずれにも、テクノロジーが社会的利益をもたらすと正面きって主張した例はなかった。ただ、彼がテクノロジーの熱狂的なファンであることは否定しようがない。彼の著書『Cognitive Surplus』（思考の余剰）の背景にある突拍子もない思いつきは、インターネットの参加型の性質のおかげで、世界中のカウチポテトたちが何十億時間もの無駄な時間をテレビに費やすのをやめて――ここがタイトルの「余剰」の部分だ――代わりにその時間を何か有意義なことに使うようになるはずだというものだ。
18. Linda Stone (2008) は私たちが多くのデジタル技術に対して「継続的な部分的注意」を維持し続けるという意識を広めた。必ずしも、ここで私が紹介しているような軽蔑的な意味合いで言ったわけではない。
19. Jensen (1998 [2005]), p. 252.
20. Carr (2011), p. 224.
21. Ellul (1964), p. xxxi.
22. Kranzberg (1986).
23. Latour (1991).「科学技術社会論」と呼ばれる学問の分野においては、コンテクスト理論のさまざまなバージョンを述べては言い換えるという家内産業が存在する。こうした理論はときに深遠だが、たいていの場合、ただ非啓発的なだけだ。この分野でもっとも人気の意見は、影響力のあるフランスの社会学者ブルーノ・ラトゥールが推奨する（そしてときに自己批判する）ものだ。彼は「アクター・ネットワーク理論」という概念の構築に一翼を担ったのだが、この理論は人とテクノロジーが相互につながり合った流動的な関係の網の中でお互いに影響し合う交点（ノード）であるとするものだ。Latour (1991) はそれをこのように説明している。「行為項（アクタン）の関連性と置換によってその軌道を定義し、アクタンがたどるすべての軌

道によって、解釈に従って、そして最終的には観察者の観る角度を変えることによって参加者を定義する社会技術的ネットワークを表すならば、我々はそれ以上要因を探す必要はない。アクタンの行為を描写しつくせば、それが説明となる」。だがホテルのルームキーについているチェーンのような単純なものを描写するためだけでも、ネットワークはあっという間にこんがらがった糸のようになってしまう。そしてラトゥールは、全体を理解する唯一の方法は、糸を一筋一筋、慎重にたどっていく以外にないと主張している。つまり、非常に豊かな描写がある一方で、得られるのはそれだけだということだ。簡単な説明や理解は、当分得られない。

24. Veeraraghavan et al. (2009).

25.「意思のあるところ、道は拓ける」と私たちが名付けた論文で、Smyth et al. (2010) はインドの都市部に暮らす識字能力の低い若者たちの多くが、英語のインターフェースや複雑な手順にもかかわらず、携帯電話でブルートゥースを使ったファイル交換をいともたやすく使いこなしていることを発見した。彼らは、音楽や映画のファイルを交換したいという強い欲求に突き動かされていたのだ。ユーザーにやさしくないインターフェースも、利用の妨げにはならなかった。

26. 本書で用いられる「社会的決定論」とは、テクノロジーの影響が人的能力によって決定づけられるとする主張を指す。個人の行動は完全に社会的・文化的な力によって引き起こされるものであって、物理的・生物学的な力によって引き起こされるものではないとする別の定義の社会的決定論とは混同すべきではない。

27. 自律型ロボット（物理的なものも、バーチャルなものも）は自らの意志で行動できると言えるが、それでもやはり、そのロボットの人格または思考プロセスを設計し、指示するのは人間だ。これらのロボットは当然、人間が意図しなかったように行動する可能性がある。第3章で、意図せぬ結果の性質について触れている。

28. Medhi et al. (2007).

29. Medhi et al. (2013). この実験の描写は、このパラグラフでは簡素化されている。実際の実験では3つの異なるインターフェースを用い、さらにその中に深さの異なる2つのインターフェースが組みこまれていた。

30. ここで触れている研究はそれぞれ Findlater et al. (2009), Chew et al. (2011), DeRenzi et al. (2012).

31. 増幅は、科学技術社会論の分野で特に欠如している。この分野の学者たちは、テクノロジーを手段とみなす理論を低く評価する傾向があるのだ。情報システム関連文献の中で増幅にもっとも近い理論のひとつが、Cohen and Levinthal (1990) が初めて明確化した「吸収容量理論」だ。これは、ある組織のテクノロジーを吸収する能力は、その組織がそのテクノロジーで何を達成できるかを決定づけるという主張だ。

32. 私が初めて増幅について書いた内容は、Toyama (2010) がテクノロジーと貧困について述べている内容に準ずる。

33. Linden (2008); Santiago et al. (2010).

34. 一部の人々は子育てにおける遊びの重要性を強調するし、遊びはたしかに重要だ。ある程度のテレビゲームとソーシャルメディアはその役に立つかもしれないし、目に見えない方法で子どもを育てるのかもしれない。だが電子的レクリエーションが

真の12年教育に類するものとして不十分であることは、ジャングルジムで余分な時間を過ごしてもそれだけでオリンピック選手が生まれるわけではないのと同じくらい明白だ。

35. Rao (2011).
36. Hauslohner (2011).
37. Cohen (2011).
38. Tsotsis (2011).
39. CNN (2011).
40. Olivarez-Giles (2011).
41. Kirkpatrick and El-Naggar (2011).
42. Chulov (2012).
43. 中東の革命と抑圧の真の力に興味がある人は、マダウィ・アル＝ラシードの著書を読むといい。彼女はソーシャルメディアの役割を認めつつも、目に見えやすい出来事や起こらなかった出来事の根本的な説明として重要な政治的・文化的勢力に常に立ち戻ることで均衡を保っている。ここでの引用とこの前のパラグラフの記述は、Al-Rasheed (2012) より。
44. Lee and Weinthal (2011).
45. Paul Revere Heritage Project (n.d.). アメリカのこの伝説の根拠となっている「ポール・リビアの乗馬」という詩を書いたヘンリー・ワズワース・ロングフェローは、ランタンにスポットライトを当てて事実を脚色した。ロマンがある脚色だ。ランタンという象徴が、ただ延々と馬に乗っているだけだったであろう出来事の退屈さを軽減してくれたのだ。だが脚色は詩の受けをよくするが、正確な分析や健全な政策のすぐれた根拠とはならない。
46. *60 Minutes* (2011).
47. Morozov (2011).
48. クレイ・シャーキーはTEDのオーナー兼キュレーターのクリス・アンダーソンとのインタビューの中で、こうした熱狂的なコメントを述べた。
49. Gladwell (2011).
50. Taylor (2011).
51. Yaqoob and Collins (2011).
52. Tichenor et al. (1970).
53. Mumford (1966), p. 9.
54. Agre (2002). アガーは、テクノロジーと社会の増幅理論の概要を述べた最初の人物と思われる。このテーマについて彼が書いたことのほとんどに私は同意する。唯一意見を異にするのはどこに重点を置くかだ。第一に、アガーは政治に対するインターネットの総体的な影響は予測不可能であると主張している。理由は、根底にある力があまりにも複雑だからだ。私も同意見だが、人的能力がより理解しやすい限定的な事例においては予測が可能だと考える。第二に、アガーは政治と統治におけるインターネットの議論のみに論点を限定している。私は、増幅が社会における幅広いテクノロジーとの相互作用にあてはまると信じている。対象となるテクノロジーは

インターネットだけに限られるものではなく、もっと言うならデジタルに限られるものでもない。

第3章　覆されたギーク神話

1. たとえば Harvey（1988）は、ウォークマンを子どもに売りこむための広告戦略を議論している。その中で彼は、「「マイ・ファースト・ソニー」［ウォークマン］は、おもちゃ屋にまったく新しい商品カテゴリーを生み出した」と述べた。そしてたとえ流通業者が疑問を抱いていても、「同社［ソニー］は自らが信じる商品を押し通す長い歴史を持っている」と付け加えている。こうした見解は、テクノロジー関連企業が消費者の行動を任意に操作できる証拠としてしばしば取り上げられる。Sanderson and Uzumeri（1995）もこのように書いている。「革新的な成功を、経営陣のリーダーシップと効果的なマーケティングによる当然の結果のように見ることはよくある」
2. ウォークマンに関する文化的研究という視点からの徹底的な研究については、Du Gay（1997）を参照。デュ・ゲイの著書の巻末に記載されている見解のまとめはウォークマンに対するさまざまなアプローチを示していて、ついでに言うとそのほとんどが「増幅の法則」にはあてはまらない。
3. 実を言うと、苦行用の粗い毛の服やそれに類するものを売るニッチな企業は存在する（「シリス」でオンライン検索をしてみるといい）。人類の文化がいかに多種多様かを示す証拠ではあるが、主流とはとても言いがたい。
4. Turkle（2011）.
5. 例として、Baym（2010）, pp. 51–57 を参照。
6. Rosenfeld and Thomas（2012）.
7. Wortham（2011）; Leland（2011）. Przybylski et al.（2013）は、人生満足度や社会的欲求の満足度が低い個人は、ソーシャルメディアにおいてより FOMO 関連の行動を示す傾向があることを発見している。
8. Goldman（2009）.
9. GOP Doctors Caucus（n.d.）.
10. Reinhardt（2012）.
11. White（2007）; Rumpf et al.（2011）.
12. Organisation for Economic Co-operation and Development（2013a）. ほかの国の制度との比較も含め、アメリカの医療に関する洞察に満ちた分析については、Cohn（2008）を参照。
13. 例として、Spiceworks（2014）を参照。
14. Brill（2013）.
15. Hampton et al.（2011）.
16. 例として、Crescenzi et al.（2013）, Lee et al.（2010）, Olson and Olson（2000）を参照。最後の文献は、なぜデジタル技術をもってしても距離をなくすことができないのかについてのすばらしい概要と分析を提供してくれる。
17. Cairncross（1997）, p. xvi. おそらくは批判に対する反応として、Cairncross（2001）は改訂版で論調を和らげている。該当する箇所はこうなっていた。「人々は、地球上のほ

かの場所にいる人々とより自由にコミュニケーションが取れるようになる。その結果、戦争は続くものの、世界平和をはぐくむ効果が生まれる可能性がある」(傍点は私が付した。Schmidt and Cohen 2013 の戦略を思い出してほしい)。だが彼女の要旨は全体として変わっていない。それどころか、テクノロジーが確実に世界、たとえば開発途上国を改善する方法をさらにいくつか追加している。

18. Van Alstyne and Brynjolfsson (2005).
19. 選択的接触は、影響力の大きい心理学者 Leon Festinger (1957) の研究にまでさかのぼる。彼は「認知的不協和」——矛盾する情報を与えられたときに人が感じる違和感——という概念を提唱した人物だ。選択的接触は、認知的不協和を避けるため、人々が自分の考えを裏付ける情報のみを探す傾向を示すときに現れる。
20. Van Alstyne and Brynjolfsson (2005).
21. Stecklow (2005).
22. Mukul (2006); Raina and Timmons (2011).
23. ファブレットはスマートフォンよりは大きいが、タブレットよりは小さい。
24. デジタル・デバイドがほかの社会経済的格差の症状であるという主張は、*Economist* (2005) のテレセンターについての記事で鋭くなされた。だが興味深いことにこの同じ記事が、携帯電話はどうにかして「ボトムアップの発展を促進できる」と示唆している。携帯電話がより広く普及することによって、社会経済的格差が埋められるというのだ。これは言い換えれば、テレセンターに基づくデジタル・デバイドが社会経済的格差の症状だが、携帯電話に基づくデジタル・デバイドは違うと主張しているのと同じことだ。
25. このパラグラフでは、能力の高い人々と低い人々との間に生まれる成果の絶対的な差異が、テクノロジーのまんべんない普及によって拡大することを主張している。相対的な違いは変わらないかもしれない。だが、しかし！　より裕福な人々がよりすぐれたテクノロジーを手に入れられるという事実を織りこむと、格差は加速度的に広がる。新しいテクノロジーが生まれると、富裕層は当初の相対的な富に比べて不釣り合いなほどに裕福になっていく。低価格なテクノロジーでは貧しい人々を助けられないと言いたいわけではない。もちろん、それは可能だ。そして政治哲学者ジョン・ロールズのような一部の人々にとっては、少なくとも理論上はこれで十分なはずだ。だが現実には、この主張は政治力や天然資源がいずれもゼロサムであるという事実を無視している。誰かがより多く手にすれば、誰かの手に入るぶんがそれだけ少なくなる。つまり、絶対的格差の拡大は、底辺にいる人々にとって必然的に悪いことになる。いずれにしても、格差そのものを問題とする人々にとって、低価格なテクノロジーはまったく解決方法にはならない。
26. ゲイリー・キングの研究に関する記述の多くは、過去に Toyama (2013b) に登場している。
27. King et al. (2013a).
28. King et al. (2013b).
29. King et al. (2013a) は、政治と無関係な集団行動の例を挙げている。2011年、日本の原子力発電所の事故後、ヨウ素添加の塩で被曝を防げるという噂が出回った。買い

物客が集団で塩を買いに走るよう煽りそうなオンライン投稿は抑えこまれた。

30. この引用は King et. al.（2013a）より。Dimitrov（2008）の概略である。
31. Guilford（2013）.
32. Brewis et al.（2011）は、肥満を恥とする世界的傾向を指摘しているが、文化によって体重の嗜好が異なることを示すさまざまな研究を紹介している。Sobal and Stunkard（1989）は社会経済的階級と体重を関連づける研究をまとめている。
33. Lenhart（2012）; Hafner（2009）. 2011年にマリコパ・コミュニティカレッジで講演をおこなった際、私は聴衆に、1日100通以上のメッセージを送る人はいるか、と尋ねた。ほぼ全学生が手を上げる中、教職員は信じられないといった様子で講堂を見回していた。
34. 増幅を念頭に置いていても、これはやはり10代のソーシャル化が増幅されたという予測可能な事例のように思える。
35. 懐疑論者たちのおかげで、ほぼすべてのテクノロジーは、その創造主や利用者が完全に意図したわけではない結果を生むことが明らかになった。新しいテクノロジーを世に出すということは、どの組織も完全に予測することはできない結果を引き起こすということなのだ。したがって、それを待ち受け、監視し、管理しようという努力がきまって失敗するのもやはり、一種の消極的な意図だと言える。
36. Sartre（1957［1983］）, p. 15.「人は、自分が作り上げるもの以外のなにものでもない」。

第４章　シュリンクラップされた場当たり処置

1. 私の「介入パッケージ」という言葉の使い方は、David Morozov（2013）が「テクノロジーによる解決策」、William Easterly（2014）が「テクニカル」または「テクノロジー至上主義的ソリューション」と呼ぶものと非常に似ている。ただし、私は「ソリューション」という言葉を避けたかった。介入パッケージは必ずしもソリューションではないからだ。そして「テクノロジー」「テクノロジー至上主義」という言葉を避けたのは、ほかに特定の意味を示すために本書ですでに使ってきているからだ。
2. Yunus（1999）, p. 48.
3. ユヌスの序文より（Counts 2008, p. viii.）。
4. Counts（2008）, p. 4.
5. MixMarket（2014）で入手可能なデータに基づく。
6. *Bloomberg Businessweek*（2007）.
7. 2010年、SKS マイクロファイナンスという少額貸付組織がコンパルタモスの業績をインドで再現した。新規株式公開で３億5800万ドルを稼ぎ出し、インド国内のマイクロクレジット業界を機能不全に陥らせるほどの全国規模の議論を呼んだのだ。SKS やその他のマイクロファイナンス機関に対し、強引な貸付を批判する声が多かった。インドにおけるマイクロファイナンスの長老指導者ヴィジャイ・マハジャンは、一部の新興組織が「同じ地域で次々と融資を積み重ねていった。……その結果、債務が増え続け、中には自殺に追いこまれた者も出ている」と語った。（Polgreen and Bajaj 2010）。アーンドラ・プラデーシュ州の怒れる政治家たちは、少額融資の発行方法に関する厳しい法律を通過させ、草の根での反発を引き起こした。借り手が返

済そのものをやめてしまったのだ。Bajaj（2011）も参照。こうした状況を冷静に評価しようという試みが、Rosenberg（2007）によっておこなわれている。

8. Yunus（2011）.
9. Collins et al.（2009）.
10. 世界開発センターのDavid Roodman（2012）が、マイクロファイナンスについてのすぐれた脱構築をおこなっている。過度の単純化をすることなく、近年の研究を取り入れ、分析したものだ。この章で紹介されている研究の多くは彼の著書でさらに詳しく述べられていて、マイクロファイナンスについて確実にわかっていること、まだわかっていないことが何かも説明されている。
11. Karlan and Zinman（2010）.
12. Karlan and Zinman（2011）.
13. Angelucci et al.（2013）.
14. Banerjee et al.（2010）. 2005年、経済学者アビジット・バナジー、エスター・デュフロ、レイチェル・グレンナスター、シンシア・キンナンらが「スパンダナ」という少額融資組織を説得し、ハイデラバードの貧しい都市部地域104カ所からランダムに選出した52カ所に支店を開設させた。支店開設から15―18カ月経っても、マイクロクレジットが入手可能になった地区の暮らしは全体としてほかの地区より裕福にはなっていないようだった。また、家計支出にも目に見えた違いはなく、支出の決定権に対する女性の発言力も、健康関連の指標、教育的成果も変わらなかった。彼らに言えることはせいぜい、スパンダナの存在によって新しく事業を始めた家庭の数が2％増加し、耐久財に対する支出が月1人当たり55セント増加し、生鮮品に対する支出が23セント減少したということぐらいだった。耐久財のほうが、事業には役立つからだ。それで、結論は？　「マイクロクレジットはそれ自体がよく言われるような奇跡ではないが、家庭が融資を受け、投資をおこない、事業を立ち上げたり拡大したりする手助けにはなる」。
15. Ray and Ghahremani（2014）.
16. Vornovytsky et al.（2011）.
17. 例として、Krugman（2010）を参照。
18. Banerjee et al.（2010）; Drexler et al.（2010）; Karlan and Zinman（2011）.
19. テクノロジーに対するこのような一般化された概念は珍しいものではない。たとえば経済学者たちは、人間の組織構造をテクノロジーの一種であるかのように日常的に語っている。だがほとんどの人がテクノロジーを物理的な人工物とみなしているため、私は「介入パッケージ」をこの一般化した意味で用いている。
20. これらが珍しい、あるいは短期的な効果だと思っている人は、ソ連崩壊後の国々がそれぞれにたどった道筋を思い出してほしい。リトアニア、ラトビア、エストニア、そしておそらくはウクライナも民主主義への持続的な移行を達成したが、ほかの国々は初期の選挙にもかかわらず、名目的にも実質的にも独裁政権へと逆戻りしてしまった。平和的な選挙による政権交代で生まれた民主主義においても、長年にわたって培われた意識は統治を妨げるおそれがある。インドにいたとき、この国が世界最大の民主主義国であるという主張はちょっと言い過ぎではないかと思った。私

が目にしたのはむしろ、期限つきの封建制度のようなものだった。政治家は権力の座に就いている間は貴族のようにふるまい、ほとんどの市民が喜んで服従し、公職者に頭を下げ、日常的な政府のサービスに対して心づけ（バクシーシ）を支払う。公務員が非公式な収入源を持っていることは誰もが知っているが、それは特権として容認され、目標にさえされている。そしてみんな、誰もが知っているということを知っている。2010年、当時カルナータカ州首相だったB. S. イェッドゥラッパは政府の過剰なまでの汚職に対する非難を受け、公式記録上は自らの政権を叱責して、意味ありげな目配せとともにこう言った。「自分のためだけに金儲けをするのはもうやめよう。これからは皆、カルナータカのために働くべきだ」（IBNLive 2010）。

21. Seymour Lipset（1959, 1960）は幅広い社会経済的性質が民主主義を奨励するようだとする主張を最初に述べたうちの1人で、この主張については少し形を修正して第9章で改めて触れる。政治科学者 Robert Dahl（1971）は民主主義に求められる8つの組織的要件に注目した。その中には複数政党、公職への被選挙権、自由な報道、結社の自律、法の支配、そして効率的な官僚制度が含まれる。
22. 例として、Achebe（1977）によるジョセフ・コンラッド『闇の奥』の分析を参照。
23. Achebe（2011）.
24. *Atlantic*（2012）.
25. Porter（2013）は、労働適齢期の女性が稼ぐ収入は、同年代の男性の80%にしかならないと述べている。
26. ノートパソコンがワクチンのような役割を果たすという発言は、Negroponte（2008）、すなわち「ワン・ラップトップ・パー・チャイルド」についてのTEDでの講演でネグロポンテが語ったものだ。彼は、MITで私と同じパネルディスカッション（*Boston Review* 2010）に参加していたときも同じ主張を繰り返した。この比喩が反響を呼ぶと感じたのかもしれない。
27. 世界ポリオ撲滅計画年次報告書（World Health Organization 2011）より。ポリオ撲滅に向けた努力がアフガニスタンやナイジェリアなど、公然と紛争が続く地域ではあまりうまくいかないというのは理解できる。だがこの報告書では、チャド西部のようにさほど暴力が頻発しない地域についてこう記す。「社会的問題、コミュニケーションの問題も重要であるとはいえ、子どもたちがいまだにワクチンプログラムからこぼれ落ちている主な理由は、運用上の問題である。とりわけ特にリスクが高い主要地域ではそうである」。
28. 天然痘は必ず目に見える症状が出るため、ポリオよりも撲滅しやすいというのは一般的に言われていることだ。ポリオでは、症状が出る患者1人に対し、症状が出ないままに感染を広げる患者が数百人いると言われている。したがって、特定の地域でポリオを撲滅する唯一の確実な方法は、全員にワクチンを接種することだ。これがどの程度現実的かはテクノロジーではなく、政府組織や医療機関の対応可能範囲とその質によって定まる。
29. Yunus（2011）.
30. *Bloomberg Businessweek*（2007）.
31. Yunus（1999）, p. 205.

32. 同上、p. 140.
33. Consultative Group to Assist the Poor (2008).
34. Banerjee et al. (2010).
35. Tripathi (2006).
36. 避妊させられるのではという疑いは開発途上国ではしばしば起こるものだが、これはおそらく、過去に一部の国で強制的な精管切除がおこなわれた歴史がもとになっている (Population Research Institute 1998)。同様の疑いが最近パキスタン (Khan 2013 など) とケニア (Gander 2014 など) でも再浮上している。先進国におけるワクチンに対する疑いについては、たとえば Mnookin (2011) を参照。
37. 未来のテクノロジーがどうなるかを予測することは、ときには有益だ。自らの良心は脇へ置き、「アバター」というテクノロジーが利用可能になる未来を想像してみよう。それは人の脊髄、ちょうど小脳の真下に手術で埋めこむ特殊なチップで、無線指令によって人の随意筋全体を完全に乗っ取ることが可能な技術だ (脊髄の情報周波数はおそらく毎秒16メガバイトあたりで、現在の3G ネットワークが約束する速度よりほんの少し多いだけだ)。こうすれば、医療従事者はリモコン操作の操り人形となり、割り当てられた家庭を忠実に訪問して回り、活動を台本に沿ってよどみなくこなし、決して怠けたり汚職に手を染めたりしない。言い換えれば、これは人間のやっかいな行動が起こすわずらわしい問題を克服するテクノロジーだ。だが、この「アバター」がどれほど強力なテクノロジーであろうとも、それ自体に配布と実施のすぐれたシステムが備わっていなければ意味がない。このテクノロジーは一人ひとりにインストールされるものだが、誰かが技術のメンテナンスをおこない、ユニットが故障すれば補充し、実績を管理し、破壊分子がユニットを取り除こうとするなどの予測可能な問題に対処しなければならない。そしてこうした活動のすべてに、確実な実施が求められる。つまり、介入パッケージそのものを越えた継続的な組織的支援が必要であり、それはユニットにかかるよりもはるかに高額なコストがかかるということだ。もちろん、この暗い未来の可能性はあくまで風刺的なものだが、大事なのは、確実なテクノロジーであっても、うまく機能するためには人間による強い操作が必要だということだ。同様の教訓は当然、これほど強烈ではない介入パッケージにもあてはまる。
38. American Sociological Association (2006).
39. Rossi (1987).
40. ロッシが触れている暗黙の第四の問題があるが、彼はその解決を諦めている。それは、介入パッケージの受益者に何が求められるかという点と対応するものだ。ロッシは、支援対象である人々のやる気と能力がなければどのようなプログラムもうまくはいかないことに気づいたが、この欠陥に対処するのは意図した政策の範疇を超えているとしてこのように述べた。「大規模な人格の変化は、民主的社会の社会的政策枠組みの範疇を超えている可能性が高い」。これは、第II部で取り組む重要なポイントだ。私は、彼が諦めるのは早すぎたと思っている。
41. Yunus (1999), p. 140.
42. 同上、p. 205.

43. Wikipedia (n.d.)「FINCA インターナショナル」http://en.wikipedia.org/wiki/FINCA_International.
44. Kiva.org (n.d.).
45. Opportunity International (n.d.).
46. Yunus (1999), pp. 135–137.
47. MixMarket (2014) で入手可能なデータに基づく。推定額が低いのは、当時市場に登録されていた組織しか含まれておらず、先進国のマイクロクレジット活動は除外されていたためだ。
48. Heeks (2009).
49. Organisation for Economic Co-operation and Development (OECD) (2014a). ここに引用した数字は、OECD 加盟各国からのすべての二国間援助と、ユニセフのような組織からの多国間援助を含む。
50. 調理用コンロについての重要な報告は、Fraser (2012) と Plumer (2012) を参照。
51. チャーター・スクールの業績についての議論は今も続いているが、結果がまちまちであると言っても不公平にはあたらないだろう。初期の調査を参照したすぐれた概要が Ravitch (2011), pp. 138–143 で読める。ちなみにラヴィッチの著書は教育者・教育研究者としての著者自身のキャリアに基づく、介入パッケージに対する見事な反論を提供している。

第 5 章　テクノロジー信仰正統派

1. George Packer (2014) は2013年のアマゾンの書籍販売額が推定52.5億ドルだったと述べ、Milliot (2014) は書籍販売の総売上高を150億ドルと推定している。また、パッカーは2010年にアマゾンが電子書籍販売の90% を占めていたと記している。
2. オーウェルへの言及は、Streitfeld (2014) による。引用は Orwell (1936) より。
3. Barnes & Noble Booksellers (n.d.).
4. Thompson (2010) は、1970年ごろ以降の40年にわたる書籍業界の豊かな歴史と分析を提供している。
5. Thompson (2010), pp. 389–392 はこの傾向を詳細に説明し、「勝者がより多くの市場を手に入れる winner-takes-more market」と名付けた。
6. それぞれに名祖となった著書で Chris Anderson (2008) は「ロングテール」について説明し、Robert Frank and Philip Cook (1996) が「勝者一人勝ち」の社会について説明している。
7. Duflo et al. (2012).
8. 異なる同僚と執筆した別の論文で、デュフロは自らこう書いている。「近年の証拠を見ると、学校への参加率を増加させる介入の多くが、平均的な生徒の試験の点数を改善するわけではないことが示唆される。生徒は学校で余分に日数を過ごすようになったからといって、何かを学んだということはあまりなかった」(Banerjee et al. 2007)。ここからの数パラグラフで説明しているように、2つの論文が示唆する一般化された結論を受け入れるのであれば、どちらでも指摘されていない矛盾が出てくる。

9. 著者らは脚注で、「不正防止」というのは単に「梱包用テープ」を操作ボタンの上に貼るだけだと記している。
10. Duflo et al. (2012).「非公式教育」はセヴァ・マンディールがこのプログラムにつけた呼び名で、子どもたち向けの政府による公教育に対比したものだ。その名のわりには教授法は公式であり、すぐれた指導法に基づいている。
11. Abdul Latif Jameel Poverty Action Lab (n.d.).
12. 加えて、すぐれた RCT の多くがデュフロのような優秀な研究者によって監督されている。これも、介入パッケージそのものには付随しない、めずらしい環境だ。
13. 教室での望ましい交流についてのいいヒントがほしければ、Doug Lemov (2010) の『Teach Like a Champion』(チャンピオンのように指導する) を参照。私が小学―高校生を指導する際は、この本が貴重な情報源となった。
14. 組織 X とのパートナーシップのもとに実施された RCT がプログラム Y には影響力があるという結果を示した場合、それが証明するのは Y それ自体に影響力があるということではなく、Y は X のような組織によって実施されれば影響をおよぼせるということだ。たいていは X と Y の両方が必要条件なのであって、これはセヴァ・マンディールの活動とカメラによる監視の両方が必要だったのと一緒だ。結論を言えば、Duflo et al. (2012) は結果がほかの学校でも再現できるかどうかを検討し、そうなるだろうと楽観している。「我々の調査結果は、非公式な学校における出席率に対するインセンティブを提供することが、学習の度合いを向上させ得ることを示唆している」。論文の中で外的妥当性に同意できるのは一カ所だけだ。彼らはさらにこう述べている。「しかし強い政治力を持つ傾向がある公立学校の教師にインセンティブ方式が適用できるかどうかは疑問である。カメラや類似の機器を用いて日常的に監視されるシステムを導入することは、難しいかもしれない。だが調査結果では、現在教師が定期的に学校に出勤することを妨げている問題（距離やほかの活動など）は克服できないものではない。政治的意思さえあれば、教師不在問題への解決法は公立学校でも見出せるはずである」。行きすぎないよう言葉は慎重に選ばれているが、テクノロジーの楽観主義者らしく、彼らは何かしらの秘密を「できる」という言葉の中に隠しており、そのことは Toyama (2013a) が指摘している。

　私は2014年 6 月24―25日にかけてデュフロとメールをやり取りし、彼女に回答を求めた。経済学者にありがちな過度に自信に満ちた論調で、彼女はこう書いた。「私は論文の結論を全面的に支持しますし、セヴァ・マンディールが（すべての）学校をほかの方法で改善しようとしていたという事実が、そうでなかった場合と比べて外的妥当性を減じることになぜなるのか、私にはよくわかりません」。セヴァ・マンディールがほかの学校と異なるとすれば、間違いなく、外的妥当性への影響力においてだろう。そうなると、違いはセヴァ・マンディールの指導方法と運営方法が一般的であったかそうでなかったかという点に絞られる。私は、地方の公立学校の多くと比べて、セヴァ・マンディールは例外的にすぐれていたと考えた。デュフロはその可能性を否定する。そして、セヴァ・マンディールの指導方法が「さほど目覚ましいというものでもなかった」と述べた。

　RCT に対して私が批判的なのは手法そのものに対してではなく、実験の実施者た

ちが結論をあまりに自信たっぷりに一般化しすぎる点で、外的妥当性についてあまりに傲慢になり過ぎるという点だ。

15. Banerjee and Duflo (2011) の複数カ所から。例として p. 272。
16. ジョージタウン大学の経済学教授で世界銀行の開発調査グループの元責任者 Martin Ravallion (2011) が、RCT における問題のいくつかをうまくまとめている。より学術的な批判はノーベル経済学賞受賞者 James Heckman (1997) がおこなっている。ここで私が提起している問題は外的妥当性の特殊な事例であると同時に、実施しやすく、必ずしも啓発的とはいえない実験をおこなう傾向でもある。
17. ほとんどの RCT は特定の介入パッケージの効果を評価することに重点を置いている。特定の介入パッケージを成功させる上で優秀な組織がカギを握っているという考えを検証した RCT を、私は今のところ聞いたことがない。そのような調査も理論上は実施可能だが、筋金入りのランダミスタたちの認識論的制約の範囲内では、調査の期間中に組織能力が大幅に改善される介入が必要となる。そのような実験は実施するのが簡単でもなければ安くもない。とりわけ、組織能力の改善には時間がかかり、測定が難しいのだからなおさらだ。RCT には、実施上の厳しい制約がある。おこなわれる調査はどうしても安くて短期的で測定基準が見つけやすく、実施しやすいものに偏ってしまうのだ。
18. Rossi (1987).
19. 経済学者が実施する RCT で何かひとつ変えられるとすれば、これだろう。RCT が実施された、より大きな文脈を詳細に報告し、予測される外的妥当性についての明確かつ徹底的な議論がおこなわれるべきだ。地元の文化、歴史、地理、気候などに関連する側面はなんだろう？　実験にパートナー組織がかかわっているのなら、その組織独特の強みや弱みは、ほかの同様の組織と比べてどう違ったのだろう？　どのような条件であれば同様の結果が見られるものと期待できるのだろう？
20. Prahalad (2004).
21. 同上、p. 16。
22. 同上、pp. 4–16。
23. 同上、p. 4。
24. Karnani (2007), p. 93, Table 1.
25. 加えて、安い小袋は結局のところ、あまり商売にならないことがわかった。プラハラードの著書以降、石鹸やシャンプー、ありとあらゆる洗剤が安い小分けのパックで売られるようになった。これが HIL とプロクター・アンド・ギャンブルとの間に複数の価格戦争を勃発させ、シャンプーの容量に対する値段が大きなボトルよりも小袋で買ったほうが安く上がるという奇妙な現象が起こってしまった。あるとき HIL の幹部が、市場シェアでは勝ったが純利益では負けた、と私に告白したことがある。彼らは小袋事業から手を引きたかったが、その方法がわからなかった。「インド小袋価格戦争 India sachet price war」でネット検索してみれば、この点を指摘する記事が数多く見つかる。
26. 同上。
27. Yunus (2007).

28. Toms (n.d.). 2014年９月現在の同社ウェブサイトにおける正確な文言は「One for One（1足につき１足）。お客様が購入する商品１点ごとに、トムズは助けを必要としている人を支援します」だった。
29. Toms (n.d.). 1足につき１足というこのモデルは、1000万足寄付するためには同じだけの数の靴を売り上げたはずだということになる。トムズの靴の価格帯は40―100ドルなので、総収入は４億―10億ドルという計算だ。
30. Bansal（2012）と Butler（2014）が、トムズ・シューズに対する批判のすぐれた概要をまとめている。Wydick et al.（2014）は靴の寄付によって家庭での靴の購入数が減るかどうかを調べる RCT を実施したが、結果は不確定だった。Murphy（2014a）は結果を批判的な概念から解釈している。
31. Toms (n.d.). トムズは中国で製造を開始したが、その後エチオピアとアルゼンチンにも工場を拡大している。マイコスキーはほかにも、ハイチに工場を開く計画を発表した。だがトムズが靴を寄付しているほかの30以上の国では、工場建設の計画はないようだ。
32. O'Connor（2014).
33. Rupp and Banerjee（2014).
34. Merritt et al.（2010）が、「モラル・ライセンシング」の研究についての見事な概要を提供している。特筆すべきは、行為者の善意について公表するだけでもモラル・ライセンシングが起こるという点だ。トムズ・シューズほかの、善意の証拠が公的に見えやすい商品の購入で、特にこの現象が見られる。
35. 念のために言っておくが、私は資本主義に反対しているわけではない。資本主義は経済のすばらしい原動力で、開発途上国は営利目的企業からももっと恩恵を受けられるだろう（トムズのような企業の問題は、所有者が富裕世界の居住者なのに従業員がそうではないという点だ）。だが資本主義それ自体が富を（それにしたがって権力も）一握りの人々に集中させるものであり、これについてはカール・マルクスから Thomas Piketty（2014）まで数多くの人々が指摘している。成長を広く拡散させるためにはそのほかの力も必要で、それはたとえば協同組合であったり、組合であったり、累進課税、必需品の全員提供、個人の寄付、あるいはこれらに加えてほかの要素の組み合わせであったりする。社会起業熱は市場機構をもてはやし、非本質的な利益の少ないより重要な取り組みを締め出してしまう。私たちには、「解放の神学」が言うところの「貧しい者の優先的選択」が必要だ（Farmer 2005, p. 139）。
36. Franzen（2010), p. 439.
37. Fisher（2012).
38. McNeil（2010).
39. UNESCO（2012). だが、それでもまだ5000万人の子どもたちが学校に通えていない。
40. International Committee of the Red Cross（2014).
41. リチャード・デヴィッドソンは、感情の生理学的根拠を探求する感情神経科学分野の先駆者だ。前頭前野での活動と主観的に前向きな気分との関連性を論じた論文が２点ある。Davidson（1992）と Davidson et al.（2000）だ。
42. Richard Layard（2005）は現代の経済学者が幸福をどう見ているかについての非常にす

ぐれた、読みやすい導入の書だ。

43. Cobb et al. (1995).

44. Sen (2000), p. 14.『自由と経済開発』は、社会経済的成長が自由と能力の提供を通じて果たされるという強い根拠を述べている。だが最終的には、根底にある哲学はリベラルな自由市場の民主主義を擁護する弁明であって、個人がはぐくむべき責任については議論されていない。本書の第II部は、「英知と経済開発」とでも言うべき、センへの回答だ。

45. Seligman (2002), Gilbert (2006), Haidt (2006) は心理学における、幸福と「ポジティブ心理学」の権威と呼べる学者たちであり、それぞれが独自の観点を披露する。Rubin (2009) は心理学者ではないが、1年以上にわたって自らの人生においてさまざまな幸福のヒントを試してみた。彼らは全員、幸福の原因として性格と美徳が重要だと認識しているが、私がこのセクションで批判している傾向を実証するにあたって、現在の気分を改善したり、過去を再解釈したりするといった小技に集中している。性格と美徳については、驚くほどわずかしかページが割かれていない。セリグマンは「強みと美徳を新たにする」という8ページの章を書き、ギルバートは美徳と幸福が別のものだということを3ページで説明しているにすぎない。ハイトの「美徳の至福」というセクションは244ページ中の25ページだ。意外にもルービンは、日々の習慣という形での美徳にもっとも時間を費やしている。それでも、そうした習慣の多くは現在の気分を向上させるための習慣なわけであって、Hoffman (2010) も、恵まれた人生を与えてくれた自らの生い立ちについてはほとんど触れていない。

46. *Wall Street Journal* (2009).

47. Bentley (2012).

48. Obama (2013).

49. 例として、Perry (1990), pp. 183–184 を参照。原典はキリギリスではなくセミだったらしいが、ここではアメリカ人によりなじみのあるキリギリスのほうを使った。

50. エド・ディーナーが、主観的な幸福を定義・測定する心理学的試みの大部分を主導してきた。彼の共著になる2作品はこれまでに知られていることをすばらしくまとめている。Diener et al. (1999), Diener and Biswas-Diener (2008) だ。

51. Lyubomirsky (2007) はポジティブ心理学運動を要約している。ポジティブ心理学はまっとうな科学を基盤としているものの、主に人の気分を向上させる心理的な小技にばかり気を取られていて、幸福な人生を送るための基礎を構築する努力にはあまり注力していないようだ。たしかに、私は自分の主張を通すために彼女の著書から都合のいいところだけを抜き出しているが、抜き出さなかった部分もそう変わりはしない。彼女の著書、そしてポジティブ心理学全体は、最新の研究結果から導かれる簡単な教訓を重視して、大事な美徳を無視する傾向がある。たとえば、リュボミアスキーは「感謝の気持ちを表現する」と「親切な行動を実践する」に同じくらいの字数を割いているが、後者のほうがはるかに重要であり、世界の幸福度を向上させるために貢献するように思われる。幸福にはほとんど労力が不要なのだと、ことあるごとに繰り返しているのもいただけない。親切な行為は「ごく小さな、短いもの」でよく、「幸福な行動の多くは実際に時間を作らなくても実践できるもの」なの

だそうだ。だが、投資なくして幸福を期待しようというこの行為自体、現代社会に蔓延している不幸が抱える問題のひとつではないのだろうか？

52. ポジティブ心理学と薄っぺらい幸福のすすめに対する痛烈な攻撃については、Barbara Ehrenreich（2009）を参照。著者が乳がんと闘っていた間に経験した、楽観的なポジティブ心理学に対する憤慨を記録している。
53. Wikipedia（n.d.).「ドン・ウォーリー、ビー・ハッピー」http://en.wikipedia.org/wiki/Don%27t_Worry,_Be_Happy.
54. 人並みの暮らしを送るためにできることはすべてやっていても家賃を払えない人々に共感しないつもりはないし、貧困の構造的原因を否定するつもりもない。社会的状況の中には、どうあがいてもうまくいかないものもあるのだ。ここで私が言いたいのはむしろ、幸福への近道などないということ、ただ幸福に向けて目標を修正するだけで不幸の原因を取り除けはしないということだ。それどころか、長期的な基盤から短期的な応急措置に注意を向けることは、逆効果にさえなり得る。
55. インターネットは、受けのよさそうなでっち上げの引用句を好む私たちの傾向と、実際の情報源を検証する私たちの能力の両方を増幅した。この引用のバリエーションはその多くがアルバート・アインシュタインの言葉だとされているが、O'Toole（2010）のおかげで、実際の情報源を社会学者 William Bruce Cameron（1963), p. 13 までたどることができた。
56. アメリカは、GDP を測定できるようになるずっと前に経済大国へと成長していた。1930年代、経済学者サイモン・クズネッツが国民所得勘定の最初のシステムを構築した。以来、GDP はクズネッツが警告したまさにそのままの形をとってしまっている。彼の警告とそれを聞き入れなかった私たちの失敗の記録を、Rowe（2008）が提供している。
57. 階級主義——あらゆる形の差別と権力の乱用の根源——は、Robert W. Fuller（2004）によって見事に定義され、破壊されている。
58. 引用は Fisher（1988）より。この引用はチンギス・ハーンの言葉として広く知られているが、おそらく彼本人が言ったものではない（O'Toole 2012)。
59.「テクノロジーの十戒」はありとあらゆる政治的背景の人々にますます共有されるようになってきているが、明らかに自由主義的な特色がある。George Packer（2013）は、シリコンバレーの自由主義傾向に注目している。だが、テクノロジーと自由市場だけが政治と社会問題を解決できると信じている者は、もっと旅行するべきだ。テクノロジーがあり、市場があり、自由もあるが強力な国家が不在だと、ソマリアのようなことになる。
60. Deutsch（2011）は、「啓蒙の時代」の果たした決定的な役割について科学的な論を展開している。
61.「啓蒙の時代」の種そのものは、もっと早い時期に蒔かれていた可能性がある。たとえばグーテンベルクの印刷機が発明されたのは1500年代半ばで、「理性の時代」より少なくとも 1 世紀は前だ。ヨーロッパの経済発展に貢献した植民地化が始まったのは1400年代。Nisbet（1980）は進歩という概念を古代ギリシャ文明にまでさかのぼっている。とはいえ、現在の「テクノロジーの十戒」の要素が最初に確固たる声を与

えられたのが「啓蒙の時代」だと言っても間違いではないだろう。Nisbet（1980）が引用する多くの人々が、この点を指摘している。

62. このパラグラフのデータは、以下の情報源より。GDP：World Bank（2012a）、2006年の世界およびOECD加盟国のGDP。出生時平均余命：United Nations（2007）; US Department of Commerce, US Census Bureau（1949）. 民主主義：Kekic（2007）. 幸福度：Inglehart et al.（2008）.
63. US Energy Information Administration（2014a）; *Economist*（2014）; MarketLine（2014）.
64. この比率に対する測定については主たる情報源を突き止めるのが難しく、比較の単位を示している情報源は少ない。人口当たりの数字はScheer and Moss（2012）より。Diamond（2008）は、天然資源の32倍という比率を記している。United Nations Environment Programme（2011）はこの比率を天然資源の重量で10倍としている。いずれにせよ先進国の消費、とりわけアメリカの消費は、開発途上国の消費量に比べるとはるかに高い。貧しい人々は必要に迫られ、わずかな量を長持ちさせる方法を知っているのだ。
65. サルコジの発言は *Wall Street Journal*（2009）より引用。サルコジの委員会についての記事はUchitelle（2008）による。
66. Stiglitz et al.（2009）.
67. テクノロジー至上主義による危機の原因と結果の両方を示す事例を紹介しよう。私がこの本を出版社に売りこんでいたとき、ある編集者がこんなことを言った。「この本を非常に特徴づけるまさにその点が心配ですね。この本は公正で、あまり論争を呼ぶような取り組み方にはなっていませんが、それこそ、この本が売りにくい理由なんです。正しかろうが間違っていようが、はっきりとした立場を示す本のほうが売れるんですよ」。言い換えれば、君が正しいかどうかはどうでもいい、極端で偏った意見が聞きたいんだ、というわけだ。

第6章　人を増幅させる

1. Sawyer（1999）.
2. Swaminathan（2005）.
3. *Hindu*（2006）.
4. Jhunjhunwala et al.（2004）.
5. 例として、Best（2004）を参照。
6. Veeraraghavan et al.（2005）か（2006）のどちらかだった。
7. テレセンターについて詳しくは、Kuriyan and Toyama（2007）を参照。
8. インターネットカフェはたいてい、最終的には若い男性がビデオゲームをやったり成人向けコンテンツを消費したりできるようサービスを提供することになる。事業として成功するという前提だが、その主な利点は起業家の収入が増える、または収入源が多様化するという点だ。だが、これはどのような業種でも小規模起業家に与えられる利点であり、成功はテクノロジーのおかげというよりは起業家自身の能力によるところが大きい。同じ起業家たちがさまざまな商品やサービスを販売しているが、テレセンターの提案者たちがコンピューターでやっているように、たとえば

商売を繁盛させるためにタバコの販売に固執するようなことをしている者は少ない。テレセンターについての研究の包括的な概要は、Sey and Fellows（2009）を参照。

9. デジタル・グリーンは、マイクロソフト・リサーチ・インドが支援した別のプロジェクト、Digital StudyHall（n.d.）を基にしている（日付なし）。

10. Gandhi et al.（2009）.

11. デジタル・グリーンの別の説明については、Bornstein（2014）を参照。

12. Jack and Suri（2011）, Mbiti and Weil（2011）, Morawczynski and Pickens（2009）はいずれも、都市部から地方への送金の頻度はMペサによって増えたと述べている。加えてMbiti and Weil（2011）とMorawczynski and Pickens（2009）は、送金総額も増えたと示唆している。Morawczynski（2011）の博士論文はこのMペサの台頭と使用パターンを徹底的に掘り下げている。

13. この時点では、パートナーXがインターネットとパートナーXの支援対象との間の橋渡しになれるのではとつい示唆したくなる。妊婦が何か知りたければ、パートナーXがそれをネットで調べて妊婦たちに伝えるのだ。だがパートナーXのスタッフに医療従事者がいるのでないかぎり、これは甘い考えだし危険でもある。訓練を受けた医師や看護師がおらず、わからないことをウィキペディアで調べてYouTubeで手術の仕方を勉強するスタッフしかいないような病院に、あなたなら行きたいと思うだろうか？

14. この現象は珍しいものではない。私はインドや東アフリカで、あまりに多くの介入パッケージを押しつけられては失敗したため、また新しいパッケージを持ちこもうとするよそものに対して皮肉な目しか向けなくなるコミュニティを数多く見てきた。中には、あからさまに敵意をむきだしにするところもある。こうしたコミュニティを支援しようというなら、まずはそれまでになされてきたダメージを修復してからでないと、有意義な取り組みはおこなえない。

15. パートナー組織「地方再建および適切な技術のためのボランティア団体 Voluntary Association for Rural Reconstruction & Appropriate Technology」との調査によって、デジタル・グリーンは年収を平均68%、年間144ドルから242ドルまで引き上げられることがわかった。一部の家庭では、収入が倍にまで増えている。

16. テクノロジー関連プロジェクトは、必要な組織能力をゼロから構築することも可能だ。世界の貧困対策に向けた技術革新を目指す非営利組織で私が顧問を務めているグラミン財団（2014年）がウガンダで実施した「コミュニティ・ナレッジ・ワーカー」（CKW）がまさにそれだ。このプロジェクトは地元住民を選抜し、採用し、訓練し、応援して、地域内のCKWへと育て上げた。

17. Ramkumar（2008）は社会的監査についてのケーススタディを記載している。元MKSSメンバーが書いた実施にあたっての問題についても触れている。

18. Veeraraghavan（2013）.

19. 「ヴィンセント」は少年のプライバシーを守るための仮名。

20. テクノロジー志向の社会活動家たちの間では「ゲーミフィケーション」が流行しているが、プレーヤーが望んでプレイし、かつ教育的または生産的なゲームを開発するのは実は非常に難しい。問題の本質は、一石で二鳥を得るのは難しい、というこ

とだ。魅力的なゲームを開発するのは非常に難しいし、すぐれた教育アプリを開発するのも非常に難しい。つまり、魅力的な教育的ゲームを開発するのはいっそう難しいわけだ。どのような教育的ゲームも、娯楽のみを目的としたゲームよりは魅力が薄れる。結局、勝ち残るのは娯楽目的のゲームだけなのだ。

21. Organisation for Economic Cooperation and Development（OECD）（2014b), pp. 305, 382.
22. International Math Olympiad（2014).
23. OECD（2011), p. 230; OECD（2013b), p. 174.「教育格差は下から９番目」というデータは、社会経済的地位において上位95パーセンタイルの生徒と下位５パーセンタイルの生徒の、PISA 数学試験の点数の格差に基づいている。
24. Duncan（2012).
25. ここで、たとえばめぐまれない10代のためのプログラム講座に反対しているわけではないことは明確にしておきたい。ただ、そうしたプログラムの重要な点は、質の高いリソースをもっともめぐまれない対象に優先的に配分することであって、テクノロジーを用いるかどうかではない。したがって、タブレットを大量配布することには意味がない。それ自体は質の高い教育ではないからだ。だが貧しい家庭の子どもたち向けに放課後に美術講座を実施するのは、たとえハイテクではなくともすぐれたプログラムだ。
26. Warschauer（2006).
27. アメリカに対する OECD（2011）の提言は28ページにわたり、文化、教師の能力、運営、支出方針に注目している（pp. 227–256)。コンピューターやその他のテクノロジーについては、裕福な学校と貧しい学校のリソースの違いを表すために触れている以外、まったく言及されていない。
28. Bilton（2014).
29. Shirky（2014).

第７章　新しい種類のアップグレード

1. Ratan et al.（2009). このような肯定的な反応は部分的には純粋に本心からなのだろうが、Dell et al.（2012）によれば、介入パッケージの受益者は、提供者が聞きたいことを推測するのがうまいそうだ。
2. 国際開発業界では、人々に娯楽を提供することが有意義か否かについての議論が尽きない。例として、Arora and Rangaswamy（2014）を参照。もちろん、娯楽は一時的に快楽を増加させてくれるし、厳しい暮らしの中で一時的な逃避を与えてくれる。そしていずれにしろ、娯楽を禁止したり妨害したりするのは間違っているように思える。だが、幸福への長期的貢献度があまりない目的のために限られたリソースを割くというのはまた別の問題で、容認しがたい状況を容認するよう、人々を誘導しているだけかもしれない（娯楽は大衆の麻薬？)。もし娯楽が介入パッケージの第一目標であるなら、最低限、擁護者はそれが目標であることをはっきりと提示するべきであり、効果がないプロジェクトに効果を出すための最終手段として用いるべきではない。
3. これはインドでは特にそうだ。どれだけ簡単な事務仕事でも、単純労働と比べると

給料は 2 桁は違う。

4. Ratan et al.（2009）.
5. Drexler et al.（2010）.
6. Banerjee et al.（2011）.
7. Mitra and Arora（2010）.
8.「学習性無力感」とは、高名な心理学者マーティン・セリグマンが初めて説明した現象だ。Seligman and Steven Maier（1967）が犬で実験をおこなった結果、逃げ出そうとするたびに長期間にわたって電気ショックを与えられた犬の多くは（すべてではないが）、電気ショックを避ける方法を考えること自体やめてしまったのだそうだ。特筆すべきは、犬たちに脱出口を示したあとでも、この身体にしみついた無力さが継続したことだ。同様の傾向は人間にも見られ、特定の鬱の症状のときにはとりわけその傾向が強かった（Seligman 1975）。

　メキシコやアメリカなどの貧困地域でこうした傾向を観察した人類学者 Oscar Lewis（1961）は、この傾向は、貧困状態の原因でもあり結果でもある社会適応だ、と考えた。彼が言う「貧困の文化」はアメリカで政治的に乗っ取られ、貧困地域の苦境は貧困地域自身のせいだと非難する材料に使われたが、ルイスが本来意図していたのはまったく違う意味だ。彼が言いたかったのは、生まれながらの貧困は生き延びるために役立つ教訓を伝えてはくれるが、その教訓は必ずしも貧困からの脱出には最適ではないということだった。つまり、たとえば極貧状態にある農家がどれだけ畑に手をかけても、害虫や天候不順、腐敗した役人などの外的要素のほうが、彼の収入にはより大きな影響を与えるかもしれないという意味だ。状況が、個人のやる気を促進しないようになってしまっているのだ。あるいは、今日食べるものにさえ事欠くという逼迫した状況だと、将来のために貯蓄することの価値観を学ぶのは難しいかもしれない。また、不正な権力者がとりわけ無慈悲な場合、波風を立てることに労力を費やすよりは、現在の状況を受け入れるほうが無難かもしれない。未来の自分を助けようという意図は、極端に困難な状況では押しつぶされてしまう。ルイスはこう書いている。「貧困の下位文化は、既存の制度では対応できていない問題に対する、草の根での解決の努力と見ることができる」。そして、「貧困の文化には、既存の社会秩序に対抗する目的の政治活動に利用できる可能性と性質がある」。この問題に対するすぐれた論評が Small et al.（2010）で見られるが、スモールもやはり、貧困における文化の役割についての慎重かつ精度の高い研究が必要だと結論づけている。

9. Singer（2011）.
10. よく議論されることだが、グループ間の一部の違いはしばしば文化や人格の違いとして説明されるが、実は、意図の範囲の違いとして説明できるかもしれない。たとえば、すぐれた意図が人生のより大きな輪に対する気遣いと相関関係にあるなら、その気遣いの範囲の広さが内面的成長のひとつの指標となる。社会にとって、男性の権利だけでなく女性の権利も尊重するほうが賢明ではないだろうか？　自分一人の利益だけでなく、ほかのグループや国家の人々の利益も求めるほうが賢明ではないだろうか？　そして、人間の苦しみだけでなく、動物の苦しみにまで配慮するこ

とのほうが賢明ではないだろうか？　Jeremy Bentham（1789［1907］）が書いたように、「問題は「彼らに論理的思考が可能か？」「彼らは言葉が話せるか？」ではなく、「彼らは苦しむだろうか？」なのだ」。

11. Bourdieu（1979［1984］）. 文化的資本についての社会学者ピエール・ブルデューの議論は半ば記述的で、半ば政治批判的だ。彼の主張の中心となっているのは、さまざまな形の社会的・文化的資本は階級間に壁を生み、それが教育など、歴史的決定因子を持つその他の社会的構造によって広められるというものだ。ここでは、社会批判以外の彼の考えを借りた。中流階級の文化的資本が、中流階級の暮らしを望むすべての人にとって重要だという点だ。ブルデューは話が長くなりがちなので、彼の解説者たちの資料が役に立った。一例がGrenfell（2008）だ。

同様の主張は、社会学者Annette Lareau（2011）によってもおこなわれている。家庭によって異なる子育ての方法を調べた人物だ。そこに彼女が見出したのは、労働階級家庭と中流階級家庭との間の驚くほどの違いで、これを彼女は「差別的優位性の伝達」と呼ぶ。より良い暮らしをしている家庭は、より良い暮らしの習慣を子どもたちに植えつける。労働階級の家庭は、労働階級の暮らしの習慣を植えつけるのだ。ラローはブルデューを引用して彼の社会批判を共有しているが、問題は階級による利益や不利益がいずれも世代を超えて広まっていくということだけではなく（これには、家族が生み出す利益を着実に増やしていけるといういい点もあるが）、むしろ、めぐまれない子どもたちが親から受け継ぐよりも良い暮らしをできるように支援する社会的制度が存在しないということなのだ。

本書の初期の草稿には、内面的成長の世代間を超えての伝達についての章が含まれていた。それについては、私のウェブサイトで公開するかもしれない（http://www.geekheresy.com）。

12. Carol Dweck（2007）はすぐれた心理学者で、その研究は変えるのが難しい特質を重視する思考よりも、「成長思考」のほうが重要だということを示している。彼女の著書の裏表紙には、これが「すべてのすぐれた親、教師、CEO、アスリートがすでに知っていること」だと書かれている。つまり、すぐれた判断力を持つ者は、研究などなくても直感でこれがわかっているということだ。Mueller and Dweck（1998）は、能力を褒めるよりも努力を褒める（それにより成長思考へと導く）ことのほうが、子育てには良いことを示している。

13. この類の違いは、先進国でさえも非常に異なる達成度につながる。Bourdieu（1979［1984］）が強調するように、その違いが社会階級間の壁となるからだ。たとえば、個人のやる気と努力は、社会的地位の上昇をめったに見ることがない地域では、ある程度の一貫性で過小評価される傾向がある。Oscar Lewis（1961）は彼が貧困地域について観察した数々の特徴のひとつとして、「困難な生活状況という現実に基づく受容と諦め」を挙げている。

Coleman et al.（1966）はアメリカの教育の現状について、めぐまれない環境で育った子どもは個人の努力よりも運のほうが重要だと信じる傾向が強いと述べている。この報告書はアメリカの公教育の現状についての画期的な研究であり、異なる人種グループ間に対する公教育の有効性に関してはとりわけすぐれている。この研究で

は親の受けた教育の重要性を確認し、生徒間の学業成績に対して生まれる差異を平均化するうえで、学校が果たす役割は比較的小さいことを実証した。特に興味深い調査結果は、自分の人生を自分でどれほど左右できると思うかについて、異なる人種グループ間で見られた差だ。「成功のためには努力よりも幸運のほうが重要である」や「良い教育を受けていても、ちゃんとした仕事に就くのに自分は苦労するだろう」といった文章に対しては、回答者の大多数を占める白人の中流階級よりも、めぐまれないグループのほうが同意する傾向が強かった。この報告書はまた、こうした違いが環境（育ちと教育）の要素であることを強く示唆し、人種差別に反対している。逐語的な概略は以下の通り。

「調査での設問に対する生徒の回答を見ると、東洋系を除くマイノリティの生徒は白人の生徒と比べ、自分で自分の境遇や未来を変えられるという確信がはるかに低かった。ただし、その確信を持っている生徒の場合、そのような確信を持たない白人の生徒と比べて、学業成績は大幅に良かった。さらに、この特性は学校のほとんどの要素とあまり関連性を示していないものの、黒人については、学校における白人の割合と関連性が見られた。白人の割合のほうが高い学校に通う黒人の生徒は、自分の境遇を変えられるという感覚が高い。このため、より大きな社会における個人の経験の結果であるこうした態度は、学校における生徒個人の経験と無関係ではない」。

運についての同様の考え方は、ほかの文化でも報告されている。Henrich et al.（2004）と Jakiela et al.（2012）は、ペルーのアマゾン地域やケニアの地方の貧困地域でも、こうした運重視の思考が共通していることを発見した。もちろん、努力は報われないという考え方はエネルギーを節約して落胆を最小化するという生存のための仕組みとしてしばしば現れるものだが、現状を再確認する自滅的な予言には違いない。

14. Schwartz and Sharpe（2010）が定義した「実践的英知」が、この章で私が定義しているすぐれた判断力の概念と非常に近い。

15. 個人については、自制心の心理学に関する研究が数多くおこなわれている（「実行機能」「自己鍛錬」「自制心」「満足遅延」「意志の力」などさまざまな名前で研究されている）だけでなく、その病理学的欠如（意志薄弱、意志力の低下、自滅的行動、そして極端な場合は中毒など）についての研究もおこなわれている。学識経験者たちはときにこれらの用語間に細かい区別をつけるが、概念はいずれも似通っている。意志力の重要性を訴える研究者の中にはウォルター・ミッシェル、ジョージ・エインズリー、ロイ・バウマイスターが含まれる。ミッシェルが特に知られているのは「マシュマロ実験」によってで、この実験ではより大きな報酬を得るために目の前の報酬を諦めるという満足遅延をおこなうことのできた幼い子どもは、それができなかった子どもよりも学校やその後の人生でより成功する割合が高かったことが証明された。Shoda et al.（1990）と Mischel and Shoda（1995）を参照。バウマイスターと同僚らは、自制心がより良い健康、教育、雇用の予測因子だと証明しており、さらに、強い自制心という特性を示すほど、人生において一貫してメリットが得られるようだと述べている。Tangney et al.（2004）を参照。Baumeister and Alquist（2009）はほかに

も、自制心はどれだけ強くとも障害にならないという意味で、純然たる善であると主張している（つまり、自制心が強いからといって、自制心力を乱用するということにはならないということだ）。バウマイスターの発見について非常に読み応えのある概要が Baumeister and Tierney (2011) に見られる。Ainslie (2001) は、意志力の欠如がもたらす暗い側面に目を向けた研究だ。彼は「双曲割引」という用語を提案したことで知られるが、これは、人がどれほど一貫して直近の報酬を選ぶかについて示したモデルで、少なくとも時間割引の標準的な経済モデルから予測される以上に直近の報酬が選ばれるのだそうだ。

心理学者ロイ・バウマイスターの自制心に関する重要な研究によって、意志力の概念について科学的な関心が再び高まった。彼は、努力を要する人間の活動――ダイエット、集中した思考、身体活動、感情の制御――はすべて生理学的な意志の貯留槽、すなわち血中のグルコースに関連する貯蔵槽を利用していることを発見した。一方、研究によって、弱い自制心は「衝動的な消費や借金、直情的な暴力、学校での成績不振、作業の先延ばし、アルコールや薬物の乱用、不健康な食事、運動不足、慢性的な不安、爆発的な怒り」(Baumeister and Tierney 2011) につながることが示された。バウマイスターは「特質としての自制心」と「状態としての自制心」とを区別している。自制心が貯留槽だとすれば、特質としての自制心は貯留槽の最大容量であり、状態としての自制心は貯留槽の現在の残量だ。個人の自制心に関しては、私たちは特質としての自制心を引き上げる努力をするべきだ。

16. 感情的知性は、Daniel Goleman (1995) が一般に広めた概念だ。意図、判断力、そして自制心に関する限り、感情的知性は内面的成長と重なる部分が非常に多い。ただし、ゴールマンによる感情的知性の概念には、内面的成長に厳密には必要ない、共感力のような特質も含まれる。ゴールマンが取り上げるような感情の繊細さを持たずして賢くあることは難しいかもしれないが、可能ではある。経済学者 James Heckman (2012) の「非認知能力」という言葉の使用も、判断と自制心の概念と大部分が重複しているが、彼の定義では意図の要素が欠けている。

17. 内面的成長は個人または社会に内在し、またその部分的な制御下にある。心、知性、意志は外的な長所でもなければ純粋に生まれ持った才能でもないが、環境や遺伝子、場合によっては後成的要素の形成にさえも影響し得る。人の健康は遺伝子と周囲の環境によって決まるが、そのどちらも、自分で変えることはできない。だが、より健康になろうという意図を持つ能力、栄養豊富な食事を選ぶ判断力、毎日散歩に行くという自制心は自分の制御下にあるはずだ。

18. Oppenheimer (2003) と Toyama (2011) はいずれも、教育におけるテレビの効果の低さを強調している。社会科学のコミュニケーション学の父と言われる Wilbur Schramm (1964) は、1960年代に国際開発においてテレビにかけられた高い期待のいくつかを紹介している。

19. 例として、Polgreen and Bajaj (2010) を参照。

20. Peterson and Seligman (2004) を用いれば、彼らが世界中の文化で重視されていることを発見した6つの美徳（知識、勇気、人間性、正義、節度、超越性）に分類された24の性格特性を特定できる。Assmann (1994), Takahashi and Overton (2005), Yang (2001)

が、英知における異文化問題についてさらに議論している。

21. こうしたリストの例は Paulhus et al.（2002）, Takahashi and Overton（2005）を参照。Paulhus et al.（2002）では加えて、人々が英知と知性、独創性を明確に区別していることを実証している。

22. 私はよく知られた例を使っているが、有名でなくとも高い内面的成長を遂げることは十分に可能だ。私はあるホスピスでボランティアをやっていたのだが、そこで働いていた看護師の中には、まさに天使にしか見えないような人もいた。深い思いやり、高い能力、そしてしばしば死に直面する長い勤務時間にも落胆したり冷静さを失ったりせずに働き続ける能力。しかも、それが認められたり称賛されたりすることはほとんどないのだ。彼らは心、知性、意志の見本だった。

23. 私は3柱を、ベクトル数学で「基底ベクトル」と呼ばれるもののようだと考えている。意図、判断力、自制心という基底が、ベクトル空間全体に広がっており、そこから高潔な行動が生まれる。ちなみに、意図、判断力、自制心は必ずしも生理的または心理的なものではないと私は考えている。これらは哲学的概念で、社会的変化の理論を整理するために用いているものだ。たとえば、すぐれた判断力が、23に分かれた心的能力の複雑な組み合わせで、そのうち7つはすぐれた意図の基盤にもなっているとする。つまり、3柱は概念的には独立しているが、脳内ではその配線は相互接続しているかもしれないのだ。たとえば、より強い自制心が犯罪を遠ざけ、向社会的行動に近づくことを示唆する、説得力のある研究が数多く存在する。これは、表現された意図そのものが、より強い自制心を通じて変化するかもしれないということだ（Ainslie 2001 など）。しばしば「啓発された利己心 enlightened self-interest」と呼ばれるものは、利己的な意図がすぐれた判断力と組み合わさり、それが実際にはより利己的ではない意図へと変化したものかもしれない。特質を育てるために理解する必要があるという点で、この心理的過程は重要だ。だが社会的変化に限って言えば、大事なのは最終的に表現される特質だけだ。共感したから慈善活動にボランティアとして取り組むのか、長年にわたる冷淡な利己心から取り組むだけなのかは、ボランティアをしたという事実に比べればさほど重要ではない。結果として表現される意図が似通っているからだ。

24. もちろん、健康にはほかにもさまざまな要素が欠かせない。遺伝子や適切な医療技術を得られるという幸運もそこに含まれるが、こうした要素は往々にして、個人の制御の範囲外だ。そしてもし個人の制御の範囲内にあるとすれば、それは意図、判断力、自制心が働く範囲内にあてはまる。

25. アメリカ疾病予防管理センターが医療制度の重要性をどのように考えているかについては、Bloland et al.（2012）を参照。2014年のエボラ危機は医療制度の実物教育だった。本書執筆中の現在もこの病気には治療法が見つかっていないにもかかわらず、アフリカで治療を受けた患者とアメリカで治療を受けた患者とでは死亡率が大きく異なっていたからだ。世界の医療に関する権威ポール・ファーマーは、私たちがやるべきだとわかっていることと、実際におこなわれることとの間には「知識－行動間ギャップ」があると述べた。そのギャップの多くが、脆弱な医療制度によるものだ（Achenbach 2014）。

26. I-TECH (2011).
27. Bendavid and Bhattacharya (2009).
28. Walensky and Kuritzkes (2010).
29. Centers for Disease Control and Prevention (2008); Colindres et al. (2008).
30. 公衆衛生におけるほかの例については、Toyama (2012) を参照。これはアラヴィンド眼科病院についてのもので、職員と組織の内面的成長に重点を置いている。
31. 本書では、社会的変化における集団行動とその重要な役割について十分強調することができなかった。それはページ数の都合のためでもあるし、個人について取り上げずに集団行動についての物語を語ることが非常に難しかったためでもある。だが私が目撃したことに基づいて言えば、一致団結した集団の行動は、権力の乱用や不均衡を正す唯一かつもっとも効果的な手段だ。第10章に登場するプラダンが、地元の政治に参加するよう自助グループを支援しているのはこのためだ。エジプトの革命は、何にも増して集団行動の物語だった。農業組合や協同組合は、一軒の農家が自力でできるどんなことよりも、効果的に組合員を支援することができる。だが集団行動にはやはり、集団としての内面的成長が必要だ。集団に十分な心、知性、そして連携の取れた意志がなければ、効果的な集団行動は生まれない。
32. タラ・スリーニヴァサの物語は、私が彼女と交わした電子メールや取材、そして2009年にシャンティ・バヴァンの11年生だった生徒たちに配られたアンケート用紙を基にしている。複数の学校をまたいで英語学習についての調査を私と一緒に実施したインターンのドミトリー・コーガンが、アンケートを実施してくれた。
33. この表現はインド憲法 (2001年) 第XVI編340条で使われている。
34. シャンティ・バヴァンについての詳細な説明は、George (2004) で読むことができる。Thomas Friedman (2005)『フラット化する世界』でもシャンティ・バヴァンに触れている。彼の娘がボランティアをしていたのだ。
35. George (2004) は、回想録と社会批判の混合だ。シャンティ・バヴァンに加えてほかの施設やプログラム (医療センター、鉛中毒に対するキャンペーン、ジャーナリズム学校等) を設立しようとしたジョージの甚大な努力について、詳しく書かれている。
36. Psacharopoulos and Patrinos (2004).
37. Mandela (2003).
38. この Patrinos (2008) からの引用では、元の引用部分を省いた。ほかにも、Psacharopoulos and Patrinos (2004) を参照。
39. 教育は特効薬に近いが、完全にではない。効果的な教育に欠かせない人の資質が簡単に再現可能なものではないため、質の高い教育全体を介入パッケージにすることができないのだ。教科書は介入パッケージだし、ノートパソコンも介入パッケージだ。校舎は介入パッケージだし、教育義務化の法律も介入パッケージだ。だが、質の高い教育そのものは違う。女の子の教育の価値について強い刺激を与えてくれる物語については、Kristof and WuDunn (2009) を参照。
40. 教育の価値を疑問視する学者がいる。教育と国家の成長との間のいかなる関係も疑問視する学者もいる。Benhabib and Spiegel (1994) と Pritchett (1996) は、教育年数の

増加と国家規模の経済発展との間に相関関係はないと主張した。だがその後おこなわれた調査では、たとえば Krueger and Lindahl (2001) を見ると、ベンハビブ、スピーゲル、プリチェットが基にしたデータの質に疑いが生じている。プリチェット自身も述べたように、学校に入学しただけでは質の高い教育を受けられることにはならない。明らかに、重要なのは教育の質であって、子どもが書類上学校に登録したかどうかではないのだ。

これに関連する、より現実的な問題が、雇用が限られている場合には教育そのものにあまり経済的価値がないかもしれない、というものだ。例として、Bhide and Mehta (2004), Deininger and Okidi (2003), Krishna (2010), Scott (2000) を参照。だが、経済的価値がすべてではない。人が自らの機会を限定するような制度に対して変化を要求する可能性を教育が高める、という議論はまだある。Friedrich Engels (1844 [1968]), p. 125 は、「(生産手段を持つ) 中流階級は、労働者の教育にほとんど期待せず、むしろ恐れている」と書いている。フランスとアメリカの革命は、君主制に反対するパンフレットを書いた深い思考の持ち主たちが煽った結果起こったものだ。いみじくも『独裁者のためのハンドブック』と銘打たれた本が、「世界の上位200位までに入るような大学をひとつでも擁している非民主的国家はない」と述べている (Bueno de Mesquita and Smith 2011, p. 109)。メスキータらはさらにこう続けた。「高い教育を受けた人々は独裁者にとって脅威となり得る。このため、独裁者は教育の機会を確実に制限するのだ」。

41. 運やその他の要素 (技術、努力、性格等) が多種多様な結果にどの程度貢献するかについては、折に触れて議論が沸き起こる (例として Frank 2012 を参照)。だが、こうした議論には学術的価値はあるものの、実践的行動に関して言えば、正確な測定は重要ではない。実際、特定の物事については、事実上間違っていたり誇張されていたりすることを信じる (あるいは信じるふりをする) ほうがいい結果につながる場合がある。たとえば楽観主義者は軽い悲観主義者よりも現実的ではないが、成功に必要なリスクを取る可能性は楽観主義者のほうが高く、より幸福を感じるようだ (Seligman 2006)。これは運と違って、何かあったときに自分が制御できるどのような資質についてもあてはまる。たとえば、たたき上げの人物の多くが自分の運命は自分で切り開くことの重要性を強調し、運の役割を軽視しているというのは興味深いことだ。これが証明するのは、彼らの描く世界が正確だということではなく、個人の成功は、すべてが自分次第だと (それが事実であろうとなかろうと) 信じているふりをするほうが達成できる可能性が高いということだ。

42. Coleman (1966). コールマン・レポートは、発表されたときに議論を呼んだ。努力と運の違いが人種の垣根を越えることが判明したからだが、それもそうだろう。1960年代のアメリカでは人種と社会経済的地位の間には強い関係があったからだ。保守派は黒人に悪の文化があることの証拠としてこのレポートにしがみつき、改革派は「被害者を責めている」との主張で反論した。以来、アメリカ社会は文化と個人の美徳について知的な対話を持つことができないままだ。この問題については第8章と第9章でも立ち戻る。

43. 例として、Elizabeth Kolbert (2012) を参照。ペルーのアマゾン地域にあるマツィゲン

カ村の６歳の少女が、非常に責任感のある大人のようにふるまう様子が描かれている。

44. 例として、Agricultural Self-Sufficient School by Fundación Paraguaya（n.d.）を参照。また、公教育の普及以前は、徒弟制度は知識と英知を伝える一般的な手法だった（De Munck et al. 2007）。

45. これはやや一般化に過ぎるが、日本の教育には、どのような教育制度にもあるように、強みも弱みもある。たとえば、1990年代に実施された見当違いの「ゆとり教育」のせいで、日本の生徒の学業成績は一時期落ちこんだ（Brasor 2001）。かつての厳しさに戻そうという動きは、最近始まったばかりだ（Kato 2009）。一方、教師の教え方を改善しようという努力は続いており、最近は生徒が自分で考え、数学アルゴリズムを導き出せるようにする教え方が採用されている（Green 2014）。だが全体として、日本の基本教育の大半は丸暗記教育であり、私がアメリカの学校で経験した教育と比べると特にそう言える。

46. Wai et al.（2010）は、より多くの「教育的投薬」がすぐれた教育のカギのひとつだという仮説を立てている。教育の質に加え、多種多様な経験が重要ではないかというのだ。Mahoney et al.（2006）は、子どもの課外活動に関する文献を徹底的に調査している。そして全体として、過保護への懸念に反して、より豊富な組織的活動は子どものより良い適応と自尊心と相関することを発見した。ただし、過剰に与えるのは良くないとのことだ。

47. Pal et al.（2009）.

48. Plutarch（1992）, p. 50. O'Toole（2013）に感謝。

49. Prahalad（2004）, p. 16.

50. 生徒１人当たりの政府支出についてのデータは、World Bank（2012c）より。この数字はどう計算されるかによってまちまちだが、250ドルというのは控えめな上限額だ。2011年について入手可能または推定された数字を用いると、人口当たりのGDPは1,489ドルだ。小学校の生徒数は約１億5000万人、中学校は約１億1000万人になる。この10年、そしてデータが入手可能な年について、生徒１人当たりの教育支出を人口当たりのGDPの割合で見てみると、もっとも高かったのは2003年。この年にインドは、11%を小学生１人当たり、21%を中学生１人当たりに支出している。生徒１人当たり約226ドルという額だ。だが、小学校の登録率が116%（これは学齢期を過ぎて登録する子どもがいるため）、中学校の登録率が63%であるのに対し、まだ4500万人の学齢児童が学校に通っていない。したがって、学齢児童１人当たりの政府支出は192ドルのほうが実情に近い。一方、政府の教育予算470億ドル全額を学齢児童の数（3億500万）で均等に割ったとすると、生徒１人当たりに行き渡る額は154ドルにしかならない。しかも、この予算には高等教育の予算まで含まれているのだ。

51. Inglehart et al.（2008）.

52. シャンティ・バヴァンは１世帯から１人しか子どもを受け入れないという方針を定めている。これは一部の欧米人には不公平に思えるかもしれないが、もともと家族の中で子ども１人にしか投資しない傾向があるインド地方の文化規範に沿ったものなのだ。実際、インドの人々の多くが、シャンティ・バヴァンで学ぶチャンスを与

えられた子どもが一家に複数いるほうを不公平に感じるだろう。まだたくさんの家族が待っているのに、どうしてあの家だけ特別なのだ？　と。

53. 私は、貧困地域や教育水準の低い地域で数多くの性的児童虐待の話に遭遇してきた。それには複雑な理由があり、家族がみんな一緒に寝ていることや、虐待に対する社会規範が弱いことなど、さまざまな要因が絡み合っている。だが、この問題は地域外からはほとんど見えず、これについての報告も、学術論文や一般メディアを問わず、ほとんど文書化されていない。ただし、例外が2つある。National Coalition for Child Protection Reform（2003）は、アメリカ国内での児童虐待に取り組んでいる。そして Resources Aimed at the Prevention of Child Abuse and Neglect（1997）は南アフリカについて議論している。同様の議論が、おそらくほかにも多くの国で持たれていることだろう。
54. これに似た効果が、経済学者 Rob Jensen（2012）が北インドで実施した実験調査によって立証された。一部の女性が比較的実入りのいい外注産業で仕事を見つけている地方の村では、ほかの女性も「その年代で結婚して子どもを持つ可能性が著しく下がり、代わりに労働市場に参加したり、もっと学校に通うか卒業後の訓練を受けたりすることを選ぶようになる」そうだ。
55. Awuah（2012）.
56. 実際には、年10％の成長率でおよそ36年と4カ月かかる。9％では、41年以上だ。2014年、単身家庭の貧困レベルは11,670ドルだった（US Department of Health and Human Services 2014）。

第8章　願望の階層

1. Sandberg（2014）, pp. 296–297.
2. 経済学者たちは行動科学者に対して、経済学の分野では金がすべてではないとわかっている、と主張する。だが、この主張の裏付けとなる証拠で、行動経済学者のお気に入りのものまでが独裁者ゲームであることは興味深い。このゲームでは、2人のプレーヤーに対して金の入った壺がひとつ用意される。もっとも一般的な形のルールでは、一方のプレーヤー（独裁者）が一定額の現金（たとえば10ドル）を渡され、相手プレーヤーに渡したいぶんだけ金を分けるよう指示される（例としてCamerer and Thaler 1995 を参照）。さまざまな条件で数々の実験が実施された結果、大方の経済学者たちが呆然とするほど驚いたことに、独裁者役のプレーヤーの多くが、ある程度の額を相手プレーヤーに与えることを選んだ（Henrich et al. 2004）。この事実は、人は純粋に利己心によって動くもので、与えられた現金を全額手元に残すはずだとする標準的な経済の「合理的エージェント」モデルを覆すものだった。
3. *Oxford English Dictionary*（2013）.
4. サンプル調査は、市場リサーチ会社シノヴェイトが実施した。ナタリア・ロドリゲス・ヴェガがデータ分析を手伝ってくれた。アンケート調査の正確な文言は、「自分がコントロールできるものの中で、今後5年間にあなたが自分自身のことで一番変えたいと思っているのはなんですか？」だった。数年をかけて、私はこの文言が翻訳されても一番うまく伝わることを発見した（「aspiration（願望、憧れ、野心）」と

いう言葉は混乱のもとになったり、翻訳しにくかったりする）。

あまり良くない願望は回答に現れない可能性があるが、それはそれで、回答者が「良い願望」がどんなものだか理解しているということがわかる（回答は、心理学者が呼ぶところの「社会的望ましさのバイアス social desirability bias」というものに回答者が縛られているとしても、真実の一部を明らかにするのだ）。ギャング団、マフィア、独裁者に同様の質問をしたとしても、通常は良い意図が表現される。ただし、そこに至る過程は不正であるかもしれないが。例として、Venkatesh（2008）を参照。

5. Deci and Ryan（1991）.
6. これらの結果の概要については、Sheldon and Houser-Marko（2001）と Sheldon and Elliot（1999）を参照。Sheldon and Elliot（1998）は、内面的に動機づけられた目標に対しては人々がより忍耐強くなることも発見した。内面的に動機づけられた目標の追求によって最大の見返りが得られるという結論は、Sheldon and Kasser（1998）に見られる。
7. このプロセスは、Sheldon and Elliot（1999）によっても確認された。「一定期間において目標に向かって順調に進歩している者は、その期間中の活動を基盤として有能性、自律性、関係性の経験を積んでいる。その目標が自己と調和している場合は特にそうである」。
8. Richard Auty（1993）が最初に資源の呪いを特定し、命名した。Jeffrey Sachs and Andrew Warner（1999）はこの資源の呪いを経済阻害に結びつけた。
9. ウィキペディアの「オランダ病」の項目（日付なし）http://en.wikipedia.org/wiki/Dutch_disease によれば、名付け親は *Economist*（1977）だそうだ。
10. Erling Larsen（2004）は、ノルウェーがいかにして資源の呪いから逃れたように見えるかについて議論している。ただし、オランダ病を完全に避けきれてはいないという兆候もある。一方、ノルウェーの称賛に値するほどの対外援助への貢献は、いたるところで書かれている。Revkin（2008）は、ノルウェーがいかにして不況の最中にも援助を増額したかについて書いている。
11. Agyare（2014）.
12. 私がアウアーに会ったのは2002年にアシェシで数学を教えていたときで、以来彼とは大学教育、ガーナ、開発について幾度となく議論を交わしてきた。本書を通して登場するアウアーとアシェシの物語は、長年にわたる私たちの対話に加え、私がアシェシの関係者から聞いた話も基にしている。そうした情報源の中には、アシェシの設立時副学長、ニナ・マリニも含まれる。アウアーとアシェシについてもっと詳しくは、以下の文献でも紹介されている。Easterly（2006）, pp. 306–307; Dudley（2009）; Lankarani（2011）.
13. この引用は、ゲーテの言葉をかなりざっくりと翻訳したもので、初出はおそらく Corelli（1905）, p. 31 と思われる。詳しい説明は Lee（1998）にある。
14. Easterly（2006）, pp. 306–307 を参照。アウアーはほかにもその働きに対して数々の栄誉を受けており、スワースモアからは2004年に名誉博士号を受け、2009年にはジョン・P・マクナルティ賞、そしてマイクロソフト同窓会からはインテグラル・フェロー賞を受賞した。

15. このしばしば引用される実験結果は、Isen and Levin (1972) までさかのぼり、Schwarz and Strack (1999) をはじめとする多くの研究者によって広められた。この先駆的研究を引用したのはその結論が間違っていたり重要ではなかったりするからではなく、外的環境の短期的影響を強調する顕著な例だからだ。こうしたひとつひとつの研究が問題なのではない。問題なのは、こうした研究が変化のゆっくりとした、内面的な性質の研究よりもますます優先されるようになってきて（実施するのに時間も金もかからないからだ）、政策において不当なほどに影響力を強めているという点だ。
16. 行動経済学者の「ナッジ」の標準的な例については、この言葉を広めた Thaler and Sunstein (2008) を参照。彼らの「リベラル・パターナリズム」の概念は操作についてのもっとも穏やかな考え方で、彼らのアイデアのほとんどは、間違いなく実施するだけの価値がある。だが、私たちが自問するのはそれだけだろうか？　ただお互いにきっかけを与え合うだけよりも先には進めないのだろうか？
17. 心理学者たちが持つ人格形成の概念は、私がいくつかの社会的変化に向けた努力の中で遭遇してきた「人格形成」とは異なる。特にアメリカ国外ではそうだ。心理学的な人格形成とは、人が人生を通じて、数々の心理的特性を成熟させていく過程に関するものだ。インドの開発業界で言う「人格形成」は、ソフトスキルの発達、教育の外への表現、そして中流階級への加入を指す。この 2 つの定義は重複するところもあるが、後者は前者よりもどちらかというともっと表面的な発展を示唆している。インドには「人格形成」についての 3 カ月コースがある（そして設定した目標は達成している）が、人格形成が 3 カ月で完了できるものだと示唆する心理学者はまずいないだろう。
18. Freud (1962) は性心理的仮説を提案し、子どもが口唇期、肛門期、男根期、潜伏期、そして性器期の各段階を経るものであり、それぞれの段階で自己防衛的な自我を伴う肉欲的な「イド」と、天使が肩に乗っているような超自我が階層になっているとした。Erik Erikson (1950) の心理社会的仮説は一連の 8 つの危機を取り上げ、それらを無事解決できれば信頼、意志、目的意識、能力、忠誠心、愛、思いやり、そして最終的には英知が得られると述べている。ジャン・ピアジェは、論理的思考と科学的能力の発達の段階を研究した（Piaget and Inhelder 1958)。ローレンス・コールバーグはピアジェにヒントを得て、道徳的発達の段階を研究した（Kohlberg et al. 1983)。
19. 私は、こうした変化が常に良い方向に進むと主張するつもりはない。ときには、称賛に値する業績を持つ人物でも、内面的成長においてひどく後退することがある。その顕著な例がバーナード・マドフだろう。彼はヘッジファンドによるマルチ商法で、投資家たちから何十億ドルもだまし取った。だが、ここで私が言いたいのは、前向きな成長と成熟が珍しいものではないということだ。人の性質が固定され、経済に焦点を絞っていると信じる者とは逆に、個人レベルでの前向きな変化は普通に起こることであって、金がすべてではまったくない。
20. 例として、Haggbloom et al. (2002) を参照。彼らのランキングでは、マズローは心理学入門の教科書で14番目に引用されることが多く、ほかの心理学者に19番目に尊敬されており、最終分析では10番目にすぐれており、引用されることが37番目に多い心理学者として紹介されている。

21. Maslow (1954 [1987]), p. 22.
22. Maslow (1943), p. 375. Maslow (1954 [1987]), p. 17 でも繰り返されている。
23. Maslow (1943), pp. 388–389. Maslow (1954 [1987]), p. 28 でも繰り返されている。
24. マズローの階層についての実証的研究は、さまざまな結果を示している。マズローの理論における特定の側面を否定する研究結果もあれば、支持する結果も出たのだ。全体として、彼の基本的な見解に対する確固とした反証は出ていない。マズローに対する批判でもっとも引用されているのは Wahba and Bridwell (1976) で、組織的行動における欲求の階層についての証拠に関する研究をまとめている。だが彼らは論点をすり替えていて、このセクションで説明したまさにそのとおりに物事を曲解している。Neher (1991), Rowan (1998), Koltko-Rivera (2006) が、もっとましな根拠の批判と、ほかの批判的文書へのリンクも提供している。Maslow (1996) 自身も、自らの研究を頻繁に振り返っている。心理学者 Edward Deci and Richard Ryan (1985) は特に順序を定めることなく 3 つの欲求――能力、自治力、関連性――について一律に論証しているが、生存や超越など、人の経験においてもっと幅広く起こる欲求を省いてしまっている。
25. マズローの理論に対してよく聞かれる批判が、悪を考慮しそこねているという点だ。私なら包括的な答えを持っている、とはとても言えないが、彼の枠組みの中で悪しき行動を説明するひとつの方法としては、個人的能力不足や外的要因、または非現実的な期待のために欲求や願望を達成することが難しいと思われるとき、人は犯罪的、非倫理的、場合によっては残忍とさえ言える行動をとる場合があるということだ。したがって、生存が困難になると、一部の人々は野蛮になる。達成と承認が容易に得られない状況では、一部の人々は不正を働くことを選ぶ。純然たる自己実現が否定されると、一部の人々は快楽主義に走る。
26. Hofstede (1984) は、自己実現が人の成功のピークだという誤った解釈に基づいて批判を投げかけている。
27. Maslow (1965), p. 45 はこう書いている。「(他人からの) 承認の欲求と自尊心の欲求との差は非常に明確にされるべきである。……本物の自尊心は……尊厳の感覚、自らの人生を制御しているという感覚、自分が自分のボスであるという感覚に基づいている」。Rowan (1998) は欲求の階層を 2 段階に分けることを主張しており、私もその点では彼に同意する。承認は達成や熟達とは異なるし、より実質的な欲求に先んじるものでもあるようだ。だから、あれだけ多くの人がリアリティ・テレビ番組を通じてセレブの生活を覗き見ているのかもしれない。
28. 引用は Maslow (1996), p. 31 より。Koltko-Rivera (2006) は、マズローが特に晩年には、自己超越を個別の段階として意図していたという慎重な議論を展開している。自己実現と自己超越の区別が始まる傾向は、早くは Maslow (1961) までさかのぼって見られる。ただし、マズローは自己超越が独自の区分なのかどうかについては悩み続けていた。これは Hoffman (1996) にまとめられた彼の未発表の論文からも明らかだ。マズローは至高体験と超越について頻繁に書いているが、「自己超越」という言葉はほとんど使っていない。Maslow (1968), p. vi に何回か登場するが、あくまで自己実現の側面のひとつとしてだ。

29. この批判の一例は社会学者 Tony Watson (2008), p. 35 から出たもので、彼は、自分は社会的欲求や承認欲求を食事の前に満たすし、軍隊に入っている彼のいとこは身の安全の前に名声の欲求を満たす、と書いている。だが、これらの例は実際には高度なマズロー式発展の事例であり（これをマズローは「内面的学習」または「性格の学習」と呼んだ）、より高いレベルの願望を主たる動機として行動する人はより低いレベルの欲求の不足に喜んで耐えるという原則にあてはまる。熱中できる仕事のためには昼食を抜くのもかまわないという人が大勢いるのと同じことだ。
30. Maslow (1943), p. 375. Maslow (1954 [1987]), p. 18 でも繰り返されている。
31. マズロー自身が「aspiration（願望）」という言葉を使ったのは Maslow (1954 [1987]) と Maslow (1971) の中でそれぞれ 2 度ずつのみである。
32. Maslow (1954 [1987]), p. 35.
33. Robert Wright (2000) が著書 *Nonzero* で述べたポジティブサムの見返りという概念が一例だ。心理学者 David C. McClelland (1961) も、半世紀以上前に同様の議論を展開している。
34. Jean Twenge (2006) で心理学者ジーン・トウェンギは、1970年代、1980年代、1990年代に生まれた世代の間の傾向を関連づけている。自己陶酔的に自分自身にばかり目を向けている世代だが、より偏見が少なく、より自信を持つ傾向があるのだそうだ。こうした一見矛盾しているような性質は、自己実現への注力という点で一貫している。それは身勝手さの頂点であると同時に、利己的な目標を達成する方法についてのすぐれた判断が高止まりする地点でもある。一方で、自己実現においては停滞もあり得る。これは、特権社会が直面する危機とも言えるかもしれない。だからこそ、人の成長の次なる段階として自己超越を認識するのが重要なのだ。
35. 人が正確にはいつマズローの各階層を卒業する準備ができたと感じるのかは大きな問題で、現在の心理学ではその問題に簡単に答えることができない。たとえば富の蓄積は生存、安全、承認、そして自己実現の欲求をさまざまな程度で満たすことができるので、富の蓄積に成功することが自己超越に向けての移行を生じさせる場合が多い。だが、その移行を引き起こすのがどの程度の富なのかについては、絶対値がないことも明らかだ。中には自分の帝国を拡大することにしか関心がないような億万長者もいる一方、ごくつつましやかな蓄えしかないのに、自己超越的行為以外に求めるものはない人々もいる。どうやら育ちによるところは大きいようで、人格のほかの多くの側面と同様、大人になるにつれてこうした傾向は固まっていく。
36. Duthiers and Ellis (2013).
37. Bales (2002).
38. 貧困地域で時間を過ごせば、生存に対する逼迫した懸念が明白になる。この生存思考の鮮明な描写は Boo (2012), Collins et al. (2009), Narayan et al. (2000) で見られる。
39. Butterfield et al. (1975), p. 260. ジョンとアビゲイル・アダムズは、離ればなれでいたときには定期的に文通を続けていた。1780年 5 月12日付の手紙で、ジョン・アダムズは彼がパリとヴェルサイユで訪れた見事に手入れされた庭園について、感嘆とほんの少しの羨望とともに書いている。彼はフランスの芸術と建築に驚嘆するのだが、統治の科学について学ばなければならないという義務感が、芸術についてもっと詳

しく書くことを妨げている、と示唆している。彼が果たした大きな役割を考えると、彼を妨げていたのが本当にただの義務感だったのか、それとも深い個人的な願望だったのか、疑問に思うところだ。

40. 私は、転職が前進するための絶対条件だと言うつもりはない。アギャレとアウアーを例として取り上げたのは、彼らの内面的成長が明白な節目によって区切られていたからだ。だが節目は単なる標識であって、変化の原因でもなければ必然的結果でもない。同じ職に就いたまま、劇的な願望の変化を経ることは十分に可能だ。それが内面的成長の論証となりづらいのはその効果の多くが目に見えにくいからで、私たちは目に見える指標を伴わない真実をますます無視するようになってしまっている。

41. この主張は、経済学の支配的パラダイムについてのみ有効だ。経済学は幅広いので、当然、選好の変化を研究する経済学者もいる（カリフォルニア大学バークレー校のマシュー・ラビンがその例だ）。だが彼らは少数派で、私が知る限り、心理的成熟の結果として選好が変化する体系的な方法について研究している経済学者はいない。物理科学の精密さを求め、経済学者たちは測定可能な変数に基づいて人の行動の公式を突き止めようとする。理論上は数学モデルの複雑さに限界はないものの、現実にはデータの少なさ、複雑きわまる数学、そして否定しがたい物理学羨望のために、過度の単純化がおこなわれるのだ。

42. Sandel (2012), p. 85 は、経済学的思考の中心にインセンティブを据えた、有力な近代経済学者たちの声をまとめている。「経済は、その根源において、インセンティブの学問である」(Levitt and Dubner 2006, p. 16)、「人はインセンティブに反応するものである」(Mankiw 2004, p. 4)。開発において、マンキューの主張は William Easterly (2001) によってそのまま繰り返されている。

43. 例外の一人が、ノーベル賞受賞者ジェームズ・ヘックマンだ。彼は神経科学と心理学を組み合わせ、幼児期教育に投資する経済モデルに到達した。例として、Heckman (2012) を参照。

44. 人類学者たちは苦心して、批判者たちが作り上げた文化相対主義の藁人形論法から距離を置こうとしている（例として、Geertz 1984)。このパラグラフでの過剰な一般化をお詫びする。開発と人類学者との関係を別の角度から取り上げたのが Lewis (2005) だ。しかし、私自身の経験上、多くの定性的研究者が社会の発展という考えそのもの、そしてひとつの文化がほかの文化よりすぐれているとみなされること、とりわけいかなる倫理的観点であっても文化に優劣をつけるという考え自体を嫌悪している。自民族中心主義と文化的帝国主義に対する嫌悪感には私も共感するが、発展がタブーなのだとしたら、発展への最善の道筋を議論することは不可能だ。たとえば、子どもの人身売買をおこなう文化があったとして、その行為をやめることで倫理的にも文化的にもその文化が改善されることは明らかだ。解決困難な問題は、発展が可能かどうかではなく、（嗜好や伝統といった非倫理的な相違ではなく）文化におけるどの側面が倫理的発展を可能にするか、そして特定の文化が支配的に自らの考えを押しつけることなく、複数の文化が互いに倫理的発展に向けて協力し合うにはどうすればいいかだ。

45. 経済学者と人類学者はどちらも、行為主体（つまり自由意志）の存在を信じていることを熱烈に主張する。行為者は理性的、知性的に、外的環境に反応するというわけだ。この反応は次には、現状と異なる結果の原因となり、それが外的環境を変える。つまり内面の状態を変えるのではないのだ。

ほかの社会科学でも、同様の議論構造を持っている。心理学には人間－状況議論があり、行動の決定要因として外的環境を内面人格と対置している。社会学者は社会構造と個人主体の関係を議論する。そして公的領域では、「基本的な帰属の誤り fundamental attribution error」という言葉が流行になっている。これは、行動が根底にある安定した人格の結果ではなく、状況によって起こるものだとする主張だ。だが、その行動が内面状態と外的環境の両方が複雑に絡み合うことで起こっているのは明らかだ。どちらがより重要か、一般的な方法で答えるのは難しい。一方が他方よりも重要であるという概念を考え出すことは可能だ。スポーツ選手の成績にとってより重要なのがその選手の能力なのか、それとも使っている道具の質なのかを尋ねるようなものだが、それは種目によっても、その選手個人によっても、議論の対象となっている能力と質の範囲によっても異なる。

育成の有効性に対するまた別の攻撃が、遺伝子のような不変的条件のほうがより影響力を持っていると主張する側から出ている。Judith Harris (2009) は、子育てに関してほかの外的要因よりもこちらのほうが重要だと主張している。最近では Bryan Caplan (2012) が、子育てはあまり重要ではないと示唆した。こうした結論で問題なのは、人という概念を比較的狭い視野で見ていることだ。ビハールの貧しい地方農村に行ってみれば、子どもがどのような大人になるかに対して、子育て、教育、そして文化が非常に大きな影響を与えることが自明になる。

いずれにしても、私が主張しているのは大規模な社会的変化において、たとえ特定の結果に対してごくわずかにしか貢献しないとしても、行動の内面的な決定因子に取り組む価値があるということだ。変化が遅く、自己増殖可能である以上、その影響はいずれ累積的に大きなものになる。

46. 引用は、*New York Times* (2012) のこの議論についての書き起こしより。

第 9 章　「国民総英知」

1. レッテル貼りのマイナス影響のひとつが「ステレオタイプ脅威」、否定的なステレオタイプを確かなものだと確定してしまうことを恐れて、作業の能率が下がるというものだ。この現象を最初に検証したのは、Steele and Aronson (1995) だ。私が述べることは、ステレオタイプを推奨しているわけでは決してない。私が伝えたい肝心なことは、個人も社会も変わることが可能で、願望の階層はその方法を具体的に示してくれるということだ。ステレオタイプは、特定の人々が特定の形に固定されていると色づけするという意味において、変化の可能性を暗黙のうちに否定してしまう。
2. Shoda et al. (1990) と Mischel and Shoda (1995) を参照。
3. 大人の自制心が子ども時代の自制心に強く依存しているとしたら、そして子どもの自制心が完全に子どもの責任とは言えないとしたら、大人の自制心は少なくとも部分的には、その行為主体を越えた原因によるものだということになる。簡単に言え

ば、人の内面的発展の少なくとも一部分は、大人であっても、本人の制御の範囲を越えた力によって決まるものだということだ。

Galen Strawson (2010) のような哲学者らはここで紹介した議論のより強いバージョンを用いて、人のどの側面も最終的に本人が決定づけるものはなく、したがって自由意志は幻想だと主張している。人の行為はすべて、外的要因によって決定づけられているというのだ。私は、この主張が理論上は完全に筋が通っていると思うし、現実の記述としては正しいように思える（哲学的に言えば、自由意志の本当の問題は、行動する「自己」という観念を私たちの多くが当然のように受け止めているが、それが実は不完全であるという点だ。この点については仏教や、David Hume (1740 [2011]) や Derek Parfit (1984) など一部の西洋哲学者が主張している。さもなければ、私たちは物理的力とは独立した意思決定主体を仮定するか――これは「魂」などの超自然的存在を前提とすることと同じだ――私たちの知性の一部分を内的力として切り取って、この世界のほかの部分とは無関係だとみなすしかない)。

いずれにしても、非難と帰属は、社会的力として依然として有用だ。完全な決定論的世界でも、非難は外的な社会的力として、肯定的に行動するよう人を促すだろう。この結論は、Barbara Fried (2013) やストローソンのような哲学者が主張する非難についての混乱した考え方とは異なるものだ。彼らは、すべての行動が外的な影響を受けているとしているため、誰一人としてその行動に責任を負う必要はないと述べている。大人のほうが子どもより非難に値するという一般常識は、社会的に価値がある。だが、私たちは大人が完全に非難に値するわけではない、という点も覚えておかなければならない（ミシェル自身、自制心は予測可能であると同時に可塑的でもあると主張している)。これが、このセクションやほかの部分で私が基盤としている概念だ。

4. 例として、Kraus et al. (2010), Piff et al. (2010), and Piff et al. (2012) を参照。
5. 外的要因と個人の行動のどちらがより重要かという質問には、特定の文脈なしには答えることができない。まったく気性が異なる2人の個人がいて、どのような状況でも必ずと言っていいほど違う行動を取るとしよう。これは、個人の行動のほうが外的要因よりも重要だと示唆する例だ。だが、まったく異なる環境で育てられた2人のうち一方が連続殺人犯になり、もう一方が聖人君子になると想像することも可能だ。これは、外的要因のほうが個人の行動よりも重要だと示唆する例だ。要するにどちらも重要なのであって、どちらであっても前向きな方向に変化させようという努力は有意義なのだ。
6. 独裁社会において、決定の一部は個人が下すことができるが、その場合でも、指導者は国民とある程度共謀して支配をおこなっている。もっとも極端な状況にあっても、人々には――集団としては特に――選択肢がある。あり得ないくらい難しい選択肢であっても、だ。究極の選択というものは必ず存在する。ニュー・ハンプシャー州のモットー「自由に生きるか、さもなくば死を」がいい例だ。
7. 実際にはインドにも中国にも行ったことがなかったヴェーバーだが、それぞれの宗教について本を書いている。彼はどちらの宗教も経済成長の文化的基盤としては不都合だと考えた。どちらも、起業家精神を支援する倫理的背景を提供しないからだ。

儒教は社会的文脈における個人間の和を強調し（Weber 1915［1951］）、インドの宗教は「世界秩序の不変性」を強調している（Weber 1916［1958］, p. 326）。ヴェーバーがこれらの結論に至ったのも仕方のないことかもしれない。なにしろ、1900年代初頭は中国もインドも今のような経済大国ではなかったのだから。いずれにしても、彼の誤りが示唆するのは、文化における固定された側面ではなく、可変的な要素が重要だということだ。

8. Weber（1904［1976］）.
9. Hindu（2014）. チャンドラヤーンについては2008年にも同様の熱狂があった。これにより、インドは月に到達した5番目の国となった（Indian Space Research Organization 2008）。
10. Wallis（2006）は「組織的腐敗」（政治家が統治をゆがめ、専制をもたらす）と「欲得的腐敗」（金が統治をゆがめる）とを区別している。ワリスの研究によれば、組織的腐敗は1890年代までにはアメリカから排除されており、現在の腐敗はほとんどが欲得的だとのことだ。だが現在の開発途上国の多くが、いまだに組織的腐敗と闘っている。
11. 発展の一般的なパターンは、文化がそのすばらしい多様性を失うことを意味するわけではない。現在の日本は現在のアメリカとは大きく異なるし、現在のインドとも大きく異なる。だが現在の日本と100年前の日本との違いは、その多くの部分が、現在のアメリカと1900年ごろのアメリカの違いに似ているのだ。あるいは、インド都市部の裕福さと地方のヒンドゥスタンの貧しさとの差に。定性的な特徴は、決まりきった進路はとらないが、すくなくとも集合的に変化する傾向があるようだ。

　実際、考古学者や人類学者はしばしば、より大きな時間軸の中のさまざまな社会について議論する際に、ほかの段階の類型論を用いる。たとえば、Elman Service（1962［1968］）がよく用いた類型論は、人類社会をバンド、トライブ、首長制、国家で分類するものだ。こうした理論の批判者は、異なる文明の歴史に共通点があるかもしれないという言及に激しく反発する。だがもし過剰な一般化が一部の分野での悪しき習慣だとすれば、一般化しなさすぎるのは別の分野の悪しき習慣だ。特定の学術的イデオロギーという目隠しでもつけていない限り、発展する国家の歴史的共通点は見落としようがない。

12. Coontz（2014）.
13. Hegewisch and Williams（2013）.
14. Center for American Women and Politics（2014）.
15. 経済学界の反逆児、ハジュン・チャンは Ha-Joon Chang（2010）, p. 35 でこう書いている。「電気や水道、ガスの登場と同様に、家電の登場は女性の暮らし方、そしてその結果として男性の暮らし方も、完全に変えることとなった。かつてよりはるかに多くの女性が労働市場に参入できるようになったのだ」。この解釈は、家事が女性の仕事であるべきだという前提のもとに成立している。本当の問題は一部のテクノロジーが女性を家事から解放したかどうかではなく、社会規範の変化が私たちのジェンダーや働き方についての考え方をどのように変えたかだ（チャンに公平を期すために言っておくと、彼はほかの社会的大義の重要性を否定してはいない。また、イン

ターネットの影響を、家電の影響に比べて低く評価している)。

16. United Nations Development Programme (2013). 具体的には96%という数字は、いずれの年にもデータがあった83カ国中80カ国。同様の報告が World Economic Forum (2013) からも出ており、こちらは経済参加、学業成績、健康と生存、政治的地位向上の側面から世界のジェンダー格差を追跡している。2006—2013年の間に、110カ国中95カ国 (86%) で全体的なジェンダー平等が向上したことがわかった。

17. イングルハートは間違いなく世界でもっとも包括的かつ徹底的に収集された、客観的価値のデータ収集を監督してきた。彼と同僚らが実施した分析は、個人の心理と社会の変化の橋渡しをする、統合的な理論へと向かっている。イングルハートは一部でこそ強い影響力を持つが、彼の研究はもっと広く知られるべきだと思う。本書の紙面では、それを十分に伝えきれない。彼の研究についてのすばらしい導入の書が Inglehart and Welzel (2005) だ。

18. 世界価値観調査はすべての調査、データ、そして数々の学術的分析を掲載した活発なウェブサイトを運営している (www.worldvaluessurvey.org)。たとえば、2005—2006年の世界価値観調査 (2005年) の質問は「まったくそうではない」から「非常にそうである」の10段階評価で回答するようになっていて、回答者が自分の人生についてどれだけ自由に選択あるいは制御できると感じるかを尋ねている。また別の質問では、家族や友人、自由時間、政治、仕事、宗教を「まったく重要ではない」から「非常に重要である」の間で評価するよう尋ねている。

19. 箇条書き部分は世界価値観調査からの抜粋で、読みやすくするためにほんの少し編集してある。また、このサイトにはイングルハート－ヴェルツェルの文化地図が掲載されており、彼らが設定した二つの指標に基づいて、文化的に似ている国同士がまとまっている様子が見られる。地図についての詳細な説明は、Inglehart and Welzel (2005) を参照。

20. 何が国家の発展を引き起こすかについて総意が得られている説明はないが、文明そのものが農業を基礎としていることは広く受け入れられている。農業は軍階級を必要とし、それが支配階級や有閑階級を生むからだ。そしてより新しい歴史の中では、ある程度の農業生産性が将来の経済発展の強い予測因子となることについて、無視できない証拠がある。例として Sachs (2005), pp. 69–70 を参照。

21. 美しい田舎の風景で、四季に合わせて生活する農家暮らしを美化するのはたやすい。だが私が会った貧しい小規模農家は——ほかのライフスタイルで暮らす余裕があり、農場の所有は道楽だと思っている富裕層とは違って——もっと苦労の少ない、予測可能な仕事がしたいと口々に言っていた。インドでは、毎日５万人が地方から都会へ移住している (Indian Institute for Human Settlements 2012)。世界は2009年に史上初めて、都市部に暮らす人口がそうでない人口を超えるという節目を迎えた (United Nations 2010)。

22. Inglehart and Norris (2003), p. 159.

23. Inglehart and Welzel (2005), p. 139.

24. 同上、p. 33。

25. Inglehart and Norris (2003), p. 159.

26. Inglehart and Welzel (2005), p. 139.

27. マズローの階層はイングルハートの価値観のスキームにもおおまかにあてはまるだけでなく、ほかの社会科学におけるさまざまな進歩にもあてはまる。それらすべての根底に流れる唯一の心理社会的理論が、おそらく存在するだろう。春の牧草地のさまざまな花の色の理由が、生物学によって説明できるのと同じようなものだ。人の発達におけるさまざまな段階の理論の一覧表を記しておく。下段の4つは個人、上段の4つは社会に該当する。これらの理論は一対一で対応するものがないので組み合わせはおおよそのもので、近い位置で横に配置することで示している。†は、もともとの用語を言い換えたもの。‡は、それぞれの領域を完成させるために私が追加した段階を示す。参照にしたのは Rostow (1960); Bell (1999); Florida (2002); Inglehart and Welzel (2005); Fowler (1981); Kohlberg et al. (1983); Fiske (1993)（「理性的・法的」は、フィスクが「市場価値をめぐる競争」と呼んだものを Pinker (2011) が言い換えた言葉だ); Maslow (1943, 1954 [1987]).

統治タイプ	原始的／混沌‡	独裁的‡	国家主義的‡	官僚的‡	応答責任的‡	知恵的‡	
ロストウによる成長の段階	伝統的	離陸のための前提条件	離陸	成熟	自己充足†	献身的‡	
ベルおよびフロリダによるクラス社会	農業クラス	産業クラス	サービス・クラス	クリエイティブ・クラス	共感クラス‡		
イングルハートによる価値観の近代化	伝統的／生存的	世俗・理性的／生存的	自己表現的	利他的‡			
ファウラーによる信念の段階	神話的・文字的	総合的・因習的	個別的	結合的・普遍的			
コールバーグによる道徳の発達	本能的‡	他律的	個別的・道具的	非個人的・規範的	社会システム	権利・福祉	普遍化
フィスクによる関係モデル	共同体的な共有	権威を根拠とした階級づけ	平等原則による資源配分	理性的・法的†	他者への配慮‡		
マズローによる階層	生存	安全・安心	承認	達成	自己実現	自己超越	

28. Bhatt (2003).
29. Saxenian (2006).
30. これらの引用は Florida (2002), pp. 77–80.
31. Florida (2002), p. xiii.
32. 同上、pp. xiv, 74.
33. 同上、p. 101.
34. 同上、p. 88. オープンソースの擁護者エリック・レイモンドの言葉を Taylor (1999) が引用。
35. 同上、p. 92.
36. Inglehart and Welzel (2005), p. 159. Inglehart and Welzel (2010) も参照。

37. この議論は、早くは1960年代から盛んにおこなわれてきた（例として、Weiner 1966 を参照）。イングルハートとは対照的に、Guido Tabellini（2008）は、より開かれた制度がより開かれた価値観につながると主張している。たとえば、第3世アメリカ人の態度は、祖父母の祖国に現存する独裁制の度合いに結びついているなどだ。この因果関係に双方向性があることは明らかで、数々の要素が相互強化し合っている。イングルハートとタベリーニの双方が意見の一致を見ている点があって、それは個人の態度が重要だという点だ。Tabellini（2008）はこう書いている。「政治的状況や官僚的組織の機能について説明するには、純然たる経済的インセンティブの枠を越え、個人の行動を動機づけるほかの要素についても考慮する必要があるかもしれない」。
38. Jones（2006）; National Center for Charitable Statistics（2010）.
39. Blackwood et al.（2012）; Corporation for National and Community Service（2006）.
40. インフレ調整をすると、1973年の寄付額1300億ドルに対して157% の増加（ギビング USA、2014年）。ただし、すぐれた報告である Perry（2013）によれば、GDP の割合としての寄付額は1970年代以来、頑なに2% 前後を守っているそうだ。ピークは2001年で、2.3% だった。
41. Higher Education Research Institute（2008）; Eagan et al.（2013）.
42. Luntz（2009）.
43. The Higher Education Research Institute（2008）によれば、大学生がいる家庭の平均収入が、アメリカの全世帯の平均収入より60% 高いこともわかっている。この事実に加えてそのグループの「他人を助けたい」という傾向は、世帯収入とマズロー式成長との相関関係が、仮説のとおりであることを示唆している。また、マズローが予測していたかもしれないことだが、2007年以降の世界的不況は社会的大義に対する関心の低下を招いたようだ。外的環境の変化により、多くの人々が自らの安全という欲求に引き戻されたからだ。
44. Bornstein（2004）, p. 4.
45. Salamon et al.（2013）.
46. Organisation for Economic Co-operation and Development（2010a）.
47. Development Initiatives（2010）.
48. Higher Education Research Institute（2008）は、「他人を助ける」が直近の過去と比べると比較的高い順位を得ているものの、やはり生徒たちの回答の中で、「家族を養う」（75.5%）や「経済的に恵まれている」（73.4%）よりは低かった。
49. 私は知っている。自分がそうだからわかるのだ。
50. Pinker（2011）は、まさに天才的だ。暴力と偏見、悪弊の歴史的な（かつ直観に反した）減少についての説得力のある数々の情報をまとめ、慎重に理由づけした説明を提供している。ピンカーの4人の「より善い天使」は、内面的成長の3つの要素と近似している。共感と道徳的理由づけは良い意図につながり、理性は判断力、そして自制心は、当然のことながら、自制心に一致する。彼の言う5つの歴史的力は、大まかに言えば、社会の内面的成長にとって重要な要素だ。

第10章　変化を育てる

1. 子育てにおける強制と自主性の正しいバランスは、非常に難しい問題だ。同様の問題が指導においてもしばしば持ち上がり、それがこの章の主題となっている。残念ながら、私は正しいバランスを見出すための簡単な処方箋を提供できないが、唯一言えるのは、すぐれた判断力が必要だということだ。
2. Tricia Tunstall（2012）『世界でいちばん貧しくて美しいオーケストラ』が、エル・システマについてのこのセクションでの主な情報源だ。音楽について何も知らなくても、この本を読めば大規模な社会的変化を生むための刺激と洞察を得られるだろう。
3. El Sistema（n.d.).
4. 社会的変化をどのように定義するにしても、何を社会的変化の目標と信じているにしても、これはあてはまる。
5. Pradan（2014). プラダンの影響は正確にとらえることが難しい。この章で明らかになるように、その影響は非常に多様だからだ。だがプラダンのサクセスストーリーは数多く、幅広い。その一部がこちらのリンクで紹介されている。http://30.pradan.net/
6. プラダンは自らの活動について説明する際に「メンターシップ」という言葉は使っていないが、プラダンの指導者たちは、この章における彼らの活動と価値観についての説明に同意してくれている。
7. 社会活動家の多くが、彼らの互恵的取り組みが平等な立場間で起こっているというふりをするため、「パートナーシップ」や「協力」という言葉を使いたがる。思うに、酷使や搾取につながりかねない新植民地主義的な傲慢さや優越感を避ける狙いがあるのではないだろうか。だが、力に現実の不均衡があれば、酷使や搾取はかならず現実になる。それが認識されていようがいまいが、同じことだ。問題は権力、階層、地位の差ではない。酷使なのだ。全体として、不均衡など存在しないふりをするよりも、こうした不均衡の存在を認識しておき、酷使に警戒したほうがいい。不均衡を無視することは不誠実だし、搾取に対する人々の警戒を弱めてしまう。これは、事業と取引は本質的に公正である（両当事者が「自発的に」取引をおこなうため）と政策立案者が想定した場合によく起こることだ。実際には、搾取の余地がかなりあるのだが。

   とは言うものの、ケースバイケースでの判断は必要だ。不均衡の明確化に固執するとそれが裏目に出ることもある。Steele and Aronson（1995）で紹介されているステレオタイプ脅威の事例がそうだ。権力を受け入れるが権力の乱用は容認しないという揺るぎない事例が、Fuller（2004）で紹介されている。
8. Pradan（2014).
9. 定性的研究者の間では、希望は長年、地域の精神衛生の重要な側面として認識されてきた。Oscar Lewis（1961）のような人類学者がしばしば、希望の欠如を多くの貧困地域の特徴として挙げている。最近では経済学者 Esther Duflo（2012）がハーヴァード大学でおこなったタナー講義〔人間の価値についての講義。名門大学で開催される、非常に名誉ある記念講義のひとつ〕で、貧しい人々のグループの中には、たとえばその人向けの支援や家畜などの形でほんの少しの希望を与えられさえすれば、自ら持続的努力に投資するようになる人々がいるはずだと述べている。経済学者が

「希望」のようなあいまいな概念を真剣に考えるようになったのには勇気づけられるし、これらの問題を何十年も前に特定した学者たちには、相応の功績が認められることを願っている。

10. 例として、Bell (2006) と Smyth et al. (2010) を参照。
11. 副作用として、助言者は目標を設定しないため、悪い結果になったとしても道徳的責任を問われなくてすむ（悪い結果になりそうな行為に対してアドバイスをしなくてもいいということではない）。何かをしろと誰かに指示することと、助言を求められたときに誠実なアドバイスを提供することとの間には倫理的には雲泥の差がある。物事がうまくいかないならなおさらだ。
12. 私たちは、助言者に対するあらゆる形の報酬についても慎重になるべきだ。報酬を伴う指導は、ワシントンDCの「悪徳コンサルタント」たちで知られるような高額コンサルティングに簡単に陥りかねない。価格が高ければ高いほど、「助言者」は被助言者の内面的成長以外の何かに対して直接の利害関係を持つようになる。「助言者」が享受する利益が大きければ大きいほど、腐敗の可能性は高くなる（ちなみに、ミッションの腐敗は完全に合法的であるかもしれない。それでも、腐敗には違いない）。高額な「助言者」のもっともわかりやすい腐敗の例は、被助言者の成長よりも仕事の確保を優先するというものだ。2012年にアメリカ合衆国国際開発庁のラジブ・シャー長官が組織の方針を変更し、地元市場から物品やサービスの購入を増やし、アメリカ国内からの購入を減らすことにしたとき、まさしくこの問題が露呈した。「悪徳コンサルタント」たちはすぐさまロビイング組織を立ち上げ、この政策に反対する運動を展開した（Easterly and Freschi 2012）。最高の助言者はサービスを無料か原価、あるいは限りなく原価に近い価格で提供するべきであって、市価がこれ以上あがらない最高値でなど提供するべきではまったくない。
13. Apostle (1984), p. 21.
14. 例外が元世界銀行顧問デイヴィッド・エラーマンの David Ellerman (2005) だ。彼の提案は私の提案を予言するかのようだが、「メンターシップ」という言葉は使っていない。デイヴィッド・エラーマンは私が本書を執筆していたときにメールをくれて、その後すぐに私は彼のカリフォルニア州リバーサイドの自宅を訪問した。エラーマンの著書は、開発業界と世界銀行における彼の比類なき経験から生まれたものだ。そこで彼は「教会」文化ともいえる、トップダウンの布告と統一的な声明という手法が、国家に自ら道を選ばせるという行為といかに矛盾しているかを目の当たりにした。
15. こうした実践はたいていの場合は良い政策だが、厳密な意味でのメンターシップではない。だが、後述するように、メンターシップという幅広い枠組みの中で言えば、インセンティブは人々に対し、何かが自分にとって価値のあるものだと気づかせる手段として使うことができる。手法としてのメンターシップと操作の一番の違いは、メンターシップの最終的な目標はただ人の態度を変えるだけでなく、内面に前向きな変化を起こすことにあるということだ。
16. ビジネス関連書籍には、良い助言には何が必要かについて同じ見解を示す書籍が多い。一対一の助言関係においては、なおさらだ。この章は私自身の経験や観察をも

とにまとめたが、提言については Brounstein (2000), Johnson and Ridley (2008), Zachary (2012) や学術論文（例として *International Journal of Evidence-Based Coaching and Mentoring*, http://ijebcm.brookes.ac.uk/）などの実践的手引きから大きくはずれてはいない。

メンターシップが非常に真剣にとらえられているもうひとつの分野が、青少年の育成だ。Rhodes (2008) に若者へのメンターシップの影響についてのすぐれた概説がある。関連記事については、*The Chronicle of Evidence-Based Mentoring*, http://chronicle.umbmentoring.org/ を参照。ギャラップとパデュー大学が実施した3万人の大卒者に対する調査、Gallup and Purdue University (2014) では、職場での取り組みと全体的な幸福にとっては、大学時代のすぐれたメンターシップが、どの大学に行くかよりも重要であることがわかった。

Pawson (2004) には国際開発におけるメンターシップについて記述されている。

17. たとえば The International Coach Federation (n.d.) では、コーチの定義を「個人やグループが自らの目標を［設定し、達成できるよう］支援する者」としている。
18. ファーマー・フィールド・スクール（FFS）についてさらに詳しくは、たとえば Davis et al. (2010) を参照。FFS についての文献や、東アフリカにおける FFS の影響についての研究報告書を概説している。
19. 「緑の革命」の全体的な影響については、激しい議論が続いている。批判者は帯水層の水が枯渇し、単作農業のせいで土壌が荒れ、地方での不平等が悪化し（これもまた増幅だ）、開発途上国の農業を先進国の企業に依存させてしまったと主張する。いずれも、有効な論点だ。だがここで私が「緑の革命」に言及したのは、「緑の革命」の効率性を議論するためであり、これはこの運動自らが目標として明示しているものであって、この目標がどの程度達成されたかが重要だ。「緑の革命」はしばしば、新しいテクノロジー（種、肥料、殺虫剤）の成功と言われる。だが実際には、いくつもの側面からの連携の取れた取り組みの結果だった。その取り組みの中には、調査能力向上や幅広い農業指導のための多額の投資も含まれる。例として Hazell (2009) を参照。
20. Hu et al. (2012). 中国の農業指導員はピーク時には100万人強だったが、以来減少に転じている。農業指導そのものの質は上下してきたが、農業に対する政府の注力は強いままだ。中国の制度に対するもっとも一般的な批判は、それがトップダウンであることだ。農家はしばしば、国の優先順位に合わせて育てる作物を変えるよう命令される。
21. デオの驚愕の人生は、Kidder (2009) で詳しく紹介されている。
22. I-TECH (2013) は、セトゥが自分の話をしている動画を制作した。この動画はすぐれた指導とその効果について、数多くのヒントを与えてくれる。セトゥは、すぐれたメンターシップがいかに自ら増殖していくかを示す例でもある。
23. Tunstall (2012), pp. 71, xi. 社会的発展としてのエル・システマに対するアブレウの信頼は、学校の出席率の向上、少年非行の減少、貧しい環境からのシステマへの参加者の多さ、そしてシステマにかかわっていないベネズエラのティーンエイジャーと比べて低い高校中退率（26% に対して6.9%）といった証拠に裏付けられている。全体を振り返ると、米州開発銀行はエル・システマに投資された金額が1ドルあたり

1.68ドルの見返りを生んだと推定している、と Lubow (2007) は書いている。

24. ここでの引用は Pradan (n.d.) のネット上の綱領より。プラダンは、私が遭遇した中でもっとも賢明な開発組織のひとつだ（同じようなレベルの組織がないというわけではないが、私があまり詳しくないだけだ。インドではほかにも SEWA、MYRADA、セヴァ・マンディール、グラム・ヴィカス、MKSS、ティンバクトゥ・コレクティブなどが挙げられる）。プラダンの共同創設者ディープ・ジョシは自らの活動について、「心と知性」の観点から語っている。

25. 介入パッケージは人的能力を増幅して結果を生む。この概念を文字通りの算数的な形で表現するとすれば、一辺が介入パッケージの量、もう一辺が人的能力の強さで定められる長方形になるだろう（マクロ経済では、コブ＝ダグラス型関数が経済産出をテクノロジーと人的資本［と金融資本］でモデル化しているので、この表現は見た目ほど突拍子もないというわけではない）。特定の長方形を与えられたとして、その範囲を広げる最適の方法は、短辺を長くすることだ。たとえば、1×5の長方形があったら、1単位増やすのであれば（1＋1）×5＝10としたほうが、1×（5＋1）＝6とするよりもいい。したがって、テクノロジーに取りつかれた世界において、後押しが必要なのは短辺、つまり人のほうだ。

26. コンピューター業界の成長は、テクノロジーの世界そのものにおける同様の効果が引き金となっているかもしれない。ソフトウェアを開発し、テストし、流通させ、代金を受け取ることは、効率のいいエンジンを開発し、テストし、流通させ、代金を受け取るよりもはるかに簡単だ。その結果、情報技術は指数関数的に成長するが、自動車は（あくまで一例としてだが）ほとんど変わっていない。機械工学に興味を持っていた若者も、名声と富を手に入れる近道だからという理由でコンピューターに乗り換えるかもしれない。すべてにおいて言えることだが、文明には一番簡単な作業に飛びつく生来の傾向があるのだ。

結 論

1. Singer (2009), pp. 3–5.
2. 例として、American Red Cross (n.d.) を参照。
3. Easterly (2014), p. 7.
4. 本書の要旨は、社会的大義に「帰結主義的徳倫理」を適用することだ。この見解を明快に支持している哲学者 Julia Driver (2001) は、徳とは「圧倒的多数の善を体系的に生む性格特性」だと書いている。帰結主義的徳倫理の主張は、より良い世界につながる可能性が高いというただひとつの理由のために、人の特定の傾向をはぐくむ、というものだ。倫理におけるほかの主要な区分（カントが主張するような義務論的な規則に基づく倫理や、ジェレミー・ベンサムとジョン・スチュアート・ミルが主張するような功利主義倫理など）とは異なり、徳倫理は何が正しいかを知っていることと、正しい行為を実行することとは違うと認識している。そして、倫理的行動を起こす能力をもっと高める努力をより重視しているのだ。

　欧米の徳倫理は古いものも新しいものも、目的論的理由づけに混乱させられている。これは一般的にアリストテレスが嚆矢と言われる。すなわち、徳が有意義なの

は、それが私たちを人間たらしめる最高表現だからだ、というものだ。徳倫理をこのように見る者は徳自体を目的とみなし、人間の「繁栄」をあたかも自明の価値があるかのように語る。アマルティア・センと共に国際開発の「潜在能力アプローチ」を開発した哲学者 Martha Nussbaum（2011）は、この考え方に沿って議論を展開している。だがより大きな目標がない中での繁栄は、からっぽの上位文化（ハイ・カルチャー）や、見当はずれに自己陶酔的な自己実現の概念に危険なほど近づいてしまう。より実際的なことを言うと、ヌスバウムもセンも、人の正しい意図をはぐくむことの重要性を強調してはいない。彼らは自由の提供には注力しているが、責任感の育成は重視していない。

ちなみに、私がアリストテレスを読んだ限りでは、彼が言われている以上に帰結主義者だったという印象を受ける。徳それ自体が崇高なものだと考えていた節はあるものの、徳が少なくとも部分的には、エウダイモニア的幸福の原因であるという点を彼は理解していた。「幸福において主要な役割を果たす、徳と合致した行動」（Apostle 1984, p. 15）。そして彼は自身の『ニコマコス倫理学』の解説を、至高善としての幸福から始めた。おそらく、徳についての議論のすべてがそのためのものだということを示したかったのだろう。

5. 医療制度の強化の重要性は、Bloland et al.（2012）で簡潔にまとめられている。Paiva（1977）による社会的発展の定義は、「自らと社会の幸福のために、継続的に働き続けることのできる人々の能力」となっている。Morozov（2013）によるシリコンバレーの「アプリで世界を救おう」精神に対する批判はすぐれているが、結論は Morozov（2011）のほうが強力だ。Ravitch（2011）はアメリカの教育における「教育改革」運動に対する厳しい批判をおこなっているし、David L. Kirp（2013）は基本的なマネジメントと教師に対するすぐれた支援の重要性を訴えている。Easterly（2006）は批判的な彼のいくつかの著書の中で、もっとも建設的な意見を述べている。テクノロジー至上主義的解決方法に対する Easterly（2014）の批判は私の意見に近いが、政策についての私たちの提言は異なる。組織の転換についての概要は、社会学者 Peter Evans（2005）が述べている。徳倫理を語る哲学者は数多いが、私がもっとも同調するのは Julia Driver（2001）だ。共同体主義についての概要は、Etzioni（1993）を参照。
6. Wills（2002), p. 36. 引用は1788年６月20日のヴァージニア州批准会議でのマディソンのスピーチより。
7. Lincoln（1858).
8. これを言わなければならないのは現代の世俗主義社会、特にアメリカにおいて、自己改善についての考え方に深い両面性があるからだ。一方で私たちは自立した人々を尊敬する。フィクションの世界ではホレイショ・アルジャー〔アメリカンドリームの物語を数多く書いたアメリカの小説家〕、現実の世界ではスティーブ・ジョブズに憧れるのだ。だがその一方で、そうした人々が尊敬されるのはその情熱と徳ではなく、主に技術力の高さや因習に対する反抗のためだ。どちらかといえば、私たちはクールな子どもが優等生のオタクをバカにするような感じで、誠意のこもった真剣さを鼻で笑っている。自己を意識した道徳への努力を、私たちはなぜか軽んじてしまう。その原因は、人の性質に対する不信感（人の性質は変わらない）であるか

もしれないし、宗教に対する幻滅を過剰に補おうとする行為（徳からはそれがぷんぷん匂う）かもしれない。あるいは、いい子ぶって見られるのを嫌がるためかもしれないし、自らの道徳的失敗を自覚できないためかもしれない（コメディアンのGeorge Carlin［1984］があるときこう言った。「自分より遅く運転しているやつはみんなバカだし、自分より早く運転しているやつはみんな頭がおかしい」）。もっとも共感的な文学的精神の中でも、芸術と文学に対する最悪の糾弾は作品を「道徳的」と呼ぶことだ。ほんの少しでも道徳のにおいをさせることは、洗練されていないし望ましくないとみなされてしまう。「高潔さ」よりも「かっこよさ」のほうが重視されるのだ。

昔からこうだったわけではないし、内面的成長が意識的な目標となっている無宗教文化もある。Benjamin Franklin（1986）は13の徳を書き出し、自分の進歩を記録するために毎週、徳の報告カードを記録した。これ以上オタクっぽいことはないだろう。モハンダス・ガンジーも自伝の中で、「真実の実験」について詳細に書いている。そして彼は菜食主義、独身主義、非暴力、そして簡素な暮らしの理論と実践の両方を成し遂げたのだ。日本では、美徳に対する意識的な努力が随所に見られる。たとえば、ほかの車に配慮するよう、あるいは道路を清潔に頼むよう、丁寧に忠告する交通標識をしばしば見かける（アメリカでこれをやろうと思ったら、ユーモアか脅迫のどちらかに頼るしかない。「安全運転をお願いします――ここのリスたちはうまい運転手とそうでない運転手を見分けることができません」や、「ゴミを棄てたら代償を払うこと――罰金316ドル」などだ）。

9. 国際開発におけるこうした失敗のリストは、Easterly（2001）を強くお薦めする。
10. たとえば、レイチェル・カーソンの『沈黙の春』――アメリカ人が環境を意識した最初の画期的な本と言っても過言ではないだろう――が出版されたのは1962年。この年、アメリカの人口当たりGDPは2012年ドルで3,100ドルだった（World Bank 2012a）。インドの現在の人口当たりGDPは1,500ドルだ（World Bank 2012b）。インドが1962年のアメリカの水準に到達するには、毎年7％の成長率だったとしてもあと10年はかかる。
11. Park（2014）が、World Health Organization（2014）のデータに基づいてこの統計を記している。
12. Kralev（2009）.
13. 2014年の米中の気候変動に関する合意が少々例外的だったとすれば、それはオバマ大統領がアメリカ人も二酸化炭素の排出量を減らす意志があると訴えたからだ。ヘンリー・ワクスマン下院議員はこの件について触れ、「いつかこの日を振り返って、気候変動における転換点だったと言う日が来るかもしれない」と語った（Parsons et al. 2014）。そのとおりになることを祈ろう。
14. 数字はUS Energy Information Administration（2010）に掲載されていたもので、2010年に化石燃料を燃やして出た二酸化炭素の排出量しか含まれていない。
15. Francis Fukuyama（1992）は自由民主主義が「歴史の終わり」を象徴していると主張した。人類の文明の頂点であり終点であり、ほかの国家もいずれはここに向かうと述べたのだ。この主張は激しい批判を浴びたが、とりわけフクヤマ自身も批判して

いる。

16. Asimov (1942 [1991]), p. 126. ロボットの原則についてのアシモフの考え方は、ここで紹介しているよりもずっと哲学的に奥深い。だがここで私が言わんとしていることがそれで変わるわけではない。小説『ロボットと帝国』で Asimov (1985 [1994]) はロボットのダニールに、第 1 の原則に優先する法を制定させている。「ロボットのゼロ番目の原則」は、「ロボットは人類を傷つけてはならない、あるいは人類に害がおよぶのを看過してはならない」と定められ、人類に大きな害がおよぶと判断すれば、ロボットがひとりの人間を傷つけても良いとしたのだ。だがダニール（そしておそらくはアシモフも）この倫理的にごちゃごちゃした状態が気に入らなかったようだ。『ファウンデーションと地球』で Asimov (1986 [1994]) は、非常に判断力のすぐれた人間をダニールに見つけさせ、銀河系文明が向かう方向についての厳しい選択をさせることでゼロ番目の原則を事実上撤回させている。その過程で、ダニールは社会活動家の模範のような行動を取っている。私たちも皆、「受益者」が自らの運命を決定できるよう、思慮深く行動するべきなのだ（とは言え、人類全体の代表としてダニールがたった一人の人間を選んだのが正しかったかどうかは疑問が残るところだが)。

17. E. O. Wilson (2012), p. 7 では私たちの「スターウォーズ文明」についてたびたび触れている。そこに見られるのは神業的なテクノロジー、中世時代めいた組織、そして石器時代並みの感情だ。

18. Asimov (1979 [1991]).

参考文献

特に記載のないかぎり、すべてのリンクは2014年10月30日時点では生きていた。

Abdul Latif Jameel Poverty Action Lab (JPAL). (n.d.). Encouraging teacher attendance through monitoring with cameras in rural Udaipur, India, www.povertyactionlab.org/evaluation/encouraging-teacher-attendance-through-monitoring-cameras-rural-udaipur-india.

Achebe, Chinua. (1977). An image of Africa: Racism in Conrad's "Heart of Darkness." *Massachusetts Review* 18 (4):782–794.

———. (2011). Nigeria's promise, Africa's hope. *New York Times*, Jan. 16, 2011, www.nytimes.com/2011/01/16/opinion/16achebe.html.

Achenbach, Joel. (2014). Paul Farmer on Ebola: "This isn't a natural disaster, this is the terrorism of poverty." *Washington Post*, Oct. 6, 2014, www.washingtonpost.com/blogs/achenblog/wp/2014/10/06/paul-farmer-on-ebola-this-isnt-a-natural-disaster-this-is-the-terrorism-of-poverty/.

Agre, Philip E. (2002). Real-time politics: The Internet and the political process. *The Information Society* 18:311–331, www.tandfonline.com/doi/abs/10.1080 /01972240290075174.

Agyare, Regina. (2014). Regina Agyare: Entrepreneur. LeanIn.org, http://leanin.org/stories/regina-agyare/.

Ainslie, George. (2001). *Breakdown of Will*. Cambridge University Press〔邦訳　ジョージ・エインズリー『誘惑される意志――人はなぜ自滅的行動をするのか』山形浩生訳、NTT 出版、2006年〕。

Al-Rasheed, Madawi. (2012). No Saudi spring: Anatomy of a failed revolution. *Boston Review*, March/April 2012, www.bostonreview.net/madawi-al-rasheed -arab-spring-saudi-arabia.

American Red Cross. (n.d.). Measles & Rubella Initiative, www.redcross.org/what-we-do/international-services/measles-initiative. American Sociological Association. (2006). Peter H. Rossi (1921–2006). *Footnotes: Newsletter of the American Sociological Association*, Dec. 2006, 34 (9), www.asanet.org/footnotes/dec06/indextwo.html.

Anderson, Chris. (2008). *The Long Tail: Why the Future of Business Is Selling Less of More*. Hyperion.〔邦訳　クリス・アンダーソン『ロングテール――「売れない商品」を宝の山に変える新戦略』篠森ゆりこ訳、早川書房、2014年〕。

———. (2009). Q&A with Clay Shirky on Twitter and Iran. TED Blog, June 16, 2009, http://blog.ted.com/2009/06/16/qa_with_clay_sh/.

Angelucci, Manuela, Dean Karlan, and Jonathan Zinman. (2013). Win some lose some? Evidence from a randomized microcredit program placement experiment by Compartamos Banco. National Bureau of Economic Research Working Paper No. 19119, www.nber.org/papers/w19119.

Apostle, Hippocrates G. (1984). *Aristotle's Nicomachean Ethics*. Peripatetic Press〔邦訳　アリス

トテレス『ニコマコス倫理学』高田三郎訳、岩波書店、改版1971年〕。

Arora, Payal. (2010). Hope-in-the-Wall? A digital promise for free learning. *British Journal of Educational Technology* 41(5):689–702, http://onlinelibrary.wiley.com/doi/10.1111/j.1467-8535.2010.01078.x/abstract.

Arora, Payal, and Nimmi Rangaswamy, eds. (2014). ICTs for Leisure in Development Special Issue. *Information Technologies and International Development* 10(3), http://itidjournal.org/index.php/itid/issue/view/72.

Asimov, Isaac. (1942 [1991]). Runaround. In *Robot Visions*. Roc〔邦訳 アイザック・アシモフ「堂々めぐり」(『われはロボット』所収、小尾芙佐訳、早川書房、1963年)〕。

———. (1979 [1991]). The laws of robotics. In *Robot Visions*. Roc. 初出はアメリカン航空機内誌、1979年。

———. (1985 [1994]). *Robots and Empire*. Collins〔邦訳 アイザック・アシモフ『ロボットと帝国』小尾芙佐訳、早川書房、1998年〕。

———. (1986 [1994]). *Foundation and Earth*. Harper Collins〔邦訳 アイザック・アシモフ『ファウンデーションと地球』岡部宏之訳、早川書房、1997年〕。

Assmann, A. (1994). Wholesome knowledge: Concepts of wisdom in a historical and cross-cultural perspective. In D. L. Featherman, R. M. Learner, and M. Perlmutter, eds., *Life-Span Development and Behavior*. Lawrence Erlbaum, 12:187–224.

Atlantic. (2012). The conversation: Responses and reverberations. Aug. 22, 2012, www.theatlantic.com/magazine/archive/2012/09/the-conversation/309072/3/.

Auty, Richard M. (1993). *Sustaining Development in Mineral Economies: The Resource Curse Thesis*. Routledge.

Awuah, Patrick. (2012). Path to a new Africa. *Stanford Social Innovation Review*, Summer 2012, www.ssireview.org/articles/entry/path_to_a_new_africa.

Bajaj, Vikas. (2011). Microlenders, honored with Nobel, are struggling. *New York Times*, Jan. 5, 2011, www.nytimes.com/2011/01/06/business/global/06micro.html.

Bales, Kevin. (2002). The social psychology of modern slavery. *Scientific American* 286(4):80–88, www.scientificamerican.com/article/the-social-psychology-of/.

Banerjee, Abhijit, Shawn Cole, Esther Duflo, and Leigh Linden. (2007). Remedying education: Evidence from randomized experiments in India. *Quarterly Journal of Economics* 122(3):1235–1264, http://qje.oxfordjournals.org/content/122/3/1235.short.

Banerjee, Abhijit, and Esther Duflo. (2011). *Poor Economics: A Radical Rethinking of the Way to Fight Global Poverty*. PublicAffairs〔邦訳 アビジット・V・バナジー、エスター・デュフロ『貧乏人の経済学――もういちど貧困問題を根っこから考える』山形浩生訳、みすず書房、2012年〕。

Banerjee, Abhijit, Esther Duflo, Raghabendra Chattopadhyay, and Jeremy Shapiro. (2011). Targeting the hard-core poor: An impact assessment, Nov. 2011, Jameel Poverty Action Lab, www.povertyactionlab.org/ publication/targeting-hard-core-poor-impact-assessment.

Banerjee, Abhijit, Esther Duflo, Rachel Glennerster, and Cynthia Kinnan. (2010). The miracle of microfinance? Evidence from a randomized evaluation. Bread Working Paper No. 278, June

2010, http://ipl.econ.duke.edu/bread/system/files/bread_wpapers/379.pdf.

Bansal, Sarika. (2012). Shopping for a better world. *New York Times*, May 9, 2012, http://opinionator.blogs.nytimes.com/2012/05/09/shopping-for -a-better-world/.

Barcott, Rye. (2011). *It Happened on the Way to War: A Marine's Path to Peace*. Bloomsbury USA.

Barnes & Noble Booksellers. (n.d.). Barnes & Noble History, www.barnesandnobleinc.com/our_company/history/bn_history.html.

Barrera-Osorio, Felipe, and Leigh L. Linden. (2009). The use and misuse of computers in education: Evidence from a randomized experiment in Colombia. World Bank Policy Research Working Paper Series no. 4836, http://go.worldbank.org/8Q0F9DV040.

Bauerlein, Mark. (2009). *The Dumbest Generation: How the Digital Age Stupefies Young Americans and Jeopardizes Our Future*. Tarcher/Penguin〔邦訳　マーク・バウアーライン『アメリカで大論争!!　若者はホントにバカか』畔上司訳、阪急コミュニケーションズ、2009年〕。

Baumeister, Roy F., and Jessica L. Alquist. (2009). Is there a downside to good self-control? *Self and Identity* 8(2):115–130, www.tandfonline.com/doi/abs/10.1080/15298860802501474.

Baumeister, Roy F., and John Tierney. (2011). *Willpower: Rediscovering the Greatest Human Strength*. Penguin〔邦訳　ロイ・バウマイスター、ジョン・ティアニー『WILLPOWER 意志力の科学』渡会圭子訳、インターシフト、2013年〕。

Baym, Nancy. (2010). *Personal Connections in the Digital Age*. Polity.

Behar, Anurag. (2010). Limits of ICT in education. *LiveMint*, Dec. 16, 2010, www.livemint.com/Opinion/Y3Rhb5CXMkGuUIyg4nrc3I/Limits-of-ICT-in-education.html.

———. (2012). Silver bullets in education. *LiveMint*, April 4, 2012, www.livemint.com/Opinion/BPS5faZixFQKrlUFGlivUL/Silver-bullets-in-education.html.

Bell, Daniel. (1999). *The Coming of Post-Industrial Society: A Venture in Social Forecasting*. Basic Books.

Bell, Genevieve. (2006). The age of the thumb: A cultural reading of mobile technologies from Asia. *Knowledge, Technology, & Policy*, Summer 2006, 19(2):41–57, http://link.springer.com/article/10.1007%2Fs12130-006-1023-5.

Bendavid, E., and J. Bhattacharya. (2009). The President's Emergency Plan for AIDS Relief in Africa: An evaluation of outcomes. *Annals of Internal Medicine* 150:688–695, http://annals.org/article.aspx?articleid=744499.

Benhabib, Jess, and Mark M. Spiegel. (1994). The role of human capital in economic development: Evidence from aggregate cross-country data. *Journal of Monetary Economics* 34(2):143–174, www.sciencedirect.com/science/article/pii/0304393294900477.

Bentham, Jeremy. (1789 [1907]). *An Introduction to the Principles of Morals and Legislation*. Library of Economics and Liberty, www.econlib.org/library/Bentham/bnthPML18.html.〔抄訳『世界の名著49　ベンサム／J.S. ミル』関嘉彦責任編集、中央公論新社、1979年〕。

Bentley, Daniel. (2012). First annual results of David Cameron's happiness index published. *The Independent*, July 24, 2012, www.independent.co.uk/news/uk/politics/first-annual-results-of-david-camerons-happiness-index-published-7972861.html.

Best, Michael L.（2004）. Can the Internet be a human right? *Human Rights & Human Welfare* 4:23–31, https://www.du.edu/korbel/hrhw/volumes/2004/best-2004.pdf.

Bhatt, Kamla.（2003）. IIT is an incredible institution, says Bill Gates. Rediff India Abroad, Jan. 18, 2003, www.rediff.com/money/2003/jan/18iit2.htm.

Bhide, Shashanka, and Aasha Kapu Mehta.（2004）. Chronic poverty in rural India: Issues and findings from panel data. *Journal of Human Development* 5（2）:195–209, www.tandfonline.com/doi/abs/10.1080/14649880042000225122.

Bilton, Nick.（2014）. Steve Jobs was a low-tech parent. *New York Times*, Sept. 10, 2014, www.nytimes.com/2014/09/11/fashion/steve-jobs-apple-was-a-low-tech-parent.html.

Blackwood, Amy S., Katie L. Roeger, and Sarah L. Pettijohn.（2012）. The nonprofit sector in brief: Public charities, giving, and volunteering, 2012, Urban Institute, www.urban.org/UploadedPDF/412674-The-Nonprofit-Sector-in-Brief.pdf.

Bloland, P., P. Simone, B. Burkholder, L. Slutsker, and K. M. De Cock.（2012）. The role of public health institutions in global health system strengthening efforts: The US CDC's perspective. *PLOS Medicine* 9（4）:e1001199, www.plosmedicine.org/article/info%3Adoi%2F10.1371%2Fjournal.pmed.1001199.

Bloomberg Businessweek.（2007）. Compartamos: From non-profit to profit, Dec. 12, 2007, www.businessweek.com/stories/2007-12-12/compartamos-from-nonprofit-to-profit.

Boo, Katherine.（2012）. *Behind the Beautiful Forevers: Life, Death, and Hope in a Mumbai Undercity*. Random House.〔邦訳　キャサリン・ブー『いつまでも美しく――インド・ムンバイのスラムに生きる人びと』石垣賀子訳、早川書房、2014年〕。

Bornstein, David.（2004）. *How to Change the World: Social Entrepreneurs and the Power of New Ideas*. Oxford University Press.〔邦訳　デービッド・ボーンスタイン『世界を変える人たち――社会起業家たちの勇気とアイデアの力』有賀裕子訳、ダイヤモンド社、2007年〕。

———.（2014）. Where YouTube meets the farm. *New York Times*, April 3, 2014, http://opinionator.blogs.nytimes.com/2013/04/03/where-youtube-meets-the-farm/.

Boston Review.（2010）. Ideas matter: Can technology solve global poverty? Video available as item #38 at https://itunes.apple.com/us/itunes-u/media/id433442313.

Boudreaux, Donald J., and Mark J. Perry.（2013）. Donald Boudreaux and Mark Perry: The myth of a stagnant middle class. *Wall Street Journal*, Jan. 23, 2013, http://online.wsj.com/news/articles/SB10001424127887323468604578249723138161566.

Bourdieu, Pierre.（1979［1984］）. *Distinction: A Social Critique of the Judgement of Taste*. Richard Nice, trans. Harvard University Press〔邦訳　ピエール・ブルデュー『ディスタンクシオン　社会的判断力批判』石井洋二郎訳、藤原書店、1990年〕。

Brasor, Philip.（2001）. "Comfort" education at expense of standards? *Japan Times*, Sept. 23, 2001, www.japantimes.co.jp/text/fl20010923pb.html.

Brewis, Alexandra A., Amber Wutich, Ashlan Falletta-Cowden, and Isa Rodriguez-Soto.（2011）. Body norms and fat stigma in global perspective. *Current Anthropology* 52（2）:269–276, www.jstor.org/stable/10.1086/659309.

Brill, Steven. (2013). Bitter pill: How outrageous pricing and egregious profits are destroying our health care. *Time*, March 4, 2013, 16–55, http://time.com/198/bitter-pill-why-medical-bills-are-killing-us/.

Brounstein, Marty. (2000). *Coaching & Mentoring for Dummies*. Wiley.

Bueno de Mesquita, Bruce, and Alastair Smith. (2011). *The Dictator's Handbook: Why Bad Behavior Is Almost Always Good Politics*. PublicAffairs.〔邦訳　ブルース・ブエノ・デ・メスキータ、アラスター・スミス『独裁者のためのハンドブック』四本健二・浅野宣之訳、亜紀書房、2013年〕。

Butler, Kiera. (2014). Do Toms Shoes really help people? *Mother Jones*, May 14, 2014, www.motherjones.com/environment/2012/05/toms-shoes-buy-one-give-one.

Butterfield, L. H., Marc Friedlaender, and Mary-Jo Kline, eds. (1975). *The Book of Abigail and John: Selected Letters of the Adams Family, 1762–1784*. Harvard University Press.

Cairncross, Frances. (1997). *The Death of Distance: How the Communications Revolution Will Change Our Lives*. Harvard Business School Press.〔邦訳　フランシス・ケアンクロス『国境なき世界——コミュニケーション革命で変わる経済活動のシナリオ』藤田美砂子訳、トッパン、1998年〕。

———. (2001). *The Death of Distance 2.0: How the Communications Revolution Will Change Our Lives*. Texere.

Camerer, Colin F., and Richard H. Thaler. (1995). Anomalies: Ultimatums, dictators and manners. *Journal of Economic Perspectives* 9(2):209–219, www.aeaweb.org/articles.php?doi=10.1257/jep.9.2.209.

Cameron, William Bruce. (1963). *Informal Sociology: A Casual Introduction to Sociological Thinking*. Random House.

Caplan, Bryan. (2012). *Selfish reasons to have more kids: Why being a great parent is less work and more fun than you think*. Basic Books.

Carlin, George. (1984). Carlin on campus. *HBO*, April 19, 1984.

Carolina for Kibera. (n.d.). Stories: Steve Juma, http://cfk.unc.edu/ourimpact /stories/.

Carr, Nicholas. (2011). *The Shallows: What the Internet Is Doing to Our Brains*. W. W. Norton〔邦訳　ニコラス・G・カー『ネット・バカ——インターネットがわたしたちの脳にしていること』篠儀直子訳、青土社、2010年〕。

CBS News. (2007). What if every child had a laptop? May 20, 2007, www.CBSnews.com/news/what-if-every-child-had-a-laptop/.

Center for American Women and Politics. (2014). 2014: Not a landmark year for women, despite some notable firsts. *CAWP Election Watch*, www.cawp.rutgers.edu/press_room/news/documents/PressRelease_11-05-14-electionresults.pdf.

Centers for Disease Control and Prevention. (2008). Progress toward strengthening blood transfusion services – 14 countries, 2003–2007. *Morbidity and Mortality Weekly Report* 57(47):1273–1277, www.cdc.gov/mmwr/preview/mmwrhtml/mm5747a2.htm.

Chang, Ha-Joon. (2010). *23 Things They Don't Tell You About Capitalism*. Bloomsbury〔邦訳　ハジュン・チャン『世界経済を破綻させる23の嘘』田村源二訳、徳間書店、2010年〕。

Chew, Han-Ei, Mark Levy, and Vigneswaran Ilavarasan.（2011）. The limited impact of ICTs on microenterprise growth: A study of businesses owned by women in urban India. *Information Technologies and International Development* 7（4）:1–16, http://itidjournal.org/itid/article/view/788.

Chulov, Martin.（2012）. Syria shuts off Internet access across the country. *The Guardian*, Nov. 29, 2012, www.theguardian.com/world/2012/nov/29/syria-blocks-internet.

Clinton, Hillary.（2010）. Remarks on Internet freedom. The Newseum, Jan. 21, 2010, www.state.gov/secretary/20092013clinton/rm/2010/01/135519.htm.

CNN.（2011）. Ghonim: Facebook to thank for freedom. Feb. 11, 2011, http://edition.CNN.com/video/#/video/bestoftv/2011/02/11/exp.ghonim.facebook.thanks.CNN.

Cobb, Clifford, Ted Halstead, and Jonathan Rowe.（1995）. If the GDP is up, why is America down? *The Atlantic*, Oct. 1995, www.theatlantic.com/past/politics/ecbig/gdp.htm.

Cohen, Roger.（2011）. Revolutionary Arab geeks. *New York Times*, Jan. 27, 2011, www.nytimes.com/2011/01/28/opinion/28iht-edcohen28.html.

Cohen, W., and D. Levinthal.（1990）. Absorptive capacity: A new perspective on learning and innovation. *Administrative Science Quarterly* 35（1）:128–152, www.jstor.org/stable/2393553.

Cohn, Jonathan.（2008）. *Sick: The Untold Story of America's Health Care Crisis – and the People Who Pay the Price*. Harper Perennial〔邦訳　ジョナサン・コーン『ルポ　アメリカの医療破綻』鈴木研一訳、東洋経済新報社、2011年〕。

Coleman, James S., et al.（1966）. Equality of educational opportunity. US Department of Health, Education, and Welfare. US Government Printing Office.

Coleman-Jensen, Alisha, Mark Nord, and Anita Singh.（2013）. Household food security in the United States 2012. US Department of Agriculture. Economic Research Report No. 155, Sept. 2013, www.ers.usda.gov/publications/err-economic-research-report/err155.aspx.

Colindres, P., J. Mermin, E. Ezati, S. Kambabazi, P. Buyungo, L. Sekabembe, F. Baryarama, F. Kitabire, S. Mukasa, F. Kizito, C. Fitzgerald, and R. Quick.（2008）. Utilization of a basic care and prevention package by HIV-infected persons in Uganda. *AIDS Care* 20（2）:139–145, www.tandfonline.com/doi/abs/10.1080/09540120701506804.

Collins, Darryl, Jonathan Morduch, Stuart Rutherford, and Orlanda Ruthven.（2009）. *Portfolios of the Poor: How the World's Poor Live on $2 a Day*. Princeton University Press〔邦訳　ジョナサン・モーダック他『最底辺のポートフォリオ――１日２ドルで暮らすということ』大川修二訳、みすず書房、2011年〕。

Constitution of India.（2011）. Government of India, http://india.gov.in/my-government/constitution-india/constitution-india-full-text.

Consultative Group to Assist the Poor（CGAP）.（2008）. Are we overestimating demand for microloans? *CGAP Brief*, April 2008, www.cgap.org/sites/default /files/CGAP-Brief-Are-We-Overestimating-Demand-for-Microloans-Apr-2008.pdf.

Coontz, Stephanie.（2014）. The new instability. *New York Times*, July 26, 2014, www.nytimes.com/2014/07/27/opinion/sunday/the-new-instability.html.

Corelli, Marie.（1905）. The spirit of work. In The Daily Mail, ed., *The Queen's Carol: An Anthology of Poems, Stories, Essays, Drawings, and Music*. The Daily Mail.

Corporation for National and Community Service. (2006). Volunteer growth in America: A review of trends since 1974. Dec. 2006, www.nationalservice.gov/pdf/06_1203_volunteer_growth.pdf.

Counts, Alex. (2008). *Small Loans, Big Dreams: How Nobel Prize Winner Muhammad Yunus and Microfinance Are Changing the World*. John Wiley and Sons.

Crescenzi, Riccardo, Max Nathan, and Andrés Rodríguez-Pose. (2013). Do inventors talk to strangers? On proximity and collaborative knowledge creation. IZA Discussion Paper No. 7797, http://ssrn.com/abstract=2367672.

Criminisi, Antonio, Patrick Pérez, and Kentaro Toyama. (2004). Region filling and object removal by exemplar-based image inpainting. *IEEE Transactions on Image Processing* 13(9):1200–1212, http://dx.doi.org/10.1109/TIP.2004.833105.

Cristia, Julián P., Pablo Ibarrarán, Santiago Cueto, Ana Santiago, and Eugenio Severín. (2012). Technology and child development: Evidence from the One Laptop Per Child Program. IDB Working Paper Series, No. IDB-WP-304, http://idbdocs.iadb.org/wsdocs/getdocument.aspx?docnum=36706954. CTIA. (2011). More wireless devices than Americans. CTIA Blog, Oct. 11, 2011, http://blog.ctia.org/2011/10/11/more-wireless-devices-than-americans/.

Cuban, Larry. (1986). *Teachers and Machines: The Classroom Use of Technology Since 1920*. Teachers College Press.

Dahl, Fredrik. (2010). Iran's police vow no tolerance towards protesters. Reuters, Feb. 6, 2010, www.reuters.com/article/2010/02/06/idUSDAH650941.

Dahl, Robert Alan. (1971). *Polyarchy: Participation and Opposition*. Yale University Press〔邦訳 ロバート・A・ダール『ポリアーキー』高畠通敏・前田脩訳、岩波書店、2014年〕。

Darrow, Benjamin. (1932). *Radio: The Assistant Teacher*. R. G. Adams.

Davidson, Richard. (1992). Emotion and affective style: Hemispheric substrates. *Psychological Science* 3:39–43, http://pss.sagepub.com/content/3/1/39.abstract.

Davidson, R., D. Jackson, and N. Kalin. (2000). Emotion, plasticity, context, and regulation: Perspectives from affective neuroscience. *Psychological Bulletin* 126:890–906, http://psycnet.apa.org/journals/bul/126/6/890/.

Davis, Kristin, Ephraim Nkonya, Edward Kato, Daniel Ayalew Mekonnen, Martins Odendo, Richard Miiro, and Jackson Nkurba. (2010). Impact of Farmer Field Schools on agricultural productivity and poverty in East Africa. IFPRI Discussion Paper No. 00992. International Food Policy and Research Institute, www.ifpri.org/sites/default/files/publications/ifpridp00992.pdf.

Deci, E. L., and R. M. Ryan. (1985). *Intrinsic Motivation and Self-Determination in Human Behavior*. Plenum.

———. (1991). A motivational approach to self: Integration in personality. pp. 237–288 in *Nebraska Symposium on Motivation*, vol. 38, *Perspectives on Motivation*. University of Nebraska Press.

Deininger, Klaus, and John Okidi. (2003). Growth and poverty reduction in Uganda, 1999–2000: Panel data evidence. *Development Policy Review* 21:481–509, July 2003, http://onlinelibrary.wiley.com/doi/10.1111/1467-7679.00220/abstract.

Delforge, Pierre. (2014). America's data centers consuming and wasting growing amounts of energy.

Natural Resources Defense Council, Dec. 15, 2014, www.nrdc.org/energy/data-center-efficiency-assessment.asp.

Dell, Nicola, Vidya Vaidyanathan, Indrani Medhi, Edward Cutrell, and William Thies.（2012）. "Yours is better!": Participant response bias in HCI. pp. 1321–1330 in *Proceedings of the SIGCHI Conference on Human Factors in Computing Systems*（*CHI '12*）. ACM, http://doi.acm.org/10.1145/2207676.2208589.

De Melo, Gioia, Alina Machado, Alfonso Miranda, and Magdalena Viera.（2014）. Impacto del Plan Ceibal en el aprendizaje: Evidencia de la mayor experiencia OLPC. Instituto de Economia, www.iecon.ccee.edu.uy/dt-13-13-impacto-del-plan-ceibal-en-el-aprendizaje-evidencia-de-la-mayor-experiencia-olPC/publicacion/376/es/.

De Munck, Bert, Steven L. Kaplan, and Hugo Soly.（2007）. *Learning on the Shop Floor: Historical Perspectives on Apprenticeship*. Berghahn.

DeNavas-Walt, Carmen, Bernadette D. Proctor, and Jessica C. Smith.（2009）. US Census Bureau, Current Population Reports, P60-236, Income, Poverty, and Health Insurance Coverage in the United States: 2008, US Government Printing Office, www.census.gov/prod/2009pubs/p60-236.pdf.

DeRenzi, Brian, Leah Findlater, Jonathan Payne, Benjamin Birnbaum, Joachim Mangilima, Tapan Parikh, Gaetano Borriello, and Neal Lesh.（2012）. Improving community health worker performance through automated SMS. pp. 25–34 in *Proceedings of the Fifth International Conference on Information and Communication Technologies and Development*, http://doi.acm.org/10.1145/2160673.2160677.

Deutsch, David.（2011）. *The Beginning of Infinity: Explanations That Transform the World*. Viking.〔邦訳　デイヴィッド・ドイッチュ『無限の始まり――ひとはなぜ限りない可能性をもつのか』熊谷玲美・田沢恭子・松井信彦訳、インターシフト、2013年〕。

Development Initiatives.（2010）. GHA report 2010, www.globalhumanitarianassistance.org/wp-content/uploads/2010/07/GHA_Report8.pdf.

Diamandis, Peter H., and Steven Kotler.（2012）. *Abundance: The Future Is Better Than You Think*. Free Press.〔邦訳　ピーター・H・ディアマンディス、スティーヴン・コトラー『楽観主義者の未来予測――テクノロジーの爆発的進化が世界を豊かにする』熊谷玲美訳、早川書房、2014年〕。

Diamond, Jared.（2008）. What's your consumption factor? *New York Times*, Jan. 2, 2008, www.nytimes.com/2008/01/02/opinion/02diamond.html.

Diener, Ed, and Robert Biswas-Diener.（2008）. *Happiness: Unlocking the Mysteries of Psychological Wealth*. Blackwell.

Diener, Ed, Eunkook M. Suh, Richard E. Lucas, and Heidi L. Smith.（1999）. Subjective well-being: Three decades of progress. *Psychological Bulletin* 125（2）:276–302, http://psycnet.apa.org/doi/10.1037/0033-2909.125.2.276.

Digital StudyHall.（n.d.）. Digital StudyHall website, http://dsh.cs.washington.edu.

Dimitrov, Martin.（2008）. The resilient authoritarians. *Current History* 107（705）:24–29, www.currenthistory.com/Article.php?ID=514.

Drexler, Alejandro, Greg Fischer, and Antoinette Schoar. (2010). Keeping it simple: Financial literacy and rules of thumb, Sept. 2010. CEPR Discussion Paper No. DP7994, http://ssrn.com/abstract=1707884.

Driver, Julia. (2001). *Uneasy Virtue*. Cambridge Studies in Philosophy. Cambridge University Press.

Dudley, Brier. (2009). Microsoft alum's university taking root. *Seattle Times*, Feb. 2, 2009, http://seattletimes.com/html/businesstechnology/2008696526_brier02.html.

Duflo, Esther. (2012). Human values and the design of the fight against poverty. Tanner Lectures, May 2–4, 2012, www.povertyactionlab.org/doc/esther-duflos-tanner-lecture.

Duflo, Esther, Rema Hanna, and Stephen P. Ryan. (2012). Incentives work: Getting teachers to come to school. *American Economic Review* 102(4):1241–1278, https://www.aeaweb.org/articles.php?doi=10.1257/aer.102.4.1241.

Du Gay, Paul. (1997). *Doing Cultural Studies: The Story of the Sony Walkman*. Bath Press Colourbooks, Open University〔邦訳　ポール・ドゥ・ゲイ他『実践カルチュラル・スタディーズ――ソニー・ウォークマンの戦略』暮沢剛巳訳、大修館書店、2000年〕。

Duncan, Arne. (2012). The new platform for learning. Keynote delivered at South by Southwest conference, www.ed.gov/news/speeches/new-platform-learning.

Duthiers, Vladimir, and Jessica Ellis. (2013). Millionaire who quit Microsoft to educate Africa's future leaders. CNN, May 1, 2013, www.CNN.com/2013/05/01/world/africa/patrick-awuah-ashesi-ghana/index.html.

Dweck, Carol. (2007). *Mindset: The New Psychology of Success*. Ballantine〔邦訳　キャロル・S・ドゥエック『「やればできる！」の研究――能力を開花させるマインドセットの力』今西康子訳、草思社、2008年〕。

Eagan, K., J. B. Lozano, S. Hurtado, and M. H. Case. (2013). The American freshman: National norms fall 2013. Los Angeles: Higher Education Research Institute, UCLA, www.heri.ucla.edu/monographs/TheAmerican Freshman2013.pdf.

Easterly, William. (2001). *The Elusive Quest for Growth: Economists' Adventures and Misadventures in the Tropics*. MIT Press〔邦訳　ウィリアム・イースタリー『エコノミスト 南の貧困と闘う』小浜裕久、冨田陽子、織井啓介訳、東洋経済新報社、2003年〕。

———. (2006). *The White Man's Burden: Why the West's Efforts to Aid the Rest Have Done So Much Ill and So Little Good*. Penguin〔邦訳　ウィリアム・イースタリー『傲慢な援助』小浜裕久、織井啓介、冨田陽子訳、東洋経済新報社、2009年〕。

———. (2014). *The Tyranny of Experts: Economists, Dictators, and the Forgotten Rights of the Poor*. Basic Books.

Easterly, William, and Laura Freschi. (2012). Save the poor Beltway bandits! NYU Development Research Institute Blog, May 7, 2012, http://nyudri.org/2012/05/07/save-the-poor-beltway-bandits/.

Economist. (1977). The Dutch disease. Nov. 26, 1977, 82–83.

———. (2005). The real digital divide. May 10, 2005, www.economist.com/node/3742817.

———. (2008). Malthus, the false prophet. May 15, 2008, www.economist.com/node/11374623.

———. (2014). Cutting down on cutting down. June 7, 2014, www.economist.com/news/scien

ce-and-technology/21603409-how-brazil-became-world-leader-reducing-environmental-degradation-cutting.

Ehrenreich, Barbara. (2009). *Bright-Sided: How the Relentless Promotion of Positive Thinking Has Undermined America*. Metropolitan Books〔邦訳 バーバラ・エーレンライク『ポジティブ病の国、アメリカ』中島由華訳、河出書房新社、2010年〕。

Eigsti, Inge-Marie, Vivian Zayas, Walter Mischel, Yuichi Shoda, Ozlem Ayduk, Mamta B. Dadlani, Matthew C. Davidson, J. Lawrence Aber, and B. J. Casey. (2006). Predicting cognitive control from preschool to late adolescence and young adulthood. *Psychological Science* 17(6):478–484, http://pss.sagepub.com/content/17/6/478.abstract.

Ellerman, David. (2005). *Helping People Help Themselves: From the World Bank to an Alternative Philosophy of Development Assistance*. University of Michigan Press.

Ellul, Jacques. (1964). *The Technological Society*. John Wilkinson, trans. Vintage〔邦訳 ジャック・エリュール『技術社会』上下巻、島尾永康・竹岡敬温訳、すぐ書房、1975, 76年〕。

———. (1965 [1973]). *Propaganda: The Formation of Men's Attitudes*. Konrad Kellen and Jean Lerner, trans. Vintage.

El Sistema. (n.d.). Lista de nucleos por estado, http://fundamusical.org.ve/nucleos/.

Engels, Friedrich. (1844 [1968]). *The Condition of the Working Class in England*. W. O. Henderson and W. H. Chaloner, trans. Stanford University Press〔邦訳 フリードリヒ・エンゲルス『イギリスにおける労働者階級の状態』浜林正夫訳、新日本出版社、2000年〕。

Ericsson. (2014). Ericsson mobility report: On the pulse of the networked society, www.ericsson.com/res/docs/2014/ericsson-mobility-report-june-2014.pdf.

Erikson, Erik H. (1950). *Childhood and Society*. Norton〔邦訳 エリク・H・エリクソン『幼児期と社会』仁科弥生訳、みすず書房、1980年〕。

Etzioni, Amitai. (1993). *The Spirit of Community: Rights, Responsibilities, and the Communitarian Agenda*. Crown.

Evans, Peter. (2005). The challenges of the institutional turn: New interdisciplinary opportunities in development theory. pp. 90–116 in Victor Nee and Richard Sweberg, eds., *The Economic Sociology of Capitalist Institutions*. Princeton University Press.

Fairlie, Robert W., and Jonathan Robinson. (2013). Experimental evidence on the effects of home computers on academic achievement among schoolchildren. *American Economic Journal: Applied Economics* 5(3):211–240, https://www.aeaweb.org/articles.php?doi=10.1257/app.5.3.211.

Farmer, Paul. (2005). *Pathologies of Power: Health, Human Rights, and the New War on the Poor*. University of California Press〔邦訳 ポール・ファーマー『権力の病理——誰が行使し誰が苦しむのか：医療・人権・貧困』豊田英子訳、みすず書房、2012年〕。

Feenberg, Andrew. (1999). *Questioning Technology*. Routledge〔邦訳 アンドリュー・フィーンバーグ『技術への問い』直江清隆訳、岩波書店、2004年〕。

Festinger, Leon. (1957). *A Theory of Cognitive Dissonance*. Stanford University Press〔邦訳 レオン・フェスティンガー『認知的不協和の理論——社会心理学序説』末永俊郎監訳、誠信書房、1976年〕。

Findlater, Leah, Ravin Balakrishnan, and Kentaro Toyama. (2009). Comparing semiliterate and illit-

erate users' ability to transition from audio+text to text-only interaction. pp. 1751–1760 in *Proceedings of the SIGCHI Conference on Human Factors in Computing Systems* (*CHI '09*). ACM, http://doi.acm.org/10.1145/1518701.1518971.

Fisher, Lawrence M. (1988). Moving up fast in the software sweepstakes. *New York Times*, Feb. 28, 1988, www.nytimes.com/1988/02/28/business/moving-up-fast-in-the-software-sweepstakes.html.

Fisher, Max. (2012). Here's a map of the countries that provide universal health care (America's still not on it). *The Atlantic*, June 28, 2012, www.theatlantic.com/international/archive/2012/06/heres-a-map-of-the-countries-that-provide-universal-health-care-americas-still-not-on-it/259153/.

Fiske, Alan Page. (1993). *Structures of Social Life: The Four Elementary Forms of Human Relations*. Free Press.

Florida, Richard. (2002). *The Rise of the Creative Class*. Basic Books〔邦訳　リチャード・フロリダ『クリエイティブ資本論——新たな経済階級の台頭』井口典夫訳、ダイヤモンド社、2008年〕。

Food and Agriculture Organization. (2013). Global hunger down but millions still chronically hungry. News release, Oct. 1, 2013, www.fao.org/news/story/en/item/198105/icode/.

Fowler, James W. (1981). *The Stages of Faith: The Psychology of Human Development and the Quest for Meaning*. HarperCollins.

Frank, Robert H. (2012). Will the skillful win? They should be so lucky. *New York Times*, Aug. 5, 2012, www.nytimes.com/2012/08/05/business/of-luck-and-success-economic-view.html.

Frank, Robert H., and Philip J. Cook. (1996). *The Winner-Take-All Society: Why the Few at the Top Get So Much More Than the Rest of Us*. Penguin〔邦訳　ロバート・H・フランク、フィリップ・J・クック『ウィナー・テイク・オール——「ひとり勝ち」社会の到来』香西泰監訳、日本経済新聞社、1998年〕。

Franklin, Benjamin. (1986). *The Autobiography and Other Writings*. Viking Penguin〔邦訳　ベンジャミン・フランクリン『フランクリン自伝』松本慎一、西川正身訳、岩波書店、改版1957年〕。

Franzen, Jonathan. (2010). *The Corrections*. Farrar, Straus and Giroux〔邦訳　ジョナサン・フランゼン『コレクションズ』黒原敏行訳、早川書房、2011年〕。

Fraser, Barbara. (2012). "Improved" cookstoves may do little to reduce harmful indoor emissions. *Scientific American*, July 11, 2012, www.scientificamerican.com/article/improved-cookstoves-little-reduce-harmful-indoor-emissions/.

Freud, Sigmund. (1962). *Three Essays on the Theory of Sexuality*. James Strachey, trans. Basic Books〔邦訳　フロイト『フロイト全集〈6〉1901—06年——症例「ドーラ」・性理論三篇』渡邉俊之・越智和弘他訳、岩波書店、2009年〕。

Fried, Barbara. (2013). Beyond blame. *Boston Review*, June 28, 2013, www.bostonreview.net/forum/barbara-fried-beyond-blame-moral-responsibility-philosophy-law.

Friedman, Thomas L. (2005). *The World Is Flat: The Globalized World in the Twenty-First Century*. Penguin〔邦訳　トーマス・フリードマン『フラット化する世界』伏見威蕃訳、日本経済新聞出版社、普及版2010年〕。

Fukuyama, Francis. (1992). *The End of History and the Last Man*. Free Press〔邦訳　フランシス・フクヤマ『歴史の終わり』渡部昇一訳、三笠書房、1992年〕。

Fuller, Robert W. (2004). *Somebodies and Nobodies: Overcoming the Abuse of Rank*. New Society Publishers.

Fundación Paraguaya. (n.d.). Self-sufficient school, www.fundacionparaguaya.org.py/?page_id=741.

Gallup and Purdue University. (2014). Great jobs great lives: The 2014 GallupPurdue index report, http://products.gallup.com/168857/gallup-purdue-index-inaugural-national-report.aspx.

Gander, Kashmira. (2014). Kenyan Cardinal John Njue tells congregation that tetanus vaccination programme for pregnant women "is a bit fishy." *The Independent*, March 25, 2014, www.independent.co.uk/news/world/africa/kenyan-cardinal-john-njue-tells-congregation-that-tetanus-vaccination-programme-for-pregnant-women-is-a-bit-fishy-9214994.html.

Gandhi, Rikin, Rajesh Veeraraghavan, Kentaro Toyama, and Vanaja Ramprasad. (2009). Digital Green: Participatory video for agricultural extension. *Information Technologies and International Development* 5(1):1–15, http://itidjournal.org/itid/article/view/322/145.

Gates, Bill. (1995). *The Road Ahead*. Viking〔邦訳　ビル・ゲイツ『ビル・ゲイツ　未来を語る』西和彦訳、アスキー、1995年〕。

Geertz, Clifford. (1984). Anti anti-relativism. *American Anthropologist* 86(2):263–278, www.jstor.org/stable/678960.

George, Abraham. (2004). *India Untouched: The Forgotten Face of Rural Poverty*. East West Books.

Gilbert, Daniel. (2006). *Stumbling on Happiness*. Vintage〔邦訳　ダニエル・ギルバート『明日の幸せを科学する』熊谷淳子訳、早川書房、2013年〕。

Giving USA. (2014). Giving USA 2014 highlights, http://store.givingusareports.org/Giving-USA-2014-Report-Highlights-P114.aspx.

Gladwell, Malcolm. (2011). Does Egypt need Twitter? *New Yorker* News Desk, Feb. 2, 2011, www.newyorker.com/online/blogs/newsdesk/2011/02/does-egypt-need-twitter.html.

Goldin, Claudia, and Lawrence Katz. (2009). *The Race Between Education and Technology*. Harvard University Press.

Goldman, David. (2009). Obama's big idea: Digital health records. CNNMoney.com, Jan. 12, 2009, http://money.CNN.com/2009/01/12/technology/stimulus_health_care/.

Goleman, Daniel. (1990). Probing school success of Asian Americans. *New York Times*, Sept. 11, 1990, www.nytimes.com/1990/09/11/science/probing-school-success-of-asian-americans.html.

———. (1995). *Emotional Intelligence*. Bantam Books〔邦訳　ダニエル・ゴールマン『EQ——こころの知能指数』土屋京子訳、講談社、1998年〕。

GOP Doctors Caucus. (n.d.). Health information technology, http://doctorscaucus.gingrey.house.gov/issues/issue/?IssueID=9947.

Grameen Foundation. (2014). Lessons learned, 2009–2014: Community Knowledge Worker Uganda Program. Oct. 2014, http://grameenfoundation.org/sites/grameenfoundation.org/files/resources/Grameen-Foundation_CKW-Lessons-Learned-%282009-2014%29_Executive-Summary_0.pdf.

Green, Elizabeth. (2014). Why do Americans stink at math? *New York Times Magazine*, July 23,

2014, www.nytimes.com/2014/07/27/magazine/why-do-americans-stink-at-math.html.

Grenfell, Michael, ed. (2008). *Pierre Bourdieu: Key Concepts*. Acumen.

Guilford, Gwynn. (2013). In China, being retweeted 500 times can land you in jail. *The Atlantic*, Sept. 20, 2013, www.theatlantic.com/china/archive/2013/09/in-china-being-retweeted-500-times-can-land-you-in-jail/279859/.

Hacker, Jacob S., and Paul Pierson. (2010). *Winner-Take-All Politics: How Washington Made the Rich Richer—and Turned Its Back on the Middle Class*. Simon and Schuster.

Hafner, Katie. (2009). Texting may be taking a toll. *New York Times*, May 25, 2009, www.nytimes.com/2009/05/26/health/26teen.html.

Haggbloom, Steven J., Renee Warnick, Jason E. Warnick, Vinessa K. Jones, Gary L. Yarbrough, Tenea M. Russell, Chris M. Borecky, Reagan McGahhey, John L. Powell III, Jamie Beavers, and Emmanuelle Monte. (2002). The 100 most eminent psychologists of the 20th century. *Review of General Psychology* 6(2):139–152, http://psycnet.apa.org/journals/gpr/6/2/139/.

Haidt, Jonathan. (2006). *The Happiness Hypothesis: Finding Modern Truth in Ancient Wisdom*. Basic Books〔邦訳　ジョナサン・ハイト『しあわせ仮説——古代の知恵と現代科学の知恵』藤澤隆史、藤澤玲子訳、新曜社、2011年〕。

Hampton, Keith N., Lauren Sessions Goulet, Lee Rainie, and Kristen Purcell. (2011). Social networking sites and our lives: How people's trust, personal relationships, and civic and political involvement are connected to their use of social networking sites and other technologies. Pew Research Center, June 16, 2011, http://pewinternet.org/Reports/2011/Technology-and-social-networks.aspx.

Harris, Judith Rich. (2009). *The Nurture Assumption: Why Children Turn Out the Way They Do*, rev ed. Free Press〔邦訳　ジュディス・リッチ・ハリス『子育ての大誤解——子どもの性格を決定するものは何か』石田理恵訳、早川書房、2000年〕。

Harvey, T. A. (1988). How Sony Corp. became first with kids. *AdWeek's Marketing Week*, Nov. 21, 1988, 58–59.

Hauslohner, Abigail. (2011). Is Egypt about to have a Facebook Revolution? *Time*, Jan. 24, 2011, www.time.com/time/world/article/0,8599,2044142,00.html.

Hazell, Peter B. R. (2009). The Asian Green Revolution. IFPRI Discussion Paper. International Food Policy Research Institute, www.ifpri.org/sites/default/files/publications/ifpridp00911.pdf.

Heckman, James J. (1997). Instrumental variables: A study of implicit behavioral assumptions used in making program evaluations. *Journal of Human Resources* 32(3):441–462, www.jstor.org/stable/pdfplus/146178.

———. (2012). Promoting social mobility. *Boston Review*, Sept./Oct. 2012, www.bostonreview.net/BR37.5/ndf_james_heckman_social_mobility.php.

Heeks, Richard. (2009). Worldwide expenditures on ICT4D. ICTs for Development blog, https://ict4dblog.wordpress.com/2009/04/06/worldwide-expenditure-on-ict4d.

Hegewisch, Ariane, and Claudia Williams. (2013). The gender wage gap: 2012. Institute for Women's Policy Research, Fact Sheet IWPR #C350, www.iwpr.org/publications/pubs/the-gender-wage-gap-2012-1/.

Heilbroner, Robert L. (1967). Do machines make history? *Technology and Culture* 8:335-345.

———. (1994). Technological determinism revisited. pp. 67-78 in Merritt Roe Smith and Leo Marx, eds., *Does Technology Drive History? The Dilemma of Technological Determinism*. MIT Press.

Henrich, Joseph, Robert Boyd, Samuel Bowles, Colin Camerer, Ernst Fehr, and Herbert Gintis. (2004). *Foundations of Human Sociality: Economic Experiments and Ethnographic Evidence from Fifteen Small-Scale Societies*. Oxford University Press.

Henrich, Joseph, Steven J. Heine, and Ara Norenzayan. (2010). The WEIRDest people in the world? *Behavioral and Brain Sciences* 33(2-3):61-83, http://psycnet.apa.org/doi/10.1017/S0140525X0999152X.

Higher Education Research Institute. (2008). The American freshman: 1966-2006. HERI Research Brief, Jan. 2008, http://heri.ucla.edu/PDFs/pubs/briefs/40yrTrendsResearchBrief.pdf.

Hindu. (2006). Nod for massive e-governance scheme. Sept. 22, 2006, www.thehindu.com/todays-paper/tp-national/nod-for-massive-egovernance-scheme/article3079295.ece.

———. (2014). PM hails Mars mission as "historic." Sept. 24, 2014, www.thehindu.com/news/national/pm-hails-mars-mission-success-as-historic/article6441323.ece.

Hoffman, Edward, ed. (1996). *Future Visions: The Unpublished Papers of Abraham Maslow*. Sage〔邦訳　エドワード・ホフマン『マスローの人間論——未来に贈る人間主義心理学者のエッセイ』上田吉一・町田哲司訳、ナカニシヤ出版、2002年〕。

Hoffman, Jan. (2010). On top of the happiness racket. *New York Times*, Feb. 28, 2010, www.nytimes.com/2010/02/28/fashion/28rubin.html.

Hofstede, Geert. (1984). The cultural relativity of the quality of life concept. *Academy of Management Review* 9(3):389-398, http://amr.aom.org/content/9/3/389.abstract?related-urls=yes&legid=amr;9/3/389.

Hu, Ruifa, Jikun Huang, and Kevin Z. Chen. (2012). The public agriculture extension system in China: Development and reform. Roundtable Consultation on Agricultural Extension, Beijing, March 15-17, 2012, www.syngentafoundation.org/__temp/HU_HUANG_CHEN_AG_EXTN_CHINA_DEVELOPMENT_REFORM.pdf.

Hu, Winnie. (2007). Seeing no progress, some schools drop laptops. *New York Times*, May 4, 2007, www.nytimes.com/2007/05/04/education/04laptop.html.

Hume, David. (1740 [2011]). A treatise of human nature: Being an attempt to introduce the experimental method of reasoning into moral subjects. In *Hume: The Essential Philosophical Works*. Wordsworth Editions Limited.

Hutchful, David, Akhil Mathur, Apurva Joshi, and Edward Cutrell. (2010). Cloze: An authoring tool for teachers with low computer proficiency. In *Proceedings of the International Conference on Information and Communication Technologies and Development (ICTD2010)*. London, 2010, http://dl.acm.org/citation.cfm?id=2369239.

Huxley, Aldous. (2005). *Brave New World and Brave New World Revisited*. Modern Classics ed. Harper Perennial〔邦訳　オルダス・ハクスリー『すばらしい新世界』黒原敏行訳、光文社、2013年／『素晴らしい新世界ふたたび』高橋衞右訳、近代文藝社、2009年〕。

IBNLive. (2010). Karnataka CM wants me to go: Lokayukta. June 25, 2010, http://ibnlive.in.com/news/karnataka-cm-wants-me-to-go-lokayukta/125308-37-67.html.

Indian Institute for Human Settlements. (2012). Urban India 2011: Evidence. 2011 India Urban Conference, http://iihs.co.in/wp-content/uploads/2013/12/IUC-Book.pdf.

Indian Space Research Organization. (2008). Press Release: Chandrayaan-1 successfully enters lunar orbit, Nov. 8, 2008, www.isro.org/pressrelease/scripts/pressreleasein.aspx?Nov08_2008.

Inglehart, Ronald, Roberto Foa, Christopher Peterson, and Christian Welzel. (2008). Development freedom, and rising happiness: A global perspective (1981–2007). *Perspectives on Psychological Science* 3 (4):264–285, http://pps.sagepub.com/content/3/4/264.abstract.

Inglehart, Ronald, and Pippa Norris. (2003). *Rising Tide: Gender Equality and Cultural Change Around the World*. Cambridge University Press.

Inglehart, Ronald, and Christian Welzel. (2005). *Modernization, Cultural Change and Democracy*. Cambridge University Press.

———. (2010). Changing mass priorities: The link between modernization and democracy. *Perspectives on Politics* 8 (2):554, www.worldvaluessurvey.org/wvs/articles/folder_published/article_base_54.

International Coach Federation. (n.d.). FAQs, www.coachfederation.org/about/landing.cfm?ItemNumber=844&navItemNumber=617.

International Committee of the Red Cross. (2014). Annual report 2013, www.icrc.org/eng/assets/files/annual-report/icrc-annual-report-2013.pdf.

International Math Olympiad. (2014). Results, www.imo-official.org/results.aspx.

International Telecommunications Union (ITU). (2014). ITU releases 2014 ICT figures, www.itu.int/net/pressoffice/press_releases/2014/23.aspx.

Internet.org. (2013). Technology leaders launch partnership to make Internet access available to all. Press release, Aug. 20, 2013, https://fbcdn-dragon-a.akamaihd.net/hphotos-ak-prn1/851572_595418650524294_1430606495_n.pdf.

Isen, Alice M., and Paula F. Levin. (1972). Effect of feeling good on helping: Cookies and kindness. *Journal of Personality and Social Psychology* 21 (3):384–388, http://psycnet.apa.org/doi/10.1037/h0032317.

I-TECH. (2011). About I-TECH, www.go2itech.org/who-we-are/about-i-tech.

———. (2013). The leader who says "I can." Everyday Leadership.org, www.everydayleadership.org/video/p519.

Jack, William, and Tavneet Suri. (2011). Mobile money: The economics of M-PESA. National Bureau of Economic Research Working Paper 16721, www.nber.org/papers/w16721.pdf.

Jakiela, Pamela, Edward Miguel, and Vera te Velde. (2012). You've earned it: Combining field and lab experiments to estimate the impact of human capital on social preferences. National Bureau of Economic Research Working Paper 16449, https://ideas.repec.org/p/nbr/nberwo/16449.html.

Jasanoff, Sheila. (2002). New modernities: Reimagining science, technology, and development. *Environmental Values* 11:253–276, www.ingentaconnect.com/content/whp/ev/2002/00000011/00000003/art00001.

Jensen, Derrick. (1998 [2005]). Actions speak louder than words. In John Zerzan, ed., *Against Civilization: Readings and Reflections*. Feral House.

Jensen, Robert. (2012). Do labor market opportunities affect young women's work and family decisions? Experimental evidence from India. *Quarterly Journal of Economics* 127(2):753–792, http://qje.oxfordjournals.org/content/early/2012/03/02/qje.qjs002.abstract.

Jhunjhunwala, Ashok, Anuradha Ramachandran, and Alankar Bandyopadhyay. (2004). n-Logue: The story of a rural service provider in India. *Journal of Community Informatics* 1(1):30–38, http://unpan1.un.org/intradoc/groups/public/documents/APCITY/UNPAN023008.pdf.

Johnson, W. Brad, and Charles R. Ridley. (2008). *The Elements of Mentoring*, rev. ed. Palgrave Macmillan.

Jones, Michael L. (2006). The growth of nonprofits. *Bridgewater Review* 25(1):13–17, http://vc.bridgew.edu/br_rev/vol25/iss1/8.

Karlan, Dean, and Jonathan Zinman. (2010). Expanding credit access: Using randomized supply decisions to estimate the impacts. *Review of Financial Studies* 23:433–464, http://rfs.oxfordjournals.org/content/23/1/433.

———. (2011). Microcredit in theory and practice: Using randomized credit scoring for impact evaluation. *Science* 332(6035):1278–1284, www.sciencemag.org/content/332/6035/1278.long.

Karnani, Aneel. (2007). The mirage of marketing to the bottom of the pyramid: How the private sector can help alleviate poverty. *California Management Review* 49(4):90–111, www.jstor.org/stable/41166407.

Kato, Mariko. (2009). Education chief takes liberal path. *Japan Times*, Oct. 9, 2009, www.japantimes.co.jp/text/nn20091009f2.html.

Kekic, Laza. (2007). The Economist Intelligence Unit's index of democracy. Economist Intelligence Unit, www.economist.com/media/pdf/DEMOCRACY_INDEX_2007_v3.pdf.

Khan, Ismail. (2013). Anti-polio campaign worker is shot dead in Pakistan. *New York Times*, May 28, 2013, www.nytimes.com/2013/05/29/world/asia/anti-polio-campaign-worker-shot-dead-in-pakistan.html.

Kidder, Tracy. (2009). *Strength in What Remains*. Random House.

King, Gary, Jennifer Pan, and Margaret E. Roberts. (2013a). How censorship in China allows government criticism but silences collective expression. *American Political Science Review* 107(2):1–18, http://dx.doi.org/10.1017/S0003055413000014.

———. (2013b). Randomized experimentation and participant observation. *Science* 345 (6199):1–10, www.sciencemag.org/content/345/6199/1251722.

Kirkpatrick, David D., and Mona El-Naggar. (2011). Qaddafi's grip falters as his forces take on protesters. *New York Times*, Feb. 22, 2011, www.nytimes.com/2011/02/22/world/africa/22libya.html.

Kirp, David L. (2013). *Improbable Scholars: The Rebirth of a Great American School System and a Strategy for America's Schools*. Oxford University Press.

Kiva.org. (n.d.). About microfinance, www.kiva.org/about/microfinance.

Kohlberg, Lawrence, Charles Levine, and Alexandra Hewer. (1983). *Moral Stages: A Current For-*

mulation and a Response to Critics. Contributions to Human Development. Karger Publishing〔邦訳　ローレンス・コールバーグ、アレクザンダー・ヒューアー、チャールズ・レバイン『道徳性の発達段階——コールバーグ理論をめぐる論争への回答』片瀬一男・高橋征仁訳、新曜社、1992年〕。

Kolbert, Elizabeth.（2012）. Spoiled rotten: Why do kids rule the roost? *New Yorker*, July 2, 2012, www.newyorker.com/arts/critics/books/2012/07/02/120702crbo_books_kolbert.

Koltko-Rivera, Mark E.（2006）. Rediscovering the later version of Maslow's hierarchy of needs: Self-transcendence and opportunities for theory, research, and unification. *Review of General Psychology* 10（4):203–317, http://psycnet.apa.org/doi/10.1037/1089-2680.10.4.302.

Koomey, Jonathan.（2011）. Growth in data center electricity use 2005 to 2010. Analytics Press, www.mediafire.com/file/zzqna34282frr2f/koomeydatacenterelectuse2011finalversion.pdf.

Kralev, Nicholas.（2009）. India tells Clinton: No carbon cuts. *Washington Times*, July 20, 2009, www.washingtontimes.com/news/2009/jul/20/india-tells-clinton-no-carbon-cuts/.

Kranzberg, Melvin.（1986）. Technology and history: "Kranzberg's laws." *Technology and Culture* 27（30):544–560, www.jstor.org/stable/3105385.

Kraus, Michael W., Stéphane Côté, and Dacher Keltner.（2010）. Social class, contextualism, and empathic accuracy. *Psychological Science* 21:1716–1723, http://pss.sagepub.com/content/21/11/1716.

Krishna, Anirudh.（2010）. *One Illness Away: Why People Become Poor and How They Escape Poverty*. Oxford University Press.

Kristof, Nicholas D., and Sheryl WuDunn.（2009）. *Half the Sky: Turning Oppression into Opportunity for Women Worldwide*. Vintage〔邦訳　ニコラス・D・クリストフ、シェリル・ウーダン『ハーフ・ザ・スカイ——彼女たちが世界の希望に変わるまで』北村陽子訳、英治出版、2010年〕。

Krueger, Alan B., and Mikael Lindahl.（2001）. Education for growth: Why and for whom? *Journal of Economic Literature* 39（4):1101–1136, www.jstor.org /stable/2698521.

Krugman, Paul.（2010）. Block those metaphors. *New York Times*, Dec. 12, 2010, www.nytimes.com/2010/12/13/opinion/13krugman.html.

Kumar, Divya.（2008）. Study of split screen in shared-access scenarios: Optimizing value of PCs in resource-constrained classrooms in developing countries. Master's thesis, University of California, San Diego, https://escholarship.org/uc/item/7x8081jw.

Kuriyan, Renee, and Kentaro Toyama, eds.（2007）. Review of research on rural PC kiosks. Microsoft Research, http://research.microsoft.com/en-us/um/india/projects/ruralkiosks/Kiosks%20Research.doc.

Lankarani, Nazanin.（2011）. Transforming Africa through higher education. *New York Times*, Jan. 16, 2011, www.nytimes.com/2011/01/17/world/africa/17iht-educSide17.html.

Lareau, Annette.（2011）. *Unequal Childhoods: Class, Race, and Family Life*, 2nd ed. University of California Press.

Larsen, Erling Røed.（2004）. Escaping the resource curse and the Dutch disease? When and why Norway caught up with and forged ahead of its neighbors. Discussion Papers No. 377, May

2004. Statistics Norway, Research Department, www.ssb.no/publikasjoner/pdf/dp377.pdf.

Latour, Bruno. (1991). Technology is society made durable. pp. 103–132 in J. Law, ed., *A Sociology of Monsters: Essays on Power, Technology and Domination*. Sociological Review Monograph No. 38, www.bruno-latour.fr/sites/default/files/46-TECHNOLOGY-DURABLE-GBpdf.pdf.

Layard, Richard. (2005). *Happiness: Lessons from a New Science*. Penguin.

Lee, Eric, and Benjamin Weinthal. (2011). Trade unions: The revolutionary social network at play in Egypt and Tunis. *The Guardian*, Feb. 10, 2011, www.theguardian.com/commentisfree/2011/feb/10/trade-unions-egypt-tunisia.

Lee, K., J. S. Brownstein, R. G. Mills, and I. S. Kohane. (2010). Does collocation inform the impact of collaboration? *PLOS ONE* 5(12):e14279, www.plosone.org/article/info%3Adoi%2F10.1371%2Fjournal.pone.0014279.

Lee, Meredith. (1998). Popular quotes: Commitment. Goethe Society of North America, www.goethesociety.org/pages/quotescom.html.

Leland, John. (2011). Out on the town, always online. *New York Times*, Nov. 9, 2011, www.nytimes.com/2011/11/20/nyregion/out-on-the-town-always-online.html.

Lemov, Doug. (2010). *Teach Like a Champion: 49 Techniques That Put Students on the Path to College (K-12)*. Jossey-Bass.

Lenhart, Amanda. (2012). Teens, smartphones & texting. Pew Research Center, March 19, 2012, www.pewinternet.org/files/old-media//Files/Reports/2012/PIP_Teens_Smartphones_and_Texting.pdf.

Levitt, Steven D., and Stephan J. Dubner. (2006). *Freakonomics: A Rogue Economist Explores the Hidden Side of Everything*, rev. ed. William Morrow〔邦訳　スティーヴン・D・レヴィット、スティーヴン・J・ダブナー『ヤバい経済学』望月衛訳、東洋経済新報社、増補改訂版2007年〕。

Lewis, David (2005). Anthropology and development: The uneasy relationship. pp. 472–486 in James G. Carrier, ed., *A Handbook of Economic Anthropology*. Edward Elgar, http://eprints.lse.ac.uk/253/1/Anthropology_and_development_a_brief_overview.pdf.

Lewis, Oscar. (1961). *The Children of Sanchez: Autobiography of a Mexican Family*. Vintage〔邦訳　オスカー・ルイス『サンチェスの子供たち――メキシコの一家族の自伝』柴田稔彦・行方昭夫共訳、みすず書房、1986年〕。

Lincoln, Abraham. (1858). スティーブン・ダグラスとの第１回討論会。1858年８月21日、イリノイ州オタワにて。

Linden, Leigh L. (2008). Complement or substitute? The effect of technology on student achievement in India. Working Paper, www.leighlinden.com/Gyan_Shala_CAL_2008-06-03.pdf.

Linnell, Natalie, Richard Anderson, Guy Bordelon, Rikin Gandhi, Bruce Hemingway, S. B. Nadagouda, and Kentaro Toyama. (2011). Context-aware technology for improving interaction in video-based agricultural extension. *India HCI*, http://dl.acm.org/citation.cfm?id=2407799.

Lipset, Seymour Martin. (1959). Some social requisites of democracy: Economic development and political legitimacy. *American Political Science Review* 53: 69–105, http://dx.doi.org/10.2307/1951731.

———. (1960). *Political Man: The Social Bases of Politics*. Doubleday〔邦訳　S・M・リプセット『政治のなかの人間——ポリティカル・マン』内山秀夫訳、東京創元新社、1963年〕。

Lubow, Arthur. (2007). Conductor of the people. *New York Times*, Oct. 28, 2007, www.nytimes.com/2007/10/28/magazine/28dudamel-t.html.

Luntz, Frank I. (2009). *What Americans Really Want. . . Really: The Truth About Our Hopes, Dreams, and Fears*. Hyperion.

Lyubomirsky, Sonja. (2007). *The How of Happiness: A New Approach to Getting the Life You Want*. Penguin〔邦訳　ソニア・リュボミアスキー『幸せがずっと続く12の行動習慣』金井真弓訳、日本実業出版社、2012年〕。

MacKenzie, Donald, and Judy Wajcman, eds. (1985). *The Social Shaping of Technology*. Open University Press.

Mahoney, Joseph L., Angel L. Harris, and Jacquelynne S. Eccles. (2006). Organized activity participation, positive youth development, and the over-scheduling hypothesis. Society for Research in Child Development. *Social Policy Report* 20(16), www.srcd.org/sites/default/files/documents/spr_20-4.pdf.

Malmodin, J., Å. Moberg, D. Lundén, G. Finnveden, and N. Lövehagen. (2010). Greenhouse gas emissions and operational electricity use in the ICT and entertainment & media sectors. *Journal of Industrial Ecology*, http://onlinelibrary.wiley.com/doi/10.1111/j.1530-9290.2010.00278.x/abstract.

Mandela, Nelson. (2003). Lighting your way to a better future. Speech delivered at launch of Mindset Network, July 16, 2003, http://db.nelsonmandela.org/speeches/pub_view.asp?pg=item&ItemID=NMS909.

Mankiw, N. Gregory. (2004). *Principles of Economics*, 3rd ed. Thomson South-Western〔邦訳　N・グレゴリー・マンキュー『マンキュー経済学』足立英之・小川英治他訳、東洋経済新報社、第3版2013年〕。

MarketLine. (2014). Global – Carbonated soft drinks. Aug. 19, 2014, http://store.marketline.com/Product/global_carbonated_soft_drinks?productid=MLIP1364-0008.

Maslow, Abraham. H. (1943). A theory of human motivation. *Psychological Review* 50(4):370–396, http://psycnet.apa.org/psycinfo/1943-03751-001.

———. (1954 [1987]). *Motivation and Personality*, 3rd ed., rev. by Robert Frager, James Fadiman, Cynthia McReynolds, and Ruth Cox. AddisonWesley Educational Publishers〔邦訳　A・H・マズロー『人間性の心理学——モチベーションとパーソナリティ』小口忠彦訳、産業能率大学出版部、1987年〕。

———. (1961). Are our publications and conventions suitable for the personal sciences? *American Psychologist* 16:318–319, http://psycnet.apa.org/psycinfo/2005-14424-005.

———. (1965). *Eupsychian Management: A Journal*. Richard D. Irwin and Dorsey Press〔邦訳　アブラハム・H・マズロー『自己実現の経営——経営の心理的側面』原年広訳、産業能率短期大学出版部、1967年〕。

———. (1968). *Toward a Psychology of Being*, 2nd ed. D. Van Nostrand〔邦訳　アブラハム・

H・マスロー『完全なる人間――魂のめざすもの』上田吉一訳、誠信書房、1998年〕。

———. (1971). *The Farther Reaches of Human Nature*. Viking〔邦訳　A・H・マスロー『人間性の最高価値』上田吉一訳、誠信書房、1973年〕。

———. (1996). Critique of self-actualization theory. pp. 26–32 in E. Hoffman, ed., *Future Visions: The Unpublished Papers of Abraham Maslow*. Sage〔邦訳　エドワード・ホフマン『マスローの人間論――未来に贈る人間主義心理学者のエッセイ』上田吉一・町田哲司訳、ナカニシヤ出版、2002年〕。

Mbiti, Isaac, and David N. Weil. (2011). Mobile banking: The impact of M-PESA in Kenya. National Bureau of Economic Research Working Paper 17129, www.nber.org/papers/w17129.

McClelland, David C. (1961). *The Achieving Society*. Free Press.

McNeil, Donald G. (2010). A poor nation, with a health plan. *New York Times*, June 14, 2010, www.nytimes.com/2010/06/15/health/policy/15rwanda.html.

Medhi, Indrani, Meera Lakshmanan, Kentaro Toyama, and Edward Cutrell. (2013). Some evidence for the impact of limited education on hierarchical user interface navigation. pp. 2813–2822 in *Proceedings of the SIGCHI Conference on Human Factors in Computing Systems* (*CHI '13*). ACM, http://doi.acm.org/10.1145/2470654.2481390.

Medhi, Indrani, Archana Prasad, and Kentaro Toyama. (2007). Optimal audio-visual representations for illiterate users of computers. pp. 873–882 in *Proceedings of the 16th International Conference on World Wide Web* (*WWW '07*). ACM, http://doi.acm.org/10.1145/1242572.1242690.

Merritt, Anna C., Daniel A. Effron, and Benoît Monin. (2010). Moral selflicensing: When being good frees us to be bad. *Social and Personality Psychology Compass* 4/5:344–357, http://onlinelibrary.wiley.com/doi/10.1111/j.1751-9004.2010.00263.x/abstract.

Milliot, Jim. (2014). Book sales rose 1% in 2013. *Publishers Weekly*, April 1, 2014, www.publishersweekly.com/pw/by-topic/industry-news/financial-reporting/article/61667-book-sales-rose-1-in-2013.html.

Mischel, Walter, and Yuichi Shoda. (1995). A cognitive-affective system theory of personality: Reconceptualizing situations, dispositions, dynamics, and invariance in personality structure. *Psychological Review* 102(2):246–268, http://psycnet.apa.org/journals/rev/102/2/246/.

Mitra, Sugata, and Payal Arora. (2010). Afterthoughts. *British Journal of Educational Technology* 41(5):703–705, http://onlinelibrary.wiley.com/doi/10.1111/j.1467-8535.2010.01079.x/abstract.

Mitra, Sugata, and Ritu Dangwal. (2010). Limits to self-organising systems of learning – the Kalikuppam experiment. *British Journal of Educational Technology* 41(5):672–688, www.hole-in-the-wall.com/docs/Paper13.pdf.

MixMarket. (2014). Microfinance institutions, www.mixmarket.org/mfi/.

Mnookin, Seth. (2011). *The Panic Virus: A True Story of Medicine, Science, and Fear*. Simon and Schuster.

Morawczynski, Olga. (2011). Examining the adoption, usage and outcomes of mobile money services: The case of M-PESA in Kenya. PhD Thesis, University of Edinburgh, https://www.era.lib.ed.ac.uk/bitstream/1842/5558/2/Morawczynski2011.pdf.

Morawczynski, Olga, and Mark Pickens. (2009). Poor people using mobile financial services: Obser-

vations on customer usage and impact from M-PESA. *CGAP Brief*, Aug. 2009, https://www.cgap.org/sites/default/files/CGAP-Brief-Poor-People-Using-Mobile-Financial-Services-Observations-on-Customer-Usage-and-Impact-from-M-PESA-Aug-2009.pdf.

Morozov, Evgeny. (2011). *The Net Delusion: The Dark Side of Internet Freedom*. PublicAffairs.

———. (2013). *To Save Everything Click Here: The Folly of Technological Solutionism*. PublicAffairs.

Mueller, Claudia M., and Carol S. Dweck. (1998). Praise for intelligence can undermine children's motivation and performance. *Journal of Personality and Social Psychology* 75:33–52, http://psycnet.apa.org/doi/10.1037/0022-3514.75.1.33.

Mukul, Akshaya. (2006). HRD rubbishes MIT's laptop scheme for kids. *Times of India*, July 3, 2006, http://articles.timesofindia.indiatimes.com/2006-07-03/india/27814789_1_hrd-ministry-million-laptops-laptop-scheme.

Mumford, Lewis. (1966). *The Myth of the Machine: Technics and Human Development*. Harcourt, Brace and World.

Murphy, Tom. (2014a). Do TOMS shoes harm local shoe sellers? *Humanosphere*, Sept. 16, 2014, www.humanosphere.org/social-business/2014/09/toms-shoes-harm-local-shoe-sellers/.

———. (2014b). Is this the nail in the One Laptop Per Child coffin? *Humanosphere*, Sept. 30, 2014, www.humanosphere.org/basics/2014/09/nail-one-laptop-per-child-coffin/.

Narayan, Deepa, Robert Chambers, Meera Kaul Shah, and Patti Petesch. (2000). *Voices of the Poor*, vols. 1–3. Published for the World Bank. Oxford University Press.

National Center for Charitable Statistics. (2010). Number of nonprofit organizations in the United States, 1999–2009, http://nccsdataweb.urban.org/PubApps/profile1.php?state=US.

National Coalition for Child Protection Reform. (2003). Poverty is the leading cause of child abuse. In Louise I. Gerdes, ed., *Child Abuse: Opposing Viewpoints*. Greenhaven.

Negroponte, Nicholas. (2008). Taking OLPC to Colombia. TED in the Field, Dec. 2008, www.ted.com/talks/nicholas_negroponte_takes_olPC_to_colombia.html.

Neher, Andrew. (1991). Maslow's theory of motivation: A critique. *Journal of Humanistic Psychology* 31(3):89–112, http://jhp.sagepub.com/cgi/content/abstract/31/3/89.

New York Times. (2012). 第一回大統領候補討論会の書き起こし。2012年10月 3 日。www.nytimes.com/2012/10/03/us/politics/transcript-of-the-first-presidential-debate-in-denver.html.

Nisbet, Robert. (1980). *History of the Idea of Progress*. Basic Books.

Nussbaum, Martha C. (2011). *Creating Capabilities: The Human Development Approach*. Belknap Press of Harvard University Press〔邦訳　マーサ・C・ヌスバウム『女性と人間開発　潜在能力アプローチ』池本幸生・田口さつき訳、岩波書店、2005年〕。

Obama, Barack. (2013). Inaugural Address by President Barack Obama. White house.gov, Jan. 21, 2013, www.whitehouse.gov/the-press-office/2013/01/21/inaugural-address-president-barack-obama.

O'Connor, Clare. (2014). Bain deal makes TOMS Shoes founder Blake Mycoskie a $300 million man. *Forbes*, Aug. 20, 2014, www.forbes.com/sites/clareoconnor/2014/08/20/bain-deal-makes-toms-shoes-founder-blake-mycoskie-a-300-million-man/.

Olivarez-Giles, Nathan. (2011). Libya's Internet reportedly down as violence against anti-government protesters continues. *Los Angeles Times*, Feb. 18, 2011, http://latimesblogs.latimes.com/technology/2011/02/libya-has-shut-down-the-internet-in-light-of-protests-reports-say.html.

Olson, Gary M., and Judith S. Olson. (2000). Distance matters. *Human-Computer Interaction* 15:139–178, http://dl.acm.org/citation.cfm?id=1463019.

One Laptop Per Child. (n.d.). Mission, http://laptop.org/en/vision/mission/.

Oppenheimer, Todd. (2003). *The Flickering Mind: Saving Education from the False Promise of Technology*. Random House.

Opportunity International. (n.d.). Microfinance – a working solution to global poverty (an introduction), http://opportunity.org/about-us/opportunity -international-video/microfinance-a-working-solution-to-global-poverty- (an-introduction).

Organisation for Economic Co-operation and Development (OECD). (2010a). PISA 2009 results: Executive summary. OECD Publishing, www.OECD.org/pisa/pisaproducts/46619703.pdf.

———. (2010b). PISA 2009 results: What makes a school successful? vol. 4. OECD Publishing, www.OECD.org/pisa/pisaproducts/48852721.pdf.

———. (2011). Lessons from PISA for the United States: Strong performers and successful reformers in education. OECD Publishing, http://dx.doi.org/10.1787/9789264096660-en.

———. (2013a). Life expectancy at birth. In *Health at a glance 2013: OECD indicators*. OECD Publishing, http://dx.doi.org/10.1787/health_glance-2013-5-en.

———. (2013b). PISA 2012 results: Excellence through equity: Giving every student the chance to succeed, vol. 2. OECD Publishing, http://dx.doi.org/10.1787/9789264201132-en.

———. (2014a). Aid to education. OECD Publishing, Oct. 2014, www.OECD.org/dac/stats/documentupload/Aid%20to%20Education%20data%20to%202011-12.pdf.

———. (2014b). PISA 2012 results: What students know and can do: Student performance in mathematics, reading and science, vol. 1, rev. ed., OECD Publishing, Feb. 2014, http://dx.doi.org/10.1787/9789264208780-en.

Orwell, George. (1936). Review of Penguin Books. *New English Weekly*, March 5, 1936.

O'Toole, Garson. (2010). Not everything that counts can be counted. Quote Investigator blog, May 26, 2010, http://quoteinvestigator.com/2010/05/26/everything-counts-einstein/.

———. (2012). It is not enough to succeed; one's best friend must fail. Quote Investigator blog, Aug. 6, 2012, http://quoteinvestigator.com/2012/08/06/succeed-fail/.

———. (2013). The mind is not a vessel that needs filling, but wood that needs igniting. Quote Investigator blog, March 28, 2013, http://quoteinvestigator.com/2013/03/28/mind-fire/.

Oxford English Dictionary, 2nd ed. (2013). OED Online, Dec. 2013, www.oed.com/.

Packer, George. (2013). Change the world. *New Yorker*, May 27, 2013, www.newyorker.com/magazine/2013/05/27/change-the-world.

———. (2014). Cheap words. *New Yorker*, Feb. 17, 2014, http://www.newyorker.com/magazine/2014/02/17/cheap-words.

Page, Larry. (2014). Where's Google going next? Interview with Charlie Rose. TED 2014, www.ted.com/talks/larry_page_where_s_google_going_next.

Paiva, F. J. X. (1977). A conception of social development. *Social Science Review* 51(2):327–336, www.jstor.org/stable/30015486.

Pal, Joyojeet. (2005). Computer aided learning survey. Microsoft Research, http://research.microsoft.com/en-us/um/india/projects/computeraidedlearningsurvey/index.htm.

Pal, Joyojeet, Meera Lakshmanan, and Kentaro Toyama. (2009). "My child will be respected": Parental perspectives on computers and education in rural India. *Information Systems Frontiers* 11 (2):129–144, http://dx.doi.org/10.1007/s10796-009-9172-1.

Pal, Joyojeet, Udai Singh Pawar, Eric A. Brewer, and Kentaro Toyama. (2006). The case for multi-user design for computer aided learning in developing regions. pp. 781–789 in *Proceedings of the 15th international Conference on World Wide Web*. Edinburgh, May 23–26, 2006. ACM, http://doi.acm.org/10.1145/1135777.1135896.

Panjwani, Saurabh, Aakar Gupta, Navkar Samdaria, Edward Cutrell, and Kentaro Toyama. (2010). Collage: A presentation tool for school teachers. In *Proceedings of the International Conference on Information and Communication Technologies and Development* (*ICTD 2010*). London, http://dl.acm.org/citation.cfm?id=2369248.

Parfit, Derek. (1984). *Reasons and Persons*. Oxford University Press〔邦訳　デレク・パーフィット『理由と人格——非人格性の倫理へ』森村進訳、勁草書房、1998年〕。

Park, Madison. (2014). Top 20 most polluted cities in the world. CNN, May 8, 2014, www.CNN.com/2014/05/08/world/asia/india-pollution-who/.

Parsons, Christ, Julie Makienen, and Neela Banerjee. (2014). Obama, Chinese president agree to landmark climate deal. *Los Angeles Times*, Nov. 12, 2014, www.latimes.com/world/asia/la-fg-obama-xi-climate-change-20141111-story.html.

Paruthi, Gaurav, and William Thies. (2011). Utilizing DVD players as low-cost offline Internet browsers. In *ACM Conference on Human Factors in Computing Systems* (*CHI 2011*), http://research.microsoft.com/en-us/um/people/thies/chi11-thies.pdf.

Patrinos, Harry Anthony. (2008). Returns to education: The gender perspective. pp. 53–66 in Mercy Temblon and Lucia Fort, eds., *Girls' Education in the 21st Century*. World Bank.

Paulhus, Delroy L., Paul Wehr, Peter D. Harms, and David I. Strasser. (2002). Use of exemplar surveys to reveal implicit types of intelligence. Leadership Institute Faculty Publications Paper 15, http://digitalcommons.unl.edu/leadershipfacpub/15.

Paul Revere Heritage Project. (n.d.). One if by land, two if by sea, www.paul-revere-heritage.com/one-if-by-land-two-if-by-sea.html.

Paulson, Tom. (2011). Geek heretic: Technology cannot end poverty. *Humanosphere*, May 6, 2011, www.humanosphere.org/science/2011/05/geek-heretic-technology-cannot-end-poverty/.

Pawar, Udai Singh, Joyojeet Pal, Rahul Gupta, and Kentaro Toyama. (2007). Multiple mice for retention tasks in disadvantaged schools. pp. 1581–1590 in *Proceedings of the SIGCHI Conference on Human Factors in Computing Systems* (*CHI '07*). ACM, http://doi.acm.org/10.1145/1240624.1240864.

Pawson, Ray. (2004). Mentoring relationships: An explanatory review. ESRC UK Centre for Evidence Based Policy and Practice Working Paper 21, www.kcl.ac.uk/sspp/departments/politicale

conomy/research/cep/pubs/papers/assets/wp21.pdf.

Perry, B. E. (1990). *Babrius and Phaedrus*. Loeb Classical Library. Harvard University Press.

Perry, Suzanne. (2013). The stubborn 2% giving rate. *Chronicle of Philanthropy*, June 17, 2013, http://philanthropy.com/article/The-Stubborn-2-Giving-Rate/139811/.

Peterson, Christopher, and Martin E. P. Seligman. (2004). *Character Strengths and Virtues: A Handbook and Classification*. Oxford University Press.

Piaget, Jean, and Baerbel Inhelder. (1958). *The Growth of Logical Thinking from Childhood to Adolescence*. Basic Books〔邦訳　ジャン・ピアジェ、ベルベル・イネルデ『新しい児童心理学』波多野完治・須賀哲夫他訳、白水社、1969年〕。

Piff, Paul K., Michael W. Kraus, Stéphane Côté, Bonnie Hayden Cheng, and Dacher Keltner. (2010). Having less, giving more: The influence of social class on prosocial behavior. *Journal of Personality and Social Psychology* 99(5):771-784, http://psycnet.apa.org/journals/psp/99/5/771/.

Piff, Paul K., Daniel M. Stancato, Stéphane Côté, Rodolfo Mendoza-Denton, and Dacher Keltner. (2012). Higher social class predicts increased unethical behavior. In *Proceedings of the National Academy of Sciences*, www.pnas.org/content/early/2012/02/21/1118373109.

Piketty, Thomas. (2014). *Capital in the Twenty-First Century*. Arthur Goldhammer, trans. Belknap Press of Harvard University Press〔邦訳　トマ・ピケティ『21世紀の資本』山形浩生・守岡桜・森本正史訳、みすず書房、2014年〕。

Piketty, Thomas, and Emmanuel Saez. (2003). Income inequality in the United States, 1913-1998. *Quarterly Journal of Economics* 143(1):1-39, http://qje.oxfordjournals.org/content/118/1/1.

Pinker, Steven. (2011). *The Better Angels of Our Nature: Why Violence Has Declined*. Viking〔邦訳　スティーブン・ピンカー『暴力の人類史』幾島幸子・塩原通緒訳、青土社、2015年〕。

Plato. (1956). *Great Dialogues of Plato*. W. H. D. Rouse, trans. Mentor Books, New American Library.

Plumer, Brad. (2012). What cookstoves tell us about the limits of technology. *Washington Post*, May 8, 2012, www.washingtonpost.com/blogs/wonkblog/post/what-cook-stoves-tell-us-about-the-limits-of-technology/2012/05/08/gIQApp8YAU_blog.html.

Plutarch. (1992). *Essays*. Robin Waterfield, trans. Penguin Classics.

Polgreen, Lydia, and Vikas Bajaj. (2010). India microcredit faces collapse from defaults. *New York Times*, Nov. 17, 2010, www.nytimes.com/2010/11/18/world/asia/18micro.html.

Population Research Institute. (1998). Fact sheet on sterilization campaigns around the world. Congressional Briefing, Feb. 23, 1998, www.pop.org/content/fact-sheet-on-sterilization-campaigns-around-the-world-872.

Porter, Eduardo. (2013). To address gender gap, is it enough to lean in? *New York Times*, Sept. 24, 2013, www.nytimes.com/2013/09/25/business/economy/for-american-women-is-it-enough-to-lean-in.html.

Postman, Neil. (1985 [2005]). *Amusing Ourselves to Death: Public Discourse in the Age of Show Business*, 20th Anniversary Edition. Penguin〔邦訳　ニール・ポストマン『愉しみながら死んでいく――思考停止をもたらすテレビの恐怖』今井幹晴訳、三一書房、2015年〕。

Pradan. (2014). PRADAN annual report 2013–2014, www.pradan.net/index.php?option=com_content&task=view&id=109&Itemid=88.

———. (n.d.). Mission, www.pradan.net/index.php?option=com_content&task=view&id=18&Itemid=4.

Prahalad, C. K. (2004). *The Fortune at the Bottom of the Pyramid: Eradicating Poverty Through Profits*. Wharton School Publishing〔邦訳　C・K・プラハラード『ネクスト・マーケット――「貧困層」を「顧客」に変える次世代ビジネス戦略』スカイライトコンサルティング株式会社訳、英治出版、増補改訂版2010年〕。

Prensky, Marc. (2011). Digital natives, digital immigrants. In Marc Bauerlein, ed., *The Digital Divide: Arguments for and Against Facebook, Google, Texting, and the Age of Social Networking*. Tarcher/Penguin.

Pritchett, Lant. (1996). Where Has All the Education Gone? Policy Working Research Paper 1581. World Bank, http://unpan1.un.org/intradoc/groups/public/documents/UNPAN/UNPAN002390.pdf.

Przybylski, Andrew K., Kou Murayama, Cody R. DeHaan, and Valerie Gladwell. (2013). Motivational, emotional, and behavioral correlates of fear of missing out. *Computers in Human Behavior* 29(4):1814–1848, www.sciencedirect.com/science/article/pii/S0747563213000800.

Psacharpoulos, George, and Harry Anthony Patrinos. (2004). Returns to investment in education: A further update. *Education Economics* 12(2):111–134, http://elibrary.worldbank.org/doi/pdf/10.1596/1813-9450-2881.

Raina, Pamposh, and Heather Timmons. (2011). Meet Aakash, India's $35 "laptop." *New York Times*, Oct. 5, 2011, http://india.blogs.nytimes.com/2011/10/05/meet-aakash-indias-35-laptop.

Ramkumar, Vivek. (2008). Our money, our responsibility: A citizens' guide to monitoring government expenditures. International Budget Project, http://internationalbudget.org/wp-content/uploads/Our-Money-Our-Responsibility-A-Citizens-Guide-to-Monitoring-Government-Expenditures-English.pdf.

Rangaswamy, Nimmi. (2009). The non-formal business of cyber cafés: A case-study from India. *Journal of Information, Communication and Ethics in Society* 7(2/3):136–145, www.emeraldinsight.com/doi/abs/10.1108/14779960910955855.

Rao, Leena. (2011). More evidence that Facebook is nearing 600 million users. *Tech Crunch*, Jan. 13, 2011, http://techcrunch.com/2011/01/13/facebook-nearing-600-million-users/.

Ratan, Aishwarya Lakshmi, Sambit Satpathy, Lilian Zia, Kentaro Toyama, Sean Blagsvedt, Udai Singh Pawar, and Thanuja Subramaniam. (2009). Kelsa+: Digital literacy for low-income office workers. In *Proceedings on the International Conference on Information and Communication Technologies and Development*. IEEE Press, http://dx.doi.org/10.1109/ICTD.2009.5426713.

Ravallion, Martin. (2011). Guest post by Martin Ravallion: Are we really assessing development impact? Development Impact blog, World Bank, May 25, 2011, http://blogs.worldbank.org/impactevaluations/guest-post-by-martin-ravallion-are-we-really-assessing-development-impact.

Ravitch, Diane. (2011). *The Death and Life of the Great American School System: How Testing and Choice Are Undermining Education*, rev ed. Basic Books〔邦訳　ダイアン・ラビッチ『偉

大なるアメリカ公立学校の死と生——テストと学校選択がいかに教育をだめにしてきたのか』本図愛実監訳、協同出版、2013年〕。

Ray, Daniel P., and Yasmin Ghahremani. (2014). Credit card statistics, industry facts, debt statistics. CreditCards.com, www.creditcards.com/credit-card-news/credit-card-industry-facts-personal-debt-statistics-1276.php.

Reinhardt, Uwe. (2012). Divide et impera: Protecting the growth of health care incomes (costs). *Health Economics* 21:41–54, http://onlinelibrary.wiley.com/doi/10.1002/hec.1813/abstract.

Resources Aimed at the Prevention of Child Abuse and Neglect. (1997). Child abuse and the impact of poverty. Agenda Feminist Media. *Agenda: Empowering Women for Gender Equity* 33:43–48, www.jstor.org/stable/4066132.

Revkin, Andrew. (2008). Norway hikes aid despite economy. Dot Earth blog, *New York Times*, Oct. 8, 2008, http://dotearth.blogs.nytimes.com/2008/10/08/norway-hikes-aid-despite-economy/.

Rhodes, Jean E. (2008). Improving youth mentoring interventions through research-based practice. *American Journal of Community Psychology* 41 (1–2):35–42, http://link.springer.com/article/10.1007%2Fs10464-007-9153-9.

Roodman, David. (2012). *Due Diligence: An Impertinent Inquiry into Microfinance*. Center for Global Development.

Rosenberg, Richard. (2007). CGAP reflections on the Compartamos initial public offering: A case study on microfinance interest rates and profits. CGAP Focus Note No. 42, June 2007, www.cgap.org/sites/default/files/CGAP-Focus-Note-CGAP-Reflections-on-the-Compartamos-Initial-Public-Offering-A-Case-Study-on-Microfinance-Interest-Rates-and-Profits-Jun-2007.pdf.

Rosenfeld, M. J., and Reuben J. Thomas. (2012). Searching for a mate: The rise of the Internet as a social intermediary. *American Sociological Review* 77(4):523–547, http://asr.sagepub.com/content/77/4/523.

Rossi, Peter H. (1987). The iron law of evaluation and other metallic rules. *Research in Social Programs and Public Policy* 4:3–20.

Rostow, W. W. (1960). *The Stages of Economic Growth: A Non-Communist Manifesto*. Cambridge University Press〔邦訳　ウォルト・ホイットマン・ロストウ『経済成長の諸段階——一つの非共産主義宣言』木村健康・久保まち子他訳、ダイヤモンド社、1961年〕。

Rowan, David. (2010). Kinect for Xbox 360: The inside story of Microsoft's secret "Project Natal." *Wired UK*, Oct. 29, 2010, www.wired.co.uk/magazine/archive/2010/11/features/the-game-changer.

Rowan, John. (1998). Maslow amended. *Journal of Humanistic Psychology* 38(1):81–92, http://jhp.sagepub.com/content/38/1/81.short.

Rowe, Jonathan. (2008). Our phony economy. *Harper's*, June 2008, http://harpers.org/archive/2008/06/our-phony-economy/.

Rubin, Gretchen. (2009). *The Happiness Project: Or, Why I Spent a Year Trying to Sing in the Morning, Clean My Closets, Fight Right, Read Aristotle, and Generally Have More Fun*. Harper〔邦訳　グレッチェン・ルービン『人生は「幸せ計画」でうまくいく！』花塚恵訳、サンマーク出版、2010年〕。

Rumpf, Matthias, Sarah Clune, and Jason Kane. (2011). Why does health care cost so much in the United States? *NPR Newshour*, Nov, 25, 2011, www.pbs.org/newshour/rundown/2011/11/why-does-healthcare-cost-so-much.html.

Rupp, Lindsey, and Devin Banerjee. (2014). Toms sells 50% stake to Bain Capital to fund sales growth. *Bloomberg*, Aug. 20, 2014, www.bloomberg.com/news/2014-08-20/toms-sells-50-stake-to-bain-capital.html.

Sachs, Jeffrey. (2005). *The End of Poverty: How We Can Make It Happen in Our Lifetime*. Penguin〔邦訳　ジェフリー・サックス『貧困の終焉――2025年までに世界を変える』野中邦子・鈴木主税訳、早川書房、2014年〕。

———. (2008). The digital war on poverty. *Project Syndicate*, Aug. 20, 2008, www.project-syndicate.org/commentary/the-digital-war-on-poverty.

Sachs, Jeffrey D., and Andrew M. Warner. (1999). The big rush, natural resource booms and growth. *Journal of Development Economics* 59(1):43–76, www.sciencedirect.com/science/article/B6VBV-3WMK4TP-3/2/7e2c0030bf45b0f9a0d8cd5b8cbec71e.

Saez, Emmanuel. (2013). Striking it richer: The evolution of top incomes in the United States. UC Berkeley, http://eml.berkeley.edu/~saez/saez-UStopincomes-2012.pdf.

Sahni, Urvashi, Rahul Gupta, Glynda Hull, Paul Javid, Tanuja Setia, Kentaro Toyama, and Randy Wang. (2008). Using digital video in rural Indian schools: A study of teacher development and student achievement. In *Annual Meeting of the American Educational Research Association*, March 2008, http://dsh.cs.washington.edu:8000/distance/08aAERA.pdf.

Salamon, Lester M., S. Wojciech Sokolowski, Megan Haddock, and Helen S. Tice. (2013). The state of global civil society and volunteering: Latest findings from the implementation of the UN Nonprofit Handbook. Johns Hopkins Center for Civil Society Studies, Working Paper #49, March 2013, http://ccss.jhu.edu/wp-content/uploads/downloads/2013/04/JHU_Global-Civil-Society-Volunteering_FINAL_3.2013.pdf.

Sandberg, Sheryl. (2014). *Lean In for Graduates*. Knopf〔邦訳　シェリル・サンドバーグ『LEAN IN――女性、仕事、リーダーへの意欲』村井章子訳、日本経済新聞出版社、2013年〕。

Sandel, Michael J. (2012). *What Money Can't Buy: The Moral Limits of Markets*. Farrar, Straus and Giroux〔邦訳　マイケル・サンデル『それをお金で買いますか――市場主義の限界』鬼澤忍訳、早川書房、2012年〕。

Sanders, Sam H. (2013). Students find ways to hack school-issued iPads within a week. *NPR All Tech Considered*, Sept. 27, 2013, www.npr.org/blogs/alltechconsidered/2013/09/27/226654921/students-find-ways-to-hack-school-issued-ipads-within-a-week.

Sanderson, Susan, and Mustafa Uzumeri. (1995). Managing product families: The case of the Sony Walkman. *Research Policy* 24:761–782, www.sciencedirect.com/science/article/pii/004873339400797B.

Santiago, Ana, E. Severin, J. Cristia, P. Ibarrarán, J. Thompson, and S. Cueto. (2010). Evaluacíon experimental del programa "Una Laptop por Niño" en Perú. Banco Interamericano de Desarrollo, www.iadb.org/document.cfm?id=35370099.

Sartre, Jean-Paul. (1957 [1983]). *Existentialism and Human Emotions*. Hazel E. Barnes, trans. Citadel〔邦訳　J・P・サルトル『実存主義とは何か』伊吹武彦他訳、人文書院、1996年〕。

Sawyer, Kathy. (1999). Armstrong's code. *Washington Post Magazine*, July 11, 1999, www.washingtonpost.com/wp-srv/national/longterm/space/armstrongfull.htm.

Saxenian, AnnaLee. (2006). *The New Argonauts: Regional Advantage in a Global Economy*. Harvard University Press〔邦訳　アナリー・サクセニアン『最新・経済地理学――グローバル経済と地域の優位性』酒井泰介訳、日経 BP 社、2008年〕。

Saxenian, AnnaLee, Geoffrey Nunberg, Eric Brewer, Megan Smith, Kentaro Toyama, and Wayan Vota. (2011). Digital divide or digital bridge: Can information technology alleviate poverty? Panel at School of Information, University of California, Berkeley, April 6, 2011, www.ischool.berkeley.edu/newsandevents/events/technologyandpoverty2011.

Scheer, Roddy, and Doug Moss. (2012). Use it and lose it: The outsize effect of U.S. consumption on the environment. Earth Talk, *Scientific American*, Sept. 14, 2012, www.scientificamerican.com/article/american-consumption-habits/.

Schmidt, Eric, and Jared Cohen. (2013). *The New Digital Age: Reshaping the Future of People, Nations and Business*. Alfred A. Knopf〔邦訳　エリック・シュミット、ジャレッド・コーエン『第五の権力―― Google には見えている未来』櫻井祐子訳、ダイヤモンド社、2014年〕。

Schramm, Wilbur. (1964). *Mass Media and National Development: The Role of Information in the Developing Countries*. Stanford University Press.

Schwartz, Barry, and Kenneth Sharpe. (2010). *Practical Wisdom: The Right Way to Do the Right Thing*. Riverhead Books〔邦訳　バリー・シュワルツ、ケネス・シャープ『知恵――清掃員ルークは、なぜ同じ部屋を二度も掃除したのか』小佐田愛子訳、アルファポリス／星雲社、2011年〕。

Schwarz, Norbert, and Fritz Strack. (1999). Reports of subjective well-being: Judgmental processes and their methodological implications. pp. 61–84 in *Well-Being: The Foundations of Hedonic Psychology*. Russell Sage Foundation.

Scott, Christopher D. (2000). Mixed fortunes: A study of poverty mobility among small farm households in Chile, 1968–86. *Journal of Development Studies* 36(6):155–180, www.tandfonline.com/doi/abs/10.1080/00220380008422658.

Seligman, Martin E. P. (1975). *Helplessness: On Depression, Development, and Death*. W. H. Freeman〔邦訳　M・E・P・セリグマン『うつ病の行動学――学習性絶望感とは何か』平井久・木村駿監訳、誠信書房、1985年〕。

———. (2002). *Authentic Happiness: Using the New Positive Psychology to Realize Your Potential for Lasting Fulfillment*. Free Press〔邦訳　マーティン・セリグマン『世界でひとつだけの幸せ――ポジティブ心理学が教えてくれる満ち足りた人生』小林裕子訳、アスペクト、2004年〕。

———. (2006). *Learned Optimism: How to Change Your Mind and Your Life*. Vintage〔邦訳　マーティン・セリグマン『オプティミストはなぜ成功するか――ポジティブ心理学の父が教える楽観主義の身につけ方』山村宜子訳、パンローリング、2013年〕。

Seligman, Martin E. P., and S. F. Maier. (1967). Failure to escape traumatic shock. *Journal of Experimental Psychology* 74:1–9, http://psycnet.apa.org/psycinfo/1967-08624-001.

Sen, Amartya. (2000). *Development as Freedom*. Oxford University Press〔邦訳　アマルティア・セン『自由と経済開発』石塚雅彦訳、日本経済新聞社、2000年〕。

Service, Elman R. (1962 [1968]). *Primitive Social Organization: An Evolutionary Perspective*. Random House〔邦訳　エルマン・ロジャーズ・サーヴィス『未開の社会組織――進化論的考察』松園万亀雄訳、弘文堂、1979年〕。

Sey, Araba, and Michelle Fellows. (2009). Literature review on the impact of public access to information and communication technologies. TASCHA Working Paper No. 6. Technology & Social Change Group, University of Washington, Seattle, http://library.globalimpactstudy.org/sites/default/files/docs/CIS-WorkingPaperNo6.pdf.

Sheldon, Kennon M., and Andrew J. Elliot. (1998). Not all personal goals are personal: Comparing autonomous and controlled reasons as predictors of effort and attainment. *Personality and Social Psychology Bulletin* 24: 546–557, http://psp.sagepub.com/content/24/5/546.short.

———. (1999). Goal striving, need satisfaction, and longitudinal well-being: The self-concordance model. *Journal of Personality and Social Psychology* 76(3):482–497, http://psycnet.apa.org/journals/psp/76/3/482/.

Sheldon, Kennon M., and L. Houser-Marko. (2001). Self-concordance, goal attainment, and the pursuit of happiness: Can there be an upward spiral? *Journal of Personality and Social Psychology* 80: 152–165, http://psycnet.apa.org/journals/psp/80/1/152/.

Sheldon, Kennon M., and T. Kasser. (1998). Pursuing personal goals: Skills enable progress but not all progress is beneficial. *Personality and Social Psychology Bulletin* 24:1319–1331, http://psp.sagepub.com/content/24/12/1319.short.

Shirky, Clay. (2010). *Cognitive Surplus: How Technology Makes Consumers into Collaborators*. Penguin.

———. (2011). The political power of social media. *Foreign Affairs*, Jan./Feb. 2011, www.foreignaffairs.com/articles/67038/clay-shirky/the-political-power-of-social-media.

———. (2014). Why I just asked my students to put their laptops away. Medium.com, https://medium.com/@cshirky/why-i-just-asked-my-students-to-put-their-laptops-away-7f5f7c50f368.

Shoda, Yuichi, Walter Mischel, and Philip K. Peake. (1990). Predicting adolescent cognitive and self-regulatory competencies from preschool delay of gratification: Identifying diagnostic conditions. *Developmental Psychology* 26(6):978–986, http://psycnet.apa.org/psycinfo/1991-06927-001.

Sinclair, Upton. (1934 [1994]). *I, Candidate for Governor: And How I Got Licked*. University of California Press.

Singer, Peter. (2009). *The Life You Can Save: Acting Now to End World Poverty*. Picador〔邦訳　ピーター・シンガー『あなたが救える命――世界の貧困を終わらせるために今すぐできること』児玉聡・石川涼子訳、勁草書房、2014年〕。

———. (2011). *The Expanding Circle: Ethics, Evolution, and Moral Progress*. Princeton University Press.

60 Minutes. (2011). Extra: Revolution 2.0. CBS News, Feb. 14, 2011, www.CBSnews.com/video/watch/?id=7349173n.

Small, Mario Luis, David J. Harding, and Michèle Lamont. (2010). Reconsidering culture and poverty. *Annals of the American Academy of Political and Social Science* 629:6–27, http://ann.sagepub.com/content/629/1/6.extract.

Smith, Hedrick. (2013). *Who Stole the American Dream?* Random House〔邦訳　ヘドリック・スミス『誰がアメリカンドリームを奪ったのか？』伏見威蕃訳、朝日新聞出版、2015年〕。

Smyth, Thomas N., Satish Kumar, Indrani Medhi, and Kentaro Toyama. (2010). Where there's a will there's a way: Mobile media sharing in urban India. In *Proceedings of the 28th International Conference Extended Abstracts on Human Factors in Computing Systems* (*CHI '10*). ACM, http://dl.acm.org/citation.cfm?id=1753436.

Sobal, J., and A. J. Stunkard. (1989). Socioeconomic status and obesity: A review of the literature. *Psychological Bulletin* 105:260–275, http://content.apa.org/journals/bul/105/2/260.

Spiceworks. (2014). State of IT, http://itreports.spiceworks.com/reports/spiceworks_state-of-it-report-2014_print.pdf.

Star Trek: First Contact. (1996)〔『スタートレック　ファーストコンタクト』パラマウント映画配給〕。

Stecklow, Steve. (2005). The $100 laptop moves closer to reality. *Wall Street Journal*, Nov. 14, 2005, http://online.wsj.com/news/articles/SB113193305149696140.

Steele, Claude M., and Joshua Aronson. (1995). Stereotype threat and the intellectual test performance of African Americans. *Journal of Personality and Social Psychology* 69(5):797–811, http://psycnet.apa.org/journals/psp/69/5/797/.

Stiglitz, Joseph E., Amartya Sen, and Jean-Paul Fitoussi, eds. (2009). Report by the Commission on the Measurement of Economic Performance and Social Progress, www.stiglitz-sen-fitoussi.fr/documents/rapport_anglais.pdf.

Stone, Linda. (2008). Continuous partial attention – not the same as multitasking. *Bloomberg Businessweek*, July 24, 2008, www.businessweek.com/business_at_work/time_management/archives/2008/07/continuous_part.html.

Strawson, Galen. (2010). *Freedom and Belief*. Oxford University Press.

Streitfeld, David. (2014). Dispute between Amazon and Hachette takes an Orwellian turn. *New York Times*, Aug. 9, 2014, http://bits.blogs.nytimes.com/2014/08/09/orwell-is-amazons-latest-target-in-battle-against-hachette/.

Surana, Sonesh, Rabin Patra, Sergiu Nedevschi, and Eric Brewer. (2008). Deploying a rural wireless telemedicine system: Experiences in sustainability. *IEEE Computer* 41(6):48–56, http://ieeexplore.ieee.org/xpl/articleDetails.jsp?arnumber=4548173.

Swaminathan, M. S. (2005). Mission 2007: Every village a knowledge centre. *The Hindu*, Nov. 25, 2005, www.thehindu.com/2005/11/25/stories/2005112504941000.htm.

Tabellini, Guido. (2008). Presidential address: Institutions and culture. *Journal of the European Economic Association* 6(2–3):255–294, www.jstor.org/stable/40282643.

Takahashi, M., and W. F. Overton. (2005). Cultural foundations of wisdom: An integrated developmental approach. In R. Sternberg and J. Jordan, eds., *A Handbook of Wisdom: Psychological Perspectives*. Cambridge University Press.

Tangney, June P., Roy F. Baumeister, and Angie Luzio Boone. (2004). High self-control predicts good adjustment, less pathology, better grades, and interpersonal success. *Journal of Personality* 72(2):271–324, http://onlinelibrary.wiley.com/doi/10.1111/j.0022-3506.2004.00263.x/abstract.

Taylor, Chris. (2011). Why not call it a Facebook Revolution? CNN, Feb. 24, 2011, www.CNN.com/2011/TECH/social.media/02/24/facebook.revolution/.

Taylor, William C. (1999). Inspired by work. *Fast Company*, Nov. 1999, www.fastcompany.com/38466/inspired-work.

Thaler, Richard H., and Cass R. Sunstein. (2008). *Nudge: Improving Decisions About Health, Wealth, and Happiness*. Yale University Press〔邦訳　リチャード・セイラー、キャス・サンスティーン『実践行動経済学――健康、富、幸福への聡明な選択』遠藤真美訳、日経 BP 社、2009年〕。

Thiel, Peter. (2012). Technology and regulation 3-3-12. The Federalist Society, https://www.youtube.com/watch?v=DDSO36mzBss.

Thompson, John B. (2010). *Merchants of Culture: The Publishing Business in the Twenty-First Century*. Polity.

Tichenor, P. J., G. A. Donohue, and C. N. Olien. (1970). Mass media flow and differential growth in knowledge. *Public Opinion Quarterly* 34(2):159–170, http://poq.oxfordjournals.org/content/34/2/159.abstract.

Toms. (n.d.). Toms Official Store, Toms.com, www.toms.com.

Toyama, Kentaro. (2010). Can technology end poverty? *Boston Review* 36(5):12–18, 28–29, www.bostonreview.net/forum/can-technology-end-poverty.

———. (2011). There are no technology shortcuts to good education. *Educational Technology Debate*, Jan. 2011, https://edutechdebate.org/ict-in-schools/there-are-no-technology-shortcuts-to-good-education/.

———. (2012). Q&A: The culture of medicine runs on people power, not tech. *The Atlantic*, June 27, 2012, www.theatlantic.com/health/archive/2012/06/q-a-the-culture-of-medicine-runs-on-people-power-not-tech/259000/.

———. (2013a). Our future might be bright: The tentative, rosy predictions of Google's Eric Schmidt. *The Atlantic*, May 2, 2013, www.theatlantic.com/technology/archive/2013/05/our-future-might-be-bright-the-tentative-rosy-predictions-of-googles-eric-schmidt/275360/.

———. (2013b). How Internet censorship actually works in China. *The Atlantic*, Oct. 2, 2013, www.theatlantic.com/china/archive/2013/10/how-internet-censorship-actually-works-in-china/280188/.

Toyama, Kentaro, and Andrew Blake. (2001). Probabilistic tracking in a metric space. In *Proceedings of the Eighth International Conference on Computer Vision* 2:50–57, http://dx.doi.org/10.1109/ICCV.2001.937599.

Tripathi, Salil. (2006). Microcredit won't make poverty history. *The Guardian*, Oct. 17, 2006, www.theguardian.com/business/2006/oct/17/businesscomment.internationalaidanddevelopment.

Tsotsis, Alexia. (2011). To celebrate the #Jan25 Revolution, Egyptian names his firstborn "Facebook." *Tech Crunch*, Feb. 19, 2011, http://techcrunch.co/2011/02/19/facebook-egypt-newborn/.

Tunstall, Tricia. (2012). *Changing Lives: Gustavo Dudamel, El Sistema, and the Transformative Power of Music*. Norton〔邦訳　トリシア・タンストール『世界でいちばん貧しくて美しいオーケストラ——エル・システマの奇跡』原賀真紀子訳、東洋経済新報社、2013年〕。

Turkle, Sherry. (2011). *Alone Together: Why We Expect More from Technology and Less from Each Other*. Basic Books.

Twenge, Jean M. (2006). *Generation Me: Why Today's Young Americans Are More Confident, Assertive, Entitled – and More Miserable Than Ever Before*. Free Press.

Uchitelle, Louis. (2008). Economists look to expand GDP to count "quality of life." *New York Times*, Sept. 1, 2008, www.nytimes.com/2008/09/01/business/worldbusiness/01iht-gdp.4.15791492.html.

UNESCO. (2012). Education for all global monitoring report 2012: Youth and skills – putting education to work, http://unesdoc.unesco.org/images/0021/002180/218003e.pdf.

United Nations. (2005). Annan unveils rugged $100 laptop for world's children at Tunis Summit. United Nations News Centre, Nov. 17, 2005, www.un.org/apps/news/story.asp?NewsID=16601.

———. (2007). World population prospects: The 2006 revision. Highlights. Working Paper No. ESA/P/WP.202. United Nations Department of Economic and Social Affairs, Population Division, www.un.org/esa/population/publications/wpp2006/WPP2006_Highlights_rev.pdf.

———. (2010). World urbanization prospects: The 2009 revision: Highlights. Department of Economic and Social Affairs, Population Division, http://esa.un.org/unpd/wup/Documents/WUP2009_Highlights_Final.pdf.

United Nations Development Programme (UNDP). (2013). Gender inequality index. Human Development Report Office, Nov. 15, 2013, http://hdr.undp.org/en/content/gender-inequality-index.

United Nations Environment Programme (UNEP). (2011). Decoupling natural resource use and environmental impacts from economic growth: A Report of the Working Group on Decoupling to the International Resource Panel: M. Fischer-Kowalski, M. Swilling, E. U. von Weizsäcker, Y. Ren, Y. Moriguchi, W. Crane, F. Krausmann, N. Eisenmenger, S. Giljum, P. Hennicke, P. Romero Lankao, A. Siriban Manalang, and S. Sewerin, www.unep.org/resourcepanel/decoupling/files/pdf/decoupling_report_english.pdf.

US Department of Commerce, US Census Bureau. (2011). Selected measures of household income dispersion: 1967 to 2010, https://www.census.gov/hhes/www/income/data/historical/inequality/IE-1.pdf.

———. (1949). Historical statistics of the United States, 1789–1945, www2.census.gov/prod2/statcomp/documents/HistoricalStatisticsoftheUnitedStates1789-1945.pdf.

US Department of Health and Human Services. (2014). Annual update of the HHS Poverty Guidelines. *Federal Register*, Jan. 22, 2014, https://www.federalregister.gov/articles/2014/01/22/2014-01303/annual-update-of-the-hhs-poverty-guidelines.

US Energy Information Administration. (2010). International energy statistics, www.eia.gov/cfapps/ipdbproject/iedindex3.fm?tid=90&pid=45&aid= 8 &cid=regions&syid=2006&eyid=2010&unit=MMTCD.

———. (2014a). International energy statistics, www.eia.gov/cfapps/ipdbproject/iedindex3.cfm?tid= 5 &pid= 5 &aid= 2 &cid=CG5,&syid=2009&eyid=2013&unit=TBPD.

———. (2014b). Electricity monthly update with data for September 2014, Nov. 25, 2014, www.eia.gov/electricity/monthly/update/.

Van Alstyne, Marshall, and Erik Brynjolfsson. (2005). Global village or cyberBalkans? Modeling and measuring the integration of electronic communities. *Management Science* 51:(6):851–868, http://pubsonline.informs.org/doi/abs/10.1287/mnsc.1050.0363.

Veeraraghavan, Rajesh. (2013). Dealing with the digital panopticon: The use and subversion of ICT in an Indian Bureaucracy. pp. 248–255 in *International Conference on Information and Communication Technologies and Development* (*ICTD2013*), http://dx.doi.org/10.1145/2516604.2516631.

Veeraraghavan, Rajesh, Bharathi Pitti, Gauravdeep Singh, Greg Smith, Brian Meyers, and Kentaro Toyama. (2005). Towards accurate measurement of computer usage in a rural kiosk. In *Third International Conference on Innovative Applications of Information Technology for Developing World – Asian Applied Computing Conference*, Nepal, www.msr-waypoint.net/pubs/80531/KioskLogging.pdf.

Veeraraghavan, Rajesh, Gauravdeep Singh, Kentaro Toyama, and Deepak Menon. (2006). Kiosk usage measurement using a software logging tool. pp. 317–324 in *International Conference on Information and Communication Technologies and Development* (*ICTD2006*), http://research.microsoft.com/en-us/um/india/projects/kiosktool/rajesh_vibelog_berkeley.pdf.

Veeraraghavan, Rajesh, Naga Yasodhar, and Kentaro Toyama. (2009). Warana unwired: Mobile phones replacing PCs in a rural sugarcane cooperative. *Information Technologies and International Development* 5(1):81–95, http://itidjournal.org/itid/article/view/327/150.

Venkatesh, Sudhir. (2008). *Gang Leader for a Day: A Rogue Sociologist Crosses the Line*. Allen Lane〔邦訳　スディール・ヴェンカテッシュ『ヤバい社会学――一日だけのギャング・リーダー』望月衛訳、東洋経済新報社、2009年〕。

Viola, Paul, and Michael Jones. (2001). Rapid object detection using a boosted cascade of simple features. In *Proceedings of the Conference on Computer Vision and Pattern Recognition*, http://dx.doi.org/10.1109/CVPR.2001.990517.

Vornovytskyy, Marina, Alfred Gottschalck, and Adam Smith. (2011). Household debt in the U.S.: 2000 to 2011. US Census Bureau, www.census.gov/people/wealth/files/Debt%20Highlights%202011.pdf.

Wahba, Mahmoud A., and Lawrence G. Bridwell. (1976). Maslow reconsidered: A review of research on the need hierarchy theory. *Organizational Behavior and Human Performance* 15:212–

240, www.sciencedirect.com/science/article /pii/0030507376900386.

Wai, J., D. Lubinski, C. P. Benbow, and J. H. Steiger.（2010）. Accomplishment in science, technology, engineering, and mathematics（STEM）and its relation to STEM educational dose: A 25-year longitudinal study. *Journal of Educational Psychology*, Advance online publication, http://psycnet.apa.org/psycinfo/2010-19348-001.

Walensky, Rochelle P., and Daniel R. Kuritzkes.（2010）. The impact of The President's Emergency Plan for AIDS Relief（PEPfAR）beyond HIV and why it remains essential. *Clinical Infectious Diseases* 50（2）:272–275, http://cid.oxfordjournals.org/content/50/2/272.full.

Wallis, John Joseph.（2006）. The concept of systematic corruption in American history. In Edward L. Glaeser and Claudia Goldin, eds., *Corruption and Reform: Lessons from America's Economic History*. University of Chicago Press.

Wall Street Journal.（2009）. Sarkozy adds to calls for GDP alternative. *Wall Street Journal* blog, Sept. 14, 2009, http://blogs.wsj.com/economics/2009/09/14/sarkozy-adds-to-calls-for-gdp-alternative/.

Warschauer, Mark.（2003）. Demystifying the digital divide. *Scientific American* 289（2）:42–47, www.scientificamerican.com/article/demystifying-the-digital/.

———.（2006）. *Laptops and Literacy: Learning in the Wireless Classroom*. Teachers College Press.

Warschauer, Mark, Michele Knobel, and LeeAnn Stone.（2004）. Technology and equity in schooling: Deconstructing the digital divide. *Educational Policy* 18（4）:562–588, http://epx.sagepub.com/content/18/4/562.short.

Watson, Tony.（2008）. *Sociology, Work and Industry*, 5th ed. Routledge.

Weber, Max.（1904［1976］）. *The Protestant Ethic and the Spirit of Capitalism*. Talcott Parsons, trans. Charles Scribner's Sons〔邦訳　マックス・ヴェーバー『プロテスタンティズムの倫理と資本主義の精神』大塚久雄訳、岩波書店、改訳版1989年〕。

———.（1915［1951］）. *The Religion of China*. Hans H. Gerth, trans. Free Press.

———.（1916［1958］）. *The Religion of India*. Hans H. Gerth and Don Martindale, trans. Anima Publications.

Weiner, Myron, ed.（1966）. *Modernization: The Dynamics of Growth*. Basic Books.

Weir, Hugh.（1922）. The story of the motion picture. *McClure's* 54（9）:85–89.

White, Chapin.（2007）. TRENDS: Health care spending growth: How different is the United States from the Rest of the OECD? *Health Affairs* 26:1154–1161, http://content.healthaffairs.org/content/26/1/154.full.

Wikipedia.（n.d.）. http://www.wikipedia.org.

Wills, Garry.（2002）. *James Madison: The American Presidents Series: The 4th President, 1809–1817*. Henry Holt and Company.

Wilson, Edward O.（2012）. *The Social Conquest of Earth*. Liveright〔邦訳　エドワード・O・ウィルソン『人類はどこから来て、どこへ行くのか』斉藤隆央訳、化学同人、2013年〕。

Wood, Daniel B.（2013）. An iPad for every student? What Los Angeles School District is thinking. *Christian Science Monitor*, Aug. 28, 2013, www.csmonitor.com/USA/Education/2013/0828/An-iPad-for-every-student-What-Los-Angeles-school-district-is-thinking.

World Bank. (2012a). GDP per capita (current US$), http://data.worldbank.org/indicator/NY.GDP.PCAP.CD/countries.

———. (2012b). GDP per capita (current US$), http://databank.worldbank.org/data/views/reports/tableview.aspx (tab set to India).

———. (2012c). World development indicators and global finance development database, http://databank.worldbank.org/data/home.aspx.

World Economic Forum. (2013). The global gender gap report 2013, www3.weforum.org/docs/WEF_GenderGap_Report_2013.pdf.

World Health Organization. (2011). Annual report 2011. Global Polio Eradication Initiative, www.polioeradication.org/Portals/0/Document/AnnualReport/AR2011/GPEI_AR2011_A4_EN.pdf.

———. (2014). Ambient (outdoor) air pollution in cities database 2014, www.who.int/phe/health_topics/outdoorair/databases/cities/en/.

World Values Survey. (2005). WVS 2005–2006 wave, OECD-split version (Ballot A), www.worldvaluessurvey.org/wvs/articles/folder_published/survey_2005/files/WVSQuest_SplitVers_OECD_Aballot.pdf.

———. (n.d.). Findings and insights, www.worldvaluessurvey.org/WVSContents.jsp.

World Wide Web Foundation. (n.d.). Connecting people. Empowering humanity, www.webfoundation.org/about/.

Wortham, Jenna. (2011). Feel like a wallflower? Maybe it's your Facebook wall. *New York Times*, April 10, 2011, www.nytimes.com/2011/04/10/business/10ping.html.

Wright, Robert. (2000). *Nonzero: The logic of human destiny*. Vintage.

Wydick, Bruce, Elizabeth Katz, and Brendan Janet. (2014). Do in-kind transfers damage local markets? The case of TOMS shoe donations in El Salvador. *Journal of Development Effectiveness* 6 (3):249–267, www.tandfonline.com/doi/abs/10.1080/19439342.2014.919012.

Yang, Shih-Ying. (2001). Conceptions of wisdom among Taiwanese Chinese. *Journal of Cross-Cultural Psychology* 32:662–680.

Yaqoob, Tahira, and Laura Collins. (2011). Wael Ghonim: The voice of a generation. *The National*, Feb. 12, 2011, www.thenational.ae/news/world/africa/wael-ghonim-the-voice-of-a-generation.

Yunus, Muhammad. (1999). *Banker to the Poor: Micro-Lending and the Battle Against World Poverty*. PublicAffairs〔邦訳　ムハマド・ユヌス、アラン・ジョリ『ムハマド・ユヌス自伝——貧困なき世界をめざす銀行家』猪熊弘子訳、早川書房、1998年〕。

———. (2007). *Creating a World Without Poverty: Social Business and the Future of Capitalism*. PublicAffairs〔邦訳　ムハマド・ユヌス『貧困のない世界を創る』猪熊弘子訳、早川書房、2008年〕。

———. (2011). Sacrificing microcredit for megaprofits. *New York Times*, Jan. 14, 2011, www.nytimes.com/2011/01/15/opinion/15yunus.html.

Zachary, Lois J. (2012). *The Mentor's Guide: Facilitating Effective Learning Relationships*. Jossey-Bass.

Zuckerberg, Mark. (2014). Facebook post, March 27, 2014, https://www.facebook.com/zuck/posts/10101322049893211.

付録　特筆すべき非営利組織

本書で紹介した非営利組織のどれかに刺激を受けて活動を起こしたいと思った読者のために、下にリストを掲載する。いずれもそれぞれの専門分野で秀でている組織で、どれも心、知性、意志を育てるために活動している。彼らからは一切物的報酬を受けていないが、情報の開示のため、私が理事会に名を連ねている組織には＊をつけた。もちろん、このリストは私の限られた知識の範囲内で作られたものなので、ほかの有能な組織を排除する目的ではまったくない。

アシェシ大学　www.ashesi.org
ガーナに位置する、世界有数の非営利による四年制大学で、倫理的で起業家精神に富んだアフリカの指導者たちを育成することを目標としている。

イノベーション・フォー・ポヴァティ・アクション＊　www.poverty-action.org
ランダム化対照試験で集めたデータを活用して開発途上国の問題解決策を考え、それを展開していく活動をおこなっている。

シャンティ・バヴァン　www.shantibhavanonline.org
インドでもっとも恵まれない子どもたちに世界レベルの教育を提供し、国際的に共有される価値観とキャリアへの高い志の育成を重視している。

セヴァ・マンディール　www.sevamandir.org
ラジャスタン州南部でコミュニティを支援し、民主的で参加型の開発を通じて暮らしを良くしていけるよう活動している。

テクノロジー・アクセス財団　www.techaccess.org
ワシントン州の有色人種の生徒たちが大学と人生で成功できるよう、STEM 教育の力を通じて備えさせている。

デジタル・グリーン＊　www.digitalgreen.org
独特の動画を基盤とした指導法を用いて、南アジアとアフリカの農業・医療・栄養を改善する活動に取り組んでいる。

ビレッジ・ヘルス・ワークス*　www.villagehealthworks.org
アフリカのブルンジにあるキグトゥという地方のコミュニティで、世界レベルかつコミュニティ主導の医療と地元開発イニシアティブを提供している。

プラダン　www.pradan.net
自助グループの立ち上げと編成を支援し、インド地方に住む貧しい家庭の暮らしを改善する手助けをしている。